职业教育工业分析技术专业教学资源库（国家级）配套教材

油品分析技术

刘迪 尚华 主编

·北京·

内容简介

《油品分析技术》是依据应用化工技术专业群学生就业对油品分析技术课程的需求，结合“油品分析工”岗位职业标准编写的。本书全面贯彻党的教育方针，落实立德树人根本任务，在教材中有机融入党的二十大精神。编者以实现职业核心能力培养为目标，引入任务驱动型教学模式，选择具有代表性、可操作性的工作任务，分析完成任务需要掌握的基础知识和工作方法，突出完成任务的过程、步骤和技能。本教材共分为五个教学项目，即油品分析概述、油品取样、汽油分析、柴油分析、喷气燃料分析等。

本教材内容新颖、可操作性强、通俗易懂、易教易学。重点、难点知识可通过扫描二维码，观看相关动画、视频等资源，便于学生进一步理解和掌握。

本教材可作为石油化工技术、应用化工技术、工业分析技术等高职高专院校相关专业用书，也可作为职业教育培训及从事企业生产、分析检验人员和相关工程技术人员的参考资料。

图书在版编目（CIP）数据

油品分析技术/刘迪，尚华主编. —北京：化学工业出版社，2019.10（2024.1 重印）
ISBN 978-7-122-35503-4

Ⅰ.①油… Ⅱ.①刘…②尚… Ⅲ.①石油产品-分析-高等职业教育-教材 Ⅳ.①TE626

中国版本图书馆 CIP 数据核字（2019）第 229322 号

责任编辑：刘心怡 蔡洪伟　　装帧设计：王晓宇
责任校对：杜杏然

出版发行：化学工业出版社（北京市东城区青年湖南街 13 号 邮政编码 100011）
印　　装：高教社（天津）印务有限公司
787mm×1092mm 1/16 印张 20½ 字数 545 千字 2024 年 1 月北京第 1 版第 5 次印刷

购书咨询：010-64518888　　售后服务：010-64518899
网　　址：http://www.cip.com.cn
凡购买本书，如有缺损质量问题，本社销售中心负责调换。

定　　价：56.00 元

前言

“油品分析技术”课程是石油化工技术、工业分析技术及相关专业的核心课程之一，也是石油化工行业及相关企业的职业技术核心课程之一。

本教材是在陕西省“高层次人才特殊支持计划”项目及“油品分析技术”在线开放课程建设项目背景下编写的，也是全国职业教育“工业分析技术”专业教学资源库子项目建设的成果。本教材是针对石油化工及相关企业油品分析岗位高素质技术技能型人才的需求，结合“油品分析工”岗位要求，依据现行国家、行业及企业标准编写的信息化教材。

主要内容包括油品分析概述、油品取样、汽油分析、柴油分析、喷气燃料分析五个项目，具有以下特点：

1. 校、企一体，设计典型工作任务。工作任务选取源于企业的实际工作过程，所有实验操作由企业技术人员演示。

2. 配套数字化资源，拓展学习空间。数字化资源以二维码形式呈现，实现了纸质教材+数字资源的完美结合，是一本体现“互联网+”新形势下的一体化教材。

3. 教、学、做一体化。以典型工作任务为载体，融知识与能力为一体，避免理论知识与操作技能脱节的现象，所有教学活动均体现操作，实现教、学、做合一的目标。

4. 注重应用，突出技能训练。充分体现高职教育教学特色，本着理论知识“必须”“够用”为度的原则，突出职业能力的培养，树立理论知识学习旨在获取职业能力的理念，紧紧围绕工作任务的完成，以理论知识为指导，加强技能训练，增强学习的针对性。

5. 循序渐进，符合认知规律。无论是理论知识还是操作技能训练，均由浅入深、由简单到复杂，便于学生理解并掌握。

6. 项目导向，提升技术应用能力。每个项目均配有“练一练测一测”模块，学生可通过该模块的训练，能力得到检验与提升。

本教材依据知识特点，在不同任务中根据任务内容相应插入“课程思政”栏目，将党的二十大精神有机融入教材。教材中介绍了我国古代发现石油、利用石油的历史，推进文化自信自强；介绍了我国近年在相关领域取得的成绩，体现了我国相关领域过去五年的工作和新时代十年的伟大变革；介绍了多位油品分析领域的专家与能工巧匠，与“实施科教兴国战略”相呼应；着重介绍新工艺、新技术，着力推动高质量发展；并将“推动绿色发展，促进人与自然和谐共生”的理念贯穿全书。

本教材由陕西工业职业技术学院刘迪教授、尚华教授主编，陕西工业职业技术学院贺娟妮、卢寅、王小娟、梁博和常州工程职业技术学院陈川、吴朝华、徐进等老师参编。具体分工如下：刘迪教授编写项目三中任务二、七～九、十一、二十和操作1、6、7、9、17，项目四中任务一、二、四、六、七、十二～十五和操作2、4、5、10、11；贺娟妮老师编写项目三中任务一、十二、十五～十九、二十一～二十四和操作10、12～16、18～21，项目四中任务十九和操作16；卢寅老师编写项目三中任务四、十三和操作3、11，项目四中任务五、十六和操作3、13；王小娟老师编写项目三中任务十、十四和操作8，项目四中的任务三、八～十一、十五、十八和操作1、6～9、12、15；梁博老师编写项目三中任务三、五、六和操作2、4、5，项目四中任务十七和操作14；陈川老师编写项目五；吴朝华老师编写项目一；徐进老师编写项目二。尚华教授负责拟定编写提纲，并做最后统稿和修改、定稿工作。

本教材在编写过程中，得到了中国石油天然气股份有限公司长庆石化分公司的大力支持，他们精益求精的精神，使笔者受益匪浅。在此，表示衷心的感谢。

由于笔者水平有限，书中疏漏之处在所难免，恳请使用本书的各校师生和其他读者批评斧正，谨此致谢。

编者

目录

项目一　油品分析概述

【项目引导】 …… 1
任务一　认识石油及油品 …… 1
一、石油及其组成 …… 2
二、油品及油品生产 …… 2
三、油品分类 …… 3
任务二　认识油品分析的任务及标准 …… 6
一、油品分析的任务 …… 6
二、油品分析标准 …… 6
任务三　油品分析记录、数据处理及报告 …… 8
一、油品分析记录 …… 8
二、油品分析数据处理 …… 9
三、油品分析报告 …… 10
【项目小结】 …… 11
【练一练测一测】 …… 12

项目二　油品取样

【项目引导】 …… 14
任务一　油品试样的分类 …… 14
一、石油产品试样按性状分类 …… 14
二、按取样位置和方法分类 …… 15
三、取样原则 …… 16
四、石油及石油产品取样执行标准 …… 16
任务二　液体石油的取样 …… 16
一、取样执行标准及其适用范围 …… 16
二、取样器、容器和用具 …… 17
三、样品处理与保存 …… 20
四、安全要点 …… 20
操作　油品取样 …… 21
任务三　其他油品取样 …… 23
一、固体和半固体石油产品的取样 …… 23
二、石油沥青的取样 …… 25
三、液化石油气取样 …… 26
【项目小结】 …… 27
【练一练测一测】 …… 28

项目三　汽油分析

【项目引导】 …… 30
任务一　认识汽油的种类、牌号和规格 …… 30
一、汽油种类 …… 31
二、汽油牌号 …… 31
三、汽油的规格 …… 31
任务二　馏程分析 …… 35
一、测定意义 …… 35
二、测定方法 …… 36
三、测定注意事项 …… 39
操作 1　馏程测定 …… 41
任务三　饱和蒸气压分析 …… 44
一、饱和蒸气压 …… 44
二、雷德蒸气压 …… 44
三、饱和蒸气压的测定意义 …… 44
四、测定方法 …… 44
五、注意事项 …… 44
操作 2　饱和蒸气压的测定 …… 45
任务四　辛烷值分析及抗爆指数计算 …… 49
一、测定意义 …… 49
二、测定方法 …… 51
三、注意事项 …… 53
四、提高车用汽油辛烷值的措施 …… 53
操作 3　车用汽油马达法辛烷值测定 …… 54
任务五　溶剂洗胶质含量分析 …… 57
一、溶剂洗胶质含量 …… 57

二、测定意义 …… 57
三、注意事项 …… 58
四、仪器的维护与保养 …… 58
操作 4 车用汽油溶剂洗胶质含量的测定 …… 59
任务六 诱导期分析 …… 62
一、诱导期 …… 62
二、测定意义 …… 62
三、注意事项 …… 62
四、仪器的维护与保养 …… 62
操作 5 诱导期测定 …… 63
任务七 铜片腐蚀分析 …… 66
一、测定意义 …… 67
二、测定方法 …… 67
三、测定注意事项 …… 68
操作 6 铜片腐蚀测定 …… 69
任务八 硫含量分析 …… 72
一、测定意义 …… 72
二、测定方法 …… 72
三、注意事项 …… 73
任务九 硫醇硫含量分析 …… 74
一、测定意义 …… 74
二、测定方法 …… 74
三、注意事项 …… 75
操作 7 硫醇硫含量测定 …… 76
任务十 博士试验法分析 …… 79
一、测定意义 …… 79
二、测定方法 …… 79
三、注意事项 …… 79
操作 8 博士试验测定 …… 80
任务十一 水溶性酸或碱分析 …… 82
一、测定意义 …… 82
二、测定方法 …… 82
三、注意事项 …… 82
操作 9 水溶性酸或碱测定 …… 83
任务十二 密度分析 …… 85
一、测定意义 …… 85
二、测定方法 …… 87
三、注意事项 …… 89
操作 10 密度测定 …… 90
任务十三 机械杂质分析 …… 92
一、测定意义 …… 92
二、测定方法 …… 93
三、注意事项 …… 93
操作 11 机械杂质测定 …… 94
任务十四 苯、芳烃及烯烃含量测定 …… 96
一、测定意义 …… 97
二、测定方法 …… 97
任务十五 溴值分析 …… 98
一、测定意义 …… 98
二、测定方法 …… 99
三、测定注意事项 …… 100
操作 12 溴值测定 …… 100
任务十六 铅含量分析 …… 102
一、测定意义 …… 102
二、测定方法 …… 103
三、测定注意事项 …… 103
操作 13 铅含量测定 …… 104
任务十七 痕量氮分析 …… 106
一、测定意义 …… 107
二、测定方法 …… 107
三、注意事项 …… 107
操作 14 痕量氮测定 …… 108
任务十八 紫外荧光硫含量分析 …… 110
一、测定意义 …… 110
二、测定方法 …… 111
三、测定注意事项 …… 111
操作 15 紫外荧光法测定硫含量 …… 112
任务十九 锰含量分析 …… 114
一、测定意义 …… 114
二、测定方法 …… 114
三、测定注意事项 …… 115
操作 16 锰含量测定 …… 115
任务二十 铜含量分析 …… 118
一、测定意义 …… 118
二、测定方法 …… 118
三、注意事项 …… 118
操作 17 铜含量测定 …… 119
任务二十一 铁含量测定 …… 121
一、测定意义 …… 121

二、测定方法 …………………………… 122
三、测定注意事项 ……………………… 122
操作 18　铁含量 ………………………… 123
任务二十二　苯含量测定 ……………… 125
一、测定意义 …………………………… 125
二、测定方法 …………………………… 126
三、测定注意事项 ……………………… 126
操作 19　苯含量测定 …………………… 127
任务二十三　醇类和醚类含量测定 …… 129
一、测定意义 …………………………… 129
二、测定方法 …………………………… 129
三、注意事项 …………………………… 129
操作 20　醇类和醚类含量测定 ……… 130
任务二十四　C_6 ~ C_9 芳烃测定 ……… 133
一、测定意义 …………………………… 133
二、测定方法 …………………………… 133
三、注意事项 …………………………… 133
操作 21　C_6 ~ C_9 芳烃测定 ………… 134
【项目小结】 ………………………… 137
【练一练测一测】 ……………………… 138

项目四　柴油分析

【项目引导】 ………………………… 145
任务一　认识柴油的种类、牌号和规格 ……………………………… 145
一、柴油的种类、牌号 ………………… 146
二、柴油的规格 ………………………… 146
任务二　馏程测定 ……………………… 148
一、测定意义 …………………………… 148
二、测定方法 …………………………… 148
任务三　减压蒸馏测定 ………………… 149
一、测定意义 …………………………… 149
二、测定方法 …………………………… 150
三、注意事项 …………………………… 150
操作 1　减压蒸馏测定 ………………… 151
任务四　闪点测定 ……………………… 153
一、测定意义 …………………………… 153
二、测定方法 …………………………… 154
三、测定注意事项 ……………………… 154
操作 2　闪点（闭口杯法）测定 ……… 155
任务五　十六烷值测定及十六烷指数计算 ……………………………… 157
一、柴油机中燃料的燃烧过程 ……… 157
二、发动机的工作过程 ………………… 159
三、影响柴油机中燃烧过程的主要因素 ……………………………………… 159
四、测定意义 …………………………… 160
五、测定方法 …………………………… 161
六、注意事项 …………………………… 163
操作 3　十六烷值测定 ………………… 164
任务六　运动黏度测定 ………………… 167
一、测定意义 …………………………… 168
二、测定方法 …………………………… 168
三、注意事项 …………………………… 169
操作 4　运动黏度测定 ………………… 171
任务七　凝点测定 ……………………… 174
一、测定意义 …………………………… 174
二、测定方法 …………………………… 175
三、注意事项 …………………………… 175
操作 5　凝点测定 ……………………… 175
任务八　冷滤点测定 …………………… 178
一、测定意义 …………………………… 178
二、测定方法 …………………………… 178
三、注意事项 …………………………… 178
操作 6　冷滤点测定 …………………… 179
任务九　10%蒸余物残炭测定 ………… 181
一、测定意义 …………………………… 181
二、测定方法 …………………………… 181
三、注意事项 …………………………… 182
操作 7　10%蒸余物残炭测定 ………… 183
任务十　微量残炭测定 ………………… 184
一、测定意义 …………………………… 185
二、测定方法 …………………………… 185
三、注意事项 …………………………… 185
操作 8　微量残炭测定 ………………… 185
任务十一　氧化安定性测定 …………… 188
一、测定意义 …………………………… 188
二、测定方法 …………………………… 188

三、注意事项 …… 189
操作 9 氧化安定性测定 …… 189
任务十二 硫含量和铜片腐蚀测定 …… 193
一、测定意义 …… 194
二、测定方法 …… 194
任务十三 酸度测定 …… 194
一、测定意义 …… 194
二、测定方法 …… 195
三、注意事项 …… 195
操作 10 酸度测定 …… 196
任务十四 水分测定 …… 197
一、测定意义 …… 198
二、测定方法 …… 198
三、测定注意事项 …… 199
操作 11 水分测定 …… 199
任务十五 微水测定 …… 201
一、测定意义 …… 202
二、测定方法 …… 202
三、测定原理 …… 202
四、测定注意事项 …… 202
操作 12 微水测定 …… 203
任务十六 灰分测定 …… 205
一、测定意义 …… 205
二、测定方法 …… 206
三、注意事项 …… 206
操作 13 灰分测定 …… 207
任务十七 色度测定 …… 209
一、色度 …… 209
二、测定意义 …… 209
三、分析检验方法 …… 209
操作 14 柴油色度的测定 …… 210
任务十八 总污染物测定 …… 212
一、测定意义 …… 213
二、测定方法 …… 213
三、测定注意事项 …… 213
操作 15 总污染物测定 …… 213
任务十九 润滑性分析 …… 217
一、测定意义 …… 217
二、测定方法 …… 217
三、注意事项 …… 218
操作 16 润滑性测定 …… 218
【项目小结】 …… 220
【练一练测一测】 …… 221

项目五 喷气燃料分析

【项目引导】 …… 226
任务一 认识喷气燃料 …… 226
一、喷气燃料的定义 …… 226
二、喷气燃料的发展历史 …… 227
三、喷气燃料种类和牌号 …… 227
四、喷气燃料的规格 …… 228
任务二 净热值分析 …… 229
一、测定意义 …… 230
二、测定方法 …… 230
三、注意事项 …… 230
操作 1 净热值测定 …… 231
任务三 密度分析 …… 236
一、测定意义 …… 236
二、测定方法 …… 236
三、测定注意事项 …… 236
操作 2 密度测定 …… 237
任务四 烟点分析 …… 240
一、测定意义 …… 241
二、测定方法 …… 241
三、测定注意事项 …… 241
操作 3 烟点测定 …… 242
任务五 辉光值分析 …… 244
一、测定意义 …… 245
二、测定方法 …… 245
三、测定注意事项 …… 245
操作 4 辉光值测定 …… 245
任务六 萘系烃含量分析 …… 249
一、测定意义 …… 249
二、测定方法 …… 249
三、注意事项 …… 249
操作 5 萘系烃含量测定 …… 250
任务七 馏程分析 …… 253

一、测定意义 …………………………… 253
二、测定方法 …………………………… 253
任务八　闪点测定 ………………………… 253
一、测定意义 …………………………… 254
二、测定方法 …………………………… 254
任务九　浊点与结晶点分析 …………… 254
一、测定意义 …………………………… 254
二、测定方法 …………………………… 254
三、注意事项 …………………………… 254
操作 6　浊点与结晶点测定 …………… 255
任务十　冰点分析 ………………………… 257
一、测定意义 …………………………… 258
二、测定方法 …………………………… 258
三、注意事项 …………………………… 258
操作 7　冰点测定 ………………………… 258
任务十一　运动黏度分析 ……………… 260
一、测定意义 …………………………… 260
二、测定方法 …………………………… 260
任务十二　铜片腐蚀分析 ……………… 261
一、测定意义 …………………………… 261
二、测定方法 …………………………… 261
任务十三　银片腐蚀分析 ……………… 262
一、测定意义 …………………………… 262
二、测定方法 …………………………… 262
三、注意事项 …………………………… 262
操作 8　银片腐蚀测定 ………………… 262
任务十四　总硫含量分析 ……………… 265
一、测定意义 …………………………… 265
二、测定方法 …………………………… 265
任务十五　硫醇硫含量分析 …………… 266
一、测定意义 …………………………… 266
二、测定方法 …………………………… 266
任务十六　博士试验分析 ……………… 267
一、测定意义 …………………………… 267
二、测定方法 …………………………… 267
任务十七　酸度分析 …………………… 267
一、测定意义 …………………………… 267
二、测定方法 …………………………… 268
任务十八　总酸值分析 ………………… 268
一、测定意义 …………………………… 268
二、测定方法 …………………………… 268
三、注意事项 …………………………… 268
操作 9　总酸值测定 …………………… 269
任务十九　碘值分析 …………………… 271
一、测定意义 …………………………… 271
二、测定方法 …………………………… 271
三、注意事项 …………………………… 272
操作 10　碘值测定 ……………………… 272
任务二十　烯烃及芳烃含量分析 ……… 275
一、测定意义 …………………………… 275
二、测定方法 …………………………… 275
三、注意事项 …………………………… 275
操作 11　烯烃及芳烃含量测定 ……… 276
任务二十一　溶剂洗胶质分析 ………… 280
一、测定意义 …………………………… 280
二、测定方法 …………………………… 280
任务二十二　过滤器压力降和预热管壁评级分析 …………………… 281
一、测定意义 …………………………… 281
二、测定方法 …………………………… 281
三、注意事项 …………………………… 281
操作 12　过滤器压力降和预热管壁评级测定 ……………………… 282
任务二十三　清洁性分析 ……………… 286
一、测定意义 …………………………… 286
二、测定方法 …………………………… 286
三、注意事项 …………………………… 286
操作 13　清洁性测定 …………………… 287
任务二十四　颜色分析 ………………… 289
一、测定意义 …………………………… 290
二、测定方法 …………………………… 290
三、注意事项 …………………………… 290
操作 14　颜色测定 ……………………… 290
任务二十五　润滑性分析 ……………… 293
一、测定意义 …………………………… 293
二、测定方法 …………………………… 293
三、注意事项 …………………………… 293
操作 15　润滑性测定 …………………… 295
任务二十六　电导率分析 ……………… 299
一、测定意义 …………………………… 299

二、测定方法 …………………………… 299
三、注意事项 …………………………… 300
操作 16　电导率测定 ……………………… 300
【项目小结】 ………………………………… 303
【练一练测一测】 …………………………… 303
练一练测一测答案
参考文献

项目一
油品分析概述

项目引导

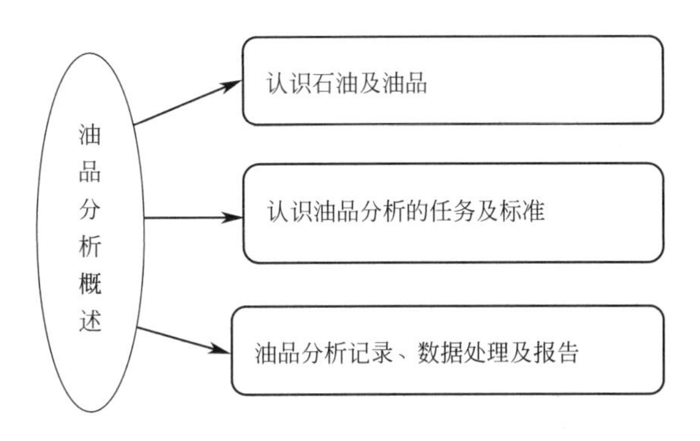

油品分析是用统一规定或公认的方法，分析检验石油和石油产品理化性质和使用性能的操作。它是一门建立在化学实验技术、化学分析与检测、仪器分析等课程基础上的实训课；也是获取石油化工油品化验工中、高级职业技能资格证书的培训内容之一。在石油化工行业中，油品分析起到了监督和指导的作用。

想一想

油品分析与我们的日常生活有什么关联？

任务一　认识石油及油品

任务要求

1. 认识石油及其组成；
2. 了解油品及油品生产；
3. 认识油品分类。

一、石油及其组成

1. 石油

石油，地质勘探的主要对象之一，是一种黏稠的、深褐色液体，被称为“工业的血液”。地壳上层部分地区有石油储存，主要成分是各种烷烃、环烷烃、芳香烃的混合物。

石油的成油机理有生物沉积变油和石化油两种学说，前者广为接受，认为石油是古代海洋或湖泊中的生物经过漫长的演化形成的，属于生物沉积变油，不可再生；后者认为石油是由地壳内本身的炭生成，与生物无关，可再生。

古埃及、古巴比伦人在很早以前已开采利用石油。“石油”这个中文名称是北宋大科学家沈括第一次提出的。

石油的性质因产地而异，密度为 $0.8\sim1.0g/cm^3$，黏度范围很宽，凝固点差别很大（30～60℃），沸点范围为常温至500℃以上，可溶于多种有机溶剂，不溶于水，但可与水形成乳状液。

石油主要被用作燃油和汽油，石油也是许多化学工业产品如溶剂、化肥、杀虫剂和塑料等的原料。

石油的颜色非常丰富，有金黄、墨绿、黑、褐红至透明；石油的颜色是它本身所含胶质、沥青质的含量决定的，其含量越高则颜色越深。

2. 石油的组成

石油的成分主要有：油质（这是其主要成分）、胶质（一种黏性的半固体物质）、沥青质（暗褐色或黑色脆性固体物质）、炭质。石油是由多种物质混合而成的，具有特殊气味的、有色的可燃性油质液体。严格地说，石油以氢与碳构成的烃类为主要成分。构成石油的化学物质用蒸馏法能分解。石油产品有煤油、苯、汽油、石蜡、沥青等。

组成石油的化学元素主要是碳（83%～87%，质量分数，下同）、氢（11%～14%），其余为硫（0.06%～0.8%）、氮（0.02%～1.7%）、氧（0.08%～1.82%）及微量金属元素（镍、钒、铁、锑等）。石油的主要组成部分烃类约占95%～99%，各种烃类按其结构分为：烷烃、环烷烃、芳香烃。一般天然石油不含烯烃而二次加工产物中常含有数量不等的烯烃和炔烃。含硫、氧、氮的化合物对石油产品有害，在石油加工中应尽量除去。

未经加工处理的石油称为原油，通常含烷烃较多的原油称为石蜡基原油，含环烷烃、芳烃较多的原油称为环烷基原油，介于二者之间的称为中间基质油。

按含硫量原油分为高硫量原油（$S\%>2\%$，质量分数，下同）、含硫原油（$0.5\%<S\%<2\%$）和低硫原油（$S\%<0.5\%$）。我国原油多属为低硫原油。

原油中含有Cl、I、P、As、Si、Na、K、Ca、Mg、Al、Fe、Ni、V、Mn、Co、Cu等30多种微量元素，仅占原油质量的万分之几，均以化合物的形式存在，这些元素影响原油深加工催化剂的活性及油品质量。由于大多数残留于油品燃烧后的残渣中，因此又称之为灰分元素。

二、油品及油品生产

1. 油品

原油经过石油炼制（一系列加工过程）而得到的各种商品统称为石油产品，简称油品，如车用汽油、车用柴油、喷气燃料或煤油、润滑油、润滑脂、石蜡、沥青、石油焦及炼厂气（液化石油气）等。

2. 油品加工

油品加工可分为一次加工、二次加工、三次加工等。

（1）一次加工　一次加工是用蒸馏方法将原油分离成不同馏分的过程。它包括原油预处理（脱盐脱水）、常压蒸馏（在接近大气压的压力下操作的蒸馏过程）和减压蒸馏（降低压力可以降低液体的沸点）。其目的是将原油按沸点的不同分离成直馏汽油、喷气燃料、煤油、轻柴油等轻质馏分油（沸点低于370℃的馏分油），重柴油、润滑油馏分等重质馏分油（沸点为370～540℃的馏分油）和常压重油、减压渣油等；也可按不同生产方案分割出重整原料、催化裂化原料、加氢裂化原料等。

（2）二次加工　二次加工是将一次加工产品进行再加工的过程。主要目的是重质油轻质化、改善油品质量和生产化工原料。它包括催化裂化、加氢裂化、减黏裂化、焦化、催化重整等，它们都是以化学反应为主的加工过程。催化裂化是石油炼制过程之一，是在热和催化剂的作用下使重质油发生裂化反应，转变为裂化气、汽油和柴油等的过程；加氢裂化是一种石化工业中的工艺，即石油炼制过程中在较高的压力和温度下，氢气经催化剂作用使重质油发生加氢、裂化和异构化反应，转化为轻质油（汽油、煤油、柴油或催化裂化、裂解制烯烃的原料）的加工过程；减黏裂化是将高黏度重质油料经过轻度热裂化得到低黏度、低凝固点的燃料油；焦化指重质油，如重油、减压渣油、裂化渣油甚至土沥青等，在500℃左右的高温条件下进行深度的裂解和缩合反应，产生气体、汽油、柴油、蜡油和石油焦的过程；催化重整指在有催化剂作用的条件下，汽油馏分中的烃类分子结构进行重新排列的过程；油品精制是将油品中的某些杂质或不理想组分除去，改善油品质量。

（3）三次加工　有时又将通过炼厂气（二次加工产生的各种气体）加工生产高辛烷值汽油组分和各种化学品过程（如烷基化、异构化、烯烃叠合）以及裂解工艺（制取乙烯）过程，称为三次加工。

其中，催化裂化、加氢裂化和焦化三种过程的处理能力与原油加工能力之比，反映将重质油（减压馏分油和渣油等）转化为轻质油的能力，全世界平均值为26%，我国为55%，属于深度加工国家。

除直馏汽油外，催化裂化可在数量上反映汽油的生产能力，而催化重整、烷基化、异构化等过程由于能改善汽油的使用性能，则可在质量上反映汽油的生产能力。

随着环境保护要求日益严格，汽油、柴油的硫含量限制愈加苛刻。加工含硫原油的主要手段是加氢裂化、加氢精制、加氢处理，通常用这些加氢过程的处理能力与原油处理能力的比值反映加工含硫原油的能力，美国约为85%，我国仅为11.6%，明显偏低，说明加工进口原油（含硫偏高）和提高油品质量的能力还有待提高。

三、油品分类

按GB/T 498—2014《石油产品及润滑剂分类方法和类别的确定》，可将我国石油产品分为5大类，类别名称代号根据反映各类产品主要特征的英文名称的第一个字母来确定，见表1-1。

表1-1　石油产品和有关产品的总分类

类别	类别的含义
F	燃料
S	溶剂和化工原料
L	润滑剂、工业润滑油和有关产品
W	蜡（waxes）
B	沥青（bitumen）

1. 燃料

石油燃料是指用来作为燃料的各种石油气体、液体的统称。按GB/T 12692.1—2010《石油产品燃料（F类）分类》中第1部分：总则可将其分为5组，见表1-2。

表 1-2 石油燃料分类

组别	副组	组别定义
G	—	气体燃料： 主要来源于石油的甲烷和/或乙烷组成的气体燃料
L	—	液化石油气： 主要由 C_3 和 C_4 烷烃或烯烃或其混合物组成，并且更高碳原子数的物质液体体积小于5%的气体燃料
D	(L①)(M②)(H③)	馏分燃料： 由原油加工或石油气分离所得的主要来源于石油的液体燃料。轻质或中质馏分燃料中不含加工过程的残渣，而重质馏分可含有在调和、贮存和/或运输过程中引入的、规格标准限定范围内的少量残渣。具有高挥发性和很低闪点(闭口)的轻质馏分燃料要求有特殊的危险预防措施
R	—	残渣燃料： 含有来源于石油加工残渣的液体燃料。规格中应限制非来源于石油的成分
C	—	石油焦： 由原油或原料油深度加工所得，为主要由炭组成的来源于石油的固体燃料

① 副组（L）与“轻质馏分”一同使用，表示沸点在230℃以下，闪点（闭口）低于室温的石脑油及汽油。本副组通常应在文本中标识出来，以便强调采取适当措施预防危险。

② 副组（M）与“中质馏分”一同使用，表示沸点接近150～400℃之间，闪点（闭口）在38℃以上的煤油及瓦斯油。

③ 副组（H）与“重质馏分”一同使用，表示含有大量的沸点在400℃以上，闪点（闭口）超过60℃的无沥青质的燃料和原料。

石油燃料约占全部石油产品的90%（质量分数）。由于我国化工原料需求量不断增大，石油燃料占石油产品商品构成的实际比例有所降低，如1998年，石油燃料仅占73.6%左右，其中发动机燃料（包括汽油、喷气燃料和柴油）占59%；而石油溶剂和化工原料占20%，润滑剂及有关产品占1.6%，石油蜡占0.8%，沥青和石油焦各占2.5%。

2. 溶剂和化工原料

（1）溶剂油　石油产品中的溶剂称为溶剂油。溶剂油是对某些物质起溶解、稀释、洗涤和抽提作用的轻质石油产品。溶剂油是由原油直馏轻质馏分经酸碱精制或由催化重整产物经芳烃抽提后的抽余物分馏、精制而制得的，不含任何添加剂。国产溶剂油有五种：溶剂油、6号抽提溶剂油、橡胶工业溶剂油、油漆工业溶剂油和航空洗涤汽油。溶剂油馏分轻，蒸发性强，属易燃品。

溶剂油的用途十分广泛，首推涂料溶剂油（俗称油漆溶剂油），其次食用油、印刷油墨、皮革、农药、杀虫剂、橡胶、化妆品、香料、医药领域都会使用溶剂油。

目前约有400～500种溶剂在市场上销售，其中溶剂油（烃类溶剂、苯类化合物）占一半左右。

（2）化工原料　石油化工原料有3类，即苯类产品（苯、甲苯、乙苯）、石油气（天然气和炼厂气）和中低沸点直馏馏分（如石脑油、轻柴油）。主要用于生产炔烃（乙炔）、烯烃（乙烯、丙烯、丁烯和丁二烯）、芳烃（苯、甲苯、二甲苯）及合成气等四大类石油化工基础原料。

3. 润滑剂、工业润滑油和有关产品

润滑剂是用以降低摩擦副（两个既直接接触又产生相对摩擦运动的物体所构成的体系）的摩擦阻力、减缓其磨损的润滑介质。根据来源可将润滑剂分为矿物性润滑剂（如机械油）、动物性润滑剂（如牛脂）、合成润滑剂（如硅油、脂肪酸酰胺、油酸、聚酯、合成脂等）。根据性状可将润滑剂分成油状液体润滑油、油脂状半固体润滑脂以及固体润滑剂。根据用途可将润滑剂分成工业润滑剂（包括润滑油和润滑脂）和人体润滑剂（如凡士林）。

根据GB/T 7631.1—2014《润滑剂、工业用油和有关产品（L类）的分类》，按应用场合可将润滑剂分为19组（见表1-3），每组代表符号按英文字母顺序排列，其中E（内燃机）、H（液压系统）、M（金属加工）、T（涡轮机）等恰巧与英文名称首字母一样。该标准等效采用ISO 6743/0—2015《润滑剂、工业润滑油和有关产品的分类》。

表 1-3　润滑剂、工业用油和有关产品（L 类）的分类

组别	应用场合及国家标准编号	组别	应用场合及国家标准编号	组别	应用场合及国家标准编号
A	全损耗系统(GB/T 7631.13)	G	导轨(GB/T 7631.11)	T	涡轮机(GB/T 7631.10)
B	脱模	H	液压系统(GB/T 7631.2)	U	热处理(GB/T 7631.14)
C	齿轮(GB/T 7631.7)	M	金属加工(GB/T 7631.5)	X	用润滑脂的场合(GB/T 7631.8)
D	压缩机(冷冻机和真空泵，GB/T 7631.9)	N	电器绝缘(GB/T 7631.15)	Y	其他应用场合
E	内燃机油(GB/T 7631.17)	P	气动工具(GB/T 7631.16)	Z	蒸汽气缸
F	主轴、轴承和离合器(GB/T 7631.4)	Q	热传导液(GB/T 7631.12)		
S①	特殊润滑剂应用场合	R	暂时保护防腐蚀(GB/T 7631.6)		

①本分类与 ISO 6743/0—2015 的微小差异是增加了“特殊润滑剂应用场合”一组，其产品组别代号为“S”。

4. 石油蜡与石油沥青

（1）石油蜡　石油蜡是由含蜡馏分油或渣油经加工精制而得的一类石油产品。它包括液体石蜡、凡士林（石油脂）、石蜡、微晶蜡（地蜡）和特种蜡 5 个系列。

石油蜡主要成分为石蜡，熔点 30～35℃。

石油蜡主要用作食品及其他商品包装材料的防潮、防水，也用于轻工、化工、日用化学、食品和医疗等部门和机械、电子、冶金和国防等高科技领域。

（2）石油沥青　石油沥青是原油加工过程的一种产品，在常温下是黑色或黑褐色的黏稠液体、半固体或固体，主要含有可溶于三氯乙烯的烃类及非烃类衍生物，其性质和组成随原油来源和生产方式的不同而变化。

石油沥青分为道路沥青、建筑沥青、专用沥青和乳化沥青 4 个系列，主要用途是作为基础建设材料、原料和燃料，广泛应用于交通运输（道路、铁路、航空等）、建筑业、农业、水利工程采掘业、制造业等领域。其中，道路沥青产量逐年上升，目前约占 70%，其次是建筑沥青，约占 20%。

思考与交流

1. 举例说明什么是油品？
2. 通过查阅资源说明润滑剂的作用。
3. 小组讨论并指出一次加工与二次加工的差异。

【课程思政】

北宋科学家沈括发现石油并预测其必将被广泛应用

北宋著名科学家沈括在他的名著《梦溪笔谈》卷二十四中说：“鄜、延境内有石油，旧说‘高奴县出脂水’，即此也。生于水际，沙石与泉水相杂，惘惘而出，土人以雉尾甃之，用采入缶中。颇似淳漆，然之如麻，但烟甚浓，所沾幄幕皆黑。余疑其烟可用，试扫其煤以为墨，黑光如漆，松墨不及也，遂大为之，其识文为‘延川石液’者是也。此物后必大行于世，自余始为之。盖石油至多，生于地中无穷，不若松木有时而竭。”可见，在我国，古人对石油就有详细的记载，并预言其以后必定大有用处。

想一想

原油的组成与其性能之间的关系。

任务二　认识油品分析的任务及标准

任务要求

1. 熟悉油品分析的任务；
2. 了解油品分析的各类标准及其异同。

一、油品分析的任务

油品分析是用统一规定或公认的方法，分析检验石油和石油产品理化性质和使用性能的科学试验。它的主要任务如下：

（1）为确定加工方案提供基础数据　对原油和其他原料进行分析，测定其基本理化性质（如馏程、密度、黏度、闪点、燃点等）和烃类组成，为确定合理加工方案提供基础数据。本书主要涉猎各石油产品技术要求的检验方法，而不涉及石油炼制原料的分析与评价。

（2）为控制工艺条件提供数据　生产中及时在线检测中间产品质量、对石油炼制过程进行控制分析，可为改进、控制合理工艺条件、保证产品质量和安全生产提供可靠数据。

（3）检验出厂油品质量　确保进入商品市场的油品满足质量要求。

（4）评定油品使用性能　对超期储存、失去标签、发生混串及在用油品进行检验、评定，确定其能否继续使用或提出处理意见。

（5）对油品质量仲裁　当油品生产与使用部门对油品质量发生争议时，可根据规定的试验标准进行检验，做出仲裁，保证供需双方的合法权益。

二、油品分析标准

1. 油品分析标准分类

（1）按内容分类　油品分析标准按具体内容可分为两类。

① 石油产品标准　石油产品标准是将石油产品质量规格按其性能和使用要求规定的主要指标。它包括产品分类、分组、命名、代号、品种（牌号）、规格、技术要求、质量检验方法、检验规则、产品包装、产品标志、运输、贮存、交货和验收等内容。

② 试验方法标准　石油产品是复杂有机物的混合物，理化性质没有固定值，因此检验其性能时需使用特定仪器，并在规定的操作条件下进行。石油产品试验方法标准就是根据石油产品试验多为条件性试验的特点，为方便使用和确保贸易往来中具有仲裁和鉴定法律约束力而制定的一系列分析方法标准。试验方法标准包括适用范围、方法概要、使用仪器、材料、试剂、测定条件、试验步骤、结果计算、精密度等技术规定。

（2）按适用领域和有效范围分类　目前我国采用与执行的油品分析标准，按适用领域和有效范围可分为六大类。

① 国际标准　国际标准化组织（ISO）制定以及由其公布的其他国际组织制定的标准。它是由共同利益国家间合作与协商制定，被多数国家公认，具有先进水平的标准。

② 区域标准　世界某一区域标准化组织制定并通过的标准，如欧洲标准化委员会（CEN）制定的欧洲标准（EN）。

③ 国家标准　在全国范围内统一技术要求而制定的标准，是由国家指定机关制定、发布实施的法定性文件。我国石油产品国家标准由国务院标准化行政主管部门指派中国石油化工股份有限公司（SINOPEC）石油化工科学研究院组织制定，在1988年以前由国家标准局发布；1990年后依次改由国家技术监督局、国家质量技术监督局、国家质量监督检疫检验总局发布；目前由国家市场监督管理总局和国家标准化管理委员会联合发布。

④ 行业标准　没有国家标准而又需要在全国有关行业范围内统一技术要求所制定的标准。行业标准由国务院有关行政主管部门制定，并报国务院标准化行政主管部门备案，如石化行业标准（SH）由中国石油化工股份有限公司制定。

⑤ 地方标准　没有国家标准和行业标准而又需要在省、自治区、直辖市范围内统一工业产品要求所制定的标准。例如，北京市地方标准 DB 11/238—2004《车用汽油》。

⑥ 企业标准　在没有相应国家或行业标准时，企业自身所制定的试验方法标准。企业标准须报当地政府标准化行政主管部门和有关行政主管部门备案。企业标准不得与国家标准或行业标准相抵触。为了提高产品质量，企业标准可以比国家标准或行业标准更为先进。

2. 我国油品分析标准编号方法

国内油品分析标准主要有国家标准、行业标准、地方标准和企业标准四级标准。编号中用汉语拼音表示标准等级，前三级又分为推荐性标准（鼓励企业自愿采用，出口产品按合同约定所采用的标准执行）和强制性标准（必须执行，不符合标准的产品禁止生产、销售和进口）；中间数字为标准序号；末尾数字为批准或确认年号，最后括号内数字为该标准重新确认年号。图 1-1 列举了几个常用的标准编号，并做了说明。

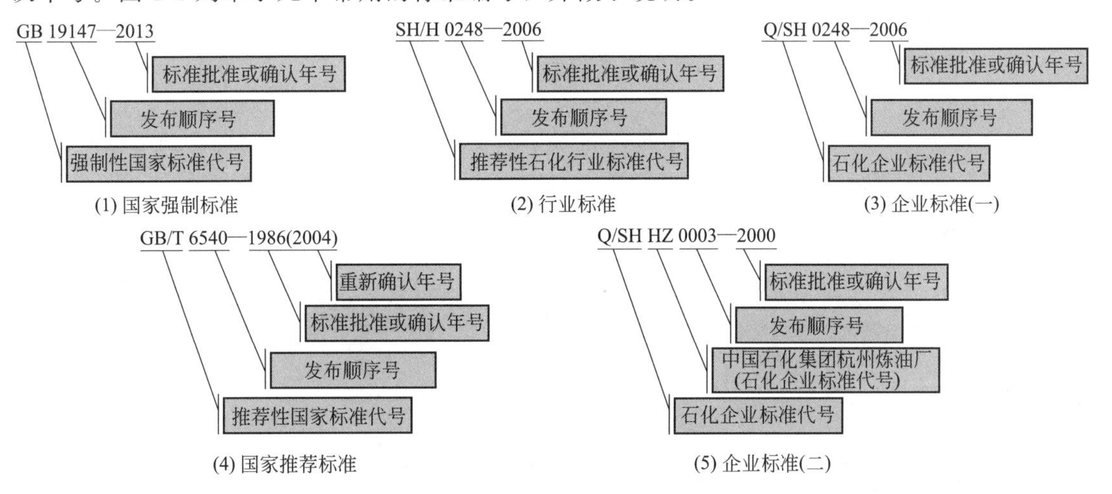

图 1-1　各类标准编号及意义

3. 我国油品分析标准制定依据

我国油品分析标准的依据是在充分考虑国际贸易往来和社会对产品使用要求的基础上，并兼顾石油资源特点和生产技术发展水平而制定的。我国鼓励采用国际标准，即把国际标准和国外先进标准的内容，不同程度地转化到各级标准中，用以实施和组织生产。

国外先进标准是指国际上有影响的区域标准，世界主要经济发达国家制定的国家标准和其他某些具有世界先进水平的国家标准，国际上通行的团体标准以及先进的企业标准。例如，美国石油学会标准（API）、美国试验与材料协会标准（ASTM）、美国汽车工程师协会标准（SAE）、美国国家标准（ANSI）、英国国家标准（BS）、英国石油学会标准（IP）、英国标准协会标准（BSI）、欧洲标准（EN）、俄罗斯国家标准（ГОСТ）等。图 1-2 显示了常见国际标准的图标。

图 1-2　常见国际标准图标

我国采用国际标准或国外先进标准有三种方式：

① 等同采用（符号≡，缩写字母 idt），其技术内

容完全相同，没有或仅有编辑性修改，编写方法完全对应；

② 等效采用（符号=，缩写字母 eqv），其技术内容基本相同，个别条款结合我国情况稍有差异，但可被国际标准接受，编写方法不完全对应；

③ 非等效采用（即参照采用，符号≠，缩写字母 nev），其技术内容有重大差异，有互不接受的条款。

思考与交流

1. 结合日常生活经验，举例说明油品分析对人民群众的意义？

2. 查阅 1～2 份国家标准，熟悉其编写体例。

3. 查阅关于“油品辛烷值测定”的各种国家标准、国际标准，小组讨论并指出其差异性。

【课程思政】

我国油品分析先驱——陆婉珍院士简介

陆婉珍院士，女，1924 年 9 月 29 日生于天津，籍贯上海，于 2015 年 11 月 17 日在北京逝世，享年 92 岁。1956 年起，在石油工业部炼制研究所（即现在的石油化工研究院）历任分析室主任、副总工程师、总工程师，长期从事分析化学及石油化学的研究工作，主持系统评价了中国原油资源，指导建立了从天然气到渣油组成的整套分析方法，并且在国内首次开发了采用弹性石英毛细管色谱柱、新型填充毛细管色谱法快速分析炼厂气及新型多孔层毛细管色谱法分析汽油中不同碳数的烃组成等技术。

想一想

1. 为什么原始数据不允许追写、重抄、摘录、修饰？对个别确实记错必须改正的数据，应该如何改正？为什么？

2. 为什么有些国际标准可以等同采用，有些国际标准则需等价采用，个别标准则需非等效采用？

任务三　油品分析记录、数据处理及报告

任务要求

1. 熟悉油品分析原始记录内容及填写要求；
2. 理解重复性分析与再现性分析的差异及计算方法；
3. 熟悉油品分析报告格式与内容。

一、油品分析记录

1. 原始记录内容

原始记录是指能反映发生在现场最初状态全部信息的记载。原始记录的内容主要包括：

① 试样的原始记录，如试样名称、试样编号、采样地点、采样时间、采样人、分析类

别（如车样、船样或罐样）；

② 分析工作记录，如分析日期、时间、仪器名称、编号等；

③ 分析数据，如执行标准、环境记录（如温度、湿度、大气压力）、原始数据、计算公式、计算结果导出数据等；

④ 分析审核记录，如复检审核人签字。

表 1-4 为某厂石油产品运动黏度测定原始记录。

表 1-4　运动黏度测定原始记录

<table>
<tr><td>样品名称</td><td>蜡油</td><td>采样地点</td><td>大庆</td></tr>
<tr><td>采样时间</td><td>2013/6/30　09:00</td><td>采样人</td><td>张三</td></tr>
<tr><td>分析时间</td><td>2013/6/30　10:00</td><td>执行标准</td><td>GB/T 265—1998(2004)</td></tr>
<tr><td>黏度计号及孔径/mm</td><td colspan="2">136　ϕ0.8</td><td>429　ϕ0.8</td></tr>
<tr><td>黏度计常数/(mm²/s²)</td><td colspan="2">0.02348</td><td>0.02556</td></tr>
<tr><td>温度/℃</td><td colspan="2">100</td><td>100</td></tr>
<tr><td>第一次时间/s</td><td colspan="2">230.9</td><td>212.3</td></tr>
<tr><td>第二次时间/s</td><td colspan="2">230.9</td><td>212.3</td></tr>
<tr><td>第三次时间/s</td><td colspan="2">230.8</td><td>212.4</td></tr>
<tr><td>第四次时间/s</td><td colspan="2">230.9</td><td>212.3</td></tr>
<tr><td>平均时间/s</td><td colspan="2">230.9</td><td>212.3</td></tr>
<tr><td>测定结果(100℃)/(mm²/s)</td><td colspan="2">5.421</td><td>5.427</td></tr>
<tr><td>平均结果(100℃)/(mm²/s)</td><td colspan="3">5.424</td></tr>
<tr><td>报出结果(100℃)/(mm²/s)</td><td colspan="3">5.42</td></tr>
<tr><td>计算公式</td><td colspan="3"></td></tr>
<tr><td>分析人：</td><td colspan="2">核对人：</td><td>班长：</td></tr>
</table>

2. 原始记录填写要求

油品分析原始记录的要求是：

① 必须及时、准确、完整、客观；

② 一般使用固定格式表格，用蓝黑或碳素墨水书写；

③ 不允许追写、重抄、摘录、修饰，以保证其原始性和真实性；

④ 应清晰可辨，不允许贴、刮、描和涂改；

⑤ 对个别确实记错必须改正的数据，应在原始记录上画两道平行线，加盖本人名章后，在其上方填写更正后的数据；

⑥ 数据处理应按国家有关标准执行；

⑦ 相关人员的签名一律使用本人姓名全称。

二、油品分析数据处理

试验结果的可靠性常用精密度表示。精密度指用同一试验方法对同一试样测定所得两个或多个结果的一致性程度。油品分析试验的精密度用重复性和再现性进行评价。

1. 重复性分析

重复性是指在相同试验条件下（同一操作者、同一仪器、同一实验室），在短时间间隔内，按同一方法对同一试验材料进行正确和正常操作所得独立结果在规定置信水平（95%置信度）下的允许差值，用 r 表示。当两个测定结果之差小于或等于 r 时，数据有效，此时可将其平均值作为检验结果；否则，当两个测定结果之差大于 r 时，则两个测定结果均可疑；此时，至少要取得三个以上测定结果（包括最先测得的两个结果），然后计算最分散结果和其余结果的平均值之差，再将其差值与方法要求的 r 值比较，若其差值小于或等于 r 值，则认为测定结果有效，取其平均值作为检验结果；反之，若超差，则舍弃最分散的数据，再重复上述方法，直至得到一组可接受的测定结果为止。

2. 再现性分析

再现性是指在不同试验条件（不同操作者、不同仪器、不同实验室）下，按同一方法对同一试验材料进行正确和正常操作所测得独立的试验结果，在规定置信水平（95%置信度）下的允许差值，用R表示。即当两个测定结果差值小于或等于R时，可认为这两个测定结果是可接受的，可取这两个结果的平均值作为测定结果；否则，两个测定结果均可疑，此时需要两个试验室至少得到三个可接受的测定结果，然后计算所有可接受测定结果的平均值之差，再用R'代替R判断其再现性。

$$R=\sqrt{R^2-\left(1-\frac{1}{2K_1}-\frac{1}{2K_2}\right)r^2} \tag{1-1}$$

式中　K_1——第一个实验室的测定结果；

K_2——第二个实验室的测定结果。

三、油品分析报告

油品分析全部工作结束后，要形成分析报告（如表1-5所示），出库油品则形成产品合格证（如表1-6所示）。

油品分析报告必须打印，不得更改，正本发送，副本存档。

表1-5　某石化公司炼油厂成品分析报告单

分析日期：2008/08/08　　R51.32-0036/A

油品名称：液化石油气　　罐号：088

分析项目	质量指标	实际质量	实验方法
密度(15℃)/(kg/m³)	报告	572	GB/T 12576
蒸气压(37.8℃)/kPa	≤1380	580	GB/T 12576
乙烷含量(体积分数)/%		0.28	
丙烷含量(体积分数)/%		28.99	
丙烯含量(体积分数)/%		1.88	
异丁烷含量(体积分数)/%		8.88	
正丁烷含量(体积分数)/%		28.88	
1-丁烯含量(体积分数)/%		18.88	
异丁烯含量(体积分数)/%		12.68	
反丁烯含量(体积分数)/%		1.99	
顺丁烯含量(体积分数)/%		0.58	
C_5及C_5以上组分含量(体积分数)/%	≤3.0	0	SH/T 0230
蒸发残留物含量/(mL/100mL)	≤0.05	0.04	SY/T 7509
油渍观察量	通过	通过	目测
铜片腐蚀级别/级	≤1	1	SH/T 0222
总硫含量/(mg/m³)	≤330	128.0	SH/T 0222
游离水	无	无	目测

该罐产品合格

质量章：　　班长：　　复核：

表1-6　某石化公司炼油厂产品合格证

产品名称：石油苯（合格品）　　GB 3045—1989　　R56.11-320/A

贮存罐号：248　　分析日期：2008/08/08

留样号：19　　接收单位：

出厂日期：　　出厂经办人

项目名称	质量指标	实际质量	试验方法
初馏点/℃	≥79.6	80.04	GB/T 3146
终馏点/℃	≤80.5	80.18	GB/T 3146
结晶点(干基)/℃	≥5.00	5.22	GB/T 3145
外观,透明液体,无不溶水及机械杂质	合格	合格	目测[①]

续表

项目名称	质量指标	实际质量	试验方法
颜色(Hazen单位-铂钴色号)/号	≤20	12	GB/T 3143
密度(20℃)/(mg/kg)	876～881	879.2	GB/T 2013
酸洗比色②/($gK_2Cr_2O_7$/L)	≤0.2	0.16	GB/T 2012
中性试验	中性	中性	GB/T 1816
总硫含量/(mg/kg)	≤3	0.8	SH/T0253

① 将试样注入100mL玻璃量筒中，在(20±3)℃下观察，应是透明、无不溶水物质及机械杂质。

② 酸层颜色不深于100mL稀酸中含0.2g $K_2Cr_2O_7$ 的标准溶液。

检查部门盖章：　　　　检查员：　　　　审核人：

思考与交流

1. 请解释重复性条件与再现性条件的差异。
2. 查阅资料，独立撰写一份炼油厂油品含硫总量检测原始记录。
3. 查阅资料，独立撰写一份内燃机油产品分析报告单。

【课程思政】

我国自主研发的微型气相色谱仪特点

开发微型气相色谱仪（GC）有两种思路：一是将常规仪器按比例小型化，如PE公司的便携式GC，重量仅20kg；二是实现元件的微型化，如HP公司的微型GC，重量仅5.2kg。中国科学院大连化物所的关亚风教授也成功地研制出了微型GC，特点是：(1) 体积小，重量轻；(2) 分析速度快，保留时间以秒计；(3) 灵敏度高，检测限达10^{-5}级；(4) 可靠性高，可连续进行二百万次分析；(5) 功耗低，不超过100W；(6) 自动化程度高，也可遥控分析；(7) 样品适用范围有限，主要用于天然气、炼厂气、工业废气等样品的顶空分析。我国自主研发微型气相色谱的问世，推进了我国色谱仪生产技术的进步。

项目小结

- 石油及组成——主要元素C、H、O、N、S
- 油品及其生产——一次加工(将原油分离成不同馏分)、二次加工(对一次加工产品进行再加工)
- 油品分类——燃料、溶剂油和化工原料、润滑剂及有关产品、蜡、沥青

- 任务——提供基础数据、检验油品质量、评定性能、仲裁
- 分析标准——分类(国家标准、地方标准、行业标准、企业标准、国际标准等)、标准编号各项意义
- 标准制定依据——等同采用、等效采用、非等效采用

- 原始记录——记录现场最初状态的全部信息，要求及时、准确、完整、客观、一般用蓝黑或碳素黑水书写，不能涂改
- 数据处理——重复性与再现性
- 分析报告——分析报告、产品合格证(用于出库)

练一练测一测

1. 单选题

(1) 下列石油馏分中，不属于燃料油的是（　　）。

A. 汽油　B. 润滑油　C. 轻柴油　D. 喷气燃料

(2) 下述标准等级属于地方标准的是（　　）。

A. GB/T　B. SH　C. GJB　D. DB

(3) 下列国外先进标准中，表示美国试验与材料协会标准的是（　　）。

A. ISO　B. BS　C. ASTM　D. API

(4) 下列有关油品分析原始记录填写要求的叙述，不正确的是（　　）。

A. 必须及时、准确、完整、规范

B. 一般使用固定格式表格，用蓝黑或碳素墨水书写

C. 不允许追写、重抄、摘录、修饰

D. 必须改正的数据进行修改时，在原始记录上画两道平行线，在其上方填写更正后的数据即可

(5) 下列操作过程属于油品一次加工的是（　　）。

A. 催化裂化　B. 加氢裂化　C. 减压蒸馏　D. 焦化

(6) 英文缩写 SY/T 指油品产品及试验方法中的（　　）。

A. 国家标准　B. 国家军用标准　C. 石油燃气行业标准　D. 区域标准

2. 多选题

(1) 下列物质中，哪些属于四大类石油化工基础原料？（　　）

A. 炔烃　B. 烯烃　C. 芳烃

D. 环烯烃　E. 合成气

(2) 下述标准等级属于国外先进标准的是（　　）。

A. SAE　B. BSI　C. DB

D. SH　E. ASTM

(3) 下列条件属于再现性试验条件的是（　　）。

A. 不同操作者　B. 不同实验室　C. 相同类型仪器

D. 同一方法　E. 同一试样

(4) 下列操作过程属于油品二次加工的是（　　）。

A. 催化裂化　B. 加氢裂化　C. 减压蒸馏

D. 焦化　E. 常压蒸馏

(5) 油品分析的主要任务有（　　）。

A. 为确定加工方案提供基础数据　B. 为控制工艺条件提供数据

C. 检验出厂油品质量　D. 评定油品使用性能

E. 对油品质量进行仲裁

(6) 我国采用国际标准或国外先进标准的方式主要有（　　）。

A. 等同采用　B. 等效采用　C. 非等效采用

D. 非等同采用　E. 完全照搬

3. 判断题

(1) 组成原油的元素主要是 C、H、O、N、S。（　　）

(2) 润滑剂包括润滑油与润滑脂。（　　）

(3) 我国石油产品国家标准是由国务院标准化行政主管部门指派中国石油化工股份有限公司石油化工科学研究院组织制定的，目前由国家市场监督管理总局和国家标准化管理委员会联合发布实施。（　）

(4) 国内油品分析国家标准分为推荐性标准和强制性标准。（　）

(5) 在不同试验条件（不同操作者、不同仪器、不同实验室）下，按同一方法对同一试验材料进行正确和正常操作所测得独立的试验结果，在规定置信水平（95%置信度）下的允许差值称为重复性。（　）

(6) 在相同试验条件下（同一操作者、同一仪器、同一实验室），在短时间间隔内，按同一方法对同一试验材料进行正确和正常操作所得独立结果在规定置信水平（95%置信度）下的允许差值称为再现性。（　）

(7) 油品分析报告包括分析报告和产品合格证两种。（　）

(8) 石油中的灰分元素有 As、Si、Ni、S 等。（　）

(9) 含硫量>1.5%的原油，称高硫原油。（　）

(10) 石油的二次加工主要有催化重整、油品精制、加氢裂化、减压蒸馏等。（　）

(11) 油品主要分为燃料、溶剂和化工原料、润滑剂和有关产品、蜡、沥青五大类。（　）

(12) 石油的一次加工主要有减压蒸馏、常压蒸馏等。（　）

项目二
油品取样

项目引导

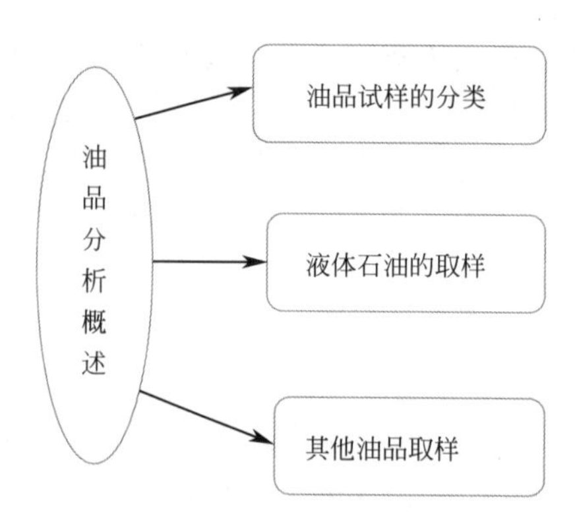

想一想

1. 为什么取样的油品需要有代表性?
2. 石油产品的性状是不同的，不同的性状在取样上有什么不一样的特点呢?

任务一　油品试样的分类

任务要求

1. 认识石油及石油产品试样的分类;
2. 了解石油及石油产品取样执行标准。

一、石油产品试样按性状分类

石油及石油产品取样是准确获得石油产品分析数据的基础，必须选用代表性试样进行试验分析。石油产品试样是指向给定试验方法提供所需要产品的代表性部分。按石油产品性状的不同，可将石油产品试样分为如下四类。

(1) 液体石油产品试样　如煤油、汽油、柴油等。

（2）膏状石油产品试样　如润滑脂、凡士林等。

（3）固体石油产品试样

① 可熔性石油产品　如蜡、沥青等。

② 不熔性石油产品　如石油焦、硫黄块等。

③ 粉末状石油产品　如焦粉、硫黄粉等。

（4）气体石油产品试样　如液化石油气、天然气等。

二、按取样位置和方法分类

石油产品分析中最常见的是液体油品，按取样位置和方法将石油产品试样分类如下。

1. 点样

点样是指从油罐内规定位置或在泵送操作期间按规定时间从管线中采取的试样。点样仅代表石油产品局部或某段时间的性质。如图 2-1 所示，按取样位置点样划分如下。

① 撇取样（表面样）　从油罐内顶液面处采取的试样。

② 顶部样　在油品顶液面下 150mm 处采取的试样。

③ 上部样　在油品顶液面下深度 1/6 处采取的试样。

④ 中部样　在油品顶液面下深度 1/2 处采取的试样。

⑤ 下部样　在油品顶液面下深度 5/6 处采取的试样。

⑥ 底部样　从油罐或容器底表面（底板）上，或者从管线最低点处油品中采取的试样。

⑦ 出口液面样　从油罐内抽出油品的最低液面处取得的试样。

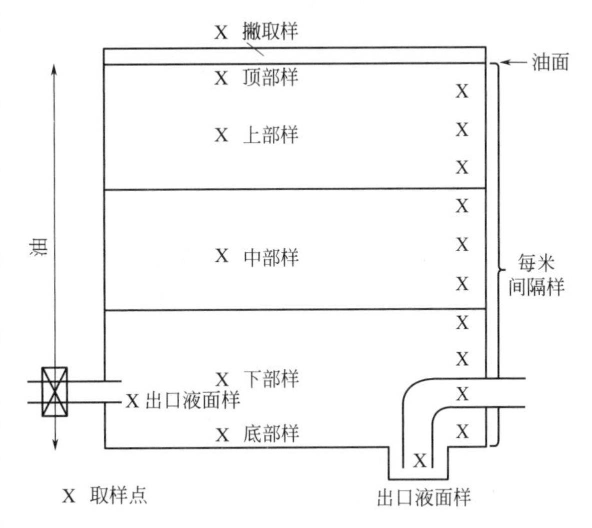

图 2-1　取样位置点样划分示意

2. 代表性试样

代表性试样是指试样的物理、化学特性与取样总体的平均特性相同的试样。油品试样一般指代表性试样。

（1）组合样　按规定比例合并若干个点样，用以代表整个油品性质的试样。常见组合样如下：

① 按等比例合并上部样、中部样和下部样。立式圆筒形油罐在成品油交接过程中，多采用此方案。

② 按等比例合并上部样、中部样和出口液面样。

③ 对于非均匀油品，应在多于 3 个液面上采取的一系列点样，按其所代表油品数量比例，用加权平均值的方法掺和而成。

④ 从几个油罐或油船的几个油舱中采取单个试样，按每个试样所代表油品数量比例掺和而成。

⑤ 在规定间隔从管线流体中采取的一系列等体积的点样混合（时间比例样）。

（2）全层样　取样器在一个方向上通过整体液面，使其充满约 3/4（最大 85%）液体时所取得的试样。

（3）例行样　将取样器从油品顶部降落到底部，然后再以相同速度提升到油品的顶部，提出液面时取样器应充满约 3/4 时的试样。

三、取样原则

① 用于试验的试样，必须对于被取样油品具有代表性。要保证做到这一点，有许多注意的事项，它们取决于石油液体产品的特性、被取样的油罐和管线特点以及对试样要进行试验的性质。

② 当油罐内样品是静止状态时才能够进行取样操作。为了从一个静止的油罐中采取代表性的试样，通常采取上、中、下部取样，并按规定混合。

四、石油及石油产品取样执行标准

液体石油产品取样主要执行三项标准：GB/T 4756—2015《石油液体手工取样法》、SH/T 0635—1996《液体石油产品采样法（半自动法）》和 GB/T 27867—2011《石油液体管线自动取样法》。

GB/T 4756—2015《石油液体手工取样法》适用于从固定罐、铁路罐车、汽车罐车、油船和驳船、桶、听或从正在输送液体的管线中以手工取样法采取液态烃、油罐残渣和沉淀物样品的情况。取样时，要求贮存容器或输送管线中的油品处于常压范围，且油品在环境温度至 100℃之间应为液体。

SH/T 0635—1996 适用于从立式油罐中采取液体石油和石油化工产品试样。对于原油和非均匀石油液体用半自动法所取试样的代表性较好。

GB/T 27867—2011《石油液体管线自动取样法》适用于稳定原油的取样，但如果已经考虑有关的安全措施和样品处理的难度，则可用于非稳定原油和炼制产品。

另外，按石油产品性状不同，还有 SH 0229—92《固定和半固体油品的取样》、GB/T 11147—2010《石油沥青取样》、SH/T 0233—92《液化石油气采样法》、GB/T 13609—92《天然气取样方法》等取样执行标准。

思考与交流

石油产品试样的分类有哪些？

想一想

液体石油产品试样标签应如何书写？

任务二 液体石油的取样

任务要求

1. 液体石油的取样执行标准及其适用范围；
2. 取样器、容器和用具；
3. 样品处理与保存；
4. 安全要点。

一、取样执行标准及其适用范围

油品取样分为手工取样和自动取样。

手工取样的操作应按照GB/T 4756—2015《石油液体手工取样法》标准中的有关规定进行。该标准主要用于各类容器（如油罐、油罐车、游轮等）及管线油品输送取样。从油罐中取样时，其罐内压力应为常压，而且油品的温度不宜过高，并为液体。

自动取样法应符合SY/T 5317—2006《石油液体管线自动取样法》的有关规定，该标准适用于管输油品的连续自动取样，克服了手工取样的不足。

二、取样器、容器和用具

1. 取样器

（1）油罐取样器　油罐取样器按试样不同有多种。其中用于点样的取样器有取样笼、加重取样器和界面取样器；用于底部样的有底部取样器；用于油罐沉淀物或残渣样品的有沉淀物取样器和重力管取样器；用于例行样的有例行取样器；用于全层样的有全层取样器等。

① 取样笼　取样笼是一个金属或塑料保持架或笼子，能固定适当的容器（如玻璃瓶）。装配好后应加重，容器口用系有绳索的瓶塞塞紧，取样器塞子能在任一要求的液面开启（见图2-2）。

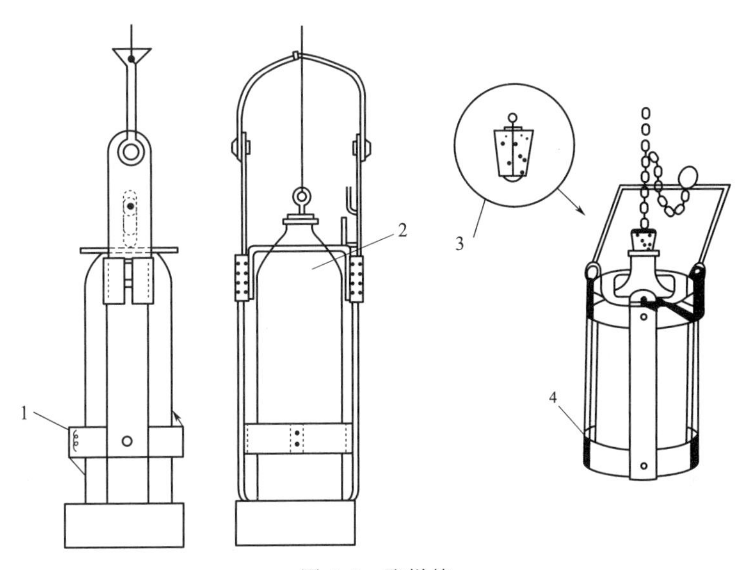

图2-2　取样笼

1—转动杯；2—取样瓶；3—软木塞详图；4—加重的瓶子保持架

② 加重取样器　加重取样器是一个底部加重（一般灌铅）并设有开启器盖机构的金属容器（见图2-3）。

③ 界面取样器　界面取样器由一根玻璃管、金属管或塑料管制成，当其在液体中降落时，液体能自由地流过，通过有关装置可以使其下端在要求的液面处关闭（见图2-4）。

④ 底部取样器　当它降落到罐底时，能通过与罐底板的接触打开阀或启闭器，而在离开罐底时又能关闭阀或启闭器（见图2-5）。

⑤ 沉淀物取样器（抓取取样器）　沉淀物取样器是一个带有抓取装置的坚固黄铜盒，其底部是两个由弹簧关闭的夹片组，取样器由吊缆放松，取样器顶上的两块轻质盖板可防止从液体中提升取样器时样品被冲洗出来（见图2-6）。

⑥ 重力管或撞锤管取样器　重力管或撞锤管取样器是加重的或者配备机械操纵装置的一根具有均匀直径的管状装置，以便穿透被取样的沉淀层。

⑦ 例行取样器　例行取样器是一个加重的或放在加重取样笼中的容器，只是在取样瓶口处安装有钻孔的软木塞或有开口的螺纹帽，以限制取样时的充油速度。通过在油品中降落

和提升时取得样品，不能保证在均匀速率下取样。

⑧ 全层取样器　全层取样器有液体进口和气体出口，通过在油品中降落和提升时取得试样，不能保证油品在均匀速率下充满，因此所取试样代表性稍差（见图 2-7）。

（2）桶和听取样器　从桶和听中取样，通常使用取样管（见图 2-8），取样管是一根由玻璃、金属或塑料制成的管子，可以插到油桶或汽车油罐车中所需要的液面处，从一个选择

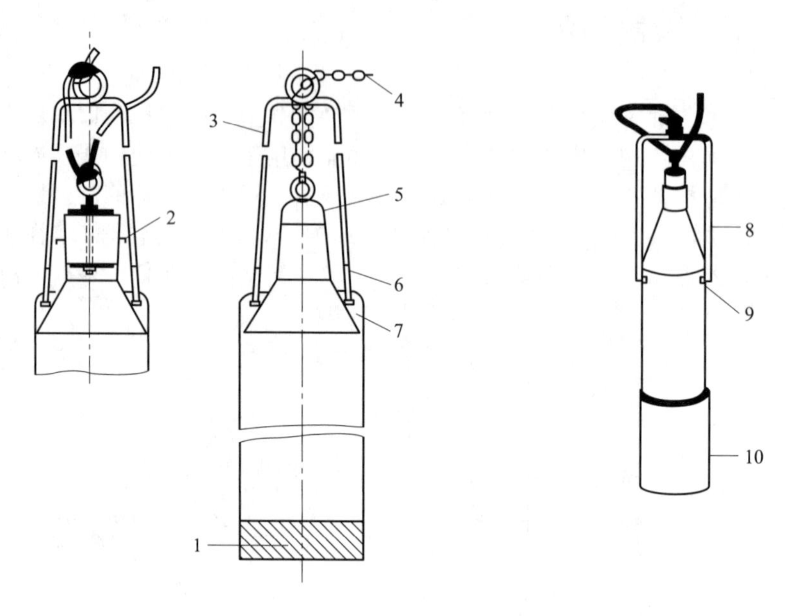

图 2-3　加重取样器

1—外部铅锤；2—加重器嘴；3—铜丝手柄；4—可防火花的绳或长链；5—紧密装配的锥形帽；6—黄铜焊接头；7,9—黄铜焊的耳状柄；8—铜丝手柄；10—铅板

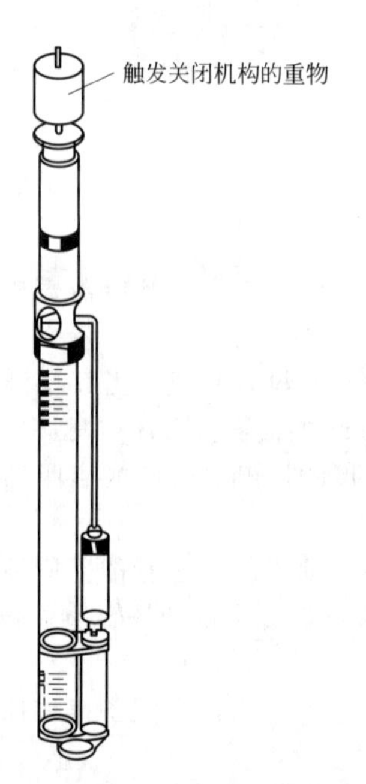

图 2-4　界面取样器

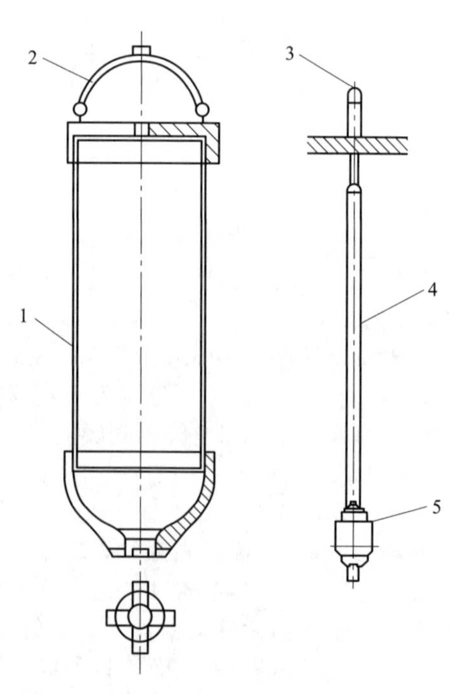

图 2-5　底部取样器

1—外壳；2—挂钩；3—放空提手；4—内芯；5—重物

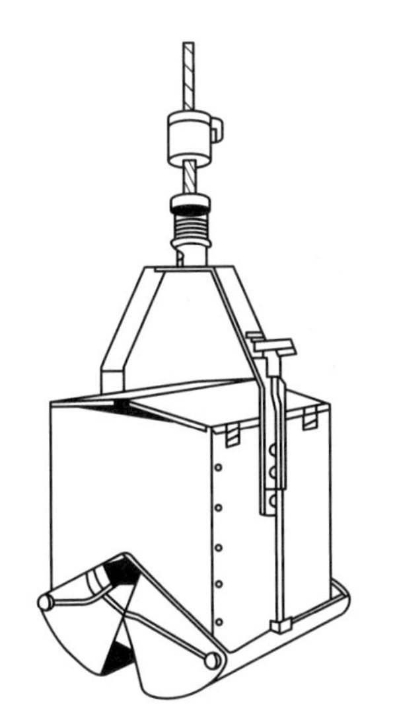

图 2-6　沉淀物取样器

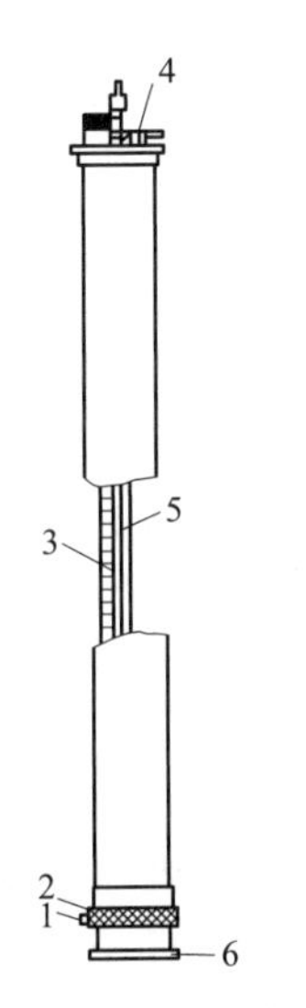

图 2-7　全层取样器

1—底座充油孔；2—夹紧底座的滚花的环；
3—温度计；4—扳倒开关；5—停止杆；6—接触线

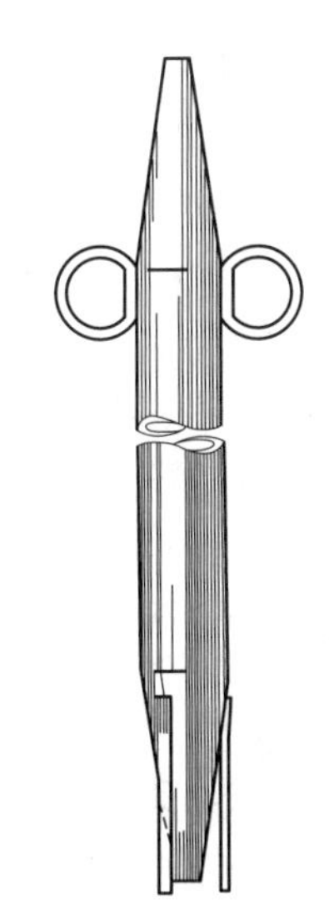

图 2-8　取样管

液面上采取点样或底部样；有时用于从液体的纵向截面采取代表性试样，在下端有关闭机构。

（3）管线取样器　管线取样器由管线取样头、隔离阀和输油管组成。取样头安装在竖直管线中，其开口直径应不小于 6mm。取样头的开口方向朝向液流方向，取样头的入口中心点要在大于管线内径的 1/4 处，取样头的位置离上游弯管的最短距离为 3 倍管线内径，但不要超过 5 倍管线内径，离下游弯管处的最短距离为 0.5 倍管线内径。如果取样头安装在水平管线中，则应安装在泵出口侧，取样头到泵出口的距离为 0.5～8 倍管线内径。输油管的长度应能达到试样容器底部，以便浸没充油。

2. 取样容器

试样容器是用于贮存和运送试样的接收器，不渗漏油品，能耐溶剂，具有足够的强度。常用玻璃瓶、塑料瓶、带金属盖的瓶或听，容量通常在 0.25～5L 之间，成品油销售过程中的样品容器一般使用茶色玻璃瓶，容量一般为 1L，常用以下几种。

（1）玻璃瓶　配软木塞、玻璃塞、塑料或金属螺旋相（有耐油垫片）等。对光敏感的油品，用深色玻璃瓶；挥发性液体不应使用软木塞。

（2）油听　用镀锌铁皮冲压制成，接缝或焊缝用松香焊剂在油听外表面焊接。油听用带耐油垫片的螺旋帽封闭，垫片使用一次后就应更换。

（3）塑料瓶　用高密度聚乙烯或聚四氟乙烯制成的厚壁未着色的塑料瓶在不影响油品被测性质时可用于取样，但不能用非线性聚乙烯材料制成的塑料容器，以免引起试样污染或试样容器损坏。

3. 取样用具

（1）防护手套　为不溶于烃类物质的材质制成。

（2）眼罩或面罩　防止石油产品飞溅伤害。

（3）防爆手电　取样照明用。

（4）取样绳　为导电、不打火花材料制成的绳或链。不能完全由人造纤维制造，最好用天然纤维（如马尼拉麻、剑麻）制作。

（5）废油桶　作为冲洗或排放取样器剩余油样的专用设施。

三、样品处理与保存

1. 样品处理

样品处理是指在样品取出点到分析点或贮存点之间对样品的均化、转移等过程。样品处理要保证保持样品的性质和完整性。

含有挥发性物质的油样应使用初始样品容器直接送到试验室，不能随意转移到其他容器中，如必须就地转移，则要冷却和倒置样品容器；具有潜在蜡沉淀的液体在均化、转移过程中要保持一定的温度，防止出现沉淀；含有水或沉淀物的不均匀样品在转移或试验前一定要均化处理。手工搅拌均化不能使其中的水和沉淀物充分地分散，常用高剪切机械混合器和外部搅拌器循环的方法均化试样。

2. 试样的保存

（1）试样保存数量　液体石油产品一般为 1L。

（2）试样保留时间　燃料油类（汽油、煤油、柴油等）保存 3 个月；润滑油类（各种润滑油、润滑脂及特殊油品等）保存 5 个月；有些样品的保存期由供需双方协商后可适当缩短或延长。

试样在整个保存期间应保持签封完整无损，超过保存期的样品由试验室适当处置。

（3）采取的试样要分装在两个清洁干燥的瓶子里。第 1 份试样送往试验室分析用，第 2 份试样留存发货人处，供仲裁试验使用。仲裁试验用样品必须按规定保留一定的时间。

（4）试样容器应贴上标签，并用塑料布将瓶塞瓶颈包裹好，然后用细绳捆扎并铅封。标签上的记号应是永久的，应使用专用的记录本作取样详细记录。

标签一般填写如下项目：

取样地点；取样日期；取样者姓名；石油或石油产品的名称和牌号；试样所代表的数量；罐号、包装号（和类型）、船名等；被取试样的容器的类型和试样类型（例如上部样、平均样、连续样）。

四、安全要点

（1）综述

① 应使取样人员知道取样工作中的潜在危险，并遵守安全注意事项的规定。

② 应严格遵守包括进入危险区域的全部安全规程。

③ 在取样期间应注意避免吸入石油蒸气，戴上不溶于烃类的保护手套。在有飞溅危险的地方，应带上眼罩或面罩。在处理含硫原油时，应附加必要的注意事项。

（2）设备

① 降落取样器具用的绳子应是导电体。它不得完全用人造纤维制造，最好用天然纤维。

② 用于可燃性气体的便携式金属取样器应用不打火花的材料制成。

③ 用于电分级区域的照明灯和手电筒应是被批准的形式。

④ 为了防护与被取样物料有关的全部已知危险，取样者应穿戴上适当的衣服和装备。

（3）取样点

① 取样点应能够以安全的方法取得样品。与取样有关的任何潜在危险都应清楚地注明，并建议安装压力表。

② 应由主管人员经常保养和定期检查取样点和取样设备，并记录检查结果。

③ 到取样点的安全通路应有充足的光线。保持路梯、楼梯、平台和栏杆在结构上的安全状态，并由主管人员定期检查。

④ 设备上的任何泄漏或故障都应立即向主管人员报告。

⑤ 取样时，应注意避免吸入石油蒸气。

（4）静电

① 取样时，为防止打火花，在整个取样过程中应保持取样导线牢固接地，接地方法一是直接接地，一是与取样口保持牢固的接触。

② 在可能存在易燃气体的区域不得穿能打火的鞋。建议在干燥地区不要穿胶鞋。

③ 应穿防静电的衣服，不得穿人造纤维制品的衣服。

④ 在大气电干扰或冰雹暴风雨期间不得进行取样。

⑤ 为了使人体上的静电荷接地，在取样前，取样者应接触距离取样口至少1m远的某个导电部件。

思考与交流

1. 简述点样的概念及分类。
2. 简述代表性试样的概念及分类。
3. 取样用具有哪些？
4. 如何做好取样安全防护准备？

【课程思政】

黑龙江伊春坠机事故案例

2010年8月24日21时38分08秒，河南航空有限公司执行哈尔滨至伊春的VD8387班次定期客运航班任务在黑龙江省伊春市林都机场30号跑道进近时距离跑道690米处坠毁，部分乘客在坠毁时被甩出机舱，造成44人遇难，52人受伤，直接经济损失30891万元。该事故属可控飞行撞地，事故原因一是机长违反河南航空《飞行运行总手册》的有关规定，在低于公司最低运行标准的情况下，仍然实施进近；二是飞行机组违反民航局《大型飞机公共航空运输承运人运行合格审定规则》的有关规定，在飞机进入辐射雾、未看见机场跑道、没有建立着陆所必需的目视参考的情况下，仍然穿越最低下降高度实施着陆；三是飞行机组在飞机撞地前出现无线电高度语音提示，且未看见机场跑道的情况下，仍未采取复飞措施，继续盲目实施着陆，导致飞机撞地。

任务实施

操作　油品取样

一、实施目的

1. 认识从立式油罐中采取液体石油产品取样（GB/T 4756）的工具及方法。
2. 能够从立式油罐采取液体石油产品点样及组合样。
3. 熟悉液体石油产品取样的注意事项和安全知识。

二、仪器材料

取样瓶（1L）或加重取样器（1L）；取样绳；试样容器（1L）；废油桶（10L）；吹风机；防爆手电。

三、所用试剂

煤油或柴油。

四、准备工作

1. 与炼油厂油品车间或校办实习工厂联系取样事宜，制定取样程序。

2. 选定取样油罐，确定是否可以进行取样操作，一般取样时间为作业（完成转移或装罐）后的 30min。

3. 穿戴好安全防护装备（防护手套、防静电工作服、不打火花的鞋；在有飞溅危险的地方，要戴眼罩或面罩）。

4. 准备好取样仪器，将试样瓶洗涤干净，用吹风机干燥，并贴好标签。

五、实施步骤

1. 采取点样

(1) 采取顶部样　站在上风口，保持取样导线牢固接地，打开计量孔（检尺口）盖，小心降落不盖塞子的取样器，直到其颈部刚刚高于液体表面，再突然地将取样器降到液面下 150mm 处，当气泡停止冒出表示取样器充满时，将其提出。打开试样容器，向其倒入油样冲洗至少一次，倒入废油桶中；再向其倒入 500mL 油样作为试样，将取样器中剩余油样倒入废油桶中，即为顶部样。

(2) 采取上部样　站在上风口，将取样器的塞子盖好，保持取样导线牢固接地，打开计量孔盖，用取样绳沿检尺槽将取样器口部降落到距顶液面 1/6 处，拉动采样绳，打开取样器盖，静止片刻（或观察到液面气泡消失为止），在该液面深度处保持取样器直到充满为止，将其提出。打开试样容器，向其中倒入油样冲洗至少一次，倒入废油桶中；再向其中倒入 500mL 油样作为试样，将取样器中剩余油样倒入废油桶中，即为上部样。

(3) 采取中部样和下部样　按上述方法，在取样器口部降落到距顶液面 1/2 和 5/6 处，取得中部样和下部样。

2. 采取组合样　按步骤 1 所介绍的方法，依次采取上部样、中部样和下部样，再分别将采取的油样向 1L 试样容器中倒入近 300mL 油样，3 份油样等比例混合后，即为此油罐的组合样。注意保证试样容器留有至少 10%用于膨胀的无油空间，以便使油样充分混合。

3. 整理仪器　取样完毕，盖好检尺口盖，整理好取样绳和试样容器，将油样带离油罐区。

4. 封存试样　根据封存或化验要求，取样要充足，并做好油品状态标识。对于留存备用的试样，要贴好标识，标明取样地点、取样日期、石油或石油产品的名称和牌号、试样所代表的数量、罐号、试样的类型等，并保持封签完整。

六、注意事项

1. 在油罐区及装置区取样应在当班操作工陪同下进行。

2. 严格遵守取样安全规定。

3. 采取不同液面试样时，要从上到下依次取样，以避免搅动下面的液体。

七、任务实施报告

1. 按规范要求写好任务名称、实施目的、仪器材料、所用试剂、实施步骤、注意事项、取样记录（包括所取油样的名称、取样地点、状态、颜色、气味）等。

2. 按实物绘出液体取样器的示意图。

任务评价

序号	考核项目	评分要素	配分	评分标准	扣分	得分	备注
1	石油和液体石油取样	安全防护装备穿戴	10	不符合要求,扣 10 分			
2		取样仪器是否清洁,相关标签是否贴好	5	不符合要求,扣 5 分			
3		采样是否从上到下,避免搅动下面的液体	10	不符合要求,扣 10 分			
4		点样位置的准确性	15	不符合要求,扣 15 分			
5		取样导线是否接地	10	不符合要求,扣 10 分			
6		取样过程中取样器是否进行正确冲洗	10	不符合要求,扣 10 分			
7		组合样的比例是否正确,油样是否充分混合	10	不符合要求,扣 10 分			
8		取样是否经过充分静置	10	不符合要求,扣 10 分			
9		取样结束仪器是否进行整理	10	不符合要求,扣 10 分			
10		标签和标识是否正确,封签是否完整	10	不符合要求,扣 10 分			

考评人：　　　　分析人：　　　　时间：

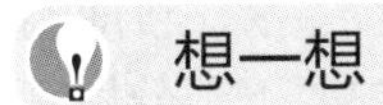

想一想

液化石油气取样器为什么需要定期进行气密性检查?

任务三　其他油品取样

任务要求

1. 固体半固体石油产品的取样；
2. 石油沥青的取样；
3. 液化石油气取样。

一、固体和半固体石油产品的取样

石油产品中固体和半固体产品的取样方法执行 SH/T 0229《固体和半固体石油产品取样法》。

1. 取样工具

① 采取膏状或粉状石油产品试样时，使用螺旋形钻孔器或活塞式钻孔器，其长度有 400mm 和 800mm 两种，前者用于在铁盒、白铁桶或袋子中取样，后者用于在大桶或鼓形桶中取样。在活塞式钻孔器的下口，焊有一段长度与口部直径相等的金属丝。

② 采取固体石油产品试样时，则使用刀子或铲子。

2. 取样要求

① 根据分析任务确定合适的取样量。

② 取样前用汽油或其他溶剂油洗涤工具和容器，待干燥后使用，保证取样工具和容器清洁。

③ 用来掺和成一个平均试样时，允许用同一件取样器或钻孔器取样，这件工具在每次取样前不必洗涤。

3. 取样方法

（1）膏状石油产品的取样 小容器中的膏状石油产品，其取样件数一般按包装容器总件数的 2%（但不应少于 2 件）采取试样，取出试样以相等体积掺和成一份平均试样。车辆运载的大桶、木箱或鼓形桶中的膏状石油产品，按总件数的 5%采取平均试样。

取样时先将抽取的执行取样容器的顶部或盖子打开，擦净顶部或盖子，取下的顶盖表面朝上，放在包装容器旁边。然后，从润滑脂表面刮掉直径 200mm、厚度约 5mm 的脂层。

用螺旋形钻孔器采取试样时，将钻孔器旋入润滑脂内，使其通过整个脂层一直达到容器底部，然后取出钻孔器，用小铲将润滑脂取出。若用活塞式钻孔器采取试样，将钻孔器插入润滑脂内，使其通过整个脂层一直达到容器底部，然后将钻孔器旋转 180°，使钻孔器下口的金属丝切断试样，取出钻孔器，用活塞挤出试样。但在大桶或木箱中取样时，应先弃去钻孔器下端 5mm 的脂层。

从每个取样容器中，采取相等数量试样，将其装入一个清洁而干燥的容器里，用小铲或棒搅拌均匀（不要熔化）。注意取出试样后，用盖子盖好盛放油样的容器。

（2）可熔性固体石油产品取样 装在容器中的可熔性固体石油产品，其取样件数一般按包装容器总件数的 2%（但不应少于两件）采取试样。取出的试样要以大约相等的体积制成一份平均试样。

取样时，打开桶盖或箱盖（方法同前），从石油产品表面刮掉直径 200mm、厚度约 10mm 的一层，利用灼热的刀子割取一块约 1kg 的试样。从每块试样的上、中、下部分别割取 3 块体积大约相等的小块试样；将割取的小块试样装在一个清洁、干燥的容器中，由实验室进行熔化，注入铁模。

从散装用模铸成的可熔性固体石油产品采取试样时，在每 100 件中，采取的件数不应少于 10 件，未经模铸的产品，要在每吨中采取一块样品（总数不少于 10 块）。从不同的位置选取一些大小相同的块料作为试样，再从每块试样的不同部分割 3 块体积大致相等的小块试样装在一个容器中，交给试验室去熔化，搅拌均匀后注入铁模。

（3）粉末状石油产品取样 包装中的粉末状石油产品，其取样件数一般按袋子总件数的 2%或按小包总件数的 1%（但不应少于两袋或两包）采取试样，取出的试样要以相等体积掺成一份平均试样。

从袋子或小包中取样时，将钻孔器插入石油产品内，使钻孔器通过整个粉层，将取出的试样装入一个清洁、干燥的容器中，搅拌均匀。随后，将袋或包的缺口密封。

（4）散装不熔性固体石油产品取样 不熔性固体石油产品在成堆存放或在装车和卸车时，按下述规定用铲子采取试样。

① 用机械传送时，要按送料斗数的 20%取样；

② 用车辆运输时，要按车辆的 10%取样；

③ 用手推车或肩挑运送时，要按车数或挑数的 2%取样。

取出的试样要以大约相等的数量掺成一份平均试样。不允许用手任意选取几块固体石油产品作为试样。目视大于 250mm 的块料，不能作为试样。将取出的试样装入一个箱子里，拌匀后用盖子盖好。在 24h 内将试样捣碎成不大于 25mm 的小块。将试样捣碎，执行四分法直至试样质量达到 2～3kg 为止。

（5）散装可熔性固体石油产品 取样散装可熔性固体石油产品，按如下方法获取平均试样。

首先，在一批产品中从不同位置选取一些大小相同的块料作为试样。用模铸成的石油产品，每 100 件中采取的件数不应少于 10 件；未经模铸的石油产品，每吨中采取 1 块试样，取出的块数不应少于 10 块。

其次，从每块试样的不同部分割 3 块体积大约相等的小块试样。

最后，将取出的试样装在一个容器中，交给试验室去熔化，搅拌均匀后注入铁模内。

4. 试样保管

① 膏状石油产品试样，应分装在两个清洁、干燥的牛皮纸袋或玻璃罐中。一份试样作为分析试验用，另一份试样留在发货人处保存两个月，供仲裁试验时使用。

② 装有试样的玻璃罐要用盖子盖严，可用牛皮纸或羊皮纸封严。

③ 在每个装有试样的玻璃罐或纸包上，用叠成两折的细绳固定在贴上标签的地方，细绳的两个绳头要用火漆或封蜡黏在塞子上，盖上监督人的印戳。标签必须写明：产品名称和牌号；发货工厂名称或油库名称；取样时货物的批号或车、铁盒、大桶和运输等编号；取样日期；石油产品的国家标准、行业标准或技术规格的代号。

二、石油沥青的取样

石油沥青作为一类产品具有特殊性，其取样方法执行 GB/T 11147—2010《石油沥青取样》。

1. 取样量

① 液体沥青样品量常规检验样品从桶中取样为 1L，从贮罐中取样为 4L。

② 固体或半固体沥青样品取样量为 1～1.5kg。

2. 盛样器

① 液体沥青或半固体沥青盛样器使用具有密封盖的金属容器，乳化石油沥青可用聚乙烯塑料桶。

② 固体沥青盛样器应为带盖的桶，也可用有可靠外包装的塑料袋。

3. 取样方式

（1）从沥青贮罐或桶中取样

① 从无搅拌设备的贮罐中取样，应先关闭进料阀和出料阀，然后取样。用沥青取样器在液层的上、中、下位置（液面高各 1/3 等分，但距罐底不得小于液面高的 1/6）各取样 1～4L，经充分混合后，留取 1～4L 进行相关分析检验。

② 从有搅拌设备的罐中取样，需经充分搅拌后由罐中部取样。

③ 大桶包装则按随机取样要求，选出若干件，经充分混合后，从中取 1L 液体沥青样品。

（2）从槽车、罐车、沥青撒布车中取样　当车上设有取样阀或顶盖时，可从取样阀或顶盖处取样。从取样阀取样至少应先放掉 4L 沥青后取样；从顶盖处取样时，用取样器从该容器中部取样；从出料阀取样时，应在出料至约 1/2 时取样。

（3）从油轮中取样　在卸料前取样同罐中取样；在装料或卸料中取样时，应在整个装卸过程中，时间间隔均匀地取至少 3 个 4L 样品，将其充分混合后再从中取出 4L 备用；从容量 $4000m^3$ 或稍小的油轮中取样时，应在整个装料或卸料中，时间间隔均匀地取至少 5 个样品（容量大于 $4000m^3$ 时，至少取 10 个 4L 样品），将这些样品充分混合后，再从中取出 4L 备用。

（4）半固体或未破碎的固体沥青取样　从桶、袋、箱中取样应在样品表面以下及容器侧面以内至少 5cm 处采取。若沥青是能够打碎的，则用干净的适当工具打碎后取样；若沥青是软的，则用干净的适当工具切割取样。

当能确认是同一批生产的产品时，应随机取出一件按上述取样方式取 4kg 供检验用；当上述取出样品经检验不符合规格要求或者不能确认是同一批生产的产品时，则须按随机取样的原则，选出若干件后再按上述规定的取样方式取样。每个样品的质量应不少于 0.1kg，这样取出的样品，经充分混合后取出 4kg 供检验用。

(5) 碎块或粉末状的固体沥青取样　若为散装贮存的沥青，应按 SH/T 0229—92(2004)《固体和半固体石油产品取样法》所规定的方法取样和准备检验用样品，总样量应不少于 25kg，再从中取出 1～1.5kg 供检验用；若是装在桶、袋、箱中的沥青，则按随机取样的原则挑选出若干件，从每一件接近中心处取至少 0.5kg 样品。这样采集的总样量应不少于 20kg，然后按 SH/T 0229—92(2004) 中规定方法，在 24h 内将试样捣碎成不大于 25mm 的小块，执行四分法直至试样质量达到 1～1.5kg 为止。

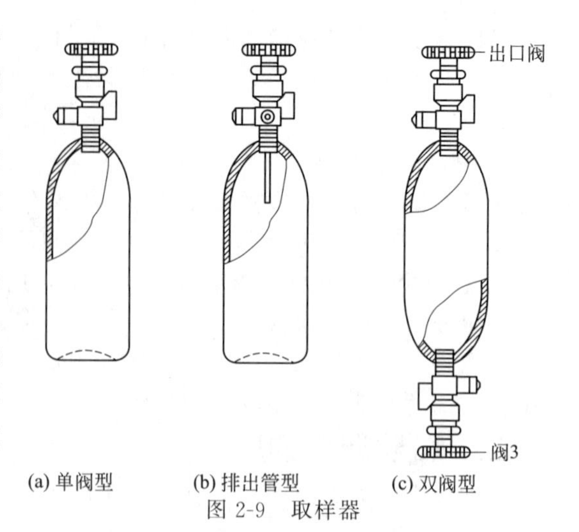

图 2-9　取样器

三、液化石油气取样

液化石油气取样器用不锈钢制成，能耐压 3.1MPa 以上，要求定期进行约 2.0MPa 气密性检查。常见取样器类型见图 2-9，大小可按试验需要确定。图 2-10 是取样器连接示意图（以单阀型为例），取样器用铜、铝、不锈钢或尼龙等材料制成的软管与取样管连接，并通过产品源控制阀（阀 1）、取样管排出控制阀（阀 2）和入口控制阀（阀 3）三个控制阀控制取样。

1. 取样方法

(1) 准备工作

① 取样器的选择。按试验所需试样量，选择清洁、干燥的取样器。对于单阀型取样器，应先称出其质量。

② 取样管的冲洗。如图 2-10 所示，连接好阀 3 与取样管，关闭阀 1、阀 2 和阀 3，然后依次打开产品源取样阀、阀 1 和阀 2，用试样冲洗取样管。

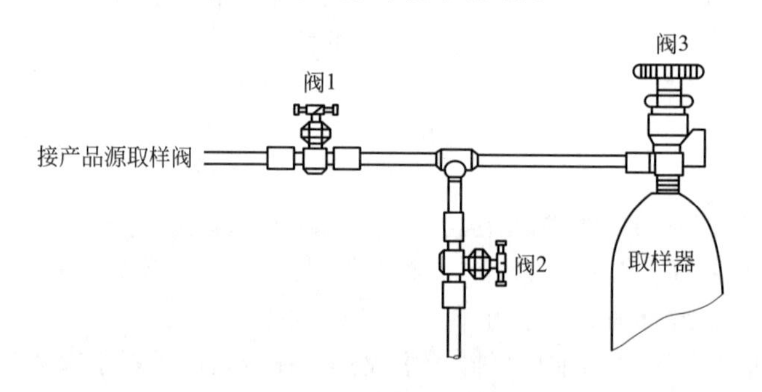

图 2-10　取样器连接示意（单阀型）

单阀型取样器的冲洗：冲洗取样管后，先关闭阀 2，再打开阀 3，让液相试样部分充满取样器，然后关闭阀 1，打开阀 2，排出一部分气相试样，再颠倒取样器，让残余液相试样通过阀 2 排出，重复上述冲洗操作至少 3 次。

双阀型取样器的冲洗：将其置于直立位置，取样器出口阀在顶部［见图 2-9(c)］，当取样管冲洗完毕后，关闭阀 2 和阀 3，再打开阀 1，然后缓慢打开阀 3 和出口阀，让液位试样部分充满容器，关闭阀 1，从出口阀排出部分气相试样后，关闭出口阀，打开阀 3 排出液相试样的残余物，重复此冲洗操作至少 3 次。

(2) 取样　当最后一次冲洗取样器的液相残余物排完后，立即关闭阀 2，打开阀 1 和阀

3，使液相试样充满容器，再关闭阀3、出口阀和阀1，然后打开阀2，待完全卸压后，拆卸取样管。调整取样量，排出超过取样器容积80%的液相试样。对于非排出管型的取样器采用称重法；对于排出管型的取样器，采用排出法。

（3）泄漏检查　在排出规定量的液体后，把容器浸入水浴中检查是否泄漏，在取样期间，如发现泄漏，则试样报废。

（4）试样保管　试样应尽可能置于阴凉处存放，直至所有试验完成为止，为了防止阀的偶然打开或意外碰坏，应将取样器放置于特制的框架内，并套上防护帽。

2. 注意事项

① 避免从罐底取样。混合的液化石油气所采得的试样只能是液相。

② 如果贮罐容积较大，在取样前可先使样品循环至均匀；在管线采取流动状态试样时，管线内的压力应高于其蒸气压力，以避免形成两相。

③ 避免液化石油气接触皮肤，要戴上手套和防护眼镜，避免吸入蒸气。

④ 液化石油气排出装置会产生静电，在采样前直至采样完，设备应接地或与液化石油气系统连接。

⑤ 清洗取样器和排出取样器内样品期间，处理废液及蒸气时要注意安全。排放点必须有安全设施并遵守安全及环保规定。

思考与交流

简述液化石油气的取样方法。

项目小结

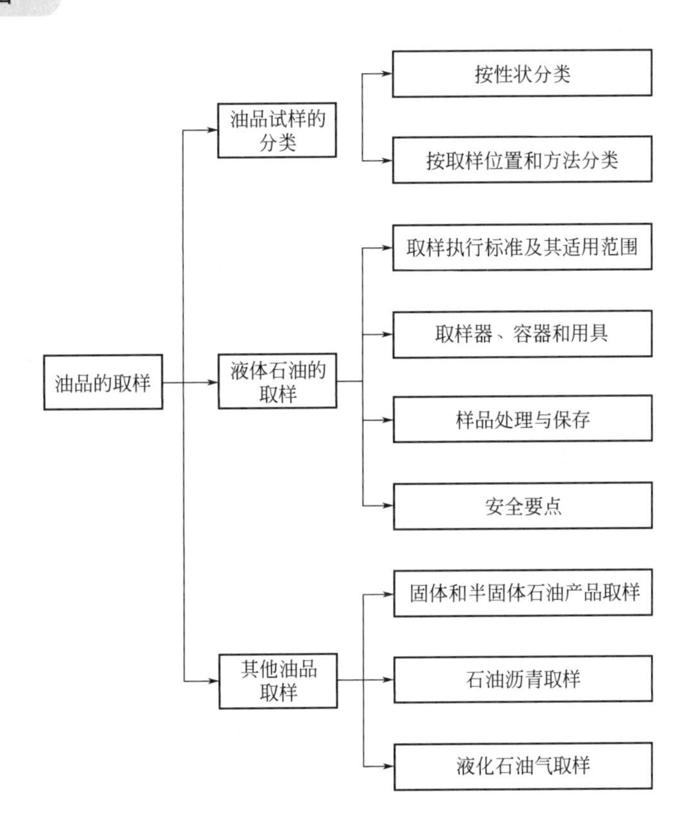

练一练测一测

1. 名词解释

(1) 点样　(2) 上部样　(3) 底部样
(4) 例行样　(5) 组合样　(6) 全层样

2. 判断题

(1) 降落取样器具用的绳子不应是导电体。( )
(2) 汽油样品保存的时间一般是一年以上。( )
(3) 当油罐内样品是静止状态时才能够进行取样操作。( )
(4) 对于原油和非均匀石油液体用半自动法所取试样的代表性较好。( )
(5) 取样器在一个方向上通过整体液面，使其充满液体时所取得的试样为全程样。( )
(6) 含有挥发性物质的油样应使用初始样品容器直接送到试验室，不能随意转移到其他容器中。( )
(7) 取样时应穿防静电的衣服，不得穿人造纤维制品的衣服。( )
(8) 从有搅拌设备的罐中取样，需经充分搅拌后由罐顶部取样。( )
(9) 点样的测定结果能够代表试样的整体性质。( )
(10) 采取单个试样越多，组合后试样的代表性越好，越有利于分析。( )
(11) 一般要求将采取的试样分为两份，一份用来分析，另一份则保存，以备仲裁分析。( )
(12) 全层样、例行样和组合样具有同等的代表性。( )

3. 填空题

(1)《石油液体手工取样法》的标准编号是（ ）。
(2) 油品组合样由若干个（ ）按（ ）合并而成。
(3) 常用来装试样的容器有（ ）、（ ）和聚四氟乙烯或高密度聚乙烯塑料瓶等。
(4) 液体试样容器容积一般为 0.25～5L，取样时不应完全装满试样，要至少留出（ ）用于膨胀的无油空间。
(5) 盛样容器应清洁、干燥并备有能密封的塞子，挥发性液体不应使用（ ）。
(6) 立式圆筒形油罐采用上部、中部和下部样方案组成组合样时，其体积比为（ ）。
(7) 对非均匀油品取样时，在多于 3 个液面上取一系列点样，然后按其代表的油品数量按（ ）掺和。
(8) 不熔性固体试样取样后应在 24h 内将试样捣碎成不大于 25mm 的小块。反复执行四分法，直到试样质量达到（ ）kg 为止。
(9) 液化石油气所采取的试样只能是（ ），而且要避免从容器底部取样。
(10) 液体沥青试样量，常规检验试样从桶中取样为（ ）L，从贮罐中取样为（ ）L。

4. 选择题

(1) 采液体油样，当需要采取上部、中部、下部试样时，应按（ ）顺序进行采样。
A. 上、中、下　B. 下、中、上　C. 中、下、上　D. 中、上、下
(2) 顶部样是指在石油或液体石油产品顶液面下（ ）mm 处所采取的试样。
A. 100　B. 120　C. 130　D. 150
(3) 底部样是指取样器降到油罐底部后，取样器（ ）位置所取到的全部样品。

A. 直立停在油罐底部　　B. 水平停在油罐底部

C. 离罐底 50mm　　D. 离罐底 100mm

(4) 油罐取样不安全因素是（　　）。

A. 取样绳是导电体　　B. 灯和手电筒是防爆型

C. 穿棉布衣服　　D. 任何条件下取样时间不能改变

(5) 取样口有有害气体溢出时，取样时要站在（　　）处。

A. 上风口　　B. 侧面　　C. 下风口　　D. 任何方向

(6) 按等比例合并上部样、中部样和下部样可得到（　　）。

A. 全层样　　B. 例行样　　C. 间歇样　　D. 组合样

(7) 液体石油产品的试样保存数量一般为（　　）。

A. 0.5L　　B. 1L　　C. 2L　　D. 10L

(8) 取样的试样容器应贴上标签，标签一般填写如下项目。（　　）

A. 取样地点、取样日期、取样者姓名

B. 石油或石油产品的名称和牌号、试样所代表的数量

C. 罐号、包装号（和类型）、船名等

D. 被取试样的容器的类型和试样类型（例如上部样、平均样、连续样）

E. 以上均是

(9) 以下说法不正确的是（　　）。

A. 降落取样器具用的绳子应是导电体。它用人造纤维制造。

B. 用于可燃性气体的便携式金属取样器应用不打火花的材料制成。

C. 用于电分级区域的照明灯和手电筒应是被批准的形式。

D. 为了防护与被取样物料有关的全部已知危险，取样者应穿戴上适当的衣服和装备。

(10) 在油品取样时，一般取样时间为完成转移或装罐的作业后（　　）。

A. 10min　　B. 20min　　C. 30min　　D. 40min

项目三
汽油分析

项目引导

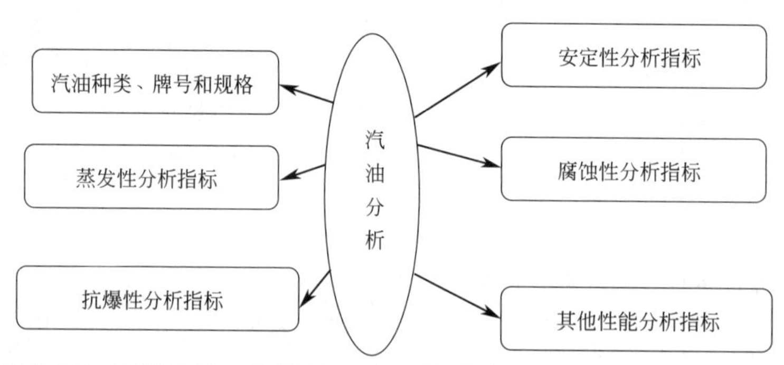

汽油的分析指标包括蒸发性、抗爆性、安定性、腐蚀性和其他性能分析指标，蒸发性分析指标包括馏程和饱和蒸气压测定，抗爆性分析指标包括辛烷值测定和抗爆指数计算，安定性分析指标包括溶剂洗胶质含量和诱导期测定，腐蚀性分析指标包括铜片腐蚀、硫含量、硫醇硫含量、博士试验以及水溶性酸或碱测定，其他分析指标包括密度、机械杂质、苯含量、芳烃及烯烃含量、氧含量、溴价、铅含量、痕量氮、紫外荧光硫、锰含量、铜含量、铁含量、苯和甲苯、醇类和醚类、C6-C9 芳烃测定。车用汽油和车用乙醇汽油（E10）的主要技术要求的意义和检验方法均相同，本项目各项分析指标中以车用汽油为例进行介绍。

想一想

1. 加油站汽油的牌号有哪些？
2. 不同牌号汽油的区别体现在哪些方面？

任务一　认识汽油的种类、牌号和规格

任务要求

1. 了解汽油的种类；

2. 熟悉汽油的牌号；

3. 掌握汽油的规格标准。

一、汽油种类

汽油是沸点范围为30～205℃，是可以含有适当添加剂的精制石油馏分，主要用作汽油机燃料，如摩托车、轻型汽车、快艇、小型发电机及活塞式发动机飞机等的汽油机。

目前，我国汽油按组成和用途不同分为车用汽油、车用乙醇汽油和航空活塞式发动机燃料（原称航空汽油）三种。

二、汽油牌号

车用汽油（Ⅲ）和车用汽油（Ⅳ）按研究法辛烷值划分为90号、93号和95号三个牌号；车用汽油（Ⅴ）按研究法辛烷值划分为89号、92号、95号和98号四个牌号；车用乙醇汽油（E10）同样按研究法辛烷值划分牌号，有90号、93号、95号和97号四个牌号。车用乙醇汽油（E10）是在不添加含氧化合物（含氧添加剂）的液体烃类中加入一定量的变性燃料乙醇后的点燃式发动机燃料。加入变性燃料乙醇的体积分数为10.0%，故称为E10。航空活塞式发动机燃料按马达法辛烷值分为75号、95号和100号三个牌号，其代号分别为RH-75、RH-95/130和RH-100/130。其中，R代表石油燃料类，H代表航空汽油，130表示品度值。

RH-75航空燃料用于轻负荷、低速活塞式航空发动机，RH-95/130和RH-100/130用于有增压器的重负荷、高速活塞式航空发动机。活塞式航空发动机在高空工作时，因空气稀薄，气缸吸入空气量减少，功率下降，并且受螺旋桨效率的限制，飞机的飞行速度很难超过900km/h，因此已不再发展，目前国内航空活塞式发动机燃料只占汽油产品比例的很小部分。

三、汽油的规格

1. 汽油规格标准

目前，我国车用汽油有效的国家标准有GB 17930—2016《车用汽油》和GB 18351—2017《车用乙醇汽油》两个。此外，按环保要求严格程度不同，各地还制定有相应的地方性标准，例如，北京市地方标准DB 11/238—2012《车用汽油》、深圳经济特区技术规范SZJG 12—2010《含清净剂车用汽油》等。航空活塞式发动机燃料执行的国家标准是GB 1787—2018《航空活塞式发动机燃料》。

2. 车用汽油技术要求

为加强机动车污染物排放的限制，配合我国环境保护法规的同步实施，迅速实现汽油向高清洁、环保型转变，我国汽油升级换代步伐不断加快，分别于2006年、2011年、2013年和2016年对GB 17930—1999《车用汽油》进行四次修改，表3-1至表3-3简要介绍车用汽油（Ⅳ）、（Ⅴ）、（ⅥA）的技术要求和试验方法。

表3-1　车用汽油（Ⅳ）的技术要求和试验方法

项目		质量指标			试验方法
		90	93	97	
抗爆性：					
研究法辛烷值(RON)	不小于	90	93	97	GB/T 5487
抗爆指数(RON+MON)/2	不小于	85	88	报告	GB/T 503 GB/T 5487
铅含量[a]/(g/L)	不大于	0.005			GB/T 8020

续表

项　目		质量指标			试验方法
		90	93	97	
馏程：					GB/T 6536
10%蒸发温度/℃	不高于	70			
50%蒸发温度/℃	不高于	120			
90%蒸发温度/℃	不高于	190			
终馏点/℃	不高于	205			
残留量(体积分数)/%	不大于	2			
蒸气压/kPa：					GB/T 8017
11月1日至4月30日	不大于	42～85			
5月1日至10月31日	不大于	40～68			
胶质含量/(mg/100mL)：					GB/T 8019
未洗胶质含量/加入清净剂前	不大于	30			
溶剂洗胶质量	不大于	5			
诱导期/min	不小于	480			GB/T 8018
硫含量/(mg/kg)	不大于	50			SH/T 0689
硫醇(满足小列指标之一,即判断为合格)：					
博士试验		通过			NB/SH/T 0174
硫醇硫含量(质量分数)/%	不大于	0.001			GB/T 1792
铜片腐蚀(50℃,3h)/级	不大于	1			GB/T 5096
水溶性酸或碱		无			GB/T 259
机械杂质及水分		无			目测[b]
苯含量(体积分数)/%	不大于	1.0			SH/T 0713
芳烃含量(体积分数)/%	不大于	40			GB/T 11132
烯烃含量(体积分数)/%	不大于	28			GB/T 11132
氧含量(质量分数)/%	不大于	2.7			NB/SH/T 0663
甲醇含量[a](质量分数)/%	不大于	0.3			NB/SH/T 0663
锰含量[c]/(g/L)	不大于	0.008			SH/T 0711
铁含量[a]/(g/L)	不大于	0.01			SH/T 0712

[a] 车用汽油中，不得人为加入甲醇以及含铅或含铁的添加剂。

[b]将试样注入100mL玻璃量筒中观察，应当透明，没有悬浮和沉降的机械杂质和水分。在有异议时，以GB/T 511和GB/T 260测定结果为准。

[c]锰含量是指汽油中以甲基环戊二烯三羰基锰形式存在的总锰含量，不得加入其他类型的含锰添加剂。

表3-2　车用汽油（Ⅴ）的技术要求和试验方法

项　目		质量指标			试验方法
		89	92	95	
抗爆性：					
研究法辛烷值(RON)	不小于	89	92	95	GB/T 5487
抗爆指数(RON+MON)/2	不小于	84	87	90	GB/T 503 GB/T 5487
铅含量/(g/L)	不大于	0.005			GB/T 8020
馏程：					GB/T 6536
10%蒸发温度/℃	不高于	70			
50%蒸发温度/℃	不高于	120			
90%蒸发温度/℃	不高于	190			
终馏点/℃	不高于	205			
残留量(体积分数)/%	不大于	2			

续表

项　目		质量指标			试验方法
		89	92	95	
蒸气压/kPa： 11月1日至4月30日 5月1日至10月31日	 不大于 不大于	 45～85 40～65[b]			GB/T 8017
胶质含量/(mg/100mL)： 未洗胶质含量/加入清净剂前 溶剂洗胶质量	 不大于 不大于	 30 5			GB/T 8019
诱导期/min	不大于	480			GB/T 8018
硫含量/(mg/kg)	不大于	50			SH/T 0689
硫醇(博士试验)		通过			NB/SH/T 0174
铜片腐蚀(50℃,3h)/级	不大于	1			GB/T 5096
水溶性酸或械		无			GB/T 259
机械杂质及水分		无			目测[c]
苯含量(体积分数)/%	不大于	1.0			SH/T 0713
芳烃含量(体积分数)/%	不大于	40			GB/T 11132
烯烃含量(体积分数)/%	不大于	28			GB/T 11132
氧含量(质量分数)/%	不大于	2.7			NB/SH/T 0663
甲醇含量[a](质量分数)/%	不大于	0.3			NB/SH/T 0663
锰含量[d]/(g/L)	不大于	0.008			SH/T 0711
铁含量[a]/(g/L)	不大于	0.01			SH/T 0712
密度(20℃)/(kg/m³)		720～775			GB/T 1884 GB/T 1885

[a] 车用汽油中，不得人为加入甲醇以及含铅或含铁的添加剂。

[b] 广东、海南全年执行此项要求。

[c] 将试样注入100mL玻璃量筒中观察，应当透明，没有悬浮和沉降的机械杂质和水分，在有异议时，以GB/T 511和GB/T 260测定结果为准。

[d] 锰含量是指汽油中以甲基环戊二烯三羰基锰形式存在的总锰含量，不得加入其他类型的含锰添加剂。

表 3-3　车用汽油（ⅥA）的技术要求和试验方法

项　目		质量指标			试验方法
		89	92	95	
抗爆性： 研究法辛烷值(RON) 抗爆指数(RON+MON)/2	 不小于 不小于	 89 84	 92 87	 95 90	 GB/T 5487 GB/T 503 GB/T 5487
铅含量[a]/(g/L)	不大于	0.005			GB/T 8020
馏程： 10%蒸发温度/℃ 50%蒸发温度/℃ 90%蒸发温度/℃ 终馏点/℃ 残留量(体积分数)/%	 不高于 不高于 不高于 不高于 不大于	 70 110 190 205 2			GB/T 6536
蒸气压/kPa： 11月1日至4月30日 5月1日至10月31日		 45～85 40～65[b]			GB/T 8017

续表

项　目		质量指标			试验方法
		89	92	95	
胶质含量/(mg/100mL)：	不大于				GB/T 8019
未洗胶质含量/加入清净剂前		30			
溶剂洗胶质量		5			
诱导期/min	不大于	480			GB/T 8018
硫含量/(mg/kg)	不大于	10			SH/T 0689
硫醇(博士试验)		通过			NB/SH/T 0174
铜片腐蚀(50℃,3h)/级	不大于	1			GB/T 5096
水溶性酸或碱		无			GB/T 259
机械杂质及水分		无			目测[c]
苯含量(体积分数)/%	不大于	0.8			SH/T 0713
芳烃含量(体积分数)/%	不大于	35			GB/T 11132
烯烃含量(体积分数)/%	不大于	15			GB/T 11132
氧含量(质量分数)/%	不大于	2.7			NB/SH/T 0663
甲醇含量[a](质量分数)/%	不大于	0.3			NB/SH/T 0663
锰含量/(g/L)	不大于	0.002			SH/T 0711
铁含量[a]/(g/L)	不大于	0.01			SH/T 0712
密度(20℃)/(kg/m³)		720～775			GB/T 1884 GB/T 1885

[a] 车用汽油中，不得人为加入甲醇以及含铅，含铁和含锰的添加剂。

[b]广东、广西和海南全年执行此项要求。

[c]将试样注入 100mL，玻璃量筒中观察，应当透明，没有悬浮和沉降的机械杂质和水分，在有异议时，以 GB/T 511 和 GB/T 260 测定结果为准。

一些项目有多种试验方法，仲裁试验方法在国家标准中都有明确规定。

思考与交流

1. 我国汽油按组成和用途不同可分为几个种类？分别是什么？
2. 车用乙醇汽油为什么被称为 E10？

【课程思政】

节约能源，保护环境

资源是人类生存和发展的重要物质基础，石油是人类目前使用的主要能源之一，属于不可再生的资源，当前全球每日消耗的石油，在地质史上平均要大约 3700 年才能形成。不可再生能源的大量使用，导致空气污浊程度与日俱增。以牺牲自然资源为代价，换来的经济增长，并不是长远之计。当人类的生存环境受到威胁的时候，再多的经济收益也难以挽回曾经的大自然。节约能源、保护环境刻不容缓。我们要积极响应节能、减排、降耗的倡导，共建资源“节约型”、环境“友好型”社会。

想一想

1. 水是由什么组成的？汽油是由什么组成的？

2. 水是单一组成还是混合组成？汽油是单一组成还是混合组成？

3. 水的沸点在一个标准大气压下是多少摄氏度？汽油是否在标准大气压下有固定的沸点？

任务二　馏程分析

任务要求

1. 了解馏程测定意义；
2. 掌握馏程测定方法；
3. 熟悉馏程测定的注意事项。

馏程这项检测指标属于蒸发性分析指标。在一定的温度、压力下，汽油由液态转化为气态的能力，称为汽油的蒸发性（或称为汽化性）。汽油机是点燃式发动机，燃料在发动机中燃烧前，首先要与空气形成可燃性混合气，再由电火花点燃膨胀做功。因此，蒸发性是保证燃料燃烧稳定、完全的先决条件，是车用汽油的重要性质。据报道，汽车总排放污染物中烃类的排放量15%～20%来自燃料的蒸发损失，因此适度的蒸发性对环境保护也至关重要。车用汽油对蒸发性的质量要求是：保证能够充分燃烧，并使发动机在冬季易于启动，输油管在夏季不形成气阻。

在一定的压力下，纯液体的沸点是恒定的，与液体总量无关。石油产品是由多种烃类及烃类衍生物组成的复杂混合物，与纯液体不同，其沸点不是常数，而是一个由低到高的温度范围。油品在规定条件下蒸馏，从初馏点到终馏点这一温度范围称为馏程。通常，车用汽油的馏程用10%蒸发温度、50%蒸发温度、90%蒸发温度、终馏点和残留量来表示。

一、测定意义

车用汽油馏程各蒸发温度的高低，直接反映其轻重组分相对含量的多少，与其使用性能密切相关。

1. 10%蒸发温度

10%蒸发温度表示车用汽油中含低沸点组分（轻组分）的多少，它决定汽油低温启动性和形成气阻的倾向。汽油发动机启动时转速较低（一般为50～100r/min），吸入汽油量少，若10%蒸发温度过高，表明缺乏足够的轻组分，其蒸发性差，则冬季或冷车不易启动。因此，车用汽油规格中规定，10%蒸发温度不能高于70℃，如表3-4所示为汽油的10%蒸发温度与发动机能直接启动所允许的最低气温的实验数据。

表3-4　汽油10%蒸发温度与启动气温的关系

10%蒸发温度/℃	54	60	66	71	77	82	98	107
能直接启动的最低大气温度/℃	－21	－17	－13	－9	－6	－2	0	5

10%蒸发温度越低，发动机低温启动性越好。但10%蒸发温度也不能过低，否则轻组分过多，在炎热的夏季或低大气压下工作时，易在输油管内汽化形成气阻，中断燃料供应，影响发动机正常工作。

车用汽油只规定了10%蒸发温度的上限，其下限实际上是由蒸气压来控制的，一般认为车用汽油的10%蒸发温度不宜低于60℃。试验表明，若车用汽油的10%馏出温度分别为40℃、50℃、60℃、70℃时，相应开始产生气阻的温度为-13℃、7℃、27℃、47℃。

2. 50%蒸发温度

50%蒸发温度表示车用汽油的平均蒸发性，它直接影响发动机的加速性和工作平稳性，若50%蒸发温度低，汽油在正常温度下能迅速蒸发，可燃气体混合均匀，发动机加速灵敏，运转平稳。反之，50%蒸发温度过高，当发动机加大油门提速时，随供油量的急剧增加，部分汽油将来不及充分汽化，引起燃烧不完全，致使发动机功率降低，甚至突然熄火。为此，严格规定车用汽油50%蒸发温度不高于120℃。

3. 90%蒸发温度和终馏点

90%蒸发温度和终馏点表示车用汽油中高沸点组分（重组分）的多少，决定其在气缸中的蒸发完全程度，这两个温度过高，表明重组分过多，不易保证车用汽油在使用条件下完全蒸发及燃烧，导致气缸内积炭增多，排气冒黑烟，不仅增大油耗，降低发动机功率，使其工作不稳定，而且没完全汽化的重组分还会冲掉气缸壁的润滑油，进而流入曲轴箱，稀释润滑油，降低其黏度使其润滑性能变差，这些都将加剧机械磨损。因此，车用汽油严格限制90%蒸发温度不高于190℃，终馏点不高于205℃。试验表明，与使用终馏点为200℃的汽油相比，用终馏点为225℃和250℃的汽油，分别造成气缸磨损增大1倍、4倍，耗油量增加7%、40%。

4. 残留量

残留量反映车用汽油贮存过程中氧化生成胶质物质的相对量。随残留量的增大，气门、化油器喷管及电喷喷嘴被堵塞的机会增多，气缸内结焦量增多。因此，车用汽油限制残留量（体积分数）不大于2%。

二、测定方法

车用汽油馏程测定按GB/T 6536—2010《石油产品常压蒸馏特性测定法》进行。该标准试验方法适用于测定所有发动机燃料、石油溶剂油和轻质石油产品的馏程。蒸馏装置有手动蒸馏（采用燃气加热或电加热）和自动蒸馏。图3-1所示为采用电加热的手动蒸馏装置。

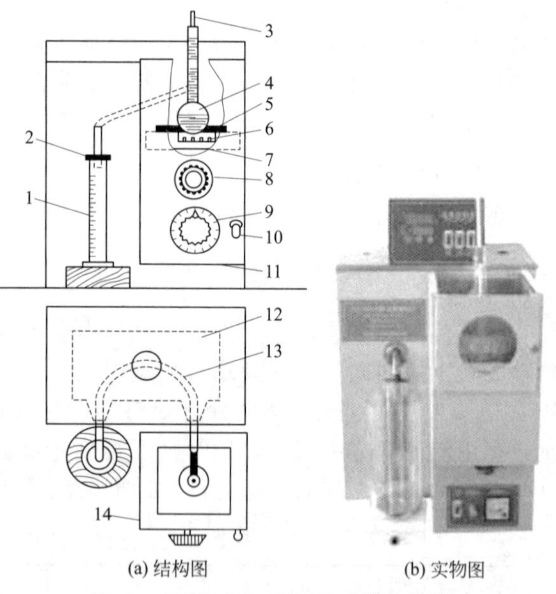

图3-1　采用电加热的手动蒸馏装置

1—量筒；2—吸水纸；3—温度计；4—蒸馏烧瓶；5—石棉板；6—电加热元件；7—蒸馏烧瓶支架平台；8—蒸馏烧瓶调节旋钮；9—热量调节盘；10—开关；11—无底罩；12—调压器；13—冷凝器；14—金属罩

蒸馏测定时，将100mL试样在规定的条件下进行蒸馏，系统观测并记录温度读数、冷凝液体积、残留量和损失，观测的温度读数需进行大气压修正，试验结果以蒸发体积分数或回收体积分数与对应温度作表或作图表示。蒸馏时，冷凝管末端滴下第一滴冷凝液时的校正温度计读数（经大气压校正后的温度计读数）称为初馏点。当馏出物体积分数为装入试样的10%、50%、90%时，蒸馏瓶内对应校正温度计读数分别称为10%、50%、90%回收温度。蒸馏过程中得到的最高校正温度计读数称为终馏点（简称终点），又称为最高温度。蒸馏烧瓶底部最后一滴液体汽化瞬间所观察到的校正温度计读数称为干点（此时不考虑蒸馏烧瓶壁及温度计上的任何液滴或液膜）。由于终馏点通常在蒸馏烧瓶底部液体全部汽化后才出现，故往往与干点相同。蒸馏结束后，将冷却至室温的烧瓶内容物按规定方法收集到5mL量筒中测得的体积分数称为残留量（简称残留），而以装入试样体积为100%减去总回收体积分数（最大回收体积分数与残留之和）称为观测损失（简称损失）。在实际生产中常称上述这套完整数据为馏程，作为轻质燃料油的质量指标。一般馏程用终点而不用干点。对特殊用途的石脑油（如油漆工业用石脑油），可以报告干点。当某些试样终点的精密度不是总能达到规定要求时，也可以用干点代替终点。

测定时根据使用蒸馏仪器的不同，要求观察记录的回收体积分数和对应温度计读数的精确度也不同，手动蒸馏要求精确至0.5mL、0.5℃，自动蒸馏要求精确至0.1mL、0.1℃。通常，蒸馏温度计读数需修正至101.3kPa时的读数，并要求在报告中指出观察的大气压力，说明是否已进行大气压力修正。修正可按式（3-1）或表3-5进行。

$$t_c = t + C \tag{3-1}$$

$$C = 0.0009\text{kPa}^{-1} \times (101.3\text{kPa} - p_k)(273℃ + t)$$

式中　t_c——校正温度读数（修正至101.3kPa时的温度读数），℃；

t——观测温度读数（用规定的温度计或与其相当的测温系统测得的蒸馏烧瓶支管颈部饱和温度），℃；

C——温度读数的大气压修正值，℃；

p_k——试验时的大气压力，kPa。

表3-5　近似的蒸馏温度计读数修正值

温度范围/℃	每1.3kPa压力差的修正值/℃	温度范围/℃	每1.3kPa压力差的修正值/℃
10～30	0.35	>210～230	0.59
>30～50	0.38	>230～250	0.62
>50～70	0.40	>250～270	0.64
>70～90	0.42	>270～290	0.66
>90～110	0.45	>290～310	0.69
>110～130	0.47	>310～330	0.71
>130～150	0.50	>330～350	0.74
>150～170	0.52	>350～370	0.76
>170～190	0.54	>370～390	0.78
>190～210	0.57	>390～410	0.81

注：当大气压力低于101.3kPa时，则加上修正值；高于101.3kPa时，则减去修正值。

根据所用仪器的不同，对修正后的温度还要进行相应的修约，然后才能用于以后的计算和报告。若采用手动蒸馏，则结果修约至0.5℃。若采用自动蒸馏，则结果修约至0.1℃，修正至101.3kPa时的校正损失按式(3-2)计算。

$$\varphi_{损失,c} = \frac{\varphi_{损失} - 0.5\%}{1 + [(101.3 - p_k/\text{kPa})]/8.0} + 0.5\% \tag{3-2}$$

式中　$\varphi_{损失,c}$——修正损失（体积分数），%；

$\varphi_{损失}$——观察损失（体积分数），%；

p_k——试验时的大气压力，kPa。

如果贸易双方协商同意，蒸馏温度计读数允许不进行大气压力修正，则此时损失量也无需修正。

蒸馏结束后，量筒内接收冷凝液的最大体积，占装入试样的体积分数，称为最大回收分数。

$$\varphi_{最大回收,c}=\varphi_{最大回收}+(\varphi_{损失}-\varphi_{损失,c}) \tag{3-3}$$

式中　$\varphi_{最大回收,c}$——校正后的最大回收分数，%；

$\varphi_{最大回收}$——最大回收分数，%；

$\varphi_{损失}$——观测损失，%；

$\varphi_{损失,c}$——校正损失，%。

油品按规定条件蒸馏时，所得回收分数与观测损失之和，称为蒸发分数。即

$$\varphi_{蒸发}=\varphi_{回收}+\varphi_{损失} \tag{3-4}$$

式中　$\varphi_{蒸发}$——蒸发分数，%；

$\varphi_{回收}$——规定温度的回收分数，%；

$\varphi_{损失}$——观测损失，%。

规定蒸发分数时的校正温度计读数，称为蒸发温度。按式(3-5)计算。

$$t=t_L+\frac{(t_H-t_L)(\varphi_{回收,0}-\varphi_{回收,L})}{\varphi_{回收,H}-\varphi_{回收,L}} \tag{3-5}$$

式中　t——蒸发温度，℃；

$\varphi_{回收,0}$——对应于规定蒸发量的回收分数，%；

$\varphi_{回收,L}$——临近并低于$\varphi_{回收,0}$的回收分数，%；

$\varphi_{回收,H}$——临近并高于$\varphi_{回收,0}$的回收分数，%；

t_L——在$\varphi_{回收,L}$时记录到的温度读数，℃；

t_H——在$\varphi_{回收,H}$时记录到的温度读数，℃。

【例题 3-1】 已知在大气压力为98.6kPa时观察的手动蒸馏数据如下。

项目	在98.6kPa时的观测值	项目	在98.6kPa时的观测值
初馏点/℃	27.5	回收20%时温度/℃	56.0
回收5%时温度/℃	35.0	最大回收分数/%	95.2
回收10%时温度/℃	40.5	残留/%	1.2
回收15%时温度/℃	47.5	损失/%	3.6

计算修正至101.3kPa后的：(1) 5%回收温度；(2) 10%回收温度；(3) 损失；(4) 最大回收分数；(5) 10%蒸发温度。要求根据所使用的仪器，对回收温度进行修约。

解：(1) 由式(3-1)得

$$C=0.0009\text{kPa}^{-1}\times(101.3\text{kPa}-p_k)(273℃+t)$$

$$C=[0.0009\times(101.3-98.6)\times(273+35.0)]℃=0.7℃$$

$$t_c=t+C=35.0℃+0.7℃=35.7℃$$

由于采用手动蒸馏，因此按要求5%回收温度修约为$t=35.5℃$。

(2) 同理，由式(3-1)得

$$C=[0.0009\times(101.3-98.6)\times(273+40.5)]℃=0.8℃$$

$$t_c=t+C=40.5℃+0.8℃=41.3℃$$

即修约后的10%回收温度为$t=41.5℃$。

(3) 由式(3-2)得

$$\varphi_{损失,c}=\frac{\varphi_{损失}-0.5\%}{1+[(101.3-p_k/kPa)]/0.8}+0.5\%=\frac{\varphi_{损失}-0.5\%}{1+(101.3-98.6)/8.0}+0.5\%=2.8\%$$

即修正后的损失量为2.8%。

(4) 由式(3-3)得

$$\varphi_{最大回收,c}=\varphi_{最大回收}+(\varphi_{损失}-\varphi_{损失,c})=95.2\%+(3.6\%-2.8\%)$$

$$\varphi_{最大回收,c}=96.0\%$$

即修正后的最大回收分数为96.0%。

(5) 由式(3-4)求得对应于10%蒸发分数的回收分数为

$$\varphi_{蒸发}=\varphi_{回收}+\varphi_{损失}=10\%-3.6\%=6.4\%$$

代入式(3-5)中，求得修正到101.3kPa (760mmHg)后的10%蒸发分数(6.4%回收分数)时的温度读数为

$$t_{10E}=t_L+\frac{(t_H-t_L)(\varphi_{回收,0}-\varphi_{回收,L})}{\varphi_{回收,H}-\varphi_{回收,L}}=35.5℃+\frac{(41.5℃-35.5℃)(6.45\%-5\%)}{10\%-5\%}$$

$$t_{10E}=37.2℃$$

三、测定注意事项

以下注意事项是正确实施蒸馏操作的技能要素，必须准确把握。

1. 注意试验仪器要求

试验用蒸馏烧瓶和量筒需经过检验，必须符合GB/T 6536—2010附录A.1、附录A.7的规格要求，蒸馏烧瓶要干净，无积炭，以免降低导热性能；汽油蒸馏试验用温度计必须符合GB/T 514—2005《石油产品试验用玻璃液体温度计技术条件》中的GB-40的规格要求，并定期进行零位校正和示值稳定性检验。此外，试验前要擦拭冷凝管内壁，清除上次试验残留的液体。

2. 检查试样含水状况

若试样含水较多，蒸馏时会在温度计上逐渐冷凝，聚成水滴，水滴落入高温的油中，迅速汽化，可造成烧瓶内压力不稳，甚至发生冲油（突沸）现象。因此测定前必须检查试样是否含有可见水。若含有可见水，则不适合做试验，应该另取一份无悬浮水的试样进行试验，并加入沸石，以保证试验安全及测定结果的准确性。

3. 选择气压计

试验时须采用能够测量与仪器所在试验室具有相同海拔的当地观测点大气压的测量装置，测量精度为0.1kPa或更高。不能使用普通的无液气压计，如气象站或机场气压计，其读数是经预校正到海平面高度的。

4. 量取温度

油品体积受温度影响较大，要求量取100mL汽油试样、馏出物及残留液体积时，温度均要保持在13～18℃，否则将引起测量误差。

5. 选择烧瓶支板

蒸馏烧瓶支板由陶瓷或其他耐热材料制成（不允许使用含石棉的材料），它只允许蒸馏烧瓶通过支板孔被直接加热，因此具有保证加热速度和避免油品过热的作用。蒸馏不同石油产品要选用不同孔径的支板。通常的考虑是，蒸馏终点时的油品表面应高于加热面。轻油大

都要求测定终馏点，为了防止过热可选择孔径较小的支板，检测汽油时要求选用孔径为38mm的支板。

6. 温度计的安装

水银温度计应位于蒸馏烧瓶颈部的中央，毛细管最低点应与烧瓶支管内壁底部最高点平齐，见图3-2。过高或过低，将会引起测量温度偏低或偏高。

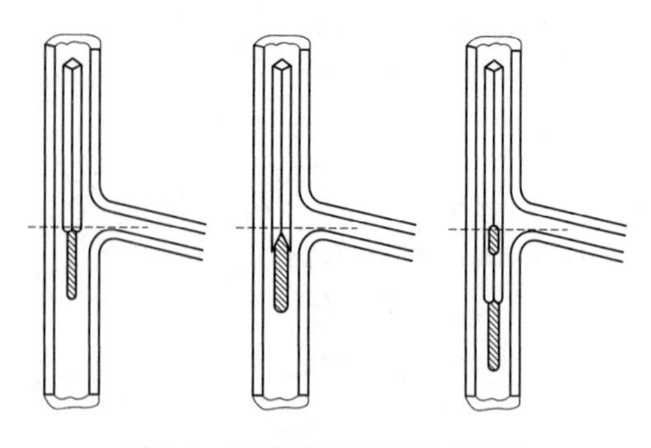

图3-2　温度计在烧瓶中的位置

7. 蒸馏烧瓶支管、冷凝管及量筒的安装

要符合GB/T 6536—2010中的要求（详见操作1）。

8. 控制冷凝浴温度

测定不同石油产品的馏程时，冷凝器内水浴温度控制要求不同。汽油初馏点低，轻组分多，易挥发，为了保证油气全部冷凝，减少蒸馏损失，必须控制冷凝浴温度为0～1℃。

9. 加热强度

各种石油产品沸点范围不同，对较轻油品，若加热强度过大，会迅速产生大量气体，使烧瓶内压力高于外界大气压，导致相应回收量的温度读数偏高。同时，因过热将造成终馏点升高。反之，加热强度不足，会使各馏出温度降低。标准规定，蒸馏汽油时，从开始加热到初馏点的时间为5～10min；从初馏点到5%回收分数的时间是60～100s；从5%回收分数到蒸馏烧瓶中残留物为5mL时，冷凝平均速度是4～5mL/min；从蒸馏烧瓶中5mL液体残留物到终馏点的时间≤5min。

10. 蒸馏损失控制

测定汽油馏程时，量筒的口部要用吸水纸或脱脂棉塞住，以减少馏出物挥发损失，使其充分冷凝，同时避免冷凝管上的凝结水落入量筒内。

11. 蒸馏的油样处理

蒸馏完毕，油样不得倒入水池或下水道，必须待油温降至100℃以下再倒入废油桶内，如不慎洒在地面上，应及时用沙土等处理干净。

思考与交流

讨论馏程测定需要注意的问题有哪些。

【课程思政】

古人的智慧——蒸馏技术

美国近代酿酒学家克鲁斯在《葡萄酒酿造工艺学》一书中指出：“中国是世界上最早发明蒸馏器和蒸馏酒的国家”。在我国，上海博物馆的东汉时期青铜蒸馏器便是蒸馏技术成熟的标志。我国蒸馏器出现得非常早，甚至比亚里士多德时期还要早。蒸馏花露水的蒸馏器和蒸馏酒的蒸馏器原理相同，外形也十分相似，蒸馏花露水的蒸馏器同样可以用于蒸馏酒，而这一技术早在宋朝就已经在民间广泛使用了。蒸馏技术的应用在我国有着久远的历史，是我国劳动人民智慧的结晶。

任务实施

操作1　馏程测定

一、目的要求

操作扫一扫

M3-1　馏程测定

1. 掌握车用汽油馏程测定（GB/T 6536—2010）方法及操作技能。

2. 掌握车用汽油馏程测定结果修正与计算方法。

二、测定原理

100mL试样在适合其性质的规定条件下进行蒸馏，系统观察冷凝液体积和温度计读数，并根据这些数据，再进行计算和报告结果。

三、仪器与试剂

1. 仪器　石油产品蒸馏器；蒸馏烧瓶（125mL，1个）；冷凝器和冷浴（冷凝管为无缝铜管制成，长为560mm，冷凝管内管长约390mm，全浸在冷介质中，冷凝管的下端为锐角，使顶端能与量筒壁相接；冷浴体积至少能容纳5.5L冷却介质）；金属罩和围屏；加热器（气体加热器要求有一个灵敏的调节阀和气体压力控制器，电加热器要求在0～1000W内可调节）；蒸馏烧瓶支架和支板（采用喷灯加热时，准备直径为100mm的环形支架1个，带有直径为76～100mm中心孔的石板棉1块，让蒸馏烧瓶只能通过支板孔被直接加热，若采用电加热，准备带有直径38mm中心孔的石棉支板1块）；量筒（100mL，1个，5mL，1个）；温度计（棒状2～300℃，1个，棒状0～100℃，1个）。此外还有秒表（1块）、气压计（1个）。

2. 试剂及材料　90号车用汽油；拉线（细绳或铜丝）；吸水纸（或脱脂棉）；无绒软布。

四、准备工作

1. 取样　将试样放在已预先冷却至0～10℃的取样瓶中，并弃去第一次收集的试样。操作时，最好将取样瓶浸在冷却液体中；若不能，则应将在试样吸入已预先冷却的取样瓶中（抽吸时，要避免试样搅动）。然后，立即用塞子紧密塞住取样瓶，并将试样保存在冰浴或冰箱中。

注意：如果试样含有可见水，则不适合做实验，应该另取一份无悬浮水的试样。

2. 仪器的准备　选择蒸馏仪器（蒸馏烧瓶、温度计、烧瓶支板），并确保蒸馏烧瓶、温度计、量筒和100mL试样冷却至13～18℃，蒸馏烧瓶支板和金属罩不高于室温。

说明：量筒必须放在另一冷浴中，该冷浴为高型透明的玻璃杯或塑料杯，其高度要求能将量筒浸入100mL刻线处，试验过程中应始终保持冷浴状态。

3. 冷浴的准备　冷浴温度应维持在0～1℃。冷浴介质的液面必须高于冷凝器最高点。可以采取循环或吹风措施，来维持冷浴温度均匀。

说明：测定汽油时，合适的冷浴介质有碎冰和水、冷冻盐水或冷冻乙二醇，目前多采用自动蒸馏仪，用压缩机制冷。

4. 擦拭冷凝器　用缠在拉线上的一块无绒软布擦洗冷凝管内的残存液。

5. 安装取样瓶温度计　用一个打孔的软木塞或橡胶塞，将温度计紧密装在取样瓶颈部，并保持试样温度为13～18℃。

6. 装入试样　用量筒取100mL试样，并尽可能地将试样全部倒入蒸馏瓶中。

注意：装入试样时，蒸馏烧瓶支管应该向上，以防液体注入支管中。

7. 安装蒸馏温度计　用软木塞或橡胶塞，将温度计紧密装在蒸馏烧瓶的颈部，水银球位于蒸馏烧瓶颈部中央，毛细管低端与蒸馏烧瓶支管内部底部最高点齐平。

8. 安装冷凝管　用软木塞或橡胶塞，将蒸馏烧瓶支管紧密安装在冷凝管上，蒸馏烧瓶要调整至垂直，蒸馏烧瓶支管伸入冷凝管内20～25mm。升高及调整蒸馏烧瓶支板，使其对准并接触蒸馏烧瓶底部。

9. 安装量筒　将取样的量筒不经干燥，放入冷凝管下端的量筒冷却浴内，是冷凝管下端位于量筒中心，并伸入量筒内至少25mm，但不能低于100mL刻线。用一块吸水纸或脱脂棉将量筒盖严，这块吸水纸剪成紧贴冷凝管的形状。

10. 记录室温和大气压力。

五、测定步骤

1. 加热　将装有试样的蒸馏烧瓶加热，并调节加热速度，保证开始加热到初馏点的时间为5～10min。

2. 控制蒸馏速度　观察记录初馏点后，如果没有使用接收器导向装置，则立即移动量筒，使冷凝管尖端与量筒内壁相接触，让馏出液沿量筒内壁留下。调节加热，使从初馏点到5%回收量的时间是60～75s。从5%回收量到蒸馏烧瓶中5mL残留量的冷凝平均速度是4～5mL/min。

提示：检查蒸馏速度时，可以移动量筒使其内壁与冷凝管末端离开片刻。

3. 观察和记录　汽油要求记录初馏点、终馏点和5%、15%、85%、95%回收量及从10%～90%每10%回收量的温度计读数。根据所用仪器，记录量筒中液体体积时，要精确到0.5mL（手工）或0.1mL（自动），记录温度计读数，要精确到0.5℃（手工）或0.1℃（自动）。

4. 加热最后调整　当在蒸馏烧瓶中残留液体约为5mL时，再调整加热，使此时到终馏点的时间为3～5min。

说明：如果此条件不能满足，可进一步调整最后加热强度，重新进行试验。

5. 观察记录终馏点，并停止加热。

6. 继续观察记录　在冷凝管有液体继续滴入量筒内，每隔2min观察一次冷凝液体积，直至相继两次观察的体积一致为止。精确测量体积，记录。根据所用仪器，精确至0.5mL（手工）或0.1mL（自动），报告为最大回收量。若因出现分解点而预先停止了蒸馏，则从100%减去最大回收量，报告此差值为残留量和损失量，并省去步骤7。

7. 量取残留量　待蒸馏烧瓶冷却后，将其内容物倒入5mL量筒中，并将蒸馏烧瓶悬垂于量筒上，让蒸馏瓶排油，直至量筒液体体积无明显增加为止。记录量筒中的液体体积，精确至0.1mL，作为残留量。

8. 计算损失量　最大回收量和残留量之和为总回收量。从100%减去总回收量，则得出损失量。

六、计算和报告

1. 记录要求　对每一次试验，都应根据所用仪器要求进行记录，所有回收量都要精确至0.5%（手动）或0.1%（自动），温度计读数精确至0.5℃（手动）或0.1℃（自动）。报告大气压力精确至0.1kPa。

2. 大气压力修正　温度计读数按式(3-1）或表3-3修正到101.3kPa，并将修正结果修约到0.5℃（手动）或0.1℃（自动）。报告应包括观察的大气压力，并说明是否已进行大气压力修正。

3. 校正损失　按式(3-2）进行计算。

4. 校正最大回收量　按式(3-3）进行计算。

5. 计算蒸发温度　按式(3-5）计算10%蒸发温度、50%蒸发温度和90%蒸发温度。

任务评价

序号	考核项目	评分要素	配分	评分标准	扣分	得分	备注
1	柴油馏程测定	应检测温度计、量筒及蒸馏瓶合格	2	一项未检查,扣1分			
2		取样时试样应均匀	2	未摇匀,扣2分			
3		测量试油温度是否在核定范围	2	不测量试油温度,扣2分			
4		观察试样体积时量筒应垂直	2	量筒不垂直,扣2分			
5		蒸馏烧瓶应干净	2	蒸馏烧瓶不干净,扣2分			
6		应擦拭冷凝管内壁	2	未擦拭,扣2分			
7		向蒸馏烧瓶中加试样时蒸馏烧瓶支管应向上	2	支管未向上,扣2分			
8		温度计安全符合要求	4	不符合要求,扣2～4分			
9		蒸馏烧瓶安装不能倾斜	2	蒸馏烧瓶安装倾斜,扣2分			
10		冷凝管出口插入量筒深度应不小于25mm,并不低于100mL刻度	2	不符合要求,扣2分			
11		冷凝管出口在初馏后应靠量筒壁	2	不符合要求,扣2分			
12		初馏时间5～10min	4	不符合要求,扣4分			
13		冷浴温度应保持0～1℃	2	不符合要求,扣2分			
14		初馏到回收5%时间应是60～75s	2	不符合要求,扣2分			
15		馏出速度符合要求	4	过快或过慢,扣2～4分			
16		观察温度是视线水平	2	不符合要求,扣2分			
17		记录规定温度	4	漏记一次,扣2分			
18		测定残留量	4	未测定残留量,扣4分			
19		记录大气压和温室	2	未记录,扣2分			
20		会用秒表	2	不会用,扣2分			
21		温度计读数应补正	4	未补正或补正错误,每处扣2分			
22		记录无涂改、漏写	2	涂改、漏写,每处扣1分			
23		实验结束后关电源	2	未关,扣2分			
24		实验台面应整洁	2	不整洁,扣2分			
25		正确使用仪器	2	打破仪器,每件扣2分			
26		实验中不能起火	10	实验中起火,扣5～10分			
27		结果换算为蒸发温度	10	每算错一处,扣2分			
28		结果报出应是整数	2	未报整数,扣2分			
29		结果应准确	10	结果超差,扣5～10分			
合计			100				

考评人：　　　　分析人：　　　　时间：

思考与交流

1. 馏程测定需要准备什么材料?
2. 馏程测定温度计应如何安装?
3. 如何对馏程测定的各项数据进行修正?

想一想

什么是饱和蒸气压?

任务三　饱和蒸气压分析

任务要求

1. 掌握饱和蒸气压的概念；
2. 掌握汽油饱和蒸气压的测定方法；
3. 了解雷德法测定饱和蒸气压注意事项。

一、饱和蒸气压

在一定温度下，某物质处于气液两相平衡状态时的压力，称为饱和蒸气压（简称蒸气压）。

二、雷德蒸气压

车用汽油是多种烃类的混合物，其蒸气压用雷德蒸气压表示。雷德蒸气压是在规定的条件下（37.8℃），用雷德式饱和蒸气压测定仪所测得的油品试样蒸气的最大压力。

三、饱和蒸气压的测定意义

车用汽油的蒸气压，是评价其汽化性能、启动性能、生成气阻倾向及贮存时损失轻组分趋势的重要指标。

蒸气压高，说明汽油含有轻组分多，容易汽化，利于发动机低温启动，效率高，油耗低。但蒸气压过高，能引起贮存、运输过程的蒸发损耗，使着火危险性增大，而且还容易在输油管路中形成气阻，造成供油不足或中断，使发动机功率降低，甚至熄火。表3-6介绍了大气温度与车用汽油不产生气阻的蒸气压关系。

表3-6　大气温度与车用汽油不产生气阻的蒸气压关系

大气温度/℃	10	16	22	28	33	38	44	49
不产生气阻的最高蒸气压/kPa	97	84	76	69	56	48	41	36

可见，随着大气温度的升高，要控制车用汽油保持较低蒸气压，才能保证汽油机供油系统不发生气阻，这与启动性要求是矛盾的。为了兼顾这两种性能，我国对车用汽油的蒸气压，按季节规定了不同的指标。

四、测定方法

车用汽油的蒸气压按GB/T 8017—2012《石油产品蒸气压的测定（雷德法）》测定。该标准是参照ASTM D 323—2006而制定的，除汽油外，还适用于测定易挥发性原油及其他易挥发性石油产品的蒸气压，但不适用于测定液化石油气的蒸气压。

测定雷德蒸气压时，将冷却的试样充入蒸气压测定仪的汽油室内，并使汽油室与37.8℃的气体室相连接。将该测定仪浸入37.8℃的恒温浴中，定期振荡，直至安装在测定仪上的压力表读数稳定，此时的压力表读数经修正后，即为雷德蒸气压，单位为kPa。

五、注意事项

1. 压力表的读数及校正

在读数时，必须保证压力表处于垂直位置，要轻轻敲击后再读数。每次试验后都要将压力表用水银压差计进行校正，以保证试验结果有较高的准确性。

2. 试样的空气饱和

必须按规定剧烈摇荡盛放试样的容器，使试样于容器内空气达到饱和，满足这样条件的试样，所测得的最大蒸气压才是雷德蒸气压。

3. 检查泄漏

在试验前和试验中，应仔细检查全部仪器是否有漏油和漏气现象，任何时候发现有漏气漏油现象则舍弃试样，用新试样重新试验。

4. 取样和试样管理

取样和试样的管理应严格执行标准中的规定，避免试样蒸发损失和轻微的组成变化，试验前绝不能把雷德蒸气压测定器的任何部件当作试样容器使用。如果要测定的项目较多，雷德蒸气压的测定应是被分析试样的第一个试验，防止轻组分挥发。

5. 仪器的冲洗

按规定每次试验后必须彻底冲洗压力表、空气室和汽油室，以保证不含有残余试样。

6. 温度控制

仪器的安装必须按标准方法中的要求准确操作，不得超出规定的安装时间，以确保空气室温度恒定在37.8℃；严格控制试样温度为0～1℃，测定水浴的温度为（37.8±0.8)℃。

思考与交流

雷德蒸气压测定原理是什么？

【课程思政】

小压力的大动力——“饱和蒸气压”

当液体的蒸气压达到外压时，液体即产生沸腾现象，此时的温度即在该外压下该液体的沸点。以水为例，一个大气压（101.325kPa）下，若水温达到100℃，此时水的蒸气压正好是一个大气压，水开始沸腾，100℃即是一个大气压下水的沸点。再如，高海拔地区会出现“水烧开了饭烧不熟”的现象，这种现象的实质是水沸腾时温度远远达不到100℃，继续加热也不会达到。高海拔地区空气稀少，外压低于一个大气压，水的蒸气压会降低。水的饱和蒸气压都有如此大的影响，汽油的饱和蒸气压影响就更大了，如果测不准，有可能引起蒸发损耗，使发动机功率降低，甚至熄火，还有可能引起事故。所以，要有认真细致的科学精神和责任意识，精准的测量，才能让饱和蒸气压这个小压力产生为民造福的大动力。

任务实施

操作2　饱和蒸气压的测定

一、目的要求

1. 掌握车用汽油蒸气压测定（GB/T 8017—2012）的方法、计算及操作技能；
2. 掌握雷德蒸气压测定仪的使用性能和操作方法。

二、测定原理

本方法是将经冷却的试样充入蒸气压测定器（即蒸气压弹）的汽油室，并将汽油室与37.8℃的空气室相连接。将该测定器浸入恒温浴[(37.8±0.1)℃]，并定期地振荡，直至安装在测定器上的压力表的压力恒定，压力表读数经修正后即为雷德蒸气压。

三、仪器与试剂

1\. 仪器 雷德蒸气压测定装置由蒸气压测定仪、压力表和水浴三部分组成。测定仪又分气体室和液体室两部分，二者体积比规定为（3.8～4.2）：1，见图 3-3。

试样容器（容量为 1L，用玻璃或金属制造，器壁具有足够的强度，试样容器附有倒油装置，它是装有注油管和透气管的软木塞或者盖子，能密封试样容器的口部，注油管一端与软木塞或者盖子的下表面相平，另一端能插到距离液体底部 6～7mm 处，透气管的底端能插到试样容器的底部）。

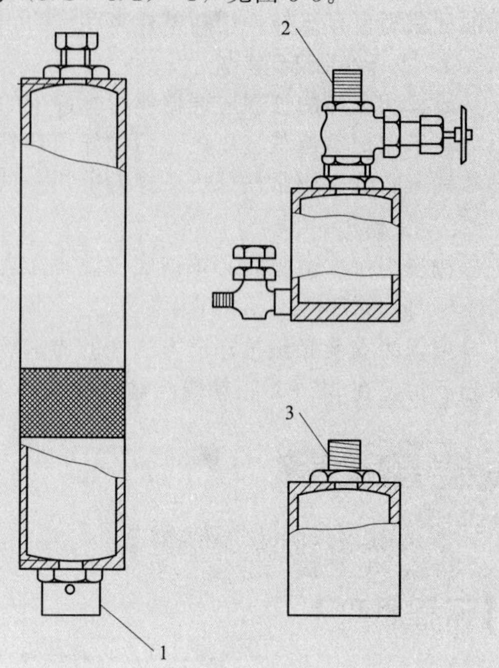

图 3-3 雷德蒸气压测定仪结构示意图

1—空气室；2—双开口式汽油室；3—单开口式汽油室

压力表（波登弹簧压力计）；冷浴（维持 0～1℃）；水浴［维持（37.8±0.1）℃］；温度计（符合 GB/T 514—2005 中 GB-54 要求）；水银压差计（或压力测量装置）。

2\. 试剂 车用汽油。

四、准备工作

1\. 取样 按 GB/T 4756—1998（2004）《石油液体手工取样法》进行取样。从油罐车或油罐中取样时，将空的开口式试样容器吊着进入罐内燃料中，使试样容器充满燃料。将试样容器提出，倒掉所有燃料以洗涤试样容器。然后将试样容器重新沉入罐内燃料中，应一次放到接近罐底，立即提出。提出后燃料应装至试样容器顶端，再立即倒掉一部分燃料，使试样容器中所装试样的体积在 70%～80%，如图 3-4 中 1 所示，立即用塞子或盖子封闭取样器口。

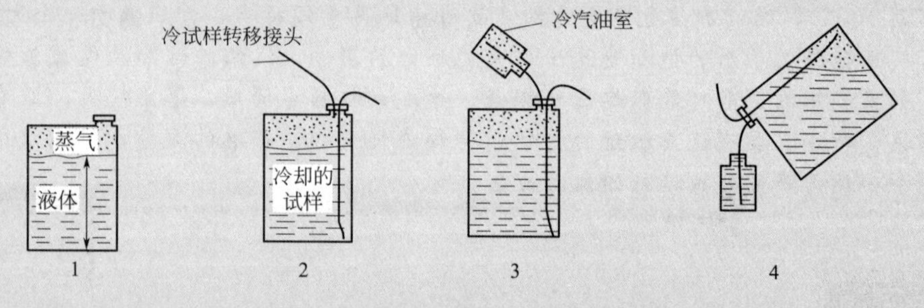

图 3-4 从试样容器转移试样至液体室

1—转移试样前的容器；2—用试样转移接头代替密封盖；
3—冷液体室置于移液管上方；4—试样转移时的装置位置

2\. 试样管理 在打开容器之前，试样容器及试样均应冷却至 0～1℃。该温度的测定方法是直接测定放在同一冷水浴中另一个相同容器内相似液体的温度，该容器的冷却时间与试样容器的冷却时间相等。取样后，试样应置于冷的地方，直至试验全部完成。渗漏容器中的试样不能用于试验。

3\. 空气饱和容器中的试样 将装有试样的容器从 0～1℃的冷浴中取出擦干，开封检查其容积是否处于 70%～80%，若符合要求，立即封口，剧烈振荡后放回冷浴中，至少 2min；再重复上述开盖、封口、振荡、冷浴冷却两次。

4. 液体室的准备　将开口的液体室和试样转移连接装置完全浸入冷却浴中，放置10min以上，使其冷却到0～1℃。

5. 气体室的准备　将压力表连接在气体室上，气体室浸入（37.8±0.1）℃的水浴中，使水的液面高出气体室顶部至少24.5mm，保持20min以上，在气体室充满试样之前不要将空气室从水浴中取出。

五、操作步骤

1. 试样的转移　准备工作完成后，将试样容器从冷却浴中取出，开盖，插入经冷却的试样转移管及透气管，将冷却的液体室尽快放空，放在试样转移管上，同时将整个装置快速倒置，液体室应保持直立位置，试样转移管应延伸到离液体室底部6mm处，试样充满液体室直至溢出，提起试样容器，轻轻叩击试验台使液体室不含气泡。

2. 蒸气压的测定

① 检查水浴缸内液位是否符合要求。

② 接通电源，打开仪器电源开关，此时温控仪面板上显示浴缸内“实际温度”和“设定温度”。出厂设定为37.8℃，按“▲”或“▼”键可改变设定温度值。

③ 按“加热”键，电加热器开始工作，按“转动”键，转动指示灯亮，测定器开始做正、反300°角的旋转，再按一次“转动”键，旋转停止。

④ 在水浴电加热开始工作后，当水温达到（37.8±1）℃时，可开始进行试验。

⑤ 将试样和试验弹的汽油室部分按标准进行冷却，待达到标准规定的冷却状态后，且水浴温度达到（37.8±0.1）℃时，将试样装入试验弹的汽油室中，将试验弹的空气室部分与汽油室部分接好，然后使试验弹保持垂直状态靠近仪器（不可倾斜或振荡）。

⑥ 将弹体上的快速接头接在仪器左上方的压力气嘴上，将试验弹一端插入浴内右端的旋转座上，试验弹另一端安装在浴内左端的试验弹支架上。

⑦ 整个试验弹水平放置在水浴中，水浴液面高出空气室顶部至少25mm。仔细观察是否漏气或漏油。

⑧ 按照标准要求的步骤测定饱和蒸气压，打开“转动”开关（如果是平行试验，则按上述步骤安装第二支氧弹后再打开“转动”开关），旋转振荡一段时间，直至数显压力表的值不再变化，此时数显压力表所显示的值即为雷德蒸气压值，试验结果精确至0.25kPa。

⑨ 试验结束后，关闭“转动”开关、加热开关、电源开关，并拔掉电源插头，将仪器擦拭干净。

六、注意事项

1. 开机前必须检查电路是否安全，气路连接是否漏气。

2. 仪器采用交流220V电源供压，为保证操作安全，须接地良好。

3. 仪器使用前一定要将水浴中的水加至水位线，再打开电源开关，如果液位远低于水位线，则不加热。

4. 仪器在运转中，不要拆卸弹体装置，如需拆卸应先关闭“转动”开关方可拆卸。

5. 试验时，应先将快速接头连接好，然后再将试验弹放入浴内的旋转座上。

6. 试验中若发现有漏气漏液现象，此次试验作废，用新试样重新试验。

7. 试验结果精确至0.25kPa。

七、精密度

用下述规定判断实验结果的可靠性（95%的置信水平）。

1. 重复性　同一操作者用同一仪器，在恒定的条件下对同一被测物质连续试验两次，其结果之差不应超过 3.65kPa。

2. 再现性　不同试验室的不同操作者，对同一被测物质的两个独立试验结果之差不应超过 5.52kPa。

八、数据与记录

对压力表和水银压差计之间差值校正后的压力作为雷德蒸气压，精确至 0.25kPa。

九、仪器的维护与保养

1. 试验弹的快速接头不能放在水里，若快速接头进水，须将接头内外擦干方可使用。

2. 每次试验后，必须按标准规定彻底冲洗空气室和汽油室，以保证不含有残余试样，从而使数值准确。

3. 仪器长期不使用时，应放掉水槽内蒸馏水，并用干抹布将仪器擦干，以免仪器因水蒸气太大对仪器造成锈蚀。

任务评价

序号	考核项目	评分要素	配分	评分标准	扣分	得分	备注
1	汽油饱和蒸气压测定	取样容器选择正确	2	不正确，扣1分			
2		取样时试样应均匀	2	未摇匀，扣2分			
3		测量试油温度是否在核定范围	2	不测量试油温度，扣2分			
4		容器是否检漏	2	未检漏，扣2分			
5		检查容积是否符合要求	2	不符合，扣2分			
6		冷浴时间是否足够	2	不足够，扣2分			
7		气体室温度是否合格	2	温度不合格，扣2分			
8		试样专业操作是否规范	4	不符合要求，扣2～4分			
9		测定前是否摇匀	2	未摇匀，扣2分			
10		测定仪摆放是否规范	2	不符合要求，扣2分			
11		测定仪摆放时间是否足够	2	不符合要求，扣2分			
12		测定操作是否规范	4	不符合要求，扣4分			
13		时间间隔是否足够	2	不符合要求，扣2分			
14		是否校正	2	不符合要求，扣2分			
15		仪器清洗次数是否足够	4	不够，扣2～4分			
16		清洗操作是否规范	2	不符合要求，扣2分			
17		记录未校正蒸气压	4	漏记一次，扣2分			
18		测定校正值	4	未测定，扣4分			
19		记录校正后蒸气压	2	未记录，扣2分			
20		会用水银压差计	2	不会用，扣2分			
21		实验结束后是否吹扫	4	未进行，一次扣2分			
22		记录无涂改、漏写	2	涂改、漏写，每处扣1分			
23		实验结束后关电源	2	未关，扣2分			
24		实验台面应整洁	2	不整洁，扣2分			
25		正确使用仪器	2	打破仪器，每件扣2分			
26		实验中应当安全	10	发生事故，扣5～10分			
27		会单位换算	10	每算错一点，扣2分			
28		结果报出应是整数	2	未报整数，扣2分			
29		结果应准确	10	结果超差，扣5～10分			
合计			100				

考评人：　　　　分析人：　　　　时间：

知识拓展

蒸气压测定仪器介绍

如图 3-5 所示为 SYD-8017 石油产品蒸气压（雷德法）测定装置，该仪器符合 GB/T 8017—2012 要求，主要由水浴箱、控温装置、蒸气压弹、压力表等部分组成。其技术参数为：空气室与汽油室体积比为 4∶1；水浴加热功率 1600W；水浴使用温度范围为室温至 90℃；水浴控温精度±0.1℃；压力表精度±0.4%；电源 220V，50Hz AC。

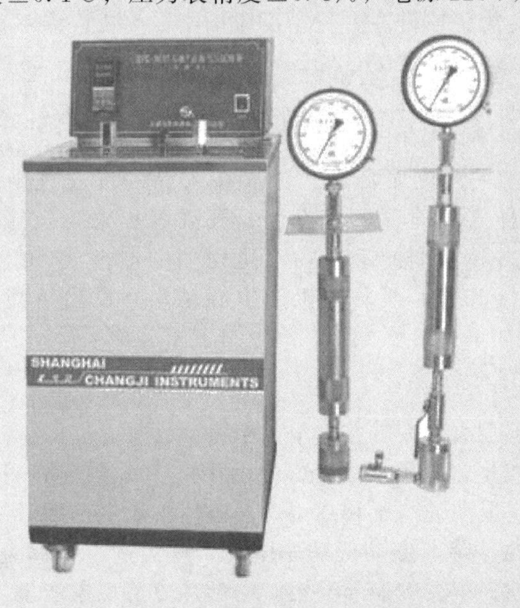

图 3-5　SYD-8017 石油产品蒸气压（雷德法）测定装置

想一想

提高汽油辛烷值的措施有哪些？

任务四　辛烷值分析及抗爆指数计算

任务要求

1. 掌握汽油的抗爆性和辛烷值的概念；
2. 熟悉辛烷值和抗爆指数与抗爆性的关系；
3. 了解提高汽油抗爆性的措施。

一、测定意义

（一）抗爆性

汽油的抗爆性是指汽油在汽油发动机气缸内燃烧时，不产生爆震的性能。车用汽油对抗爆性的要求是：辛烷值符合规定，保证发动机正常工作，不爆震。

汽油在汽油机内的燃烧分正常燃烧和不正常燃烧。正常燃烧的特征为可燃混合气被电火花点燃后，在火花塞附近形成火焰中心，火焰逐渐向未燃混合气扩散（传播速度约为20～50m/s），气缸内压力和温度上升均匀。不正常燃烧的特征为形成多个火焰中心，火焰传播速度快，气缸内压力和温度上升急剧。其中爆震是常见的不正常燃烧之一。影响爆震的因素有很多，其中汽油本身的抗爆性能是最根本的。

（二）产生爆震的原因

当可燃混合气在气缸内被电火花点燃后，一部分未燃混合气因受到正常火焰焰面的压缩和热辐射作用，温度和压力急剧升高，化学反应加剧，生成许多不稳定的过氧化物。过氧化物的特点是当其浓度较大时容易发生自燃。

抗爆性好的汽油，在燃烧过程中其氧化分解产生的过氧化物不会达到自燃的浓度。如汽油的抗爆性不好，就容易使过氧化物聚集，尤其是在已燃混合气的热辐射和压力作用下，过氧化物会迅速达到自燃的浓度而自燃，进而在未燃的混合气中形成多个火焰中心，向四面八方传播。由于这种燃烧速度极为迅速，气缸容积来不及膨胀，使气缸内的压力和温度急剧上升。这种压力和温度的不平衡产生强烈的冲击波，以超音速向前推进，猛烈撞击气缸盖、活塞顶和气缸壁，使发动机产生震动，并发出清脆的敲缸声，这种现象就是爆震。

（三）爆震的危害

爆震对发动机的危害很大，表现在以下几个方面。

由于强烈冲击波的作用，会使气缸盖、活塞顶、气缸壁、连杆、曲轴等机件的负荷增加，产生变形甚至损坏；爆震的高压和高温，会破坏气缸壁的润滑油膜的润滑性，使发动机磨损加快，气缸的密封性下降，发动机功率降低；爆震产生的高温，会增加冷却系统的负担，易使发动机出现过热；爆震的局部高温，引起热分解现象严重，燃烧产物分解为碳氢化合物、一氧化碳和游离碳的现象增多，排气冒黑烟严重；产生的炭易形成积炭，破坏活塞环、火花塞、气门等零件的正常工作，使发动机的可靠性下降。

对既定的发动机，当压缩比一定、点火提前角恒定不变时，爆震产生的主要影响因素就是汽油自身的抗爆性。所以，为避免爆震现象的出现，应尽量使用抗爆性好的汽油。

（四）抗爆性评价指标

汽油抗爆性的评价指标是辛烷值和抗爆指数。

1. 辛烷值

辛烷值是表示点燃式发动机燃料抗爆性的一个约定数。在规定条件下的标准发动机试验中，通过和标准燃料进行比较来测定，采用和被测定燃料具有相同抗爆性的标准燃料中异辛烷的体积分数来表示辛烷值。辛烷值通常用英文缩写ON（Octane Number）表示。按照试验条件，辛烷值分为马达法辛烷值和研究法辛烷值两种。

马达法辛烷值英文缩写为MON（Motor Octane Number）；研究法辛烷值英文缩写为RON（Research Octane Number）。马达法辛烷值的试验条件要比研究法辛烷值的试验条件苛刻。例如，测定马达法辛烷值时，发动机转速一般为900r/min，混合气一般加热至149℃；而测定研究法辛烷值时，发动机转速一般为600r/min，混合气一般不加热。正因为马达法辛烷值的试验条件苛刻，所以马达法辛烷值一般低于研究法辛烷值。

测定辛烷值的标准燃料，是用两种抗爆性相差悬殊的烷烃作基准物配制而成的。一种是异辛烷（2,2,4-三甲基戊烷），它的抗爆性能良好，规定其辛烷值为100；另一种是正庚烷（C_7H_{16}），它的抗爆性能差，规定其辛烷值为0。按不同体积比例混合这两种基准物，便得到多种标准燃料。标准燃料中异辛烷的体积分数规定为标准燃料的辛烷值，该值范围为0～100。

2. 抗爆指数

马达法辛烷值表示的是汽油在发动机重负荷条件下高速运转时的抗爆能力，研究法辛烷值表示的是汽油在发动机常有加速条件下低速运转时的抗爆能力，两者都不能全面反映车辆运行中汽油燃烧的抗爆性能。为能较全面地反映汽油在车辆运行中的抗爆能力，引入了抗爆指数这一指标。

抗爆指数是汽油研究法辛烷值与马达法辛烷值的平均值。即：

$$ONI=\frac{MON+RON}{2} \tag{3-6}$$

式中　ONI——抗爆指数；

MON——马达法辛烷值；

RON——研究法辛烷值。

抗爆指数越高，汽油的抗爆性越好。

3. 各烃类组分的抗爆性

汽油的抗爆性，主要由其烃类组成和各类烃分子的化学结构决定。组成汽油的烃主要是含5～11个碳原子的烷烃、环烷烃、芳香烃和烯烃。由于各类烃的热氧化安定性不同，开始氧化的温度和自燃点有差别，所以辛烷值也不相同。总的来说，芳香烃和异构烷烃的抗爆性最好，环烷烃和烯烃居中，正构烷烃最低。

二、测定方法

目前测试车用汽油辛烷值的方法很多，目前车用汽油国家标准中规定检测车用汽油抗爆性的方法主要采用研究法辛烷值测试法（GB/T 5487—2015）和马达法辛烷值测试法（GB/T 503—2016）。测试标准条件不同是研究法辛烷值测试法和马达法辛烷值测试法最主要的区别。两种测试方法都是在各自的标准操作条件下，用电子爆震表测定被测燃料和已知参比燃料的爆震强度，然后将被测燃料的爆震倾向与已知辛烷值的参比燃料的爆震倾向相比较来确定被测燃料的辛烷值。具体的做法可以采用内插法和压缩比法。

1. 马达法辛烷值

辛烷值的测定都是在标准单缸发动机中进行的。马达法辛烷值是在900r/min的发动机中测定的，用以表示点燃式发动机在重负荷条件下及高速行驶时其汽油的抗爆性能。马达法辛烷值目前是我国航空活塞式发动机燃料的质量指标。

2. 研究法辛烷值

研究法辛烷值是发动机在600r/min条件下测定的，它表示点燃式发动机低速运转时汽油的抗爆性能。测定研究法辛烷值时所用的辛烷值试验机和马达法辛烷值基本相同，只是进入气缸的混合气未经预热，温度较低。研究法所测结果一般比马达法高出5～10个辛烷值单位。

我国车用汽油抗爆性能用研究法辛烷值表示。研究法和马达法所测辛烷值可用下式近似换算。

$$MON=RON\times 0.8+10 \tag{3-7}$$

式中　MON——马达法辛烷值；

RON——研究法辛烷值。

研究法辛烷值和马达法辛烷值之差称为该汽油的敏感性。它反映汽油抗爆性随发动机工作状况剧烈程度的加大而降低的情况。就实际使用而言，汽油敏感性低些有利，敏感性越低，发动机工作稳定性越高。敏感性的高低取决于油品的化学组成，通常烃类的敏感性顺序为：芳烃＞烯烃＞环烷烃＞烷烃。

3. 内插法

内插法指在单缸机压缩比保持不变的情况下，使被测燃料的爆震表读数位于两个已知辛烷值的参比燃料（辛烷值之差不能大于 2）的爆震表读数之间，然后再用内插法计算公式计算被测燃料的辛烷值。内插法计算公式如下：

$$X=\frac{b-c}{b-a}\times(A-B)+B \tag{3-8}$$

式中 X——被测车用汽油的辛烷值；

A——参比燃料（高辛烷值）对应的辛烷值；

B——参比燃料（低辛烷值）对应的辛烷值；

a——参比燃料（高辛烷值）对应的平均爆震表读数；

b——参比燃料（低辛烷值）对应的平均爆震表读数；

c——被测车用汽油的平均爆震表读数。

4. 压缩比法

压缩比法是用参比燃料标定出发动机的标准爆震强度，然后换用被测燃料，通过调整气缸高度（压缩比），使被测燃料的爆震强度与参比燃料的爆震强度相同，记录此时的气缸高度，然后查表得出被测燃料的辛烷值。

5. 红外光谱法

研究法辛烷值测试法和马达法辛烷值测试法均无法满足生产过程中在线测试要求，同时在实际测试燃料辛烷值的过程中，上述两种方法还具有测试速度慢、测试费用非常高和有害污染物排放多等缺点。目前快速检测燃料辛烷值的方法有红外光谱法、气相色谱法和核磁共振光谱法等。由于具有成本低廉、测试速度快、测试过程中不会产生排放污染和消耗被测燃料少等优点，红外光谱法逐渐成为车用汽油辛烷值测定的主流技术。红外光谱法的基本原理就是利用红外光谱测定车用汽油中的不同组分和各组分所占的比例，然后根据各组分对辛烷值的贡献情况，分析计算得出被测车用汽油的辛烷值。

6. 行车法

由于试验室法所测定的辛烷值不能完全反映汽车在道路上行驶时汽油的实际抗爆能力，一些国家还采用行车法来评定汽油的实际抗爆性能，用该方法所测出的辛烷值，称为道路法辛烷值。因为行车法比较复杂，实际应用时多采用经验公式计算而得。经验公式如下：

$$\mathrm{MUON}=28.5+0.431\mathrm{RON}+0.311\mathrm{MON}-0.040\varphi_{\mathrm{A}} \tag{3-9}$$

式中 MUON——道路法辛烷值；

φ_{A}——烯烃体积分数，%。

按该式计算得的道路法辛烷值，其数值介于马达法辛烷值和研究法辛烷值之间。目前我国车用汽油国家标准尚未对车用汽油道路法辛烷值做出规定。

7. 介电常数法辛烷值

汽油的辛烷值不同其介电常数 ε 也不同，辛烷值大的汽油介电常数也大，如果能测定介电常数，就可以计算出辛烷值，介电常数的变化可用电容的变化来测定。该方法设备体积小、低功耗、价格低、具有温度补偿、便于野外作业。该方法实现的电路简单可靠，但存在无法测量汽油中加入有机溶质的局限性。

三、注意事项

1. 避免样品暴露在阳光或荧光灯的紫外线辐射下

尽量减少化学反应对辛烷值试验结果的影响。燃料短时间暴露在波长小于 550nm 的紫外线下，可能影响辛烷值的试验结果。

2. 注意爆震试验设备所在地不要有干扰蒸气或烟气

爆震试验设备所在地点的某些物质的蒸气和烟气也会影响研究法辛烷值的试验结果。

用于空调和冷却设备的卤化物制冷剂能够促进爆震，此外，卤化物溶剂也可产生此种影响。如果这些物质的蒸气进入发动机燃烧室，样品的辛烷值将会降低。

3. 注意电源电压的波动或频率的变化

电源电压的波动或频率的变化均会改变 CFR 发动机的运转条件或爆震仪的性能，进而影响试样的研究法辛烷值测试结果。电磁辐射可能对模拟爆震表造成干扰，从而影响试样的研究法辛烷值。

四、提高车用汽油辛烷值的措施

目前，提高汽油辛烷值的方法主要有以下三种。

（1）改进加工工艺　选择良好的原料和改进加工工艺，例如采用催化裂化、加氢裂化和催化重整等工艺，生产出高辛烷值的汽油。

（2）加入高辛烷值成分　向产品中调入抗爆性优良的高辛烷值成分，例如异辛烷、异丙苯、烷基苯、醇类等。

（3）加入抗爆剂　加入抗爆剂，如甲基叔丁基醚（MTBE）、羰基锰（MMT）、CN-KBJ218 铁锰基抗爆剂等。

思考与交流

如何计算汽油抗爆指数?

【课程思政】

坚持理性拒绝盲从——不要盲目添加高牌号汽油

汽油的牌号是按照辛烷值来划分的，辛烷值是用来衡量汽油在发动机中不产生爆震的指标，牌号越高抗爆性越好。但高牌号汽油的燃烧速度慢，点火角度需要提前，如果低压缩比的汽车发动机盲目地长期使用高牌号汽油，不仅经济上浪费，而且会引起燃烧时间长、点火慢等问题，导致燃烧热能不能被充分转化为动能，行驶中会产生加速无力的现象；并且还会因为燃烧气体的温度过高，高温废气可能烧坏排气门；燃料燃烧不充分还会增加积炭，加剧环境污染并造成资源浪费。因此，大家做任何事情都要科学合理地做出选择，拒绝盲目和盲从，坚持理性，才能站得更高看得更远。

任务实施

操作3　车用汽油马达法辛烷值测定

一、目的要求

1. 掌握车用汽油马达法辛烷值测定方法及操作技能；

2. 掌握车用汽油马达法辛烷值测定结果修正与计算方法。

二、测定原理

1. 内插法　根据操作表对发动机进行调整使其在标准爆震强度下运转。调节试样的燃空比（燃料与空气的质量比）使爆震强度达到最大值，然后调整气缸高度得到标准爆震强度。不改变气缸高度，选择两种标准燃料，调整它们的燃空比使分别达到最大爆震强度，其一爆震较试样剧烈（爆震强度大），另一爆震较试样缓和（爆震强度较小）。使用内插法通过平均爆震强度读数值之差计算试样的辛烷值。方法要求所用的气缸高度应在操作表规定的范围之内。

2. 压缩比法　从操作表中查到选定的正标准燃料（正标）辛烷值对应的气缸高度，调整发动机确定标准爆震强度。在稳态条件下调节燃空比使试样爆震强度达到最大，再调节气缸高度产生标准爆震强度。为确保试验条件正常，再次确认校正过程及试样的测定结果。最后根据平均气缸高度读数（经大气压补偿）查表得出辛烷值。试验要求试样辛烷值与用于校正发动机的标准燃料辛烷值在规定范围内。

三、仪器（图3-6）

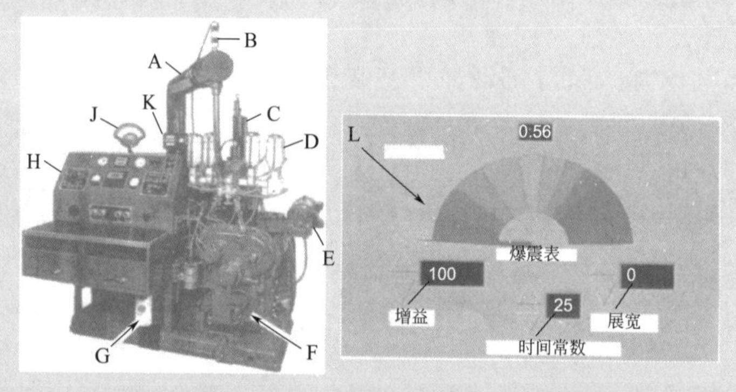

图3-6　测定马达法辛烷值装置

A—空气加湿器；B—进气加热器；C—冷却器；D—四罐式化油器；E—可变压缩比马达；F—CFR-48曲轴箱；G—滤油器；H—爆震仪；J—爆震表；K—压缩比数字计数器；L—爆震表放大

四、准备工作

1. 开总电源。

2. 将机油控温开关旋至7挡，一般可满足机油温度（135±15）℉［（57±8）℃］的要求。

3. 用曲柄扳手人工盘车4～5圈，以确认机组组装无问题。将飞轮停在压缩冲程上死点，即刻度盘零点与曲轮零点对齐。

4. 读取本室大气压，查好补正数，对计数器进行补正，将计数器调至500以下。

5. 润滑所有加油点，包括涡轮蜗杆、摇臂、摇臂架、气门挺杆、点火定时轴套以及缸与缸套键槽处等11个点。

6. 利用塞尺调节进气阀间隙为0.004in，排气阀间隙为0.014in，1in=2.54cm。

7. 检查曲轴箱机油液面，应在玻璃视窗1/2～2/3处。

8. 检查夹套水液面，应在1～2cm高度，若不在此高度，补充蒸馏水。

9. 加预热燃料（最好用90#以上辛烷值的汽油），将选择阀放至空挡。若选择阀过紧，则用金属物轻轻敲击，再选择。

10. 检查点火加热器及爆震仪、控温器、冷却水开关是否处于关闭状态。

11. 检查机器转动部件上有无废布、电线等杂物。

五、启动及预热

1. 顺时针旋转启动开关，并将开关保持几秒钟，使油压升到正常显示值，指示灯熄灭，曲轴箱应负压，打开点火开关、空气加热器开关。

2. 旋转选择阀，选至预热燃料杯。

3. 打开冷却水阀。

4. 观察点火角指示仪表，观察计数器上面刻度，应在上死点前13°，若未达到，则松开点火定时器加紧螺钉进行微调。

5. 打开温控开关，切换到混合器加热器位置。

6. 打开爆震仪电源开关，将调零开关切换到“操作”位置。

7. 预热约半小时后，观察各项指标是否正常（见表3-7）。

表3-7　车用汽油马达法辛烷值测定各项指标参数

序号	指标参数
1	进气温度为(38±2.8)℃[(100±5)℉]
2	混合气温度为(149±1.1)℃[(300±2)℉]
3	油压在25～30psi(1psi=6.895kPa),保持不变
4	曲轴箱真空度为负值
5	曲轴箱润滑油温度为(57±8)℃[(135±15)℉]
6	冷却夹套水液面升到冷却器侧面指示处(LEVEL—HOT)

六、测定步骤

（一）参比燃料辛烷值的测定

1. 将选择阀选至正标燃料杯。

2. 查标准参考表，查得对应计数器读数，调整计数器到相应位置。

3. 将展宽调至200左右，调仪表读数，粗调，使得爆震表读数在40左右。

4. 调节燃空比，取得最大爆震。

5. 将爆震表读数调到50处，将计数器提高或降低一个辛烷值单位使得展宽值在10～18格/辛烷值。若不符合要求，继续调展宽。

操作扫一扫

M3-2　马达法辛烷值测定

（二）样品燃料辛烷值的测定

1. 将选择阀放至燃料杯。

2. 调整计数器使得爆震表读数在40左右。

3. 调节燃空比，取得最大爆震。

4. 重调计数器使得爆震表读数为 50。

5. 读取计数器读数，并从标准参考表中查得辛烷值的数值。

七、停车操作

1. 将选择阀选至空挡，停止燃料燃烧。

2. 将加热器点火启动开关、控温开关、爆震仪开关打至“OFF”挡。将计数器调至 500 以下。

3. 关主机、制冷机电源及总电源。

4. 待飞轮停止旋转后，用曲轴扳手旋动飞轮使之停在压缩冲程上死点。

5. 放掉各油杯中剩余燃料。停一段时间后，关闭冷却水阀。

任务评价

考核项目	考核内容及要求	分值	评分标准	评定记录	扣分
准备工作（10 分）	劳保护具齐全上岗	5	少一样，扣 2 分		
	检查机油液位是否正常	5	未做到，扣 5 分		
测定（60 分）	检查冷却水液位，冷却水压是否足够，冬季水管线有无冻凝	3	未做到，扣 2 分		
	检查进排汽门间隙，配制甲标（甲苯标准燃料）和正标	5	油品洒落飞溅，扣 3 分；油量不符，扣 5 分		
	开机前必须手动盘车 4～5 圈，确认机器运转正常	10	未做到，扣 10 分		
	机油温度达到 120～150 ℉，大气压力补正	5	未做到，扣 2 分		
	为仪器 11 处须润滑的地方滴加机油润滑	9	未完成，扣 3 分		
	检查飞轮转速是否符合要求，检查进气温度，检查点火提前角是否符合要求	3	不合适，扣 3 分		
	最大爆震强度的调整是否正确到位	15	未做到，扣 15 分		
	甲标结果是否符合要求	5	不符合，扣 5 分		
	严格按照操作规程进行停机，关闭冷却水，关闭电源	5	未关电源，扣 2 分；未关水阀，扣 2 分；		
试验结果（15 分）	重复性（不大于 0.2%）	5			
	再现性（不大于 0.8%）	10			
原始记录（10 分）	原始数据记录不及时、直接	4	每处扣 0.5 分		
	记录不清楚，经确认后的杠改	2	每处扣 1 分		
	漏项	4	每处扣 1 分		
试验管理（5 分）	玻璃器皿破损	2			
	废液处理不正确	1			
	实验结束，台面未摆放整齐	2			
操作时间	从考核开始至交卷控制在 120min 内				
总分					
备注	1. 各项总分扣完为止 2. 因违反操作规程损坏仪器设备扣 20 分，如果导致试验无法进行或发生事故全项为零分				

考评人：　　　　　　　　　　分析人：　　　　　　　　　　时间：

想一想

1. 油品和水相比是否黏稠?
2. 油品黏稠的原因是什么?
3. 黏稠对油品的稳定性有影响吗?

任务五　溶剂洗胶质含量分析

任务要求

1. 掌握溶剂洗胶质含量的概念;
2. 掌握汽油溶剂洗胶质含量的测定的原理。

油品在贮存、运输及使用过程中,保持其性质不发生永久变化的能力,称为油品安定性。

汽油本身含有的非烃类和不饱和烃类等活泼组分,是油品不安定的内在因素(主要是烯烃,特别是其轭二烯烃),这些活泼组分在运输、贮存存及使用过程中,受外界因素(金属催化及光照、受热、空气、水等)的影响易发生氧化、缩合、聚合等反应,生成酸性物质、胶状物质和不溶沉渣,使油品颜色变深、使用性能变差。实验表明,贮存温度每增加 10℃,汽油生胶速率增加 2.4~2.8 倍。相同条件下,在铜的催化作用下,可使汽油胶质生成量增大 6 倍。此外,昼夜温差大,会增大"小呼吸"(由于温度及罐外大气压力变化而引起的呼气和吸气过程)量,使储油罐中消耗的氧气得到不断补充,也会加速燃料氧化。

若生成的胶质过多,沉积在发动机油箱、滤网、汽油导管、化油器喷嘴等部位,会堵塞油路,影响供油和混合气的形成。沉积在进气阀上,受热后会形成黏稠的胶状物,使进气阀黏着或关闭不严而产生漏气现象。沉积在气缸盖、气缸壁上,易形成积炭,导致散热不良,引起爆震燃烧。沉积在火花塞上,在高温下可形成积炭,使点火不良,甚至造成短路,不能产生电火花。总之,安定性差的汽油,不仅降低贮存期,还会破坏发动机正常工作,增大油耗。

车用汽油对安定性的要求是:诱导期长,溶剂洗胶质含量小,长期贮存不显著生成胶状物质和酸性物质,不发生酸度增大、颜色变深及辛烷值降低等质量变化。

一、溶剂洗胶质含量

评定车用汽油安定性的指标主要有溶剂洗胶质含量与诱导期。

汽油在贮存和使用过程中形成黏稠、不易挥发的褐色胶状物质称为胶质。根据溶解度的不同,胶质可分为不溶性胶质(或称沉淀,在汽油中形成沉淀,可用过滤方法分离出来)、可溶性胶质(以溶解状态存在于汽油中,通过蒸发的方法可使其作为不挥发物质残留下来)、黏附胶质(黏附于容器壁,不溶于有机溶剂)三种类型,合称为总胶质。溶剂洗胶质主要指第二类胶质,此外还包括测试过程中产生的胶质。

溶剂洗胶质含量在试验条件下测得的是车用汽油蒸发残留物中不溶于正庚烷的部分,以 mg/100mL 表示。

二、测定意义

溶剂洗胶质含量是表示发动机燃料抗氧化安定性的一项重要指标,用以评定燃料使用时在发动机中(进气管和进气阀上)生成胶质的倾向,也是发动机燃料贮存时控制的重要指标,据此可判断其能否使用和继续贮存,因此应定期测定溶剂洗胶质含量。我国车用汽油要求出厂时溶剂洗胶质含量不大于 5mg/100mL。

三、注意事项

（1）称量条件控制　准备盛放试样的烧杯及试验后含有残渣烧杯的称量要严格按操作规程进行，即按规定方法干燥结束后，要放进冷却容器中在天平附近冷却近2h，再行称量。

（2）加热温度控制　通常，温度升高，试样氧化生成胶质的速度增大。因此蒸发浴温度超过规定时，结果偏高；温度过低时，试油或正庚烷抽提液可能不会蒸干，也会引起未洗胶质和溶剂洗胶质含量的测定结果偏离。

（3）空气流速控制　引入空气时应小心，避免油滴飞溅而引起测定结果偏低；若空气流速始终都较小，则氧气供应不足，反应不充分，也会使测定结果偏低。

（4）盛试样容器选择　取样器和试样瓶都应使用玻璃容器，而不用金属容器。因为金属材质特别是铜质材料对试样有明显催化生成胶质的作用，可使测定结果偏高。

（5）空气流净化　试验通入的空气（工业风管供气或空气压缩机供应空气），要经过净化处理，以免将水分、机械杂质及润滑油带入试样烧杯中，使测定结果偏大。最好采用钢瓶供应空气。

（6）仪器测定时的注意事项

① 开机前必须检查电路是否安全。

② 仪器在使用过程中，若发生异常情况应马上停机，待故障排除后方可继续工作。

③ 仪器采用单相220V电压，为保证使用安全，接地须良好。

④ 分析完毕取∩形转接器时因温度高，须戴手套拿取防止烫伤。

四、仪器的维护与保养

① 仪器应置于空气干燥、清洁、通风良好的室内使用。

② 经常用柔软的纱布擦拭仪器表面，保持清洁。

③ 定期检查流量计及过滤器，若发现过滤器内棉花受到污染及潮湿，应及时清理更换。

思考与交流

什么是溶剂洗胶质含量？

【课程思政】

安全源自细节

近日，国家市场监督管理总局对车用汽油、柴油质量进行了国家监督专项抽查。汽油抽检中，山西省10个加油站的93号汽油、97号汽油，4个加油站的－10号普通柴油，接受了质量检验。其中，中石化太原市新晋祠路加油站、小店北邵加油站，中石油清徐第四加油站、太原第五加油站等7个加油站抽检的汽油质量合格；柴油质量全部合格。3个加油站被发现销售不合格汽油。小店区鑫源加油站销售的97号汽油经国家石油产品质量监督检验中心检验，被确定为不合格产品。不合格项目是苯含量和溶剂洗胶质含量。苯含量是指存在于油品中的苯。苯是致癌物，长期接触会严重影响人体健康，因此国家标准对其进行严格控制。溶剂洗胶质含量高，易引起汽车燃油喷射系统及进气阀结焦、堵塞喷油嘴、汽车缸内沉积物增多，会产生一些不良后果，如起动困难、加速缓慢、动力下降等故障。正是这项不是很知名的项目，即溶剂洗胶质含量，能引起如此严重的后果。所以，安全源于细节，要保证油品每一项指标正常，守好每个细节，才能为广大人民群众守好安全的红线。

任务实施

操作 4　车用汽油溶剂洗胶质含量的测定

一、目的要求

1. 掌握车用汽油洗胶质含量的测定（GB/T 8019—2008）《燃料胶质含量的测定喷射蒸发法》的方法、计算及操作技能。

2. 掌握车用汽油和航空活塞式发动机燃料实际胶质测定仪的使用性能和操作方法。

二、测定原理

本方法是将 50mL 试样在一定控制温度（150～160℃）、空气流速（车用汽油要求使用空气流速，流速为 1000mL/s）和蒸发时间（30min）的条件下蒸发，并分别称量正庚烷抽提前后的残渣质量所得结果以 mg/100mL 表示，分别称为车用汽油的未洗胶质含量和溶剂洗胶质含量。

试验目的是测定试样在试验以前和试验条件下形成的氧化物。由于车用汽油生产中常有意加入非挥发性油品或添加剂，因此，用正庚烷抽提使之从蒸发残渣中除去是必要的。

$$C_S=(m_C-m_D+m_X+m_Z)\times 2000\text{mg}/(100\text{mL}\cdot\text{g}) \tag{3-10}$$

$$C_U=(m_B-m_D+m_X+m_Y)\times 2000\text{mg}/(100\text{mL}\cdot\text{g}) \tag{3-11}$$

式中　C_S——车用汽油的溶剂洗胶质含量，mg/100mL；

C_U——车用汽油的未洗胶质含量，mg/100mL；

m_B——未抽提前试样烧杯和残渣质量，g；

m_C——抽提干燥后试样烧杯和残渣质量，g；

m_D——空试样烧杯质量，g；

m_X——配衡烧杯质量，g；

m_Y——未抽提前配衡烧杯质量，g；

m_Z——抽提干燥后配衡烧杯质量，g；

2000mg/(100mL·g)——以 mg/100mL 为单位表示胶质含量时，50mL 试样所对应的换算系数。

三、仪器与试剂

（1）仪器　喷射蒸发法胶质含量测定仪如图 3-7、图 3-8 所示，其装置分为三部分：进气系统（空气或蒸汽，包括蒸汽过热器）、测量系统（包括气体流量计和温度计）和蒸发浴（金属块浴或电加热液体浴）。

（2）试剂　车用汽油。

四、操作步骤

溶剂洗胶质含量试验按 GB/T 8019—2008《燃料胶质含量的测定喷射蒸发法》进行。该标准适用于测定车用汽油、车用乙醇汽油（E10）、航空活塞式发动机燃料和喷气燃料的溶剂洗胶质含量和未洗胶质含量。

仪器使用测定步骤如下：

1. 连接电源检查仪器是否漏电，检查空气连接处，保证不漏气。

2. 打开蒸汽过热器的热浴开关，在“热浴温度”设置处用“＋”或“－”调节温度在规定的温度范围（车用汽油设置在 160～165℃）。

3. 待温度恒定，用量筒量取 50mL 试样，加入到恒重好的胶质杯中，放入热浴孔中，放上∩形转接器，将经净化的空气的开关打开，调节玻璃转子流量计，调节流速使每孔为 (1000±150)mL/s。保持规定的温度和流速，使试样进行 30min 的蒸发。

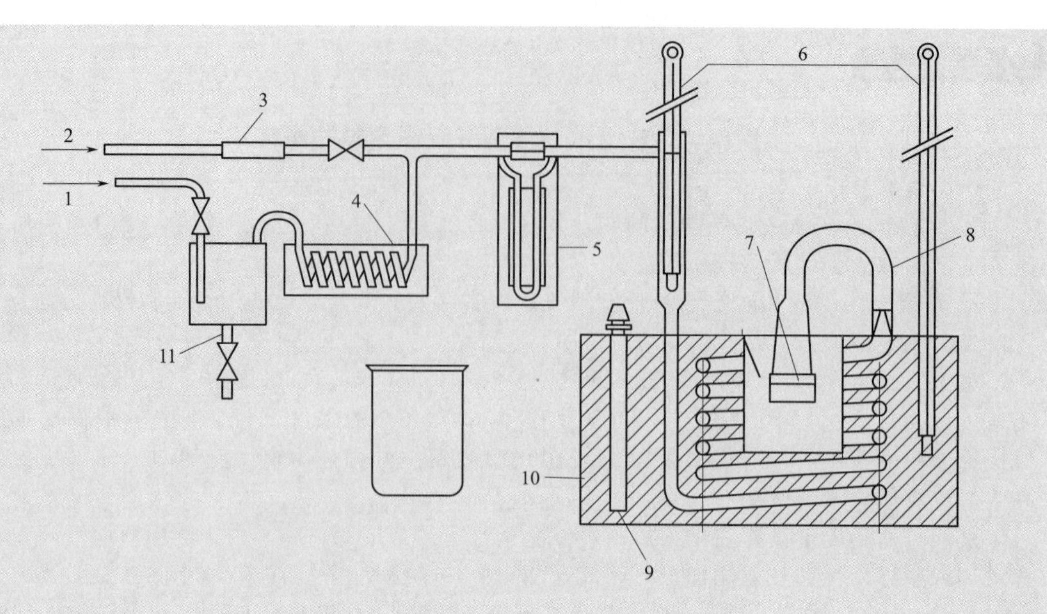

图 3-7　喷射蒸发法胶质含量测定仪示意图

1—蒸汽源；2—空气源；3—棉花或玻璃棉过滤器；4—冷凝管；5—流量计；6—温度计；7—铜网；8—可拆卸锥形转接器；9—温度调节器；10—金属块浴；11—汽阱

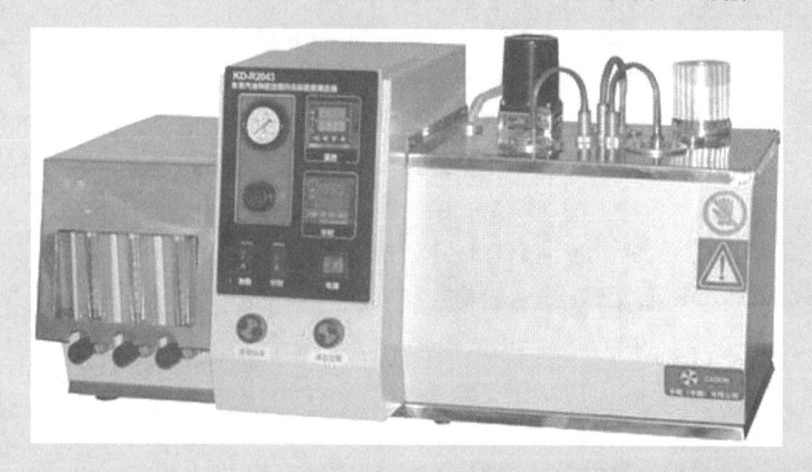

图 3-8　喷射蒸发法胶质含量测定仪实物图

4. 蒸发完毕，取出胶质杯，放入干燥器中冷却。关闭蒸汽过热器的热浴开关，切断电源。

五、计算和报告

试样体积：				控制温度：		
空气流速：				蒸发时间：		
序号	m_B	m_C	m_D	m_X	m_Y	m_Z
1						
2						
3						

任务评价

准备时间：10min　　　　操作时间：180min

考核项目	考核内容及要求	分值	评分标准	评定记录	扣分
准备工作	工具、器具准备、天平、干燥剂	5	每少选一件扣 2.5 分		
天平的使用	会正确使用天平	10	不能正确使用天平扣 10 分		
	正确使用加热设备	2	不能正确使用扣 2 分		
	正确设置加热温度	2	不能正确设置扣 2 分		
	加热时间正确	2	加热时间不正确扣 2 分		
干燥器的使用	开关干燥器时应将盖子的磨口面紧贴干燥器的口一边的磨口面，从一边移至另一边	3	未按要求做扣 3 分		
	打开的盖子放到台上时应使磨口向上	3	若向下扣 3 分		
	将干燥器从一个地方移至另一个地方时，必须用两手的大拇指按紧上盖，其余四指托住下沿，以免盖子滑落打破	3	操作方法不正确扣 3 分		
胶质杯的准备	正确清洗和处理胶质杯，并放在 150℃ 的烘箱中至少干燥 1h，冷却 2h	2	不够扣 2 分		
	重复进行干燥、称量，直至连续称量的差值不超过 0.0004g	2	达不到要求扣 2 分		
蒸气蒸发装置的准备	加热蒸发浴，使装置进入操作状态，当温度达到 232℃ 时，慢慢地将干蒸汽引入系统，使每个出口的流速达到(1000±150)mL/s	6	达不到要求扣 6 分		
	调节浴温在 232～246℃ 范围内，测量每个孔的温度，温度计的感温泡应插到孔中烧杯的底部，与 232℃ 相差 3℃ 以内	6	达不到要求扣 6 分		
测定	准确量取 50mL 过滤试样至称过的胶质杯中	5	不准确扣 5 分		
	把装有试样的烧杯和配衡烧杯放入蒸发浴中，放进第一个和最后一个时间尽可能短	5	时间太长扣 5 分		
	用不锈钢镊子或钳子，放上锥形转接器，蒸汽蒸发时允许提前把烧杯加热 3～4min，锥形转接器在接到出口前须用蒸汽预热，并放在热蒸汽浴顶端的中央，开始通入空气或蒸汽达到规定的流速，蒸发 30min	12	一项达不到要求扣 12 分		
	加热结束时将烧杯转移到干燥器中冷却至少 2h，称重	4	时间不够扣 4 分		
记录和计算	计算及修约正确	10	不正确扣 5 分		
	填写正确		错误每处扣 2 分		
	不得涂改		涂改每处扣 2 分，杠改每处扣 1 分		
分析结果	精密度	10	不符合标准规定扣 10 分		
	准确度	8	不符合标准规定扣 8 分		
安全文明生产	遵守安全操作规程，在规定的时间内完成		每违反一项规定从总分中扣 5 分，严重违章者停止操作		

考生：　　　　　　　　考评人：　　　　　　　　日期：

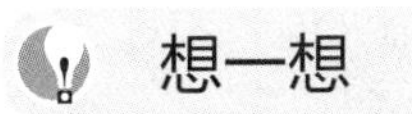

想一想

什么是诱导期？

任务六　诱导期分析

任务要求

1. 掌握诱导期的概念；
2. 掌握车用汽油诱导期的测定原理；
3. 掌握汽油氧化安定性测定仪的测定原理。

一、诱导期

诱导期指在规定的加速氧化条件下，油品处于稳定状态所经历的时间，以 min 表示。

二、测定意义

诱导期是评定燃料抗氧化安定性的指标，用以评定燃料在长期贮存中，氧化生成胶质的倾向。通常，诱导期长，油品形成胶质的倾向小，抗氧化安定性好，油品稳定，适合长期贮存。例如，实验测得汽油的诱导期为 360min 时，可以贮存半年以上，而不变质。我国车用汽油要求诱导期不少于 480min。

三、注意事项

① 试验前必须检查氧气各连接处密封性是否完好。

② 铜快速接头不要碰撞，以免影响密封性；氧弹套管不要倒立，避免损坏。

③ 充氧前检查各开关是否打开或关闭。

④ 每次打开氧弹前，须先查看压力表，确认氧弹内外无压力差时，方可打开氧弹。

⑤ 试验前检查弹孔内、通氧管口内是否有杂质。

⑥ 不要往金属浴中倒入任何液体，以免发生危险。

⑦ 为了延长显示屏的使用寿命，仪器在“测量”状态下，经过连续 20min 的显示后无任何键按下，仪器自动进入屏幕休眠状态，但是并不影响整个测试过程。需要重新显示时，按“消音”键后，即可恢复屏幕显示。

四、仪器的维护与保养

① 仪器应存放在干燥的地方，并做好防尘工作。

② 不要连续开关电源，连续开关电源之间需间隔 10s 以上，以免损坏元器件。

③ 输氧管应定期吹扫，排气时注意排放速度，避免将油吸出。

④ 试验结束后应做好清洁工作，将仪器清理干净。

【课程思政】

汽油在油箱里放久了会坏掉吗?

开车不会将油用到完全没有，再去加油，每次新油加进去，以前的油总是还有一点点留在油箱里面。那么，这种情况下，油会坏掉吗？会影响车子吗？有人说，汽油虽然不是食品，但汽油也是有保质期的，所以会坏；有人说，油箱密封性很好，空气进到油箱里的可能性很小，所以它的保质期非常长，几乎是不会变质的，所以不会坏掉。到底要相信谁呢？在这个信息和谣言满天飞的信息时代，所有的判断都要依据科学的原理，到底会不会坏，可以根据油品的诱导期判断。如果用诱导期来衡量的话，一般汽油是可以储存八个月以上。因此，汽油放久了会坏，但不会很快坏。只有用科学的思维进行理智的思考，才能对很多生活现象得出科学的结论。

任务实施

操作5　诱导期测定

一、目的要求

1. 掌握车用汽油蒸气压测定方法、计算及操作技能。

2. 掌握汽油氧化安定性测定仪的使用性能和操作方法。

二、测定原理

试验时，将盛有50mL试样的氧弹放入到100℃的水浴内加热，连续或每隔15min记录压力（以备绘制压力-时间曲线），直至转折点，从氧弹放入100℃的水浴到转折点这段时间，即为诱导期。

弹氧放入沸水浴后，弹体内的气体先是受热膨胀，压力升高，然后在一定的时间内压力保持不变，这是由于氧化初期吸氧很慢，随着过氧化物积累，氧化反应加速进行，当压力-时间曲线上第一个出现15min内压力降达到13.8kPa，而继续15min压力降又不小于13.8kPa时的初始点，即称为转折点。

三、仪器与试剂

（1）仪器　试验所用SYD-8018D汽油氧化安定性测定器见图3-9。氧弹见图3-10。

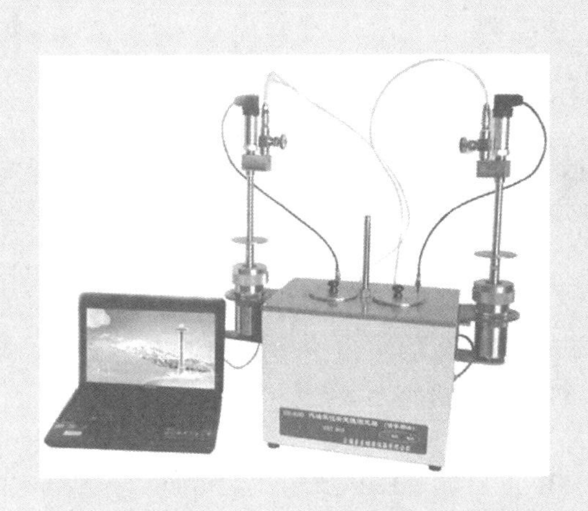

图3-9　SYD-8018D汽油氧化安定性测定器

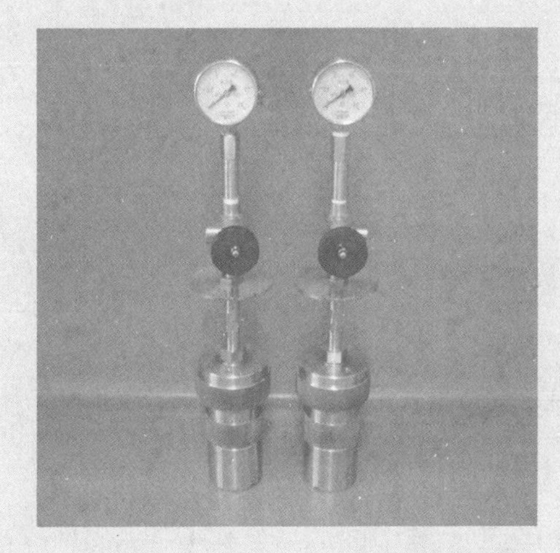

图3-10　汽油氧化安定性试验用氧弹

（2）试剂　车用汽油。

四、准备工作

1. 排出氧弹内原有空气　在15～25℃的条件下，将玻璃试样瓶放入弹内，加入50mL试样，盖上试样瓶，关紧氧弹，通氧气至表压689～703kPa为止，再匀速缓慢（不小于15s）地放出气体，以冲出弹内原有空气。

2. 试漏　通氧气至表压力为689～703kPa，观察压力降，对于开始时由于氧气在试样中的溶解作用而引起迅速变化的压力降（一般不大于41.4kPa）不予考虑。如果在以后的10min内压力降不超过6.89kPa，则视为无泄漏，可进行试验而不必重新升压。

五、操作步骤

1. 开机

① 打开“总电源开关”，“液晶屏”显示主菜单：

GB/T 8018 汽油氧化安定性测试仪
1. 数据查询
2. 修改日期
3. 温度压力校正
4. 控温温度设定
5. 工作运行
按数字键进入

② 按“5”键，“液晶屏”显示：

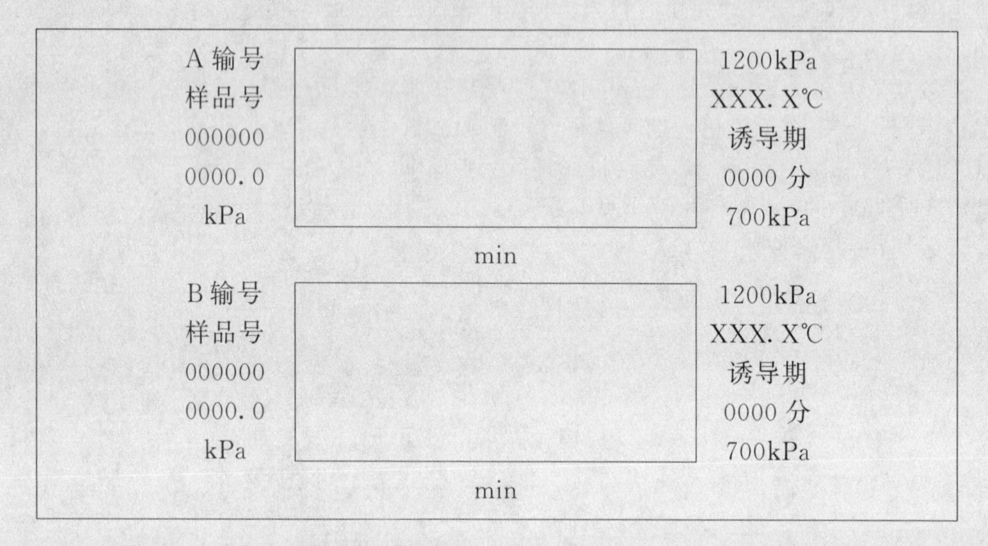

2. 样品分析

① 按“加热启停”键，液晶屏右边 XXX. X℃下方显示“⇧¤”。恒温浴开始升温。到达设置温度时，“¤”开始闪烁。液晶屏显示的温度值即是恒温浴实测温度值。如果要停止加热时，需连续按两次“加热启停”键，即可停止加热。

② 按“A 启停”键或“B 启停”键，液晶屏则在“kPa”下显示“请输号”，用数字键在“000000”位置输入“A”试验样号或“B”试验样号。随后再按“A 启停”键或“B 启停”键，完成“输号”操作。

③ 将清洗干净的氧弹、样品杯、杯盖放置在试验仪器的旁边，使其温度接近室温。

④ 按标准的要求向样品杯内装入试样，将装好试样的样品杯放入氧弹内，装好氧弹盖并将氧弹拧紧。

⑤ 将充氧接口上的快速接头接入氧弹进行氧气置换。

⑥ 调节氧气阀门使氧气瓶的压力表输出稍大于 700kPa。

⑦ 打开“充氧开关”，观察液晶屏上显示的压力上升到达 700kPa 时关闭“充氧开关”。

⑧ 打开“放氧开关”，观察液晶屏上显示的压力下降到达 0kPa 时关闭“放氧开关”。

⑨ 重复两次⑦、⑧项操作。

⑩ 再打开“充氧开关”，观察压力上升到达标准要求的压力时，迅速将氧弹上的截止阀关闭，关闭氧气阀门。

⑪ 试样测漏：按“A 选择”键，使液晶屏上显示的“A 输号”变为“A 测漏”；再按

"A启停"键，液晶屏左边"kPa"下显示"已启动"，A路压力曲线开始运行，经2min后，在曲线框右上方显示溶氧速率为X.XXkPa/min。

⑫ 当A路或B路的溶氧速率小于0.69kPa/min时，可按GB/T 8018的标准，判断氧弹为不漏气，此时即可进行实验测试。

⑬ 按"A启停"键或"B启停"键，使左边"kPa"下显示的"已启动"消失，试验测漏结束。

⑭ 试样测量：按"A选择"键，使"液晶屏"上显示的"A测漏"变为"A测量"。

⑮ 当恒温浴温度达到设定温度后，将已装好试样的"A"号氧弹放入恒温浴中，按"A启停"键，液晶屏在左边"kPa"下方显示"已启动"。同时该试样的压力、时间坐标开始运行，在"min"左边显示试验时间。

⑯ 当试验运行时间大于70min后，压力曲线的时间坐标自动向左移动20min，以后每隔20min移动一次。

⑰ 氧弹B的操作过程与氧弹A操作相同。

⑱ 在仪器运行中，可以通过"↑"键或"↓"键，查询"A路"的压力、时间曲线的运行状态。或通过"→"键或"←"键，查询"B路"的压力、时间曲线的运行状态。按一次查询键，曲线坐标移动20min，按住查询键超过3s，压力、时间曲线快速移动。

⑲ 仪器自动判断"转折点"，并根据统计的平均温度值，自动换算为100℃下的"诱导期"，液晶屏的左边"kPa"下方显示"完成"。液晶屏右边"诱导期"下方显示100℃"诱导期"的时间，同时讯响提示。可通过"消音"键消除讯响声。

⑳ 在诱导期完成的同时，"打印机"自动开始打印试验报告单。

㉑ 在自动打印完成后，用户可以通过"A路"或"B路"的查询键查询试验的全过程。

㉒ 按"A打印"键或"B打印"键的间隔时间应大于2min30s，否则不能正常工作。

㉓ 如需查询某次的试验结果，可以在主菜单界面下按"1"键，液晶屏显示最近的试验结果，根据界面提示操作，即可查询某一天的测试数据，并可打印结果数据。

3. 关机　测量完成后，关闭电源开关，按标准要求清洗氧弹和试样杯，供下次使用。

六、数据与记录

诱导期测定数据记录与处理

时间	试验温度/℃	压力/kPa	备注
0min			
15min			
30min			
45min			
60min			
75min			
90min			
105min			
120min			
拐点/min			
诱导期/min			

操作人：　　审核人：　　日期：

任务评价

石油产品氧化安定性评分标准（GB/T 8018—2015）

准备时间：10min　　　　测定时间：120min

考核项目	考核内容及要求	配分	评分标准	扣分	得分
试验前的准备	检查仪器(50mL量筒、氧弹)，符合要求	5	一项未检查，扣2分		
	取样前，应摇匀试样	5	未摇匀扣5分		
	氧弹和待测试样油温应在15～25℃	5	未测或不在范围扣5分		
	保持水浴温度98～102℃	5	不在范围扣5分		
测定过程考查	试验前用氧气排出原有空气	5	未排扣5分		
	通氧气至690～705kPa	5	不足或超出扣5分		
	试漏时，观察压力降，要求在以后的10min内压力降不超过7.0kPa	10	未试漏或不符合条件扣10分		
	测定，将盛有试样的氧弹放入剧烈沸腾的水浴中，避免摇动，按下启停，开始试验	15	不按规定操作扣15分		
	连续记录氧弹内的压力，每隔15min或更短的时间记录一次压力读数	15	未及时记录或记录不准确扣15分		
清洗	拆洗清洗仪器，先冷却氧弹，缓慢放掉氧弹内压力，清洗氧弹和试样瓶，为下次试验做准备	10	未清洗或释放压力太快扣10分		
计算	计算，熟练掌握公式	20	计算不正确扣10分；结果不正确扣10分		
合计		100			

考评人：　　　　分析人：　　　　时间：

知识拓展

诱导期测定器介绍

如图3-9所示为SYD－8018D汽油氧化安定性测定器（诱导期法）。该仪器符合GB/T 8018—2015要求。该仪器由PC机（带打印机）、微机数据采集、控制系统、检测系统、电动执行系统、氧化浴、氧弹及附件等必需的配套装备组合而成。主机采用PC机与下位机进行串通通信，实现对温度和压力的检测、控制。其技术参数为：交流电源220V，50Hz加热功率2000W，温度范围≥105℃，温度零度0.1℃，压力读数至少到1379kPa，取样时间10s。

想一想

1. 汽车部件一般是由哪些材质制作成的呢？
2. 汽油中如果存在腐蚀性成分会对汽车部件造成哪些损害呢？

任务七　铜片腐蚀分析

任务要求

1. 了解铜片腐蚀测定意义；

2. 掌握铜片腐蚀测定方法；

3. 熟悉铜片腐蚀测定注意事项。

铜片腐蚀这项检测指标属于腐蚀性分析指标。石油产品在贮存、运输和使用过程中，对所接触的机械设备、金属材料、塑料及橡胶制品等引起破坏的能力，称为油品腐蚀性。由于机械设备和零件多为金属制品，因此，油品腐蚀性主要是指对金属材料的腐蚀，其途径有化学腐蚀和电化学腐蚀两种。

汽油中的主要腐蚀物是硫化物、水溶性酸或碱。

硫化物主要包括“活性硫”和“非活性硫”两类，我们将能直接与金属作用的游离硫、硫化氢、低级硫醇（如 CH_2SH、CH_3CH_2SH 等）、二氧化硫、磺酸和酸性硫酸酯等称为活性硫；而将不能直接与金属作用的硫醚、二硫化物、环状硫化物（如噻吩）等称为非活性硫。活性硫主要来源于石油炼制过程中的含硫化合物分解，多数残存于轻质石油馏分中，如催化裂化汽油中含硫醇硫可高达 30μg/g，用一般的碱洗方法不能完全除去，二氧化硫则是用硫酸精制时残留的中性及酸性硫酸酯分解生成的。当有水存在时，这些活性组分对金属的腐蚀更为严重。非活性硫多存在于重质馏分油中，汽油中也少量存在，它们均为原油中的固有成分，在炼制过程中未被彻底分离。除环状硫化物外，其余的热安定性均不好，容易受热分解转化成活性硫，引起进气阀、阀杆、阀座的腐蚀及磨损，燃烧生成的二氧化硫、三氧化硫，在冬季与排气管上的凝结水反应生成的亚硫酸和硫酸腐蚀性更强。

汽油中的水溶性酸、碱主要是油品在加工、贮存、运输过程中从外界进入的可溶于水的无机酸或碱。其中，水溶性酸是指无机酸和低分子有机酸，水溶性碱是指氢氧化钠和碳酸钠等。除低分子有机酸由汽油氧化生成外，其余均为油品酸碱精制过程中的残留物，主要是硫酸及其衍生物，如磺酸和酸性硫酸酯。矿物碱主要是氢氧化钠和碳酸钠。水溶性酸、碱是强腐蚀性物质，易对储罐及发动机等设备造成破坏。水溶性酸几乎对所有金属都有腐蚀作用，尤其是有水存在时腐蚀性更为显著。水溶性碱对铝质零件有较强的腐蚀性。

腐蚀作用不但会使机械设备受到损坏，影响使用寿命，而且由于金属被腐蚀后多生成不溶于油品的固体杂质，所以还会影响油品的洁净度和安定性，从而给贮存、运输和使用带来更多的危害。例如，腐蚀残渣会堵塞过滤器和喷嘴，并促进胶质和残炭的生成。此外，水溶性酸或碱还能与大气中的水分、氧气相互作用，在受热时会逐渐引起油品特别是催化油品氧化，生成胶质。

车用汽油对腐蚀性的要求是：不腐蚀发动机零件和容器。

一、测定意义

铜片腐蚀是定性检验油品有无活性硫的试验，用以评定油品对金属铜的腐蚀性。通过铜片腐蚀试验，可以判断油品是否含有活性硫，预测油品在贮运和使用时对金属的腐蚀性。铜片腐蚀试验非常灵敏，例如，铜片浸于含有游离硫为 0.0015%的汽油中，在 50℃下，经过 3h 即覆盖上褐色薄层。在仅含硫化氢 0.0003%的汽油中，在 50℃，3h 的作用下，就呈有紫红斑点的青铜色。我国车用汽油要求铜片腐蚀（50℃，3h）不大于 1 级。

二、测定方法

车用汽油的铜片腐蚀试验按 GB/T 5096—2017《石油产品铜片腐蚀试验法》进行。

该标准适用于测定雷德蒸气压不大于 124kPa 的烃类、溶剂油、煤油、柴油、馏分燃料油、润滑油和其他石油产品对铜的腐蚀度测定时，将一块已磨光的铜片浸没在一定量（30mL）试样中，并按产品标准要求加热到指定的温度（50℃），保持一定的时间（3h），待试验周期结束时取出铜片，经洗涤后与腐蚀标准色板进行其较，确定腐蚀级别。

如表 3-8 所示，腐蚀标准色板按腐蚀程度分为 4 级。

表 3-8　铜片腐蚀的标准色板分级

级别(新磨光的铜片)②	名称	说明①
1	轻度变色	a. 淡橙色，几乎与新磨光的铜片一样 b. 深橙色
2	中度变色	a. 紫红色 b. 淡紫色 c. 带有淡紫蓝色或银色，或两种都有，并分别覆盖在紫红色上的多彩色 d. 银色 e. 黄铜色或金黄色
3	深度变色	a. 洋红色覆盖在黄铜色上的多彩色 b. 有红和绿显示的多彩色(孔雀绿)，但不带灰色
4	腐蚀	a. 透明的黑色、深灰色或仅带有孔雀绿的棕色 b. 石墨黑色或无光泽的黑色 c. 有光泽的黑色或乌黑发亮的黑色

① 铜片腐蚀标准色板由表中说明的色板所组成。

② 此系列中的新磨铜片仅作为试验前磨光铜片的外观标志，即使用一个完全无腐蚀性的试样进行试验后，也不能重现这种外观。

三、测定注意事项

1. 试验条件控制

铜片腐蚀试验为条件性试验，试样受热温度的高低和浸渍试片时间的长短都会影响测定结果，通常温度越高、时间越长，铜片就越易腐蚀。车用汽油铜片腐蚀试验要求控制水浴温度 (50±1)℃，试验时间 3h±5min。

2. 试片洁净程度

用不锈钢镊子夹持磨光、擦净后的铜片，绝不能用手直接触摸，以免汗及污物等加速铜片的腐蚀。

3. 试剂与环境

应保证试验所用试剂对铜片无腐蚀作用，并确保试验环境无含硫气体存在，恒温浴用不透明材料制成，以免光线对试验结果产生干扰。

4. 取样

不允许预先用滤纸过滤试样，以防止具有腐蚀活性的物质损失，只有当试样因含水而出现悬浮（浑浊）现象时，才可用一张中速定性滤纸把足够体积的试样过滤到一个清洁、干燥的试管中，因为铜片与水接触会引起变色，造成等级评定困难。

5. 试验后试片处理

试验结束后，用不锈钢镊子取出铜片，浸入洗涤剂，洗去附着的试样再用定性滤纸吸干，最好将铜片放入到扁平的试管中，用脱脂棉塞住管口，防止弄脏，然后再与准色板比较，确定腐蚀等级。

6. 与标准色板的比较方法

比较时，要对光线成 45°角折射的方法拿持观察。

7. 腐蚀级别的确定

当一块铜片的腐蚀程度恰好处于两个相邻的标准色板之间时，则按变色或失去光泽较为严重的腐蚀级别给出测定结果。

思考与交流

铜片腐蚀属于定性分析还是定量分析？

任务实施

操作6　铜片腐蚀测定

一、目的要求

1. 掌握石油产品铜片腐蚀试验原理、方法和操作技能。

2. 掌握金属试片制备技术。

二、测定原理

把一块已磨光的铜片浸没在一定量的试样中，并按产品标准要求加热到指定温度，保持一定的时间。待试验周期结束后，取出铜片，经洗涤后与腐蚀标准色板进行比较，确定腐蚀级别。

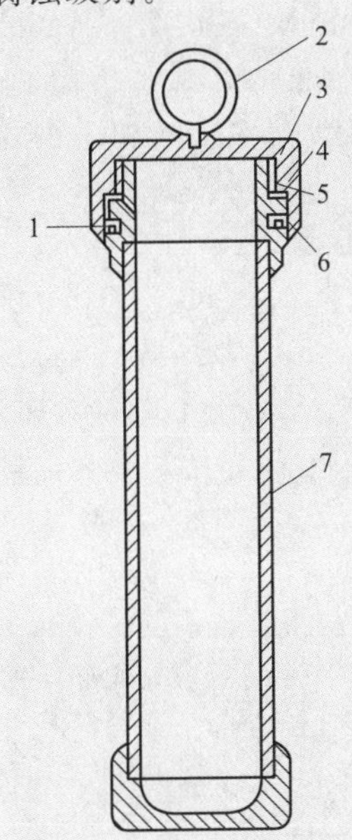

图3-11　铜片腐蚀试验弹

1—“O”形密封圈；2—提环；3—压力释放槽；4—细牙螺纹；5—滚花槽；6—密封圈保护槽；7—无缝不锈钢管

三、仪器与试剂

(1) 仪器　试验弹（见图3-11，不锈钢材质，能承受689kPa试验表压，内高160mm、内径32mm）；试管（长150mm、外径25mm、壁厚在试管30mL处刻一环线）；水浴或其他液体浴或铝块浴［能维持试验所需温度（40±1)℃、(50±1)℃、(100±1)℃或其他所需温度，用支架支持试验弹保持垂直位置，并使整个试验弹能浸没在浴液中，用支架支持试管保持垂直，并浸没至浴液中约100mm深度］；磨片夹钳或夹具（磨片时牢固地夹住铜片而不损坏边缘，并使铜片表面高出夹具表面）；观察试管（扁平形，在试验结束时，供检验用或在贮存期间供盛放腐蚀的铜片用）；温度计（全浸型、最小分度1℃或小于1℃，用于指示试验温度，所测温度点的水银线伸出浴介质表面应不大于25mm)。

(2) 试剂与材料　洗涤溶剂（分析纯90～120℃的石油醚或硫含量小于5mg/kg的烃类溶剂）；铜片（纯度大于99.9%的电解铜，宽为12.5mm、厚为1.5～3.0mm、长为75mm，铜片可以重复使用，但当铜片表面出现有不能磨去的坑点或深道痕迹，或在处理过程中，表面发生变形时，则不能再用）；磨光材料［65μm的碳化硅或氧化铝（刚玉）砂纸（或砂布）105μm的碳化硅或氧化铝（刚玉）砂粒，以及药用脱脂棉］；车用汽油；车用柴油或喷气燃料。

在有争议时，洗涤溶剂应用分析纯、纯度不低于99.75%的2,2,4-三甲基戊烷；磨光材料用碳化硅材质。

(3) 腐蚀标准色板　本方法用的腐蚀标准色板是由全色加工复制而成的。它是在一块铝薄板上印刷4色加工而成的，腐蚀标准色板由代表失去光泽表面和腐蚀增加程度的典型试验铜片组成（见表3-8)。为了保护起见，这些腐蚀标准色板嵌在塑料板中。在每块标准色板的反面给出了腐蚀标准色板的使用说明。

为了避免褪色，腐蚀标准色板应避光存放。试验用的腐蚀标准色板要用另一块在避光下仔细保护的（新的）腐蚀标准色板与它进行比较来检查其褪色情况。在散射日光（或与之相当的光线）下，对色板进行观察，先从上方直接看，然后再从45°角看，如果观察到有褪色迹象，特别是在腐蚀标准色板最左边的色板有这种迹象，则废弃这块色板。

检查褪色的另一种方法是：当购进新色板时，把一条 20mm 宽的不透明片（遮光片）放在这块腐蚀标准色板带颜色部分的顶部。把不透明片经常拿开，以检查暴露部分是否有褪色的迹象。如果发现有任何褪色，则应该更换这块腐蚀标准色板。

如果塑料板表面显示出有过多的划痕，则也应该更换这块腐蚀标准色板。

四、准备工作

（1）试片的制备

① 表面准备。先用碳化硅或氧化铝（刚玉）砂纸（或纱布）把铜片六个面上的瑕疵去掉。再用 65μm 的碳化硅或氧化铝（刚玉）砂纸（或纱布）处理，以除去在此以前用其他等级砂纸留下的打磨痕迹。用定量滤纸擦去铜片上的金属屑，把铜片浸没在洗涤溶剂中。然后取出可直接进行最后磨光，或贮存在洗涤溶剂中备用。

② 表面准备的操作步骤。把一张砂纸放在平坦的表面上，用煤油或洗涤溶剂湿润砂纸，以旋转动作将铜片对着砂纸摩擦，用无灰滤纸或夹钳夹持，以防止铜片与手指接触。另种方法是用粒度合适的干砂纸（或砂布）装在发动机上，通过驱动发动机来加工铜片表面。

③ 最后磨光。从洗涤溶剂中取出铜片，用无灰滤纸保护手指夹持铜片。取一些 105μm 的碳化硅或氧化铝（刚玉）砂粒放在玻璃板上，用 1 滴洗涤溶剂湿润，并用一块脱脂棉蘸取砂粒。用不锈钢镊子夹持铜片，铜片千万不能接触手指。先摩擦铜片各端边，然后将铜片夹在夹钳上，用黏在脱脂棉上的碳化硅或氧化铝（刚玉）砂粒磨光主要表面，要沿铜片的长轴方向磨。再用一块干净的脱脂棉使劲地摩擦铜片，以除去所有金属屑，直到新脱脂棉不留污斑为止。铜片擦净后，立即浸入已准备好的试样中。

为了得到一个均匀的腐蚀色彩铜片，均匀磨光铜片各个表面很重要。如果边缘已出现磨损（表面呈椭圆形），其腐蚀多比中心强烈。使用夹钳有助于铜片表面磨光。

（2）取样　对会使铜片造成轻度变暗的各种试样，应该储存在干净的深色玻璃瓶、塑料瓶或其他不影响试样腐蚀性的合适容器中。

容器要尽可能装满试样，取样后立即盖上，取样时要小心，防止试样暴露于日光下。试验室收到试样后，在打开容器后应尽快进行试验。

如果在试样中看到有悬浮水（浑浊），则用一张中速定性滤纸把足够体积的试样过滤到一个清洁、干燥的试管中。此操作尽可能在暗室或避光的屏风下进行。

镀锡容器会影响试样的腐蚀程度，因此，不能使用镀锡铁皮容器贮存试样；钢片与水接触会引起变色，给铜片评定造成困难。

五、测定步骤

（1）试验条件　不同的石油产品采用不同的试验条件。

① 航空汽油、喷气燃料。把完全清澈、无任何悬浮水的试样倒入清洁、干燥试管的 30mL 刻线处，并将经过最后磨光、干净的铜片在 1min 内浸入试样中。将试管小心滑入试验弹中，旋紧弹盖。再将试验弹完全浸入到（100±1）℃的水浴中。在浴中放置（120±5）min 后，取出试验弹，并用自来水冲几分钟。打开试验弹盖，取出试管，按下述步骤（2）检查铜片。

② 车用柴油、车用汽油。把完全清澈、无悬浮水的试样倒入清洁、干燥试管的 30mL 刻度处，并将经过最后磨光干净的铜片在 1min 内浸入试样中。采用带排气孔的软木塞塞住试管。将该试管放到（50±1）℃的水浴中。在浴中放置（180±5）min 后，按步骤（2）检查铜片。

溶剂油、煤油和润滑油，按上述步骤②进行试验，但温度控制为（100±1）℃。

（2）铜片的检查　试验到规定时间后，从水浴中取出试管，将试管中的铜用不锈钢镊子立即取出，浸入洗涤溶剂中，洗去试样。然后，立即取出铜片，用定量滤纸吸干铜片上的洗涤溶剂。比较铜片与腐蚀标准色板，检查变色或腐蚀迹象。比较时，将铜片及腐蚀标准色板对光线成45°角折射的方式拿持，进行观察。也可以将铜片放在扁平试管中，以避免夹持的铜片在检查和比较过程中留下斑迹和弄脏，但试管口要用脱脂棉塞住。

六、计算和报告

（1）结果表示　如表3-8所示，腐蚀分为4级。当铜片是介于两种相邻的标准色阶之间的腐蚀级别时，则按其变色严重的腐蚀级别判断试样。当铜片出现有比标准色板中1b还深的橙色时，则认为铜片仍属于1级。但是，如果观察到有红颜色时，则所观察的铜片判断为2级。

2级中紫红色铜片可能被误认为黄铜色完全被洋红色的色彩所覆盖的3级。为了区别这两个级别，可以把铜片浸没在洗涤溶剂中。2级会出现一个深橙色，而3级不变色。

为了区别2级和3级中多种颜色的铜片，把铜片放入试管中，并把这支试管平放在315～370℃的电热板上4～6min。另外用一支试管，放入一支高温蒸馏用温度计，观察这支温度计的温度来调节电炉的温度。如果铜片呈现银色，然后再呈现为金黄色，则认为铜片属于2级。如果铜片出现如4级所述透明的黑色及其他各色，则认为铜片属于3级。

注意：①在加热浸蚀过程中，如果发现手指印或任何颗粒或水滴而弄脏了铜片，则需重新进行试验。②如果沿铜片的平面的边缘棱角出现一个比铜片大部分表面腐蚀级别还要高的腐蚀级别的话，则需重新进行试验。这种情况大多是在磨片时磨损了边缘而引起的。

操作扫一扫

M3-3　铜片腐蚀测定

（2）结果判断　如果重复测定的两个结果不相同，应重做试验。当重新试验的两个结果仍不相同时，则按重的腐蚀级别来判断。

（3）报告　按表3-8级别中的一个腐蚀级别报告试样的腐蚀性，并报告试验时间和试验温度。

任务评价

序号	考核内容	考核要点	配分	评分标准	检测结果	扣分	得分	备注
1	准备	工具用具的准备（65μm砂纸，105μm砂纸，滤纸、镊子、无水乙醇及乙醚）	5	每少选一件扣2.5分				
2	表面准备	用碳化硅或氧化铝（刚玉）砂纸（或纱布）把6个面上的瑕疵去掉	9	未按要求做扣9分				
		用65μm的碳化硅或氧化铝（刚玉）砂纸（或纱布）处理以除去此前用其他等级砂纸留下的打磨痕迹	9	未按要求做扣9分				
		用定量滤纸擦去铜片上的金属屑	9	未擦去金属屑扣9分				
		铜片浸没在洗涤溶剂中	5	未浸入洗涤溶剂中扣8分				
		按规定动作进行表面准备	5	未用煤油或洗涤溶剂润湿砂纸扣5分				
			15	未以旋转动作将铜片对着砂纸摩擦扣15分				

续表

序号	考核内容	考核要点	配分	评分标准	检测结果	扣分	得分	备注
3	最后磨光	先摩擦铜片各端边，再磨光主要表面	9	未按要求做扣9分				
		磨时要沿铜片的长轴方向，在返回来磨以前，使超出铜片的末端	9	未按要求做扣9分				
		用一块干净的脱脂棉使劲摩擦铜片，以除去所有的金属屑	10	未按要求做扣8分				
		摩擦直至用一块新的脱脂棉擦拭不再留下污斑		有污斑扣10分				
4	操作	磨制时用无灰滤纸或夹钳夹持，防止铜片与手指接触	15	未夹持，铜片与手接触扣15分				
5	安全文明生产	遵守安全操作规程，在规定时间内完成		每违反一项规定从总分中扣5分，严重违规者停止操作，每超时1min从总分中扣5分，超时3min停止操作				
合计			100					

考评人：　　　　　　分析人：　　　　　　时间：

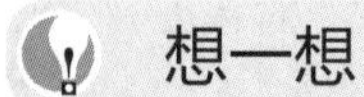

1. 汽油中含硫的化合物有哪些？
2. 汽油燃料燃烧后含硫化合物会变成什么化合物？

任务八　硫含量分析

任务要求

1. 了解硫含量测定意义；
2. 掌握硫含量测定方法；
3. 熟悉硫含量测定注意事项。

硫含量是检测油品中硫及其衍生物含量（活性硫与非活性硫之和）的试验，以质量分数表示。由于车用汽油要求铜片腐蚀合格，因此硫含量主要检测的是非活性硫。

一、测定意义

燃料油燃烧后，非活性硫也可以转化为活性硫，即全部硫化物均具有潜在的腐蚀性，因此必须限制硫含量。

二、测定方法

硫含量的仲裁试验按GB/T 380—77《石油产品硫含量测定法（燃灯法）》标准方法进行，该法适用于测定雷德蒸气压力不高于80kPa的轻质石油产品（汽油、煤油、柴油等）的硫含量。

燃灯法测定油品硫含量属于间接测定法。它是将试样完全燃烧产物用溶液吸收，转化为可进行滴定分析的物质，进而将结果换算成试样硫含量的方法。

测定时将试样装入特定的灯中（见图3-12）燃烧，使油品中的含硫化合物转化为SO_2，

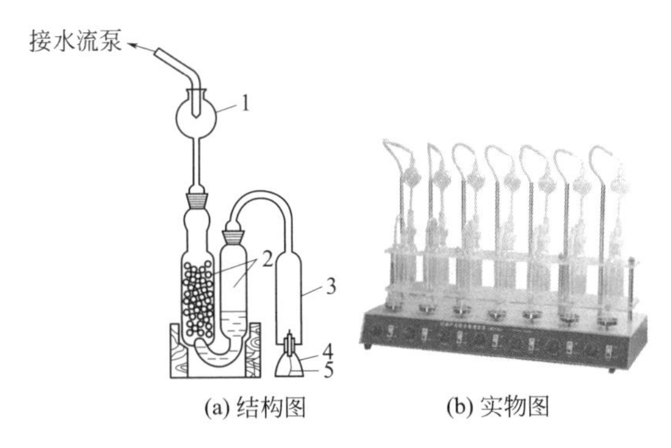

图 3-12　石油产品硫含量（燃灯法）测定器

1—液滴收集器；2—吸收器；3—烟道；4—燃烧灯；5—灯芯

并用 Na_2CO_3 溶液吸收，然后用已知浓度（0.05mol/L）的盐酸滴定过剩的 Na_2CO_3，由消耗的盐酸体积，计算试样中的硫含量。

$$\text{硫化物} + O_2 \longrightarrow SO_2 \uparrow$$

$$SO_2 + Na_2CO_3 \longrightarrow Na_2SO_3 + CO_2 \uparrow$$

$$Na_2CO_3 + 2HCl \longrightarrow 2NaCl + H_2O + CO_2 \uparrow$$

试样含硫量（质量分数）为

$$\omega = \frac{0.0008 \times (V_0 - V)K}{m} \times 100\%$$

式中　ω——试样硫含量，%；

V_0——滴定空白试样所消耗盐酸的体积，mL；

V——滴定吸收试样燃烧生成物溶液所消耗盐酸的体积，mL；

0.0008——单位体积 0.05mol/L HCl 溶液所相当的硫含量，g/mL；

K——换算为 0.05mol/L HCl 溶液的修正系数（试验中实际使用的盐酸浓度与 0.05mol/L 的比值）；

m——试样的燃烧质量，g。

车用汽油的硫含量还可以用 GB/T 11140—2008《石油产品硫含量的测定　波长色散 X 射线荧光光谱法》、SH/T 0689—2000《轻质烃及发动机燃料和其他油品的总硫含量测定法（紫外荧光法）》、SH/T 0253—92《轻质石油产品中总硫含量测定法（电量法）》等方法测试。

三、注意事项

在应用 GB/T 380—77 标准方法测定硫含量时，要注意以下几点。

1. 吸收液用量

标准规定，使用吸量管准确地向吸收器中注入 10mL 0.3% Na_2CO_3 溶液，每次加入的 Na_2CO_3 溶液体积必须准确、一致，且无操作损失，否则将影响测定结果。

2. 试样燃烧完全程度

试样在燃灯中能否完全燃烧，对测定结果影响很大。若试样在燃烧过程中冒黑烟或未经燃烧而挥发，均会使测定结果偏低。试验过程必须在空气流动的室内进行，避免剧烈通风；按规定调节灯芯和火焰高度（6～8mm）；用螺旋夹调整吸收器吸入空气速度，保持速度均匀，确保试样完全燃烧。

3. 环境空气条件

不许用火柴等含硫引火器具点火。必须做空白试验，另用 0.3%Na_2CO_3 溶液滴定，并与空白试验比较。若所消耗的盐酸体积比空白试验多出 0.05mL，则视为环境空气已染有含硫组分，需要彻底通风后，另行测定。

4. 终点的判断

标准规定在滴定的同时要搅拌吸收溶液，并用空白试验比较终点颜色，这样才能正确判断滴定终点。

思考与交流

讨论硫含量测定的检测方法和测定标准。

【课程思政】

环境杀手——硫化物

在日常的生产和生活中会排放大量的硫化物，其中以二氧化硫为主。排放到大气中的二氧化硫会对人体造成直接危害，为致癌物，还会对环境造成直接危害，甚至二次危害。随着环境问题日益恶化，国家对环境问题的治理措施越发严格，各个行业都有相应的污染物排放标准，而且各个排放标准中均有相应的硫化物排放标准。保护环境，减少污染物排放，是社会主义生态文明建设的重要内容。

想一想

硫醇硫的分子结构特点是什么？

任务九　硫醇硫含量分析

任务要求

1. 了解硫醇硫含量测定意义；
2. 掌握硫醇硫含量测定方法；
3. 熟悉硫醇硫含量测定注意事项。

一、测定意义

硫醇硫含量是分析检测硫醇的试验，属于定量分析。硫醇是活性硫之一，多存在于直馏产品中，低沸点硫醇气味难闻，腐蚀性强，温度升高时，其腐蚀作用会随之增大，同时还能与油品中的其他组分一起氧化，降低油品安定性。因此，硫醇硫含量是评价车用汽油使用性能的重要指标，对判断油品气味及其对燃料系统金属和橡胶部件的腐蚀性具有实际意义。我国车用汽油（Ⅳ）要求硫醇硫含量不大于0.001%。

二、测定方法

车用汽油硫醇硫含量的测定按GB/T 1792—2015《汽油、煤油、喷气燃料和馏分燃料中硫醇硫的测定　电位滴定法》进行。该标准适用于测定硫醇硫含量在0.0003%～0.01%范围内，无硫化氢的汽油、喷气燃料和煤油中的硫醇硫。若游离硫含量大于0.0005%，则对测定有一定

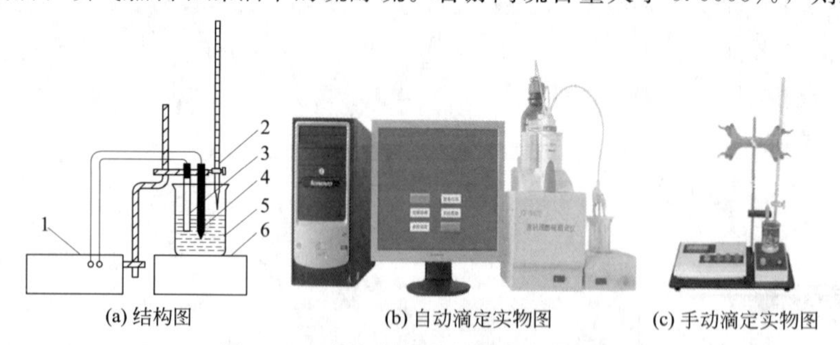

图3-13　硫醇硫含量电位滴定装置图

1—电位计；2—滴定管；3，4—电极；5—滴定池；6—电磁搅拌器

的干扰。如图3-13所示，硫醇硫含量测定采用电位滴定法，它是将无硫化氢试样溶解在乙酸钠的异丙醇溶剂中，用硝酸银-异丙醇标准滴定溶液进行电位滴定，由玻璃参比电极和银-硫化银指示电极之间的电位突跃指示滴定终点。在滴定过程中，硫醇硫沉淀为硫醇银，反应如下：

$$RSH + AgNO_3 \longrightarrow RSAg + HNO_3$$

试样中，硫醇硫含量（质量分数）按式(3-12)计算。

$$\omega = \frac{32.06 \times cV}{1000m} \times 100\% \tag{3-12}$$

式中　ω——试样中硫醇硫含量，%；

32.06——硫醇中S原子的摩尔质量，g/mol；

V——达到终点时所消耗的硝酸银-异丙醇标准溶液体积，mL；

c——硝酸银-异丙醇标准滴定溶液的浓度，mol/L；

m——试样的质量，g。

为了使硝酸银在试样中更好地溶解及减少硫醇银沉淀对硝酸银的吸附，在试验过程中用大量的异丙醇作为溶剂。

三、注意事项

1. 滴定溶剂的选择

汽油中所含硫醇的分子量较低，在溶液中容易挥发损失，标准方法采用在异丙醇中加入乙醇钠溶液，以保证滴定溶剂呈碱性，而喷气燃料和煤油中含分子量较高的硫醇，用酸性滴定溶剂，则有利于在滴定过程中更快达到平衡。

2. 滴定溶剂净化

硫醇极易被氧化为二硫化物（R—S—S—R_2），从而由活性硫转变为非活性硫。因此，要求每天在测定前，都要用快速氮气流净化滴定溶剂10min，以除去溶解氧，保持隔绝空气。

3. 标准滴定溶液的配制和盛放

为了避免硝酸银见光分解，配制和盛放硝酸银-异滴定溶液时，必须使用棕色容器。标准滴定溶液的有效期不超过3天，若出现浑浊沉行配制。在有争议时，需当天配制。

4. 滴定时间控制

为了避免滴定期间硫化物被空气氧化，应尽量缩短滴定时间，在等待电位恒定时，不能中断滴定。

思考与交流

硫醇硫测定装置还有哪些？各有哪些特点？

【课程思政】

科学实验的严谨性——电极操作

电位滴定法需要使用电极，要特别注意电极的维护，保证电极按照正确的规程进行清洗、保护、存放、使用等，否则影响检测数据的准确性，甚至会使电极损坏。科学实验必须具备严谨性，任何一个细微的变化都能反映问题、影响结果，科学要一丝不苟，不能容许差错，或者用敷衍的态度去面对。对于科学来说，一就是一，二就是二，容不得半点马虎，要将严谨认真的精神发挥到极致。

任务实施

操作扫一扫

M3-4 硫醇硫含量测定

操作7 硫醇硫含量测定

一、目的要求

1. 掌握油品硫醇硫定量测定原理与试验方法。

2. 掌握电位滴定分析及其电极的制备技术。

二、测定原理

本方法系将无硫化氢试样溶解在乙酸钠的异丙醇溶剂中，用硝酸银的异丙醇标准溶液进行电位滴定，用玻璃参比电极和银-硫化银指示电极之间的电位突跃指示滴定终点。在滴定过程中，硫醇硫沉淀为硫醇银，据此可以计算硫醇硫含量。

三、仪器与试剂

(1) 仪器 酸度计或电位计；滴定池；滴定架；参比电极（玻璃电极）；指示电极（银-硫化银电极）；滴定管（10mL，分度为0.05mL）；金相砂纸（磨料粒度为W20，尺寸范围为14～20m）；烧杯（200mL，2个）；容量瓶（1000mL，1个）。

(2) 试剂 硫酸（化学纯，配成1∶5的H_2SO_4溶液）；硫酸镉（化学纯，配成酸性溶液，在水中溶解15g $3CdSO_4 \cdot 8H_2O$，加入10mL硫酸溶液，用水稀释至1L）；KI（分析纯）；异丙醇（分析纯）；硝酸银（分析纯）；硝酸（分析纯）；硫化钠（分析纯，在水中溶解10g Na_2S或31g $Na_2S \cdot 9H_2O$，稀释至1L，配成1%的新鲜水溶液）；结晶乙酸钠或无水乙酸钠（分析纯）；乙酸（分析纯）；车用汽油或3号喷气燃料。

硫酸镉有毒，配制溶液及使用时要小心，操作后洗手。异丙醇贮存较久时，可能有过氧化物形成。若经检验含过氧化物（取约10mL异丙醇于试管中，滴入0.1mol/L硝酸银-异丙醇溶液，若有浑浊沉淀，表明有过氧化物存在），则应使用活性氧化铝或硅胶吸附柱脱除。

四、准备工作

(1) 配制0.1mol/L KI标准溶液 能在水中溶解约17g（称准至0.01g）KI，并用水在容量瓶中稀释至1L，计算其物质的量。

(2) 配制0.1mol/L硝酸银-异丙醇标准滴定溶液 在100mL水中溶解17g $AgNO_3$，用异丙醇稀释至1L，贮存在棕色瓶中，每周标定一次。具体标定方法是：量取100mL水于200mL烧杯中，加入6滴HNO_3，煮沸5min，赶掉氮的氧化物。待冷却后准确量取5mL 0.1mol/L KI标准溶液于同一烧杯中，用待标定的硝酸银-异丙醇溶液进行电位滴定，以滴定曲线的转折点为终点，计算其摩尔浓度。

(3) 配制0.01mol/L硝酸银-异丙醇标准滴定溶液 取10mL 0.1mol/L硝酸银-异丙醇标准溶液于100mL棕色容量瓶中，用异丙醇稀释至刻度。标准滴定溶液的有效期不超过3天，若出现浑浊沉淀，必须另行配制。

(4) 配制滴定溶剂

① 碱性滴定溶剂的配制。称取2.7g结晶乙酸钠或1.6g无水乙酸钠，溶解在20mL无氧水中，注入975mL异丙醇中。

② 酸性滴定溶剂的配制。称取2.7g结晶乙酸钠或1.6g无水乙酸钠，溶解在20mL无氧水中，注入975mL异丙醇中，并加入4.6mL乙酸。

两种滴定溶剂，每天使用前，均应用快速氮气流净化10min，以除去溶解氧。

（5）玻璃参比电极的准备　每次滴定前后，用蒸馏水冲洗电极，并用洁净的擦镜纸擦拭。提示一段时间后（连续使用时，每周至少一次），应将其下部置于冷铬酸洗液中搅动几秒钟，清洗一次。不用时，保持下部浸泡在水中。

（6）银-硫化银指示电极的制备（涂渍 Ag_2S 电极表层）　用金相砂纸擦亮电极，直至显出清洁、光亮的银表面。把电极置于操作位置，银丝端浸在含有 8mL 1% Na_2S 溶液的 100mL 酸性滴定溶剂中。在搅拌条件下，从滴定管中慢慢加入 10mL 0.1mol/L 硝酸银-异丙醇标准溶液，电位滴定溶液中的硫离子（S^{2-}），时间控制在 10～15min。取出电极，用蒸馏水冲洗，再用擦镜纸擦拭，完成电极制备。说明：①当硫化银电极表面层不完好或灵敏度低时，应重新涂渍；②两次滴定之间，将电极存放在含有 0.5mL 0.1mol/L 硝酸银-异丙醇标准溶液的 100mL 酸性滴定溶剂中至少 5min，不用时，与玻璃电极一起浸入水中。

五、测定步骤

（1）硫化氢的脱除　量取 5mL 试样于试管中，加入 5mL 酸性 $CdSO_4$ 溶液后振荡，定性检查硫化氢。若有黄色沉淀出现，则认为有 H_2S 存在，应按如下方法脱除：取 3～4 倍分析所需量的试样，加到装有试样体积一半的酸性 $CdSO_4$ 溶液的分液漏斗中，剧烈摇动、抽提，分离并放出黄色的水相，再用另一份酸性 $CdSO_4$ 溶液抽提，放出水相，然后用 3 份 30mL 水洗涤试样，每次洗后将水排出。用快速滤纸过滤洗过的试样，再于试管中进一步检查洗过的试样中有无 H_2S，若仍有沉淀出现，需再次抽提，直至 H_2S 脱尽。

（2）试样的测定　吸取不含 H_2S 的试样 20～50mL，置于盛有 100mL 滴定溶剂的 200mL 烧杯中，立即将烧杯放置在滴定架的电磁搅拌器上，调整电极位置，使下半部浸入溶剂中，将装有 0.01mol/L 硝酸银-异丙醇标准滴定溶液的滴定管固定好，使其尖嘴端伸至烧杯中液面下约 25mm。调节电磁搅拌器速度，使其剧烈搅拌而无液体飞溅。记录滴定管及电位计初始读数。加入适量的 0.01mol/L 硝酸银-异丙醇标准滴定溶液，当电位恒定（变化小于 6mV/0.1mL）后，记录电位及体积。根据电位变化情况，决定每次加入 0.01mol/L 硝酸银-异丙醇标准滴定溶液的量。当电位变化小时，每次加入量可大至 0.5mL。当电位变化大于 6mV/0.1mL 时，需逐次加入 0.05mL。接近终点时，经过 5～10min 才能达到恒定电位。继续滴定，直至电位突跃过后又呈现相对恒定（电位变化小于 6mV/0.1mL）为止。

（3）仪器整理　移去滴定管，升高电极夹，先后用醇、水洗净电极，用擦镜纸擦拭。用金相砂纸轻轻摩擦硫化银电极。在同一天连续滴定间歇，将两支电极浸在含有 0.5mL 硝酸银-异丙醇标准滴定溶液的 100mL 滴定溶剂中或浸在上述 100mL 滴定溶剂中至少 5min。

（4）数据处理　将所滴加的 0.01mol/L 硝酸银-异丙醇标准溶液累计体积对相应电极电位作图，终点选在滴定曲线的折点最陡处的最大正值。使用的仪器不同，滴定曲线的形状可以不同。

六、计算和报告

1. 终点判断　用所加 0.01mol/L 硝酸银-异丙醇标准溶液累计体积对相应电极电位作图，终点选在图 3-14 中滴定曲线的每个“折点”最陡处的最大值。关于终点说明如下。

（1）试样中仅有硫醇　若试样中只有硫醇，产生一条滴定曲线（见图 3-14 左侧曲线）。

（2）试样中含有硫醇和游离硫　若试样中同时含有硫醇和游离硫（或称为元素硫）

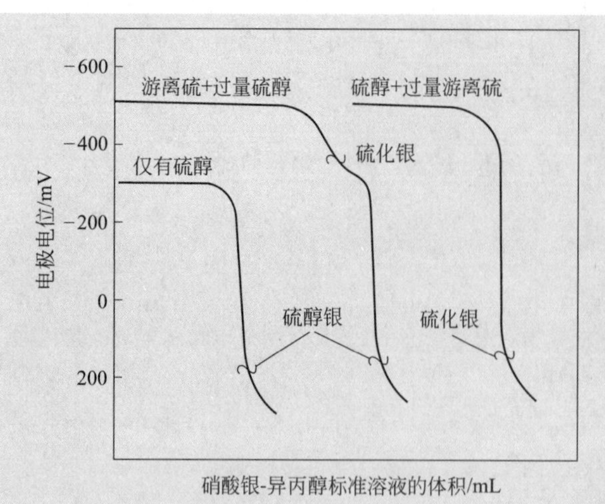

图 3-14 说明性的电位滴定曲线

时，与单纯含有硫醇相比，初始电位应更大（相差为 150～300mV）。在滴定过程中，由于可产生硫化银沉淀，其滴定曲线有如下两种情况：

① 当硫醇存在过量时，硫化银产生沉淀（电位突跃不明显）之后，接着是硫醇银沉淀，其滴曲线见图 3-14 的中间曲线。因为全部硫化银来自等物质的量的硫醇，所以，硫醇硫含量必须由硫醇盐终点的总滴定量进行计算。

② 当游离硫存在过量时，硫化银的终点与硫醇银的位置相同（见图 3-14 的右侧曲线）且按硫醇进行计算。试样中的硫醇硫含量（质量分数）按式（3-12）计算。

2. 精密度　用下述规定判断试验结果的可靠性（95％置信水平）

（1）重复性　同一操作者，重复测定两个结果之差不应超过式（3-13）所示数值。

$$r=0.00007+0.027\omega_1 \tag{3-13}$$

式中　ω_1——重复测定的两次硫醇硫含量的平均值，％。

（2）再现性　两个试验室，所得两个结果之差不应超过式(3-14) 所示数值。

$$R=0.00031+0.042\omega_2 \tag{3-14}$$

式中　ω_2——两个试验室测定的硫醇硫含量的平均值，％。

3. 报告　取重复测定两个结果的算术平均值，作为试样的硫醇硫含量。

任务评价

考核项目	考核内容		评定记录	扣分
准备测定	试样的准备	取样不具代表性，扣 5 分		
	仪器的准备和使用	未检查电极扣 5 分		
		电极在样品中位置不当扣 5 分		
		搅拌速度设置不当扣 5 分		
测定结果	测定	滴定剂选择错误扣 5 分		
		仪器设定连接不正确扣 5 分		
		酸性滴定溶剂使用前未去除溶解氧扣 5 分		
		根据电位变化情况决定滴定剂加入量，否则扣 5 分		
		未及时记录电位计读数扣 5 分		
		测量完毕未清洗和处理电极扣 5 分		
	记录填写	每错误一处扣 2 分，涂改每处扣 2 分，杠改每处扣 0.5 分，最多扣 10 分		
	结果考察	计算公式或结果不正确扣 10 分		
		精密度不符合规定扣 10 分		
试验管理	文明操作	台面整洁，仪器摆放整齐，否则扣 5 分		
		仪器破损扣 10 分，严重的，停止操作		
		废液未正确处理扣 5 分		

考评人：　　　　　　分析人：　　　　　　时间：

想一想

汽油中存在硫醇成分会产生哪些危害呢？

任务十　博士试验法分析

任务要求

1. 了解博士试验测定意义；
2. 掌握博士试验测定方法；
3. 熟悉博士试验测定注意事项。

一、测定意义

博士试验是检测油品中硫醇的一种定性分析方法，也可检测硫化氢的存在，非常灵敏。检测结果用“通过”（即有无硫醇存在）或“不通过”（有硫醇存在）表示。

二、测定方法

博士试验按NB/SH/T 0174—2015《石油产品和烃类溶剂中硫醇和其他硫化物的检验　博士试验法》进行测定，该方法主要适用于定性检测车用汽油、车用乙醇汽油（E10）及3号喷气燃料等轻质石油产品中硫醇性硫，也可检测其中的硫化氢。

博士试剂为亚铅酸钠（Na_2PbO_2），其溶液的配制方法如下：

$$(CH_3COO)_2Pb+2NaOH \longrightarrow Na_2PbO_2+2CH_3COOH$$

基本原理：根据亚铅酸钠溶液与试样中的硫醇反应，生成硫醇铅，硫醇铅再与硫元素反应形成深色的硫化铅，来定性地检测试样中是否存在硫醇类物质。测定过程如下。

用博士试剂进行“初步试验”，若试样中有硫醇存在，则有如下反应：

$$Na_2PbO_2+2RSH \longrightarrow (RS)_2Pb+2NaOH$$

硫醇铅以溶解状态存在于试液中，通常呈现的颜色并不明显或因硫醇分子量的不同，使试验溶液呈现微黄色。

用博士试剂进行“最后试验”，即向上述溶液加入少量硫黄粉，硫醇铅遇到硫黄粉则生成硫化铅深色沉淀，反应如下：

$$(RS)_2Pb+S \longrightarrow PbS\downarrow+RSSR$$

生成的硫化铅沉淀将使博士试剂与试样（油）的液接界面（该界面同时还含有硫黄粉层）颜色变深（呈橘红、棕色，甚至黑色）。若参与反应的硫黄粉层的颜色没有明显变深现象，则说明试样中不含有硫醇性硫。

若试样中含硫组分构成比较复杂，则需要通过初步试验结果，再继续进行试验，排除干扰后进一步判断有无硫醇性硫的存在。若确认试样中有硫化氢存在，则试样需要用氯化镉预处理，以去除硫化氢的干扰，再进行最后试验；如果只断定可能有过氧化物存在，则还需要另做试验进一步确认，若试样中确实有过氧化物存在，则该标准试验方法无法用于检测试样中有无硫醇性硫。

三、注意事项

1. 对试剂的要求

制备好的博士试剂应贮备在密闭的容器内，呈无色、透明状态，如不洁净，用前可进行过滤。

2. 硫黄粉及其用量

所用的升华硫应是纯净、干燥的粉状硫黄，每次所加入的量要保证在试样和亚铅酸钠溶液的液接界面上浮有足够的硫黄粉薄层（约为 35～40mg），不要加入过多或过少，以免影响结果观察。

3. 要保证完全反应

为使反应在规定时间内完成，试样与博士试剂混合后应当用力摇动，并在规定静置时间内观察油、水两相及硫黄粉层的颜色变化情况。

4. 排除硫化氢干扰

如果试样中含有硫化氢，则在未加入硫黄粉之前摇动，就会出现 PbS 黑色沉淀，应重新取一份试样与氯化镉溶液一起摇动，反复冲洗、分离，将硫化氢除尽（$CdCl_2 + H_2S \longrightarrow CdS\downarrow + 2HCl$），否则，最后试验将难以判断是否有硫醇性硫的存在。

思考与交流

讨论博士试验测定需要注意的问题有哪些。

【课程思政】

认真观察，探求本质

实验室贮存的金属钠表面常为淡黄色，切去表皮后的钠呈光亮的银白色——“真面目”。光亮面暴露在空气中则会迅速变暗，因为发生了化学反应生成了 Na_2O。若将 Na 在空气或氧气当中加热，则会剧烈反应，发出黄色火焰，生成一种淡黄色的固体——过氧化钠（Na_2O_2）。在做实验时，我们要认真观察各种现象，如颜色变化、物态变化等，这样我们才能发现其本质。

任务实施

操作 8　博士试验测定

一、目的要求

掌握用博士试验法定性分析油品中的硫醇及硫化氢的存在。

二、测定原理

试验时，摇动加有亚铅酸钠（Na_2PbO_2）溶液（博士试剂）的试样，观察混合溶液外观的变化，判断是否存在硫化氢、过氧化物、硫醇和游离硫存在。再通过添加硫黄粉，摇动，观察溶液的变化，进一步确认硫醇的存在。

三、仪器与试剂

（1）仪器　量筒（容量 50mL，带刻度和磨口塞）。

（2）试剂及材料　硫黄粉（升华、干燥的硫黄粉）；乙酸铅（分析纯）；氢氧化钠（分析纯）；氯化镉（分析纯）；盐酸（分析纯）；碘化钾（分析纯）；乙酸（无水、分析纯）；淀粉（分析纯）；蒸馏水或去离子水。

四、准备工作

试剂的配制具体操作如下。

亚铅酸钠溶液（博士试剂）：将 25g 乙酸铅溶解在 200mL 的蒸馏水中，过滤，并将滤液加入到溶有 60g 氢氧化钠的 100mL 的蒸馏水的溶液中，再在沸水浴中加热此混合液 30min，冷却后用蒸馏水稀释到 1L。将此溶液贮存在密闭的容器中。使用前，如不清澈，应进行过滤。

氯化镉溶液：每升溶液含有 100g 氯化镉和 10mL 盐酸。

碘化钾溶液：新配制，每升溶液含有 100g 碘化钾。

乙酸溶液：每升溶液含有 100g 或 100mL 乙酸。

淀粉溶液：新配制，每升溶液含有 5g 淀粉。

五、测定步骤

初步实验：将 10mL 试样和 5mL 亚铅酸钠溶液倒入带塞量筒中，用力摇动 15s，观察混合溶液外观的变化，并按表 3-9 所示继续进行试验。

如果立即生成黑色沉淀，表明有硫化氢存在。

如果缓慢生成褐色沉淀，表明可能有过氧化物存在。

如果在摇动期间溶液变成乳白色，然后颜色变深，表明有硫醇和元素硫存在。

表 3-9　混合溶液外观变化情况

混合溶液外观变化	判断	结论
立即生成黑色沉淀	有硫化氢存在	取新鲜试样用氯化镉除去硫化氢后，再进行“最后试验”
缓慢生成褐色沉淀	可能有过氧化物存在	需经试验确认，若存在过氧化物干扰，则试验无效
在摇动期间溶液变成乳白色然后颜色变深	有硫醇和游离硫存在	不必进行“最后试验”直接报告为不通过
无变化或黄色	无硫化氢和过氧化物存在	需要进行“最后试验”，进一步确认硫醇是否存在

如果试样同亚铅酸钠溶液摇动期间不变色或产生乳白色。在加入硫黄粉后，在硫黄粉表面上生成褐色（橘红、棕色）或黑色沉淀，表示试样“有硫醇存在”。

如果除去硫化氢后，加入硫黄粉摇动，在硫黄粉表面上没有生成褐色（橘红、棕色）或黑色沉淀，表示试样“无硫醇存在”。

六、计算和报告

凡试样“有硫醇存在”，则报告：不通过；“无硫醇存在”，则报告：通过。

如果有过氧化物存在，则此试验无效。

任务评价

序号	考核内容	考核要点	配分	评分标准	检测结果	扣分	得分	备注
1	准备	准备试样	25	配制试剂时，称量不准确扣 5 分				
				配制试剂时，药品顺序加入错误扣 5 分				
				配制条件错误扣 5 分				
				混合不均匀扣 5 分				
				配制试剂时试剂外溅扣 5 分				
2	测定	初步试验	35	移取试样不正确扣 5 分				
				未摇动待测试样扣 5 分				
				摇动时间不够或过长扣 5 分				
				摇动时试样外溅扣 5 分				
				观察外观颜色变化不准确扣 5 分				
				最后试验判断错误扣 10 分				

续表

序号	考核内容	考核要点	配分	评分标准	检测结果	扣分	得分	备注
3	结果	记录填写	20	每错误一处扣2分，涂改每处扣2分，杠改每处扣0.5分，最多扣10分				
4	试验管理	文明操作	20	台面整洁，仪器摆放整齐，否则扣5分				
				仪器破损扣10分，严重的停止操作				
				废液、废药未正确处理扣5分				
合计			100					

考评人：　　　　　　　　　　分析人：　　　　　　　　　　时间：

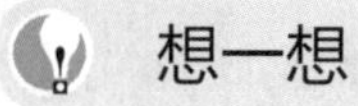

想一想

酸碱指示剂有哪些？分别遇酸或碱发生怎样的颜色变化？

任务十一　水溶性酸或碱分析

任务要求

1. 了解水溶性酸或碱测定意义；
2. 掌握水溶性酸或碱测定方法；
3. 熟悉水溶性酸或碱测定注意事项。

一、测定意义

水溶性酸或碱试验属于定性分析试验，用以判断油品在酸碱精制过程中是否水洗完全，对保证发动机正常工作、延长使用寿命及防止油品安定性下降等具有实际意义。车用汽油要求不含水溶性酸、碱，凡水溶性酸或碱检验不合格的油品均不能按成品出厂。

二、测定方法

油品水溶性酸、碱的测定按GB/T 259—88《石油产品水溶性酸及碱测定法》标准试验方法进行，该标准适用于测定液体石油产品、添加剂、润滑脂、石蜡、地蜡及含蜡组分中的水溶性酸、碱。测定时，用蒸馏水（或乙醇水溶液）与等体积试样在分液漏斗中混合，摇动，在油、水两相充分接触的情况下，使水溶性酸、碱溶于水中，分离水相，分别用甲基橙、酚酞指示剂（或用酸度计）测定其pH，以判断试样中有无水溶性酸、碱存在。

三、注意事项

1. 试样准备

轻质油品中的水溶性酸或碱有时会沉积在盛样容器的底部，因此在取样前应将试样充分摇匀。而测定石蜡、地蜡等本身含蜡成分的固态石油产品的水溶性酸、碱时，则必须事先将试样加热熔化后再取样，以防止构造凝固中的网结构对酸、碱性物质分布的影响。

2. 试剂性质

所用的抽提溶剂（蒸馏水、乙醇水溶液）以及汽油等稀释溶剂必须呈中性反应。

3. 仪器要求

必须确保清洁，无水溶性酸、碱等物质存在，否则会影响测定结果的准确性。

4. 油品的破乳化

当用水抽提水溶性酸或碱产生乳化现象时（通常是油品中残留的皂化物水解的缘故，这种试样一般呈碱性），需用50～60℃呈中性的95%乙醇与水按1∶1配制的溶液代替蒸馏水作为抽提溶剂，分离试样中的酸、碱。

5. 指示剂用量

按规定酚酞用3滴，甲基橙用2滴，不能随意改变。

思考与交流

请简述酚酞和甲基橙的变色范围及酸碱色。

【课程思政】

古代定性分析先驱——试金石

将雨花石或硅质岩石放在鹅血或鹅汤里煮一下，则成了黑色试金石。将金子在试金石上面一划，在划痕上用酸点试，无反应的就是黄金，有气体或划痕消失则是其他金属，然后平看色、斜看光、细听声，即可识别出成色。如金中含银多，在试金石上呈青色，性软；含铜多则硬，在试金石上一划则发声，如有标准金牌，与划痕一比立见分明。目前我国大部分银行及金店都使用试金石法，这种方法即简便又准确，误差仅千分之五，与现代X荧光分析法的结果不相上下。在我国，古代就开始使用这种方法"试金"，可见，我国古代就已经使用先进的定性分析方法进行成分分析。

任务实施

操作9　水溶性酸或碱测定

一、目的要求

1. 掌握石油产品水溶性酸碱测定原理及操作技能。
2. 会用酸碱指示剂判断终点。

二、测定原理

用蒸馏水或乙醇水溶液抽提试样中的水溶性酸、碱，然后分别用甲基橙或酚酞指示剂检查出溶液颜色的变化情况，或用酸度计测定抽提物的pH，以判断油品中有无水溶性酸、碱的存在。

三、仪器与试剂

（1）仪器　分液漏斗（250mL或500mL）；试管（直径15～20mm、高度140～150mm，用无色玻璃制成）；漏斗（普通玻璃漏斗）；量筒（25mL、50mL、100mL）；锥形瓶（100mL和250mL）；瓷蒸发皿；电热板或水浴；酸度计（玻璃-甘汞电极或玻璃氯化银电极，精度为pH≤0.01）。

（2）试剂　甲基橙（配成0.02%甲基橙水溶液）；酚酞（配成1%酚酞乙醇溶液）；95%乙醇（分析纯）；滤纸（工业滤纸）；溶剂油（符合GB 1922—2006《油漆及清洗用溶剂油》的规定）；蒸馏水（符合GB 6682—2008《分析实验室用水规格和试验方法》中三级水规定）；车用汽油或植物油抽提溶剂（符合GB 16629—2008要求），涡轮蜗杆油。

四、准备工作

（1）取样　将试样置入玻璃瓶中，不超过其容积的3/4，摇动5min。黏稠或石蜡试样应预先加热至50～60℃再摇动。当试样为润滑脂时，用刮刀将试样的表层（3～5mm）刮掉，然

M3-5 水溶性酸或碱测定

后至少在不靠近容器壁的三处，取约等量的试样置入瓷蒸发皿，并小心地用玻璃棒搅匀。

（2）95%乙醇溶液的准备　95%乙醇溶液必须用甲基橙或酚酞指示剂，或酸度计检验呈中性后，方可使用。

五、测定步骤

根据油品的性状不同，所采取的试验条件和步骤也略有不同，见步骤1～步骤3。

1. 液体石油产品　将50mL试样和50mL蒸馏水放入分液漏斗，加热至50～60℃，对50℃运动黏度大于75mm^2/s的石油产品，应预先在室温下与50mL汽油混合，然后加入50mL加热至50～60℃的蒸馏水。轻质石油产品，如汽油和溶剂油等均不加热。

将分液漏斗中的试验溶液轻轻地摇动5min，不允许乳化。澄清后，放出下部水层，经常压过滤后，收集到锥形瓶中。

2. 润滑脂、石蜡、地蜡和含蜡组分石油产品　取50g预先熔化好的试样（称准至0.01g）。将其置于瓷蒸发皿或锥形瓶中，然后注入50mL蒸馏水，并煮沸至完全熔化。冷却至室温后，小心地将下部水层倒入有滤纸的漏斗中，滤入锥形瓶。对已凝固的产品（如石蜡和地蜡等），事先用玻璃棒刺破蜡层。

3. 有添加剂的产品　向分液漏斗中注入10mL试样和40mL溶剂油，再加入50mL加热至50～60℃的蒸馏水。将分液漏斗摇动5min，澄清后分出下部水层，经有滤纸的漏斗，滤入锥形瓶中。

4. 产生乳化现象的处理　当石油产品用水抽提水溶性酸、碱产生乳化时，则用50～60℃的95%乙醇水溶液（1∶1，体积比）代替蒸馏水处理，后续操作按上述步骤1或步骤3进行。试验柴油、碱洗润滑油、含添加剂润滑油和粗制的残留石油产品时，遇到试样水抽出液对酚酞呈现碱性反应（可能由皂化物发生水解作用引起）时，也可按本步骤进行试验。

5. 用指示剂测定水溶性酸碱　向两个试管中分别放入1～2mL抽提物，在第一支试管中加入2滴甲基橙溶液，并将它与装有相同体积蒸馏水和2滴甲基橙溶液的另一支试管相比较。如果抽提物呈玫瑰色，则表示所测石油产品中有水溶性酸存在。在第二支试管中加入3滴酚酞溶液，如果溶液呈玫瑰色或红色，则表示有水溶性碱存在。当抽提物用甲基橙（或酚酞）为指示剂，没有呈现玫瑰色（或红色）时，则认为没有水溶性酸、碱。

6. 用酸度计测定水溶性酸碱　向烧杯中注入30～50mL抽提物，电极浸入深度为10～12mm，按酸度计使用要求测定pH。根据表3-10，确定试样抽提物水溶液或乙醇水溶液中有无水溶性酸、碱。

表3-10　用酸度剂测定水溶性酸碱结论判据

水(或乙醇水溶液)抽提物特性	pH	水(或乙醇水溶液)抽提物特性	pH
酸性	＜4.5	弱碱性	＞9.0～10.0
弱酸性	4.5～5.0	碱性	＞10.0
无水溶性酸或碱	＞5.0～9.0		

当对石油产品水溶性酸、碱评价不一致时，必须按酸度计法进行仲裁试验。

六、计算和报告

1. 精密度

① 本标准精密度规定仅适用于酸度计法。

② 同一操作者所提出的两个结果，pH之差不应超过0.05。

2. 报告　取重复测定两个pH的算术平均值作为试验结果。

任务评价

考试项目	考核内容及要求	配分	评分标准	扣分	得分
准备	穿戴劳保用品上岗	10	少一件扣2分		
	准备:250mL分液漏斗,50mL量筒,标准试剂(酚酞,甲基橙),试管(2支)	10	准备不充分,每少一件扣2分 取样前试样未摇动5min扣5分		
测定	量取50mL试样,移入分液漏斗中,再加50mL蒸馏水	5	针对不同试样正确量取试样,否则扣5分		
	轻质石油产品,如汽油和溶剂油均不加热	5	根据试验对象选择是否加热,否则扣5分		
	将分液漏斗中的试样溶液轻轻摇动5min,不允许乳化	5	正确使用分液漏斗进行萃取,否则扣5分		
	待澄清后,放出下部水层,经常压过滤,收集在锥形瓶中	15	萃取过程中溶液泄漏扣5分 产生乳化时不能正确处理扣5分 萃取后的水层未过滤扣5分		
	向两支试管中分别加入1～2mL抽提物,进行比色	5	试剂加入过量或不足量扣5分		
结果	记录填写	10	记录错误每处扣2分;丢落项每处扣2分;涂改每处扣2分;杠改每处扣1分		
	结果考查	15	未能正确报出结果扣15分		
	精密度	10	精密度不符合规定扣10分		
试验管理	文明操作	10	台面整洁,仪器摆放整齐,否则扣5分		
			仪器破损扣10分,严重的,停止操作		
			废液、废药未正确处理扣5分		

考评人:　　　　　　　　分析人:　　　　　　　　时间:

想一想

测定油品密度有什么意义?

任务十二　密度分析

任务要求

1. 了解汽油密度测定的意义;
2. 理解汽油密度基本概念;
3. 掌握汽油密度的分析方法和操作技能。

一、测定意义

1. 密度和相对密度

(1) 密度　单位体积物质的质量称为密度，符号为ρ，单位是g/mL或kg/m^3。油品的密度与温度有关，通常用ρ_t表示温度t时油品的密度，我国规定20℃时，石油及液体石油产品的密度为标准密度。在温差为20℃±5℃范围内，油品密度随温度的变化可近似地看作直线关系，由式(3-15)换算。

$$\rho_{20}=\rho_t+\gamma(t-20) \tag{3-15}$$

式中　ρ_{20}——油品在20℃时的密度，g/mL；

ρ_t——油品在温度t时的视密度，g/mL；

γ——油品密度的平均温度系数，即油品密度随温度的变化率，g/(mL·℃)；

t——油品的温度,℃。

油品密度的平均温度系数见表3-11。若温度相差较大时，可根据GB/T 1885—1998《石油计量表》，由测定温度t时油品的视密度换算成标准密度。

表3-11　油品密度的平均温度系数

ρ_{20}/(g/mL)	γ/[g/(mL·℃)]	ρ_{20}/(g/mL)	γ/[g/(mL·℃)]
0.700～0.710	0.000897	0.850～0.860	0.000699
0.710～0.720	0.000884	0.860～0.870	0.000686
0.720～0.730	0.000870	0.870～0.880	0.000673
0.730～0.740	0.000857	0.880～0.890	0.000660
0.740～0.750	0.000844	0.890～0.900	0.000647
0.750～0.760	0.000831	0.900～0.910	0.000663
0.760～0.770	0.000813	0.910～0.920	0.000620
0.770～0.780	0.000805	0.920～0.930	0.000607
0.780～0.790	0.000792	0.930～0.940	0.000594
0.790～0.800	0.000778	0.940～0.950	0.000581
0.800～0.810	0.000765	0.950～0.960	0.000568
0.810～0.820	0.000752	0.960～0.970	0.000555
0.820～0.830	0.000738	0.970～0.980	0.000542
0.830～0.840	0.000725	0.980～0.990	0.000529
0.840～0.850	0.000712	0.990～1.000	0.000518

（2）相对密度　物质的相对密度是指物质在给定温度下的密度与规定温度下标准物质的密度之比，液体石油产品以纯水为标准物质，我国及东欧各国习惯用20℃时油品的密度与4℃时纯水的密度之比表示油品的相对密度，其符号用d_4^{20}表示，无量纲。由于水在4℃时的密度等于1g/mL，因此液体石油产品的相对密度与密度在数值上相等。

2. 油品密度与组成的关系

油品密度与化学组成和结构有关。如表3-12所示，在碳原子数相同的情况下，不同烃类密度大小顺序为：芳烃＞环烷烃＞烷烃。

表3-12　几种烃类的相对密度

名称	d_4^{20}	名称	d_4^{20}
苯	0.8789	甲苯	0.8670
环己烷	0.7785	甲基环戊烷	0.7694
正己烷	0.6594	3-甲基环己烷	0.6871
2-甲基戊烷	0.6531	正庚烷	0.6837

同种烃类，密度随沸点升高而增大。当沸点范围相同时，含芳烃越多，其密度越大；含烷烃越多，其密度越小。胶质的相对密度较大，其范围是1.01～1.07，因此石油及石油产品中，胶质含量越高，其相对密度就越大。

3. 测定油品密度的意义

（1）计算油品性质　对容器中的油品，测出容积和密度，就可以计算其质量，利用喷气燃料的密度和质量热值，可以计算其体积热值。

（2）判断油品质量　油品密度与化学组成密切相关，根据相对密度可初步确定油品品种，例如，汽油的相对密度为0.70～0.77，煤油0.75～0.83，柴油0.80～0.86，润滑油0.85～0.89，重油0.91～0.97。在油品生产、贮运和使用过程中，根据密度的增大或减小，可以判断是否混入重油或轻油。根据相对密度，原油分为三个类型：轻质原油（$d_4^{20}<0.878$）、中质原油（$0.878<d_4^{20}<0.884$）和重质原油（$d_4^{20}>0.884$）。轻质原油一般含汽油、煤油、柴油等轻质馏分较高，含硫、胶质较少（如我国青海和克拉玛依原油），或者含轻馏分不高，但烷烃含量很高（如大庆原油）。重质原油一般含轻馏分和蜡都比较少，而含硫、氮氧及胶质较多，如孤岛原油。油品相对密度与平均沸点相关联，还可以组成新的参数即特性因数（K），原油按 K 值不同分为三个类型：石蜡基原油（$K>12.5$）、中间基原油（$11.5<K<12.5$）和环烷基原油（$10.5<K<11.5$）。不同类型原油组成和性质不同，如石蜡基原油一般含烷烃超过50%，其特点是含蜡高，密度小，凝点高；而环烷基原油一般密度大凝点低，汽油中含有较多环烷烃；中间基原油则介于二者之间。原油分类为确定合理的加工方案提供了依据。

（3）影响燃料使用性能　喷气燃料的能量特性用质量热值（MJ/kg）和体积热值（MJ/m^3）表示。燃料密度越小，其质量热值越高。续航时间不长的歼击机，为了尽可能减少飞机载荷，应使用质量热值高的燃料。相反，燃料密度越大，其质量热值越小，但体积热值大，适用于作远程飞行燃料，这样可减小油箱体积，降低飞行阻力。通常，在保证燃烧性能不变坏的条件下，喷气燃料的密度大一些较好。

二、测定方法

油品密度的测定方法主要有密度计法和密度或相对密度测定法。

1. 密度计法

密度计法按照GB/T 1884—2000《原油和液体石油产品密度实验室测定法（密度计法）》进行，该法适用于测定易流动透明液体的密度，也可使用合适的恒温浴，测定温度高于室温的黏稠液体密度，还能用于不透明液体密度的测定。测定时，将密度计垂直放入液体中，当密度计排开液体的质量等于其本身的质量时，处于平衡状态，漂浮于液体中。密度大的液体浮力较大，密度计露出液面较多；相反，液体密度小，浮力也小，密度计露出液面部分较少。在密度计干管上，是以纯水在4℃时的密度为1g/mL作为标准刻制标度的，因此在其他温度下的测量值仅是密度计读数，并不是该温度下的密度，故称为视密度。测定后，要用式(3-15）或GB/T 1885—1998《石油计量表》把修正后的密度计读数（视密度）换算成标准密度。

密度计要用可溯源于国家标准的标准密度计或可溯源的标准物质密度作定期检定，至少五年复检一次。

密度计法简便、迅速，但准确度受最小分度值及测试人员的视力限制，不可能太高。

2. 密度或相对密度测定法

密度或相对密度测定法按照GB/T 13377—2010《原油和液体或固体石油产品　密度或相对密度测定　毛细管塞比重瓶和带刻度双毛细管塞比重瓶法》标准试验方法进行，该法适用于测定高挥发性及试样量较少的液体密度。毛细管塞密度瓶是一种瓶颈上刻有标线及塞子上带有毛细管的瓶子，共有三个型号，见图3-15(a）～图3-15(c)。其中，防护帽（磨口帽）型密度瓶适用于挥发性试样，如汽油，防护帽有效地减少了挥发损失，这种密度瓶可用于测定温度低于实验室温度的试样；盖-卢塞克型密度瓶适用于除高黏度外的非挥发液体（如润滑油）；广口型密度瓶适用于较黏稠液体或固体（如重油）。盖-卢塞克型密度瓶和广口型密度瓶均不适用于测定温度远低于实验室温度的情况，这是因为称量质量时通过毛细管的膨胀可造成试样损失。

带刻度双毛细管密度瓶［见图3-15(d)］有1mL、2mL、5mL和10mL四种规格，它适用于测定高挥发性及试样量较少的液体密度。

各种密度瓶在使用时首先要测定其水值。在恒定20℃的条件下，分别对装满纯水前后的密度瓶准确称量（注意瓶体保持清洁、干燥），则后者与前者质量之差称为密度瓶的水值。

至少测定五次，取其平均值作为密度瓶的水值。

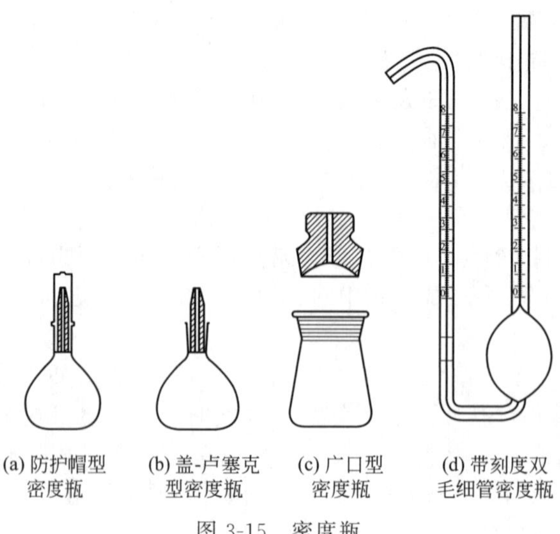

图 3-15　密度瓶

液体试样一般选择 25mL 和 50mL 的密度瓶，在恒定温度下注满试样，称其质量。当测定温度为 20℃时，密度及相对密度分别按式(3-16) 和式(3-17) 计算。

$$\rho_{20}=(m_{20}-m_0)\rho_c/(m_c-m_0)+C \tag{3-16}$$

$$d_4^{20}=\rho_{20}/0.99820 \tag{3-17}$$

式中　ρ_{20}——20℃时试样的密度，g/mL；

ρ_c——20℃时纯水的密度，g/mL；

m_{20}——20℃时盛试样密度瓶在空气中的表观质量，g；

m_c——20℃时盛水密度瓶在空气中的表观质量，g；

m_0——空密度瓶在空气中的质量，g；

d_4^{20}——20℃时试样的相对密度；

0.99820——20℃时水的密度，g/mL；

C——空气浮力修正值（见表 3-13），g/mL。

表 3-13　空气浮力修正值

$(m_{20}-m_0)/(m_c-m_0)$	修正值 $C/(kg/m^3)$	$(m_{20}-m_0)/(m_c-m_0)$	修正值 $C/(kg/m^3)$
0.6	0.48	0.7	0.36
0.61	0.47	0.71	0.35
0.62	0.46	0.72	0.34
0.63	0.44	0.73	0.32
0.64	0.43	0.74	0.31
0.65	0.42	0.75	0.3
0.66	0.41	0.76	0.29
0.67	0.4	0.77	0.28
0.68	0.38	0.78	0.26
0.69	0.37	0.79	0.25

续表

$(m_{20}-m_0)/(m_c-m_0)$	修正值 $C/(kg/m^3)$	$(m_{20}-m_0)/(m_c-m_0)$	修正值 $C/(kg/m^3)$
0.8	0.24	0.9	0.12
0.81	0.23	0.91	0.11
0.82	0.22	0.92	0.1
0.83	0.2	0.93	0.08
0.84	0.19	0.94	0.07
0.85	0.18	0.95	0.06
0.86	0.17	0.96	0.05
0.87	0.16	0.97	0.04
0.88	0.14	0.98	0.02
0.89	0.13	0.99	0.01

密度或相对密度测定法是以测量一定体积产品质量为基础的，称量用分析天平的最小分度值（感量）仅为0.1mg，测量温度也易控制，所以是测量石油产品密度最精确方法之一，应用比较广泛，缺点是测定时间较长。

三、注意事项

影响油品密度测定的因素主要是温度及体积的合理控制和正确测定，此外仪器选用及不当操作都会影响测定的结果。

密度计法测定密度时，在接近或等于标准温度（20℃）时最准确，在整个试验期间，若环境温度变化大于2℃，要使用恒温浴，以保证试验结束与开始的温度相差不超过0.5℃。测定温度前，必须搅拌试样，保证试样混合均匀，记录要准确到0.1℃，放开密度计时应轻轻转动一下，要有充分时间静止，让气泡升到表面，并用滤纸除去。塑料量筒易产生静电，妨碍密度计自由漂浮，使用时要用湿布擦拭量筒外壁，消除静电。要规范读数操作。

密度或相对密度测定法测定密度时，要按规定方法对盛有试样的密度瓶水浴恒温20min，排出气泡盖好塞子，擦干外壁后再进行称量，以保证体积稳定。所有称量过程，环境温差不应超过5℃，以控制空气密度的变化，获得最大的准确性。测水值及固体和半固体试样时，为确保体积的稳定，要注入无空气水，试验中使用新煮沸并冷却至18℃左右的纯水。密度瓶水值至少两年测定一次。对含水和机械杂质的试样，应除去水和机械杂质后再行测定，固体和半固体试样还需做剪碎或熔化等预处理。

思考与交流

1. 测定液体石油产品密度常用的方法有哪些？
2. 影响油品密度测定的主要因素有哪些？

【课程思政】

密度测定实验中的科学精神

密度测定时分析用注射器必须清洁干燥，否则测定结果无效，用注射器吸样要求一次成功，不洒不漏，避免生成气泡，吸取样品后必须排除注射器中的气泡，以免影响测定结果的准确性。密度测定操作过程中要具有严肃认真、一丝不苟的科学态度，实事求是、精益求精的科学精神。科学是严谨的，应有一种严肃认真、细致周全、追求完美的工作态度。

任务实施

操作 10　密度测定

一、目的要求

1. 掌握密度测定的原理。

2. 掌握使用 VIDA 自动密度测定仪测定油品密度的操作技术。

二、测定原理

相对密度是指物质在给定温度下的密度与规定温度下标准物质的密度之比，液体石油产品以纯水为标准物质，用 20℃时油品的密度与 4℃时纯水的密度之比表示油品的相对密度。

三、仪器与试剂

1. 仪器　VIDA 自动密度测定仪是一种检测液体样品密度的全自动密度测定仪，主要应用于石油产品密度的测定。其密度温度范围为 0～100℃，最小取样量为 1～2mL，密度测量范围为 0～3g/cm^3。

2. 试剂与材料

① 试剂。汽油试样、石油醚、无水乙醇，分析油类样品清洗溶剂为石油醚，分析水类样品清洗溶剂用无水乙醇。

② 材料。注射器。

操作扫一扫

M3-6　密度测定

四、测定操作

1. 准备工作

① 分析样品前检查清洗溶剂、干燥用溶剂液面，若液面低于瓶高的 1/4，则需要添加溶剂。分析油类样品时，清洗溶剂为石油醚，分析水类样品时，清洗溶剂用无水乙醇，干燥用溶剂为丙酮。

② 分析前检查废液瓶液位，液位较高时应及时清理。

③ 打开仪器背后电源开关，按下仪器面板前电源按钮，选择 English，检查仪器界面是否运行正常。

2. 测定步骤

① 用专用注射器准确吸取 3mL 试样并确保注射器中没有气泡，安装好堵头，将吸有样品的注射器放入样品架上。

② 点击触摸屏下方 Sample 按钮，在左侧选择样品的放置位置，如 A1，点击 Add，添加样品信息。

③ 在弹出的界面中点击 Operator，选择操作者；点击 Sample ID 输入样品名称；点击 Product，选择分析方法，如分析油样，则选择 Density at 20℃；如分析水，选择 Water at 20℃；点击 Position 选择相应的样品位置，点击 Confirm 确认。样品信息输入完全后，屏幕右下侧 Start（开始测试）变为绿色，点击 Start，仪器开始自动测定样品密度。

④ 每个样品仪器自动进行两次密度测定，如两次测定结果符合重复性要求，则仪器停止测定，自动进行清洗、干燥。如两次测定结果偏差较大，则自动进行第三次测定。

⑤ 每次测定完毕，仪器均会自动运行清洗及干燥程序，之后才能进行下一次测定。

⑥ 如需测定多个样品，按照②、③步骤添加其余样品信息，仪器将按照样品放置顺序依次进行密度测定。

⑦ 全部样品分析完毕后，按要求处理废液。

⑧ 查看结果：点击 Result→选择要查看的样品名称→屏幕右侧显示分析结果，如需查看详细信息，点击 Details，按▲和▼键可进行换页切换。

⑨ 关机：按下面板右下方电源键关机，关闭仪器背后电源开关。

五、注意事项

1. 开机前必须检查电路是否安全。
2. 用注射器吸取样品前应确保样品均匀且轻组分未损失。
3. 分析用注射器必须清洁干燥，以免影响测定结果。
4. 方法中测定温度设置为20.0℃，如需测定其他温度时的密度，需设定新方法。
5. 吸取样品后必须排除注射器中气泡，否则会影响测定结果。
6. 分析样品时，不能用手去触摸自动转盘，以免造成手部伤害。
7. 分析完毕后将油样和废液及时清理。
8. 冲洗和校准程序中注射器必须放在 B1 位置，校准时 B2 位置必须为空。
9. 如果要测定不同类型的样品，如水/汽油/柴油，在同一类型样品测定结束后必须进行冲洗程序后才能测定下一类型样品。

任务评价

考核项目	考核内容及要求	分值	评分标准	评定记录	扣分
准备工作（5分）	着实验服、佩戴防护用具	2	少一样扣1分		
	检查电路是否安全；检查清洗溶剂液面和废液瓶液位，及时添加溶剂，及时清理废液	3	每项1分		
测定（70分）	将试样瓶中的样品混合均匀	2	未完成扣2分		
	注射器应清洁干燥	2	不清洁干燥扣2分		
	用注射器吸样，一次成功，不洒不漏，避免生成气泡；吸样量符合测定要求	5	每错一项扣1分，扣完为止；试样洒落飞溅扣3分；吸样量不符合要求扣5分		
	排气泡	5	未做到扣5分		
	安装堵头	3	未做到扣3分		
	正确开机	3	不正确扣3分		
	检查仪器界面是否运行正常	3	未完成扣3分		
	点击样品按钮	2	未完成扣2分		
	选择放样位置。冲洗和校准程序中注射器必须放在B1位置，校准时B2位置必须为空	15	未选择扣5分，校准时B2位置未空，扣10分		
	点击添加，添加样品信息	10	未点击扣5分；未添加扣5分		
	点击 Operator，选择操作者；点击 Sample ID 输入样品名称	5	未选择操作者扣2分，未输入样品名称扣3分		
	点击 Product，选择分析方法	5	未选择分析方法扣5分		
	点击 Start，开始测定，分析样品时，不能触摸转盘	10	未测定扣5分，触摸转盘扣10分		
试验结果（10分）	点击 Result，查看分析结果	5	每处扣1分，扣完为止		
	点击 Details，查看详细信息	5	每处扣1分，扣完为止		

续表

考核项目	考核内容及要求	分值	评分标准	评定记录	扣分
原始记录（10分）	原始数据记录不及时、直接	2	每处扣0.5分		
	记录不清楚，涂改	2	每处扣1分		
	漏项	2	每处扣1分		
	填写、修约不正确	2	每处扣1分		
	结果不正确	2	每处扣1分		
试验管理（5分）	关机不正确	2			
	废液处理不正确	1			
	实验结束台面未摆放整齐	2			
操作时间	从考核开始至交卷控制在45min内				
总分					
备注	1. 各项总分扣完为止 2. 因违反操作规程损坏仪器设备扣20分，如果导致试验无法进行或发生事故全项为零分				

考评人：　　　　　　　　分析人：　　　　　　　　时间：

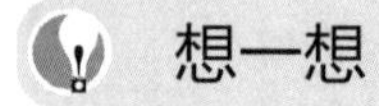

想一想

机械杂质的存在对石油产品的危害有哪些？

任务十三　机械杂质分析

任务要求

1. 熟悉石油产品机械杂质测定标准（GB/T 511—2010）。
2. 掌握机械杂质测定方法。

一、测定意义

1. 概念

机械杂质是指存在于油品中不溶于规定溶剂（汽油、苯等）的杂质。这些杂质一般指的是砂子、尘土、铁屑和矿物盐（如氧化铁）以及不溶于溶剂的有机成分，如沥青质和碳化物等。

2. 来源

石油产品中的机械杂质主要是在加工精制、运输、贮存时混入的，例如用白土精制的油品可能混入白土粉末；油罐、油槽车、输油管线内壁受氧化产生的铁锈以及流量表、管线阀门、油泵等磨损所产生的金属末，都可能混入油品中；某些重油，如渣油型齿轮油中的沥青质，也被当作机械杂质。

3. 主要危害

（1）原油中含机械杂质的危害　原油中含机械杂质，会增加原油的运输费用，给原油的预处理造成困难，增加处理负荷，影响加工质量，造成生产管线结焦、结垢，堵塞管道和塔盘，降低生产能力。

（2）燃料类油品中含机械杂质的危害　燃料类油品中含有机械杂质会降低装置的效率，使零件磨损，甚至使装置无法正常运行，例如，如果汽油中混有机械杂质，就会堵塞过滤器，减少供油量，甚至使供油中断。在柴油机的供油系统中，喷油泵的柱塞和柱塞套的间隙较小，喷油器的喷针和喷阀座的配合精度也很高，如果柴油中存在机械杂质，除了引起油路堵塞外，还可能加剧喷油泵和喷油器精密件的磨损，使柴油的雾化质量降低，而且会使供油量减少，同时，机械杂质还可能造成喷油泵柱塞和喷油器的喷针卡死，使出油阀门关闭不严和堵死喷孔。喷气燃料中如果存在机械杂质，杂质进入发动机的工作喷嘴，不仅堵塞油路，降低喷油量，还会使发动机涡轮叶片根部产生裂纹，甚至折断叶片。

(3) 润滑油中含机械杂质的危害　润滑油中的机械杂质会增加机械的摩擦和磨损，还容易堵塞滤清器的油路，造成供油不正常，因此一般润滑油不含机械杂质，至于不溶于溶剂的沥青质，对机械磨损的影响不大。此外，润滑油中含有添加剂时，可发现0.025%以下的机械杂质，这些机械杂质是添加剂中的物质，所以有的润滑油允许含微量机械杂质。

使用中的润滑油除含有尘埃、砂土等杂质外，还含有炭渣、金属屑等。这些杂质在润滑油中积聚的多少，随发动机的使用情况而不同，对机件的磨损程度也不同。因此机械杂质不能单独作为报废或换油的指标。

(4) 润滑脂中含机械杂质的危害　润滑脂中的机械杂质同样能增加机械的磨损和磨损，破坏润滑作用。而且，润滑脂中的机械杂质不能用沉降、过滤等方法除去，所以说润滑脂含机械杂质比润滑油含机械杂质危害性更大。

另外黏度小的轻质油品，杂质容易沉降分离，通常不含或只含很少量的机械杂质，而黏度大的重质油品，若含有杂质并且未经过滤的话，在测定残炭、灰分、黏度等项目时，结果会偏大。

4. 测定机械杂质的意义

油品中机械杂质的含量是油品重要的质量指标之一。通过测定其含量，可判断油品的合格性，防止油品在使用过程中对机械造成危害。

二、测定方法

机械杂质的测定方法大致可以概括为：称取一定量的试样，溶于所用的溶剂中，用已恒重的滤器（或滤纸）过滤，然后称出留在滤器（滤纸）上的杂质质量，并计算出试样中的质量分数。目前，对于不同油品中机械杂质的测定主要有以下几种方法：轻质油品的机械杂质测定，通常用目测法，如发生争执时，按GB/T 511—2010、SH/T 0093—91方法进行测定；对于重质油品，测定应按GB/T 511—2010方法进行；润滑脂采用显微镜法（SH/T 0336—94）测定其机械杂质的大小和含量。

测定机械杂质的主要仪器为机械杂质测定仪，是根据国家标准GB/T 511《石油产品和添加剂机械杂质测定法（重量法）》规定的要求设计的，适用于测定石油产品中的各类轻烃、重质油、润滑油及添加剂的机械杂质的含量。机械杂质测定仪结构如图3-16所示。

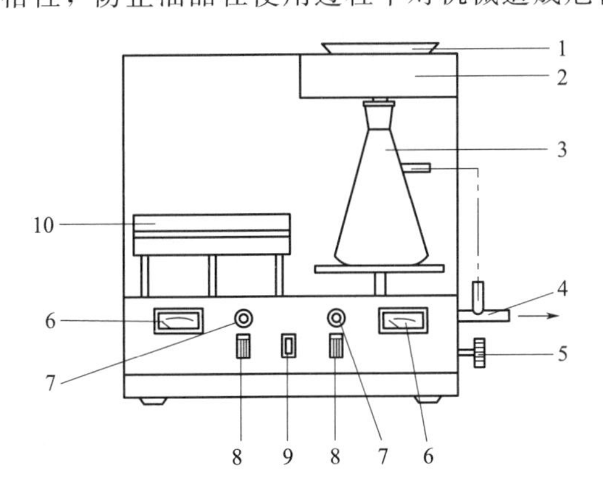

图3-16　机械杂质测定仪结构

1—加热漏斗；2—加热器；3—吸滤瓶；4—真空吸气嘴；5—真空吸力阀；6—加热器电压表；7—电压调节旋钮；8—加热开关；9—电源开关；10—电热板

三、注意事项

测定机械杂质应注意以下事项：

① 称取试样必须先摇匀。

② 所有溶剂在使用前应过滤。

③ 所选用滤纸的疏密、厚薄以及溶剂的种类、用量最好是相同的。

④ 空滤纸不能和带沉淀的滤纸在同一烘箱里一起干燥，以免空滤纸吸附溶剂及油类的蒸气影响恒重。

⑤ 到规定的冷却时间后，应立即称重。以免时间拖长后，由于滤纸的吸湿作用影响恒重。

⑥ 过滤操作应严格遵照重量分析的有关规定。

⑦ 所用的溶剂应根据试验的具体情况及技术标准有关规定去选用，不得乱用。

⑧ 测定双曲线齿轮油、饱和气缸油等润滑油的机械杂质时，要注意滤纸上的残渣中有无砂子及其摩擦性物质，因为这些产品规定不许有砂子及其他摩擦物。

思考与交流

1. 机械杂质测定的原理是什么？
2. 机械杂质测定过程中的注意事项有哪些？

【课程思政】

死亡教训——因杂质引起的爆炸典型事故案例

2013 年 12 月 29 日，在山东省临沂市兰山区九州化工厂，在一辆双氧水槽罐车卸料至多个双氧水包装桶的过程中，一装满双氧水的包装桶发生爆炸，造成 3 人死亡，直接经济损失 200 余万元。经分析，事故直接原因是违规使用盛装过盐酸的包装桶盛装双氧水，桶内残存的 Fe^{3+} 及其他金属杂质引起双氧水急剧分解，导致超压爆炸。大家要认真吸取经验教训，在进行机械杂质检测时务必规范操作，确保检测数据的准确性，尤其步入有关分析检测岗位后，决不允许杂质超标的产品流入市场，否则可能会造成意想不到的安全事故。

任务实施

操作 11　机械杂质测定

一、目的要求

1. 掌握机械杂质测定的测定原理与试验方法；
2. 掌握石油产品中机械杂质含量的计算方法。

二、测定原理

称取一定量的试样，溶于所用的溶剂中，用已恒重的滤器（或滤纸）过滤，然后称出留在滤器（滤纸）上的杂质质量，并计算出试样中的质量分数。

三、仪器与试剂

1. 仪器　烧杯或宽颈的锥形烧瓶；称量瓶；玻璃漏斗；保温漏斗；洗瓶；玻璃棒；吸滤瓶；水浴或电热板；真空泵；干燥器；烘箱；红外线灯泡；微孔玻璃过滤器；分析天平。

2. 试剂　甲苯；乙醇-甲苯混合溶剂；乙醇-乙醚混合溶剂；硝酸银；蒸馏水。

3. 材料　定量滤纸；溶剂油。

四、准备工作

1. 将容器中的试样（不超过容器溶剂的四分之三）摇动5min，使混合均匀，黏稠的试样应预先加热到40～80℃，然后用玻璃棒仔细搅拌5min。

2. 试验用滤纸放在清洁干燥的称量瓶中称量。

操作扫一扫
M3-7　机械杂质测定

3. 带滤纸的敞口称量瓶或微孔玻璃过滤器放在烘箱内，在(105±2)℃的环境中干燥不少于45min，然后盖上盖子放在干燥器中冷却30min，进行称量，称准至0.0002g，重复干燥（第二次干燥时间只需30min）及称量，直至连续两次称量间的差数不超过0.0004g。

五、测定步骤

1. 按表3-14要求将混合好的试样加入烧杯并称重（至少能容纳稀释试样后的总体积），用加热溶剂（溶剂油或甲苯）按比例稀释。

2. 将恒重好的滤纸放在玻璃漏斗中，放滤纸的漏斗或已恒重的微孔玻璃过滤器用支架固定，趁热过滤试样溶液。若试样含水较难过滤时：将试样溶液静止10～20min，然后将烧杯内沉降物上层的溶剂油（或甲苯）溶液小心地倒入漏斗或微孔玻璃过滤器内；此后向烧杯的沉淀物中加入5～15倍（按体积）的乙醇-乙醚混合溶剂稀释，再进行过滤；烧杯中的残渣用乙醇-乙醚混合溶剂和热的溶剂油（或甲苯）彻底冲洗到滤纸或微孔玻璃过滤器。

表3-14　不同试样的称取量和稀释比例

试样		样品质量/g	精密度/g	溶剂体积与样品质量比例
石油产品:100℃黏度				
$20mm^2/s$	不大于	100	0.05	2～4
$20mm^2/s$	大于	50	0.01	4～6
石油:含机械杂质				
1%(质量分数)	不大于	50	0.01	5～10
锅炉燃料:含机械杂质				
1%(质量分数)	不大于	25	0.01	5～10
1%(质量分数)	大于	10	0.01	≤15
添加剂		10	0.01	≤15

3. 在测定难于过滤的试样时，允许使用减压吸滤和保温漏斗或采取红外线灯泡保温等措施。

4. 过滤结束时，对带有沉淀的滤纸，用热溶剂油冲洗至过滤器中没有残留试样的痕迹，而且使滤出的溶剂完全透明和无色为止。

5. 带有沉淀的滤纸或玻璃过滤器冲洗完毕后，将带有沉淀的滤纸放入对应的称量瓶中，将敞口称量瓶或玻璃过滤器，放在（105±2)℃烘箱中干燥不少于45min，然后放在干燥器中冷却30min（称量瓶的盖子应盖上），称重准确至0.0002g。

6. 重复干燥（第二次干燥只需30min）及称量，直至两次连续称量间的差数不超过0.0004g为止。

7. 进行溶剂的空白试验补正。

8. 根据公式计算，得出实验结果。

六、计算和报告

1. 计算　试样的机械杂质含量X（质量分数）按下式计算：

$$X=\frac{(m_2-m_1)-(m_4-m_3)}{m}\times 100\% \tag{3-18}$$

式中　m_1——滤纸和称量瓶的质量（或微孔玻璃滤器的质量），g；

m_2——带有机械杂质的滤纸和称量瓶的质量（或带有机械杂质的微孔玻璃滤器的质量），g；

m_3——空白试验过滤前滤纸和称量瓶的质量（或微孔玻璃滤器的质量），g；

m_4——空白试验过滤后滤纸和称量瓶的质量（或微孔玻璃滤器的质量），g；

m——试样的质量，g。

2. 报告

（1）取重复测定两个结果的算术平均值作为试验结果；

（2）机械杂质的含量在0.005%（包括0.005%）以下时，则可认为无机械杂质。

任务评价

序号	考试项目	测评要点	配分	评分标准	检测结果	扣分	得分	备注
1	准备	试样及仪器的准备	40	未根据试样性质进行处置(如加热、脱水等)扣5分				
				未检查称量瓶(微孔玻璃过滤器)的准备扣5分				
				取试样前未摇匀扣5分				
				取样准确,超差或返工扣5分				
				测定前未接通电源使炉温达到520℃±5℃扣5分				
				将盛有试样的称量瓶(微孔玻璃过滤器)正确放入电炉的空穴中,否则扣5分				
				未用空穴扣5分				
2	测定	测定过程	20	从开始加热至煅烧结束时间不符合要求扣10分				
				未检查瓷坩埚内残留物情况扣5分				
				恒重操作不正确扣5分				
3	结果	记录填写	10	每错误一处扣2分;涂改每处扣2分;;杠改每处扣0.5分				
		结果考察	20	计算公式或结果不正确扣20分				
				分析结果精密度不符合规定扣20分				
4	试验管理	文明操作	10	台面整洁,摆放整齐,否则扣5分				
				仪器破损扣5分,严重的,停止操作				
				废液、废药未正确处理扣5分				
合计			100					

考评人：　　　　　　分析人：　　　　　　时间：

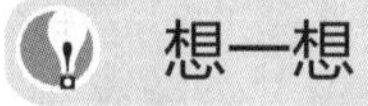

汽油中烃含量的多少对汽油的使用有什么影响呢？

任务十四　苯、芳烃及烯烃含量测定

任务要求

1. 了解苯、芳烃及烯烃含量测定意义；

2. 掌握苯、芳烃及烯烃含量测定方法。

液体石油产品中总烃最初是指在原油中发现的含有碳氢化合物的混合物。在原油和其他石油产品里包含有很多不同的碳氢化合物。石油烃是目前环境中广泛存在的有机物之一，包括汽油、煤油、柴油、润滑油、石蜡和沥青等，是多种烃类（正烷烃、支链烷烃、环烷烃、芳烃）和少量其他有机物，如硫化物、氮化物等的混合物。随着经济的发展，人类对能源的需求不断扩大，石油已成为人类最主要的能源之一。在石油的开采、加工和利用过程中，越来越多的石油可能会进入土壤环境和海洋从而引起土壤环境和海洋水质的污染。过量的总石油烃一旦进入土壤将很难予以排除，将给社会、经济和人类造成严重的危害，而过量石油烃进入海洋，会在海洋生物体内聚集，随着食物链进入人体，危害人类健康。

从环保意义上讲，苯、芳烃和烯烃同含硫化合物一样，均属于汽油中的有害物质。

一、测定意义

1. 苯含量

苯是高辛烷值组分，但也是公认的致癌物。在车用汽油蒸发、燃烧不完全时，苯可直接排入大气，危害人体健康，因此限制车用汽油中的苯含量是十分必要的。我国车用汽油要求苯含量不大于2.5%（体积分数）。

2. 芳烃含量

芳烃是具有较高辛烷值和热值的汽油调和组分。但其碳氢比高，燃烧时易生成沉积物，同时随芳烃含量增高，汽油尾气中致癌物苯含量也增多。我国车用汽油控制芳烃含量不大于40%（体积分数），既考虑了减少排放有害污染物的要求，又照顾到维持辛烷值达到必要的水平。

3. 烯烃含量

烯烃也是高辛烷值组分，但它比较活泼。目前我国车用汽油主要由催化裂化汽油、直馏汽油、烷基化汽油及加氢汽油调和而成，其中催化裂化汽油占较高比例，其烯烃含量高达25%～35%（体积分数，下同），因此贮存易氧化变质，导致实际胶质升高，颜色变深。一些烯烃还有很强的大气反应活性，因光化学反应而加速臭氧的生成，造成大气污染，因此降低汽油烯烃含量对改善汽油安定性和保护环境都有实际意义。

车用汽油要求烯烃含量不大于35%，但该指标仍明显偏高，为保护城市大气环境，一些中心城市制定出更为严格的限制指标，例如，北京市地方标准DB 11/283—2004《车用汽油》规定从2005年7月1日起烯烃含量的限制指标为不大于18%，只有当芳烃含量低于35%时，才允许适当增加烯烃含量，但不应超过25%。

烯烃含量的测定可按NB/SH/T 0741—2010进行，仲裁试验按GB/T 11132—2008进行。

二、测定方法

(1) 苯含量 《车用无铅汽油》第3号修改单规定，苯含量的测定采用SH/T 0713—2002《车用汽油和航空汽油中苯和甲苯含量的测定（气相色谱法）》和SH/T 0693—2000《汽油中芳烃含量测定法（色相色谱法）》，仲裁试验以SH/T 0713—2002《车用汽油和航空汽油中苯和甲苯含量的测定（气相色谱法）》方法测定结果为准。由于醇类对该试验有干扰，故车用乙醇汽油的苯含量按SH/T 0693—2000《汽油中芳烃含量测定法（气相色谱法）》进行。

(2) 芳烃含量 车用汽油芳烃含量可按SH/T 0741—2004《汽油中烃族组成测定法（多维气相色谱法）》标准方法进行，仲裁试验则以GB/T 11132—89《液体石油产品烃类测定法（荧光指示剂吸附法）》实验方法为准。详见项目五喷气燃料分析烯烃及芳烃含量测定。

(3) 烯烃含量　烯烃含量的测定可按 SH/T 0741—2004 进行，仲裁试验按 GB/T 11132—89 进行。详见项目五喷气燃料分析烯烃及芳烃含量测定。

思考与交流

讨论苯、芳烃及烯烃含量测定需要注意的问题有哪些？

想一想

为什么说溴值是衡量油品质量好坏的重要质量指标？

任务十五　溴值分析

任务要求

1. 了解汽油中溴值测定的意义；
2. 理解溴值、溴指数等基本概念；
3. 掌握溴值测定方法和操作技能。

一、测定意义

1. 溴值、溴指数

溴值（又称溴价）是指在试验条件下，与 100g 试样起反应时所消耗的溴的克数，以 gBr/100g 表示。

溴指数是指在试验条件下，与 100kg 试样起反应时所消耗的溴的毫克数，以 mgBr/100g 表示。

溴值、溴指数表明石油烃中能与溴反应的物质总量，是用来衡量物质的不饱和程度的指标。

2. 测定意义

不饱和烃类在石油产品中的含量是原油炼制过程中工艺控制技术依据之一，也是衡量油油品分析品质量好坏的重要质量指标。通常，石油产品不希望有过多的不饱和烃组分存在，轻质油品中的不饱和烃是除非烃类化合物以外的另一类不稳定组分，它极易被空气中的氧气所氧化。尤其是在较高温度的条件下，其本身能产生自由基，进而引发其他分子或非烃类化合物发生聚（缩）合反应，形成胶状黏稠物沉渣，从而降低油品的安定性。

油品中的不饱和烃含量及其对油品安定性的影响，可用碘值、溴值和溴指数等指标来间接表示。油品中不饱和烃含量越高，溴（碘）值和溴指数越大，油品的安定性就越差。为了确保飞机的飞行安全，航空汽油、航空煤油对此类指标有严格的控制，甚至有的产品还要测定具体的烯烃含量。一般而言，直馏馏分烯烃等不饱和烃含量少，所以安定性也好，但直馏馏分的产率低，通常需要调入催化裂化等二次加工馏分进行调和。二次加工馏分中含有较多的烯烃等不饱和烃，使得油品的安定性变差，故在加氢精制、催化重整等工艺过程及其产品调和时，都要测定其不饱和烃的含量。

二、测定方法

应用于石油产品的溴值、溴指数测定方法种类较多，根据其终点判断方式不同，可概括为三类：容量滴定法、电位滴定法、电量滴定法。

1. 容量滴定法

容量滴定法测定溴值采用手工滴定法，通过指示剂颜色变化目视判定终点，用消耗的滴定剂量计算出溴值。容量滴定法测定适用于汽油、煤油、柴油、石脑油等油品。但是对颜色较深样品如加氢原料、焦化汽油，润滑油等，油品的颜色会干扰终点颜色的判断、影响分析准确性时，最好采用其他分析方法。此外，由于直接滴定法化学反应过程缓慢，滴定耗时较长，最好分析溴值在 50gBr/100g 以内的样品。对工艺过程样品、原料类样品可以采用适当减小试样取样量来分析。

2. 电位滴定法

电位滴定法测定溴值、溴指数可以进行自动滴定，可在浑浊、有色溶液中进行，不需要指示剂，适用于汽油、煤油、柴油、润滑油等石油产品。电位滴定法测定溴值、溴指数的终点判定一般有四种形式：死停终点法、*E-V* 曲线电位突跃法、一次微商曲线法、二次微商曲线法。

死停终点法是将两支相同铂电极插入被测溶液中，电极间加一个小电量电压，当试样中能与溴作用的物质反应完毕，溶液中有游离溴出现时，两支铂电极上分别发生氧化还原反应，使两个电极之间的电流突然变化，观察滴定过程中电流突然变化来确定滴定终点。*E-V* 曲线电位突跃法是以滴定曲线上的拐点来判断终点。滴定反应平衡常数小、复杂样品的电位滴定的电位突跃不明显，难以准确判定滴定终点的拐点，可以通过一次微商曲线和二次微商曲线确定终点。在实际操作中一次微商曲线制作麻烦，而通过二次微商等于零来计算终点更为方便，如果增加微机数模可以自动计算和查找终点，终点判定更为精准。

3. 库仑滴定法

库仑滴定法测定溴值、溴指数是采用电解法生成的活性溴作为滴定剂的滴定分析法，与加入滴定剂的滴定法不同，它采用电解法在滴定池中产生滴定剂，测量电解消耗的电量，用法拉第电解定律来计算被测物质的含量。库仑滴定法也称为电量滴定法，它一般分为恒电位分析法和恒电流分析法两种方式，恒电流分析法应用更为广泛，测定溴值、溴指数一般采用恒电流库仑分析法，它给电解电极对施加一恒电流，电解生成活性溴作为滴定剂。库仑分法不但可作常量分析，而且也可以进行微量分析，具有灵敏、快速和准确的特点。

4. 微库仑分析法

微库仑分析法测定溴值、溴指数是在库仑滴定基础上发展起来的方法，它是一种动态库仑分析法，测定过程中电流和电位都不是恒定的，而是根据溶液中被测物浓度变化的，应用电子技术自动调节电解电流，使测定准确度，灵敏度更高，更适合作微量分析。在微库仑滴定中，在没有样品进入滴定池时，指示电极和参比电极之间有一个信号，为了使这个信号不产生电解电流，在指示电极对之间串联了一个方向相反大小相等的电压，使放大器的输入信号为零，这个串联的电压叫偏压或终点电压，当被测物进入滴定池与滴定剂发生化学反应，溶液中滴定剂浓度发生变化时，指示电极对的电位跟着发生变化，因而与外加偏压有了差异，这个信号被放大后，输出到电解电极对，电解产生滴定剂，当被测物质浓度逐渐减小时，放大器的输入信号和电解电流均将逐渐减小，直至溶液中的滴定剂浓度恢复至初始状态，最终检测被测物质的量 W（g）。微库仑测定时，电解电流是一个随着时间而变化的可变电流，电流的大小由样品注入到电解池引起滴定剂浓度的减少值决定，到达滴定终点时，滴定剂浓度恢复到初始状态，电解过程自动停止，微库仑仪恢复平衡状态。通过电流对时间的积分，得出所消耗的电量，再根据法拉第定律求出试样的溴值或溴指数。

三、测定注意事项

采用电量法测定溴值时需要注意：

① 测定用的电解液配制要按方法要求顺序进行，需先溶解好溴化锂溶液，配制时切忌取完溴化锂溶液后立即加入乙酸，以免电解液中析出游离溴影响分析准确性。

② 分析样品前最好分析空白，空白值最好控制在待分析样品重复性值的50%以内，如空白值总是很大，说明电解液需更换。

③ 测定时如果发现池中电解液浑浊，峰形拖尾严重或者分析结果重复性差，应更换新的电解液。

④ 更换电解液时阴极室、阳极室要同时更换，要注意确保电极浸没在电解液内。

⑤ 离子交换膜用于阴阳极之间的离子交换，要经常性检查其状态，当表面颜色发生变化或者阳极室电解液很容易发黄时应进行更换。

⑥ 用注射器取样时，应根据待测样品的溴值或溴指数，选择取样量，必须将进入注射器内的气泡赶走，称重取样量时用干净的滤纸擦干净针头，针头加上硅胶垫密封。

⑦ 进样时，将注射器针头竖直插入电解液，快速将样品推入，但不得将样品直接注射到指示电极表面，如检测信号产生平头峰时可适当减少进样量。

⑧ 为避免交叉污染和保持仪器具有足够的灵敏度，对于测定结果相差2～3个数量级的样品应使用不同的仪器进行测定。

⑨ 测定样品时，应尽可能选择与样品组成相近、溴值（溴指数）接近的标样对仪器进行标定。

⑩ 测定时，室温必须高于15℃，否则滴定时间长，结果偏低。

⑪ 当外购新标样时，应使用当前标样对新购置的标样进行抽样检验，如果新标样的测定值与标称值超出方法重复性要求，应查明原因采取措施再使用，或废弃此批新标样。

思考与交流

测定液体石油产品溴值、溴指数有何意义？

【课程思政】

操作规定严执行，保护环境我先行

配制溴值测定所用的三氯甲烷和甲醇具有毒性，且均易挥发。世界卫生组织国际癌症研究机构公布的致癌物清单中，三氯甲烷被确定为2B类致癌物，三氯甲烷被列入有毒有害水污染物名录，因此，取用试剂时，必须按照规定佩戴防护面罩，实验结束后，要求严格执行废液处理规定，对废液进行分类回收和专业处理，如果将废液倒进水池，会严重污染水源，对环境造成不可挽回的影响。

任务实施

操作12　溴值测定

一、目的要求

1. 熟悉石油产品溴值的测定原理和方法。

2. 能进行油品溴值的测定。

二、测定原理

将已知量试样溶解在规定溶剂中，用溴化钾-溴酸钾标准溶液进行电位滴定。当试样中能与溴作用的物质反应完毕，溶液中有游离溴出现时，溶液的电位突然变化。终点以“死停点”电位滴定仪指示或以电位滴定曲线的电位突跃来判断，根据滴定过程所消耗的溴酸钾-溴化钾溶液的体积，即可计算出试样的溴值。

三、仪器与试剂

（1）仪器　BR-1 溴价溴指数测定仪。

（2）试剂　苯试样，溴指数滴定溶剂，溴化钾-溴酸钾、蒸馏水。

溴指数滴定溶剂是由 714mL 乙酸、134mL 三氯甲烷、134mL 甲醇、18mL 硫酸混匀配制而成。溴化钾-溴酸钾浓度为 0.05mol/L，配制所用试剂均为分析纯，蒸馏水符合分析要求。

（3）材料　量筒、蒸馏水杯。

四、准备工作

检查溴化钾-溴酸钾是否过期，如已过期，则需要及时更换。

五、测定步骤

（1）开机　接通电源，打开溴价溴指数测定仪开关。

操作扫一扫

M3-8　溴值测定

（2）冲洗管路　更换蒸馏水杯，冲洗管路，设置循环次数为 3 次，点击开始，仪器自动开始冲洗，冲洗程序完成后用去离子水冲洗螺旋桨搅拌器、滴定管和电极，擦干待用。

（3）滴定空白　在滴定杯中只加入一定量的滴定溶剂，点击显示屏上“Blank”滴定空白。滴定结束后用去离子水冲洗螺旋桨搅拌器、滴定管和电极，擦干待用。

（4）加样　在滴定杯中加入一定量的滴定溶剂和待测样品，将滴定杯顺时针旋转安装在滴定台上，拧紧滴定台固定环。

（5）输入样品信息　点击显示屏上方法 mgBr（溴指数），在弹出的窗口样品大小处输入样品量。点击方法中样品数据查看苯样品密度，如有变化应进行更改。

（6）开始测定　点击开始，仪器自动开始滴定。

（7）结果查看　滴定结束，自动显示结果，也可在显示屏上点击“结果”进行查看。

（8）冲洗　用去离子水冲洗螺旋桨搅拌器、滴定管和电极，按要求回收废液。

（9）关机　试验结束，点击显示屏上“退出”键关闭仪器。

注意：关闭仪器一定要使用退出程序进行关闭，不可直接关闭仪器电源。

任务评价

序号	考核项目	测评要点	配分	评分标准	检测结果	扣分	得分	备注
1	准备工作	开机前确保将仪器电源插入有接地的电源插座中	2	未接地扣 2 分				
		检查溴化钾-溴酸钾标准溶液是否过期，如过期及时更换	5	试剂过期未更换扣 5 分				
		根据操作说明，打开仪器电源，仪器自检，自检结束后打开滴定仪，稳定仪器	8	不会开机扣 4 分；未提前稳定仪器扣 4 分				

续表

序号	考核项目	测评要点	配分	评分标准	检测结果	扣分	得分	备注
2	试验步骤	将150mL滴定溶剂加入滴定容器，按要求，用吸量管吸取或称取一定质量的样品，该样品应充分溶于滴定溶剂中	10	滴定剂加入量不准确扣5分；样品质量称取不准确扣5分				
		打开搅拌器，调节搅拌速率至溶液起漩涡但不产生气泡为宜	5	搅拌器调节不到位扣5分				
		设定最佳的仪器操作条件，用溴化钾-溴酸钾标准溶液滴定样品，至电位出现明显的变化并持续30s为终点	15	不会设置仪器操作条件扣10分；不会判断滴定终点扣5分				
		每一组滴定溶剂都应当重新测定空白，并确保空白滴定时标准溶液的用量不超过0.10mL	10	未作空白试验扣5分；空白消耗超过0.10mL扣5分				
		根据空白和样品消耗的标准溶液体积，计算出样品溴指数，报告至0.5mgBr/100g	10	计算错误扣10分				
3	结果	正确填写	10	每错误一处扣2分，涂改每处扣2分				
4	分析结果	精密度	10	精密度不符合规定扣10分				
		准确度	10	准确度不符合规定扣10分				
5	安全文明生产	台面整洁，仪器摆放整齐	5	否则扣2分				
		废液、固废正确处理		否则扣2分				
		试验仪器完好		仪器破损扣5分，严重的，停止操作				
合计			100					

考评人：　　　　　　分析人：　　　　　　时间：

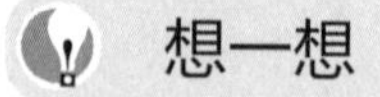

想一想

汽油中为什么会含有铅？汽油中的铅主要以什么形式存在？

任务十六　铅含量分析

任务要求

1. 了解铅含量测定的意义；
2. 掌握铅含量测定方法和操作技能。

一、测定意义

汽油中的铅是以四乙基铅 [$Pb(C_2H_5)_4$]R 的形式存在的。四乙基铅，是略带水果香甜味的无色透明油状液体，其中约含铅64%，常温下极易挥发，即使0℃时也可产生大量蒸气，其密度较空气稍大，遇光可分解产生三乙基铅，有高度脂溶性，不溶于水，易溶于汽油等有机溶剂。

在汽油中添加四乙基铅可以提高汽油辛烷值，改善油品抗爆性能，因此被用作汽油抗爆剂。

1. 铅的毒性及危害

四乙基铅可由呼吸道和皮肤进入人体，并在体内转化为剧毒的三羟基衍生物，其剧毒性已经引起人们的广泛关注。

由于儿童消化道对铅的吸收较成年人高5倍，所以儿童对铅的污染敏感，即使低水平的血铅也会对儿童的智力发育造成不良影响，而且这种影响将是持久性的。

汽油中的铅随汽油燃烧后的废气排入大气，以多种形式侵入人体，给人体健康带来危害。例如汽车尾气排入大气中随空气直接被人体吸入；随降水进入土壤、湖泊、河流，污染植物、生物，间接进入人体；在土壤、湖泊、河流底质中沉积逐渐侵入人体。另外，汽油中的铅随汽车尾气排入大气中，会在大气中发生光化学反应，造成光化学污染。

2. 测定意义

在汽油中添加铅就可以提高汽油的辛烷值，然而，汽油中的铅已成为环境中重金属污染的主要污染源之一。我国于2000年7月1日起全面停止使用含铅汽油，全国强制实现了车用汽油的无铅化。使用无铅汽油能够减少汽车尾气排放含铅化合物，使大气中铅的浓度明显下降，对保障和促进人群健康，特别是儿童健康产生积极作用。而实际上无铅汽油并不是汽油中一点铅不含，而是根据质量指标，将其含铅量控制在一定的限度以内。

中华人民共和国国家环境保护标准 GWKB 1.1—2011《车用汽油有害物质控制标准（第四、五阶段）》明确规定铅不得检出。因此，准确地测定和控制汽油中铅含量，对于提倡绿色消费、清洁生产，保护城市生态环境，保障人民身体健康具有重要意义。

二、测定方法

汽油中铅含量的测定方法有很多，主要有滴定分析法、荧光法、电化学法、原子吸收光谱法以及高效液相色谱法，现行国家标准（GB/T 8020—2015《汽油中铅含量的测定　原子吸收光谱法》）中铅含量的检测方法为原子吸收光谱法，具体方法如下。

根据预估的样品中的铅含量，在5个50mL容量瓶中配制4个铅工作标准溶液，以碘-甲苯溶液为稳定剂，以氯化甲基三辛基铵-MIBK溶液为稀释剂（MIBK：甲基异丁基甲酮）。在另一容量瓶中，取5.0mL汽油样品，加入碘-甲苯溶液稳定剂，以氯化甲基三辛基铵-MIBK溶液稀释至刻度。

测定时，使用铅空心阴极灯，调整波长至283.3nm，使用空白试剂（MIBK），调节空气乙炔流量和样品传输速率，得到蓝色的贫燃氧化火焰，用26.4mg/L的铅工作标准溶液，适当调整燃烧头与光源的角度，再调整燃烧头高度，使得由光源发出的光从火焰中原子密度最大的地方通过，获得仪器最大响应。通过吸喷工作标准溶液，绘制标准曲线，吸喷样品溶液，从铅标准曲线中读出样品中铅的含量。

三、测定注意事项

1. 扣除背景

当需要扣背景操作时，要求氘灯能量与空心阴极灯的能量基本一致。可以通过调节空心用极灯的灯电流来实现此要求。装卸空心阴极灯时，切勿用手触摸灯顶部的石英窗，防止污染损坏。空心阴极灯长期不用时，每三个月通电点燃两小时以保持其性能。

2. 乙炔纯度和压力

原子吸收光谱仪使用乙炔气为燃气，乙炔纯度必须大于99.6%，当乙炔钢瓶压力大于0.6MPa才可使用，钢瓶输出压力一般控制在0.09MPa，不能大于0.12MPa，否则乙炔会分解。

3. 样品分析要求

样品分析过程中加入碘和氯化甲基三辛基铵作为稳定剂，用以提高样品在甲基异丁基甲酮（MIBK）中的溶解稳定性；样品喷入原子吸收光谱仪时，每个样品进样完毕，应先吸空白液，再吸下一个样品，当样品分析完毕，要吸空白液 10～15min，以防燃烧头结炭。

思考与交流

原子吸收光谱法测定汽油中铅含量需要注意哪些问题？

任务实施

操作 13　铅含量测定

一、目的要求

1. 理解原子吸收光谱法测定汽油中铅含量的原理和方法。

2. 能用原子吸收光谱法测定汽油中的铅含量。

二、测定原理

原子吸收光谱法是基于被测元素在蒸气状态时的基态原子对其原子共振辐射的吸收与元素的含量成正比的原理，进行元素定量分析的方法。每一种元素的原子不仅可以发射一系列特征谱线，也可以吸收与发射线波长相同的特征谱线。当光源发射的某一特征波长的光通过原子蒸气时，即入射辐射的频率等于原子中的电子由基态跃迁到较高能态（一般情况下都是第一激发态）所需要的能量频率时，原子中的外层电子将选择性地吸收其同种元素所发射的谱线，使入射光减弱。特征谱线因吸收而减弱的程度称为吸光度 A，吸光度（A）与样品中该元素的浓度（C）成正比，即 $A=KC$，式中 K 为常数。

汽油中铅含量测定可采用油样直接进样的原子吸收光谱法，铅的原子吸收光谱波长为 283.3nm。汽油试样经溴-四氯化碳溶液或碘-甲苯溶液处理，用甲基异丁基酮溶剂稀释后，用火焰原子吸收光谱在 283.3nm 处测定。通过测定一系列铅标准溶液的吸光度计算出吸光度与元素含量对应关系常数，把待测样品溶于有机溶剂中，直接进样得到样品的吸光度，即可计算出样品中的铅含量。

三、仪器与试剂

1. 仪器　AA-900 原子吸收光谱仪：原子吸收的基本部件有 5 个，光源、原子化器、分光器、检测器和处理器。种类分为单光束和双光束两种，本操作采用的是双光束。

（1）光源　能够产生与待测元素相匹配的光谱，有空心阴极灯和无极放电灯。

（2）原子化器　原子化器的功能是使样品蒸发，形成气态原子。这些气态原子可以吸收空心阴极灯的光，吸收光的多少与元素浓度有关。常用的原子化器是火焰和石墨炉。

（3）分光器　用于光的单色，只允许特定波长的光到达检测器。

（4）检测器　固态检测器，测量光强度，将光电信号转化为电信号。

（5）处理器　将信号放大并处理，包括计算机等。

2. 试剂及材料

试剂：3g/100mL 碘-甲苯、1%氯化甲基三辛基铵、甲基异丁基甲酮、汽油试样。所用试剂均为分析纯。

材料：移液管、量筒、洗耳球、容量瓶等。

四、准备工作

M3-9　铅含量测定

试样准备：用量筒量取 30mL MIBK 于 50mL 容量瓶中。用润洗三次的移液管准确量取 5mL 汽油试样加入容量瓶中。加入碘-甲苯试剂 100μL，加入 5mL MIBK，用 MIBK 定容，摇匀，备用。

五、测定步骤

1. 汽油中铅含量测定开机操作步骤

① 打开空气气源阀门，待空气压缩机的压力 0.5MPa 时，开计算机显示屏和计算机主机开关。打开光谱仪主机开关。此时仪器对自动进样器等进行自检。打开工作站，此时光谱仪对光栅、马达等机械部件进行自检，计算机屏幕上显示画面中代表两个通信状况的接头接上，同时颜色变绿，此时表明仪器通过自检，可以进入到正常使用状态。

② 打开工作桌面：点击 wikspec→选择 PE. flm→点击 OK，屏幕上将会显示出一个包括 4 个窗口的工作桌面。

③ 选择方法：选择铅含量测定方法。

④ 打开空心阴极灯：进行背景校正，优化操作条件。预热 30min。

⑤ 开乙炔气：打开乙炔气气源阀门，乙炔气的压力为 0.09～0.1MPa。（注意：乙炔总表压低于 0.6MPa 时，必须更换新的乙炔气瓶。防止乙炔瓶内丙酮吸入，损坏仪器。）

⑥ 点火：点击火焰控制开关中的“On”，火焰即被自动点燃。

2. 汽油中铅含量测定绘制标准曲线

① 标准空白溶液测定：边吸标准空白溶液边点击“Manual Control”窗口中的“Analyze Blank”按钮，仪器自动平行分析三次，自动给出空白浓度。

② 标准溶液测定：按照浓度由低到高的顺序依次吸入标准溶液，标准溶液 1 点击“Standard 1”，标准溶液 2 点击“Standard 2”，依次测量所有标准溶液。检查校准曲线是否满足要求（相关系数达到 0.999 以上即可）。

3. 汽油中铅含量测定操作步骤

① 样品空白溶液测定：边吸样品空白溶液，边点击“Sample blank”按钮。

② 样品溶液测定：空白溶液分析完毕后，边吸样品溶液边点击分析样品按钮，待按钮上的绿色显示灯熄灭，则该样品中铅含量测定完毕。仪器自动给出测定结果。在样品测定完成后，可让火焰继续处于点燃状态同时吸空白溶液几分钟。

4. 汽油中铅含量测定换灯操作步骤

测定过程中，如果先测锰含量再测铅含量，则需要进行换灯操作，具体过程如下：

① 关闭锰灯：点击工具栏灯源按钮，在灯源设置对话框中，关闭锰灯。

② 选择方法：点击工具栏方法按钮，在打开方法对话框中，选择铅含量测定方法，打开铅灯，优化含量测定的操作条件。

5. 汽油中铅含量测定关机操作

① 关闭火焰：点击火焰控制窗口中“Off”按钮，熄灭火焰。

② 关乙炔气：关闭乙炔气源阀门。

③ 排放废气：点击火焰控制窗口中“Bleed Gases”，放掉仪器管路中的乙炔气体，直至该窗口中安全连锁出现红色交叉符号。

④ 关灯：关闭所用元素灯及背景灯。

⑤ 退出工作站。

⑥ 关机：关主机电源，关空气气源阀门，关计算机。

任务评价

序号	考试项目	测评要点	配分	评分标准	检测结果	扣分	得分	备注
1	准备工作	工具、器具准备，准备好试验所用的容量瓶、移液管等所有器具	5	每少一件扣 2.5 分				
2	容量操作	正确使用容量瓶，可以准确定容到刻线处	8	不能正确使用扣 5 分				
		正确使用移液管，准确移取所需体积的液体	8	不能正确使用扣 5 分				
3	天平的使用	正确使用天平，称取所需要的质量	5	不能正确使用扣 5 分				
4	操作步骤	正确开关机，先开空气后开机，关机时先关机后关气	5	开关机错误 5 分				
		正确操作仪器及分析软件	8	不能正确操作扣 8 分				
		会选择及更换空心阴极灯	5	不会扣 5 分				
		正确设置气流量	5	设置错误扣 5 分				
		会正确配制 4 个铅标准溶液及空白溶液	8	配制不正确扣 8 分				
		会正确配制待测样品	8	配制不正确扣 8 分				
5	计算及结果报出	及时记录	10	未及时记录扣 2 分				
		计算及修约正确		结果不正确扣 2 分；修约不正确扣 2 分				
		填写正确		错误每处扣 1 分；丢落项每处扣 1 分				
		不得涂改		记录涂改每处扣 1 分；杠改每处扣 1 分				
6	分析结果	精密度	15	精密度不符合标准规定扣 15 分				
		准确度	10	准确度不符合标准规定扣 10 分				
7	安全文明生产	遵守安全操作规程；在规定时间内完成		每违反一项规定从总分中扣 5 分，严重违规者停止操作；每超时 1min 从总分中扣 5 分，超时 3min 停止操作				
合计			100					

考评人：　　　　　　　　分析人：　　　　　　　　时间：

想一想

氮对石油产品的性能有哪些影响？

任务十七　痕量氮分析

任务要求

1. 了解石油烃中氮含量测定的意义；
2. 掌握氮含量测定方法；

3. 熟悉氮含量测定注意事项。

一、测定意义

氮对石油产品性能的影响是复杂的。天然存在的氮可以是柴油抗磨的有效成分，又能成为润滑油氧化安定性的不利因素；某些合成含氮化合物则是改善产品性能的优良添加剂。

总体上看，石油中的氮含量要比硫含量低，其质量分数通常在0.05%～0.5%范围内，很少有超过0.7%的。而我国原油的特点是“高氮低硫”，我国大多数原油的含氮量在0.1%～0.5%之间，属于偏高。石油中的氮约有90%存在于其减压渣油中，在矿物油燃料中氮元素也普遍存在，在岩页油中含量大约为1%～2%。石油中的含氮化合物对石油的催化加工产生不利影响，石油烃中即使存在痕量氮，也可能使石油加工过程中的某些催化剂中毒、失活，所以必须加以脱除。另外，石油产品中的氮化物对产品的性能影响则不尽相同。有研究表明，柴油中的氮化物是抗磨的有效成分，而润滑油中的氮化物则是影响其氧化安定性的重要因素，同时有些含氮化合物又是很好的油品抗氧化剂。再次，从环境安全的角度上考虑，一些碱性含氮化合物是有毒的，比如含氮杂环化合物及芳胺疑为致癌物。中性含氮化合物毒性小于碱性氮化物，但一些二苯并咔唑类物质也表现致癌活性。所以检测石油产品中的氮含量显得尤为重要。

二、测定方法

1. 舟进样化学发光法

舟进样化学发光法按照NB/SH/T 0704—2010《石油和石油产品中氮含量的测定　舟进样化学发光法》进行，该法适用于测定包括石油馏分、润滑油在内的液体烃中的总氮含量，测定范围为40～10000mg/kg。需按分析方法的要求设定仪器的操作条件，主要操作条件包括：炉膛温度、入口氧气流量、裂解氧气流量、氩气流量等主要参数，用标样建立不同测量范围的标准曲线，根据样品的预估氮含量，选择合适的标准曲线，进样分析后用内插法计算样品的氮含量。

2. 氧化燃烧和化学发光法

氧化燃烧和化学发光法按照SH/T 0657—2007《液体石油烃中痕量氮的测定　氧化燃烧和化学发光法》进行，该法适用于测定沸点范围为50～400℃，室温下黏度范围约0.2～10mm^2/s，总氮含量为0.3～100mg/kg的石脑油、石油馏分和其他油品。

对于超出方法规定范围的样品，通过选择适当的溶剂将样品的氮含量和黏度范围稀释至规定的范围后，本方法也适用。然而，操作人员应核查试样在溶剂中的溶解度，并确定注射器直接将稀释试样注入炉中时，不会因试样或溶剂在针管内的热解而造成测量结果偏低。

三、注意事项

以下注意事项是舟进样化学发光法正确实施操作的技能要素，必须准确把握。

① 仪器所用的气体纯度要保证，氩气纯度不小于99.998%，水含量不大于5mg/kg；氧气的纯度不小于99.75%，水含量不大于5mg/kg，气体不纯时易使基线不稳或多次测定值重复性差。

② 炉温选择时，应选择保证样品燃烧完全，氮化物完全转化为一氧化氮的最低炉温，以延长转化炉和石英管的使用寿命。

③ 应定期更换进样垫，检查石英管和尾锥管的积炭情况，进样垫漏气时会使基线不稳，石英管和尾锥管积炭严重时会使测定样品的测定结果异常。

④ 仪器气路中的膜干燥器主要用于脱除燃烧产物中的水分，当出现测定结果偏离正常值或产生拖尾峰时，应检查膜干燥器是否失效，使含水的燃烧产物被带到检测系统中。

⑤ 氧氩比和燃烧炉温度都会影响样品中氮化物的转化率；光电检测器的参数会影响发射光谱的测定值，因此，样品的操作条件应与选用的标准曲线的条件相一致，且不能使用标准曲线外延法来计算样品的氮含量，在每天测定前，应至少测定一个标准样品，通过检查其测定值是否在标称值的重复性范围内来判断仪器的可靠性。

思考与交流

讨论舟进样化学发光法测定痕量氮需要注意的问题有哪些。

【课程思政】

血泪教训之“9·14”事故

2020年9月14日，山西晋茂能源科技有限公司发生一起急性中毒较大事故，造成4人死亡、1人受伤。原因是：违规操作，盲目施救。事故发生时，1名操作工未按操作规程作业，未将地下槽内的废液转输至焦油氨水机械化澄清槽内，也未确认地槽内废液的pH值，直接排放废液。导致大量有毒气体（硫化氢）扩散至地面，引起中毒。另外3人未采取任何防护措施，盲目施救，导致事故扩大。因此，操作过程中要认真吸取事故教训，严格按照操作规程作业，采取必要的防范措施，提升应急处置能力，防止类似事故再次发生。

任务实施

操作14　痕量氮测定

一、目的要求

1. 熟悉石油产品痕量氮的测定原理和方法。
2. 能进行油品痕量氮的测定。

二、测定原理

将液态石油烃试样通过注射器或是舟进样系统导入到惰性载气气流（氩气）中蒸发，被载气携带到富氧的高温区，样品燃烧，其中的有机氮转化成一氧化氮，由载气携带进入到检测室，一氧化氮与来自于臭氧发生器的臭氧反应，转化为激发态的二氧化氮。激发态的二氧化氮跃迁回到基态时的发射光谱被光电倍增管检测，产生的电信号与样品中的氮含量大小成正比，通过测量产生的电信号可以得到试样中的氮含量大小。

三、仪器与试剂

（1）仪器

温度流量控制器：主要结构包括裂解炉和温控系统。裂解炉通过电子控温，使试样保持在某一温度下，一般为1000℃左右，充分汽化和裂解，将有机氮氧化成一氧化氮。

TN5000型氮测定仪：主要结构包括干燥器、滤光片、光电倍增管、化学发光检测器。在进入检测器之前，试样通过干燥器除掉反应物中的水蒸气，依据化学发光原理测定一氧化氮和臭氧反应发射的光。

进样系统：主要包括JYQ-1A型液体进样器和微量注射器。微量注射器能够准确量取微升级样品，针头必须足够长，能够伸到裂解炉进样端最热的部分。

计算部件:有可变的衰减，能测量、放大和积分化学发光检测器给出的电流。由内置的微处理机或相连接的电脑来完成。

（2）试剂　C102 精制石脑油石油烃试样。

四、准备工作

（1）仪器检查：检查电路是否安全，气路连接是否漏气。

（2）试样量取：用待测试样润洗微量注射器三次，量取试样 20μL。

五、测定步骤

（1）开机：打开 TN5000 型氮测定仪电源，打开温度流量控制器的裂解炉开关和温控器开关，接通 O_2 和 Ar 气源，打开电脑主机开关、进样器电源。在电脑显示器界面打开工作站，点击打开 TN5000 软件。点击登录进入系统，建立连接，选择所需要的标准曲线、系统设置、参数载入，点击打开氮高压开关、氮臭氧开关。

（2）进样：待电脑显示器界面故障指示灯全部变绿后，当炉温当前值达到设定值时，将装有试样的微量注射器固定在液体进样器支架上，点击样品检测，样品新建，选择氮校正系数，输入样品名称，点击样品检测图标，开始进样。

（3）结果查看：从分析结果中可以直接得到试样中氮的含量为 0.29mg/L。

（4）关机：关闭温度控制器温度开关，点击系统设置，关闭氮高压开关、氮臭氧开关，等约 20min 后，高温裂解管温度降至 100℃以下，关闭气源，待气流指示灯变成红色后，点击断开连接，依次关闭 TN50000 主机电源，关闭电脑，关闭进样器开关，最后关闭温度控制器风扇开关。

任务评价

考核项目	考核内容		评定记录	扣分	备注
准备	仪器准备	未检查气路的气密性扣 5 分			
		检查仪器电路及电源，否则扣 5 分			
	试样量取	注射器未润洗三次扣 5 分			
		取样量不符合要求扣 5 分			
测定	开机	开机次序出现错误扣 10 分			
		标准曲线选择不正确扣 10 分			
	样品测定	指示灯未变绿进样扣 10 分			
		炉温未达到设定值时进样扣 10 分			
结果	计算及结果报出	计算错误扣 15 分			
		分析结果精密度不符合规定扣 10 分			
试验管理	文明操作	台面整洁，仪器摆放整齐，否则扣 5 分			
		仪器破损扣 15 分，严重的，停止操作			
		废液未正确处理扣 5 分			
得分					

考评人：　　　　分析人：　　　　时间：

想一想

硫对油品的品质有什么影响呢?

任务十八　紫外荧光硫含量分析

任务要求

1. 了解硫含量测定的意义;
2. 掌握硫含量测方法和操作技能。

一、测定意义

1. 硫及其化合物的危害

硫含量是指存在于油品中的硫及其衍生物（硫化氢、硫醇、二硫化物等）的含量，通常以质量分数表示。目前，原油中可以鉴定出100多种含硫化合物，主要包括硫醚、硫醇、噻吩、二（多）硫化合物等。原油中含硫化合物的含量及类型，不仅对研究石油的形成具有重大意义，同时还可用于指导石油炼制过程。一般而言，不同炼制工艺所得到的馏分油，其含硫化合物的构成是不同的：直馏馏分中，烷基硫醚（醇）较多；热裂化馏分中，芳香基硫醚（醇）较多。硫及其化合物对石油炼制、油品质量及其应用的危害，主要有以下几个方面。

（1）腐蚀石油炼制装置　在原油炼制过程中，各种含硫有机化合物分解后均可部分生成H_2S，H_2S一旦遇水将对金属设备造成严重腐蚀。

（2）污染催化剂　含硫物质与重金属催化剂中的金属元素形成硫化物，会使催化剂降低或失去活性，造成催化剂中毒。因此，在石油炼制过程中，一般对使用原料的硫含量需进行严格的控制，如催化重整原料，硫含量必低于1.5mg/kg，同时还要控制水分不得超过15mg/kg。

（3）影响油品质量　含硫化合物在油品中的存在，将严重影响石油产品的质量。含硫物质通常具有特殊的异味，尤其是硫醇具有强烈的恶臭味，臭鼬就是利用这类物质来防御外敌进攻的。油品中的硫含量若超出规定的允许范围，不仅会影响人们的感官性能，还会严重制约油品的安定性，会加速油品氧化、变质进程，甚至导致贮油容器或使用设备的腐蚀。但在民用煤气或液化气中，可适量加入少量低级硫醇，利用其特殊异味判断燃气是否泄漏。

（4）严重污染环境　燃料油品中的硫及含硫化合物，燃烧后最终的转化产物将以SO_2或SO_3形式排放到大气中，它们是形成酸雨的主要成分之一。

2. 测定意义

（1）用于指导生产　原油的产地不同，其硫含量也有差异，含硫质量分数低于0.5%的称为低硫原油，介于0.5%～2%之间的称为含硫原油，高于2%的称为高硫原油。对不同硫含量的原油，其炼制工艺也不尽相同。硫在石油馏分中的分布一般是随石油馏分馏程范围的升高而增加，大部分含硫物质主要集中在重质馏分油和渣油中。从轻质油品中的硫含量多少可以看出含硫化合物在石油炼制过程中是否发生分解。因此，检测不同馏分油中的硫含量，可以用来判断工艺条件是否合适以及保护催化剂免于污染。

（2）油品质量控制指标　喷气燃料中硫含量的多少，可直接反映出喷气式发动机内腐蚀活性产物的多少和生成积炭的可能性，油品中硫化物的存在还易于引发高温“烧蚀”现象，导致潜在的飞行安全隐患，国产3号喷气燃料质量指标中，规定总硫含量（质量分数，下同）不大于0.2%、硫醇性硫含量不大于0.002%。目前，国产车用汽油（Ⅳ）质量指标中，规定硫含量不大于0.005%，《世界燃油规范》(第四版) 中关于汽油类标准中，规定硫含量不大于0.001%。

值得说明的是，并不是对所有的油品硫含量越低越好，特殊油品如齿轮油规定了一定的硫含量，但它一般情况下不是腐蚀性物质，而是有意加入的极压抗磨剂中的含硫化合物。

二、测定方法

采用紫外荧光硫仪器测定硫含量时，根据分析方法和仪器的要求，设定好进样器进样速度、入口氧气流量、入口氩气流量、裂解管氧气流量、炉膛温度、PMT电压和仪器增益等需设定的仪器参数。根据待测样品的特点，选择一组合适的标准样品，逐个注入到分析仪器的汽化段中，测定出他们的响应值，建立标准的硫含量与响应值之间关系的标准曲线，向仪器注入待测样品，根据待测样品的响应值，从标准曲线中查出样品的硫含量。连续测定三次样品，其结果在重复性范围内时，取三次的平均值作为样品的分析结果。

三、测定注意事项

1. 优化参数设定

仪器的氧氩比、样品进样量和进样速度应根据样品的硫含量、样品的黏度值进行优化设定，要达到每次进样时样品中的硫单质转化为二氧化硫有较高的转化率，且能保持基本相同，当使用垂直高温炉测定时，在样品进样口处应放置适量的玻璃毛，使样品能够均匀、稳定地汽化。

2. 进样

样品的进样方式有舟进样和注射器进样两种；常温下黏度较小的轻质油品宜采用注射器进样，每次进样后的针尖残留量有可能有差异，可采用回拉方法确定实际进样量。取样后，回拉注射器，使注射器中样品的最低液面落至10%刻度，记录注射器中液体体积，进样结束后，以同样的方式记录注射器针尖残留样品的体积，样品的实际进样量=进样前的样品体积-进样后残留样品的体积。当采用注射器进样时，允许有一定时间让针头内残留的液体先行挥发燃烧，表现为一个小峰或基线的波动，应该等基线重新稳定后，再进样分析。

当采用舟进样方法时，使用感量为±0.01mg的精密天平称量向舟内注入样品的注射器质量，确定进样量。注射时要以缓慢的速度将试样注入到样品舟中的玻璃毛内，小心不要遗漏针头上最后一滴试样，在进样舟进入高温炉的汽化段之前，仪器的基线应保持稳定。进样舟从炉中退回之前，仪器的基线将重新稳定。当进样舟完全退回到原位置，等待下次进样前应至少停留1min，使其冷却至室温，以免由于进样舟温度太高使样品挥发。如样品测定结果重复性较差或燃烧不完全等，要减慢舟在高温炉汽化段的移动速度或增加其在炉中入口端的停留时间，使舟中样品能够均匀汽化，使硫有稳定的转化率。

3. 应选择与样品基质接近的标样建立标准曲线

在相同条件下，基质不同硫含量相同的样品在高温炉中的燃烧性质会有差异，硫单质转化为二氧化硫的转化率也会有差异，应尽可能选择与样品基质接近的标样建立标准曲线。例如柴油类样品可用以白油为基质的标样建立标准曲线，汽油类样品可用异辛烷为基质的标样建立标准曲线。

4. 校验标准曲线

虽然仪器已经建立了标准曲线，但在每次分析都必须选择与样品结果接近的标样校验标准曲线，如差异值超出可接受范围，需重新做标准曲线，或者采用两点标样的内插法来测定未知样品的结果，不能采用单点标样的方法（即用标样和原点作为两点的内插法）来测定未知样品的结果。

5. 定期清除积炭

仪器使用一段时间后，裂解管、裂解管出口尾管和后续的膜式干燥器都会有积炭生成，应定期检查，并及时清除积炭，积炭会影响分析结果的重复性和准确性。膜式干燥器用于除去样品燃烧产生的水蒸气，如果其干燥效果变差，会使仪器的基线信号变差，干扰样品的测定结果，一般来说会使其测定结果变小。

样品中的不同硫化物在高温裂解炉中的氧化机理会有差别，在样品分析过程中，特别是当样品中硫含量超过 500mg/kg 时，更应重视避免不同形态硫化物的转化率不同，而使测定结果偏离样品中硫含量的实际值。

思考与交流

紫外荧光法测定硫含量需要注意哪些问题？

任务实施

操作 15　紫外荧光法测定硫含量

一、目的要求

1. 熟悉紫外荧光法测定硫含量的原理和方法。
2. 能用紫外荧光法测定汽油中的硫含量。

二、测定原理

样品中的硫化物在高温、富氧氛围中被氧化成二氧化硫（SO_2）；二氧化硫被紫外光照射，吸收紫外光的能量后转变为激发态的二氧化硫（SO_2^*），当激发态的二氧化硫返回到稳定态时发射荧光，荧光强度与二氧化硫含量成正比，由光电倍增管检测荧光强度，样品的信号值与标样的信号值比较后计算出样品中的总硫含量。

三、仪器与试剂

（1）仪器

TS6000 紫外荧光硫测定仪：适用于检测液态和气态样品中的硫，其主要结构包括干燥器、滤光片、光电倍增管、化学发光检测器。

燃烧炉：电加热，温度能达到 1100℃，此温度足以使试样受热裂解，并将其中的硫氧化成二氧化硫。

燃烧管：石英制成，有两种类型。用于直接进样系统的可使试样直接进入高温氧化区。用于舟进样系统的入口端应能使进样舟进入。

流量控制器：用以确保氧气和载气的稳定供应。

干燥管：用以除去进入检测器前反应产物中的水蒸气。

紫外荧光检测器：能测量由紫外光源照射二氧化硫激发所发射的荧光。

进样系统：能使定量注射的试样在可控制、可重复的速度下进入进口载气流中。

（2）试剂及材料

试剂：汽油试样，硫含量测定用标准物质，浓度分别为 1.0mg/mL、5.0mg/mL、10.0mg/mL。

材料：微量注射器，能够准确地注入微升级样品量，注射器针头长为 50mm±5mm。

四、准备工作

1. 仪器检查　检查电路是否安全，气路连接是否漏气。

2. 试样量取

(1) 标准物质　用砂轮在标样瓶颈轻轻划痕，启开，用生料带封口，防止样品挥发，润洗微量注射器三次，吸取样品，排气泡至体积为 100μL。

(2) 试样　用待测试样润洗微量注射器三次，吸取样品，排气泡至体积为 100μL。

M3-11　紫外荧光硫测定

五、测定步骤

1. 硫含量测定建立标准曲线

(1) 开机　打开氧气、氩气气阀（分压调节至 0.3MPa)，依次打开 TS6000 紫外荧光硫测定仪电源、电脑开关，打开工作站。

(2) 参数设置　选择操作方法，在出现的窗口中点击 Start-up，等待温度、气流量达到设定值，建立序列，选择新建序列，填写序列名称，点击添加样品，在类型选项中选择标准，标准曲线选项中选择新建曲线，在弹出的对话框中，填写曲线名称，进样次数选项选择 1 次，信号选项选择硫，过零点则勾选通过零点，否则不用勾选，点击 OK，新校正曲线模板即建立。输入样品信息，所有参数设置好后点击 OK。

(3) 建立标准曲线　单击所要分析样品数据行的任意位置，点击 Analyse，等待窗口弹出对话框进样，把吸取好标样的进样针放入进样器，并点击 OK，开始分析，分析过程中分析为灰色，分析结束后分析变为黑色。按照浓度从低到高的顺序，依次分析所有标准样品，拟合标准曲线，标准曲线的相关系数不小于 0.999 方可使用。

2. 硫含量测定操作步骤

(1) 参数设置　点击添加样品，在类型选项中选择样品，选择对应的校正曲线，输入分析样品的名称，进样量 100μL，输入样品需要分析的次数，参数设置好后点击 OK，添加样品成功。

(2) 样品分析　单击所要分析样品数据行的任意位置，点击 Analyse，等待窗口弹出对话框进样，把吸取好样品的进样针放入进样器，并点击 OK，开始分析，分析过程中 Analyse 为灰色，分析结束后 Analyse 变为黑色。

(3) 结果查看　从分析结果中可以直接得到试样中硫的含量。

(4) 关机　在系统状态窗口中点击 Stand-by，待温度和气流量参数达到设定值，指示灯变成红色时退出软件，关闭计算机、仪器主机电源，关气源。分析完毕后清理台面，按规定回收处理样品及废液。

任务评价

考核项目	考核内容		评定记录	扣分	备注
准备	仪器准备	未检查气路的气密性扣 5 分			
		检查仪器的操作条件，否则扣 5 分			
	标样配制	根据待测试样的浓度范围选择曲线，选择不正确扣 5 分			
		标样浓度选择不正确扣 5 分			
测定	仪器标定	标样分析出现错误扣 10 分			
		标样曲线不在一条线上扣 10 分			
	样品测定	样品测定时仪器条件发生改变扣 10 分			
		测定后未检查燃烧管和流路中的部件是否有积炭扣 5 分			
结果	计算及结果报出	计算错误扣 15 分			
		分析结果精密度不符合规定扣 10 分			

续表

考核项目	考核内容		评定记录	扣分	备注
试验管理	文明操作	台面整洁，仪器摆放整齐，否则扣5分			
		仪器破损扣10分，严重的，停止操作			
		废液未正确处理扣5分			
得分					

考评人：　　　　　　分析人：　　　　　　时间：

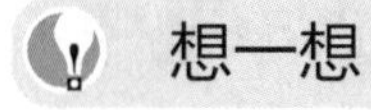

汽油中为什么会含有锰？汽油中的锰主要以什么形式存在？

任务十九　锰含量分析

任务要求

1. 了解锰含量测定的意义；
2. 掌握锰含量测定方法和操作技能。

一、测定意义

1. 甲基环戊二烯三羰基锰（MMT）

汽油中的锰以甲基环戊二烯三羰基锰（MMT）形式存在，MMT为橙黄色液体，易溶于汽油等有机溶剂，难溶于水，蒸气压极低，见光易分解。MMT具有改善汽油辛烷值、提高燃料燃烧效率、减少汽车尾气排放、节约汽油等作用，被广泛用作汽油抗爆剂。

2. MMT抗爆机理

在高压缩比的内燃机气缸中，工作混合气容易产生过氧化物，其化学性能不稳定，极易在点火之前发生自燃，产生的能量被气缸壁吸收，产生爆震现象。

MMT在高温下分解产生游离锰，游离锰很容易与空气中的氧气作用，生成氧化锰（MnO），氧化锰与未燃工作混合气中的过氧化物作用，生成化学性质不活泼的有机氧化物和高价氧化锰。发动机气缸未燃工作混合气中过氧化物的消除，大大减弱了发动机因自燃而产生的爆震现象的概率。

3. 测定意义

在汽油中添加少量的MMT就可以显著提高汽油的辛烷值，然而，近年来发现添加了含MMT的汽油在燃烧时会对汽车气缸火花塞等零部件产生不良的影响，而且加入MMT的汽油经燃烧排放到大气中，也会导致环境中锰含量增加，造成环境污染等。因此，我国对于MMT的使用有了越来越严格的限制，这主要表现在对汽油中锰含量的要求越来越严格。汽油中的锰含量是评价汽油品质的一项重要指标。GB 17930—2016《车用汽油》标准规定，车用汽油（Ⅳ）汽油锰含量为不大于0.008g/L，而车用汽油（ⅥA）汽油中锰含量则降低为不大于0.002g/L。

二、测定方法

汽油中锰含量的测定方法有很多，主要有原子吸收光谱法、电感耦合等离子体发射光谱法以及气质联用法，现行国标中锰含量的检测方法为原子吸收光谱法。

根据预估的样品中的锰含量，在4个50mL容量瓶中配制3个锰工作标准溶液，以碘-甲苯或溴-四氯化碳溶液为稳定剂，以MIBK溶液为稀释剂。在另一容量瓶中，取5.0mL汽油样品，加入碘-甲苯或溴-四氯化碳溶液为稳定剂，以MIBK溶液稀释至刻度。

测定时，使用锰空心阴极灯，调整波长至279.5nm，使用空白试剂（MIBK），调节空气乙炔流量和样品传输速率，得到蓝色的贫燃氧化火焰，用3.96mg/L的锰工作标准溶液，适当调整燃烧头与光源的角度，再调整燃烧头高度获得仪器最大响应，吸喷工作标准溶液，绘制标准曲线，吸喷样品溶液，从锰标准曲线中读出样品中锰的含量。

三、测定注意事项

1. 样品应避光保存

本方法仅用于测定汽油中的甲基环戊二烯基三羰基锰（MMT），而汽油中的MMT见光不稳定，会分解生成二氧化锰，使测定结果偏低，因此样品应避光保存。

2. 同时测定

测定时由于吸光度可能会随着时间而发生变化，故应同时测定标准曲线和样品。

3. 清理毛细管颗粒物

测定含MMT汽油时很容易发生堵塞吸液毛细管的现象，因此，每次测定完一个样品时，吸液不畅时，要仔细检查毛细管中是否有细小颗粒物出现，如有需卸下毛细管，用仪器备用的细铜丝疏通清理掉颗粒物。

4. 扣除背景

当需要扣背景操作时，要求氘灯能量与空心阴极灯的能量基本一致。可以通过调节空心用极灯的灯电流来实现此要求。装卸空心阴极灯时，切勿用手触摸灯顶部的石英窗，防止污染损坏。空心阴极灯长期放量不用时，每三个月通电点燃两小时以保持其性能。

5. 乙炔纯度和压力

原子吸收光谱仪使用乙炔气为燃气，乙炔纯度必须大于99.6%，当乙炔钢瓶压力大于0.6MPa才可使用，钢瓶输出压力一般控制在0.09MPa，不能大于0.12MPa，否则乙炔会分解。

思考与交流

原子吸收光谱法测定汽油中锰含量需要注意哪些问题？

任务实施

操作16　锰含量测定

一、目的要求

1. 学习原子吸收光谱法测定汽油中锰含量的原理和方法。
2. 能用原子吸收光谱法测定汽油中的锰含量。

二、测定原理

原子吸收光谱法测定原理见操作13。

汽油中锰含量测定法为油样直接进样的原子吸收光谱法，锰的原子吸收光谱波长为279.5nm。汽油试样经溴-四氯化碳溶液或碘-甲苯溶液处理，用甲基异丁基酮溶剂稀释后，用火焰原子吸收光谱在279.5nm处测定。通过测定一系列锰标准溶液的吸光度计算出吸光度与元素含量对应关系常数，把待测样品溶于有机溶剂中，直接进样得到样品的吸光度，根据吸光度常数，计算出样品中的锰含量。

三、仪器与试剂

1. 仪器　AA-900原子吸收光谱仪见操作13。

2. 试剂及材料

试剂：3g/100mL碘-甲苯、1%氯化甲基三辛基铵、甲基异丁基甲酮、汽油试样。所用试剂均为分析纯。

材料：移液管、量筒、洗耳球、容量瓶等。

四、准备工作

试样准备：用量筒量取30mL MIBK于50mL容量瓶中。用润洗三次的移液管准确量取5mL汽油试样加入容量瓶中。加入碘-甲苯试剂100μL，加入5mL MIBK，用MIBK定容，摇匀，备用。

M3-12　锰含量测定

五、测定步骤

1. 汽油中锰含量测定开机操作步骤

(1) 打开空气气源阀门，待空气压缩机的压力为0.5MPa时，开计算机显示屏和计算机主机开关。打开光谱仪主机开关。此时仪器对自动进样器等进行自检。打开工作站，此时光谱仪对光栅、马达等机械部件进行自检，计算机屏幕上显示画面中代表两个通信状况的接头接上，同时颜色变绿，此时表明仪器通过自检，可以进入到正常使用状态。

(2) 打开工作桌面：点击wikspec→选择PE. flm→点击OK，屏幕上将会显示出一个包括4个窗口的工作桌面。

(3) 选择方法：选择锰含量测定方法。

(4) 打开空心阴极灯：进行背景校正，优化操作条件。预热30min。

(5) 开乙炔气：打开乙炔气气源阀门，乙炔气的压力为0.09～0.1MPa。(注意：乙炔总表压低于0.6MPa时，必须更换新的乙炔气瓶。防止乙炔瓶内丙酮吸入，损坏仪器。)

(6) 点火：点击火焰控制开关中的“On”，火焰即被自动点燃。

2. 汽油中锰含量测定绘制标准曲线

(1) 标准空白溶液测定：边吸标准空白溶液边点击“Manual Control”窗口中的“Analyze Blank”按钮，仪器自动平行分析三次，自动给出空白浓度。

(2) 标准溶液测定：按照浓度由低到高的顺序依次吸入标准溶液，标准溶液1点击“Standard 1”，标准溶液2点击“Standard 2”，依次测量所有标准溶液。检查校准曲线是否满足要求(相关系数达到0.999以上即可)。

3. 汽油中锰含量测定操作步骤

(1) 样品空白溶液测定：边吸样品空白溶液，边点击“Sample blank”按钮。

(2) 样品溶液测定：空白溶液分析完毕后，边吸样品溶液边点击分析样品按钮，待按钮上的绿色显示灯熄灭，则该样品中锰含量测定完毕。仪器自动给出测定结果。在样品测定完成后，可让火焰继续处于点燃状态同时吸空白溶液几分钟。

4. 汽油中锰含量测定关机操作

(1) 关闭火焰：点击火焰控制窗口中“Off”按钮，熄灭火焰。

(2) 关乙炔气：关闭乙炔气源阀门。

(3) 排放废气：点击火焰控制窗口中“BleedGases”，放掉仪器管路中的乙炔气体，直至该窗口中安全连锁出现红色交叉符号。

(4) 关灯：关闭所用元素灯及背景灯。

(5) 退出工作站。

(6) 关机：关主机电源，关空气气源阀门，关计算机。

任务评价

序号	考核项目	测评要点	配分	评分标准	检测结果	扣分	得分	备注
1	准备工作	工具、器具准备，准备好试验所用的容量瓶、移液管等所有器具	5	每少一件扣 2.5 分				
2	容量操作	正确使用容量瓶，可以准确定容到刻线处	8	不能正确使用扣 5 分				
		正确使用移液管，准确移取所需体积的液体	8	不能正确使用扣 5 分				
3	天平的使用	正确使用天平，称取所需要的质量	5	不能正确使用扣 5 分				
4	操作步骤	正确开关机，先开空气后开机，关机时先关机后关气	5	开关机错误 5 分				
		正确操作仪器及分析软件	8	不能正确操作扣 8 分				
		会选择及更换空心阴极灯	5	不会扣 5 分				
		正确设置气流量	5	设置错误扣 5 分				
		会正确配制 3 个锰标准溶液及空白溶液	8	配制不正确扣 8 分				
		会正确配制待测样品	8	配制不正确扣 8 分				
5	计算及结果报出	及时记录	10	未及时记录扣 2 分				
		计算及修约正确		结果不正确扣 2 分；修约不正确扣 2 分				
		填写正确		错误每处扣 1 分；丢落项每处扣 1 分				
		不得涂改		记录涂改每处扣 1 分；杠改每处扣 1 分				
6	分析结果	精密度	15	精密度不符合标准规定扣 15 分				
		准确度	10	准确度不符合标准规定扣 10 分				
7	安全文明生产	遵守安全操作规程；在规定时间内完成		每违反一项规定从总分中扣 5 分，严重违规者停止操作；每超时 1min 从总分中扣 5 分，超时 3min 停止操作				
合计			100					

考评人：　　　　分析人：　　　　时间：

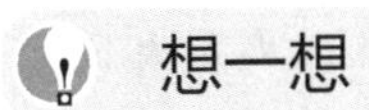

想一想

汽油中存在哪些金属元素？

任务二十　铜含量分析

任务要求

1. 了解铜含量测定意义；
2. 掌握铜含量测定方法。

一、测定意义

铜在油品中含量较少，是微量铜。铜属于金属物质，不具备燃烧性。汽油中的微量铜不仅会危害汽车的驾驶性能，而且还可以通过尾气排放到大气中，是目前大气污染的主要来源之一。所以，要控制油品中铜含量。

二、测定方法

汽油中铜含量的测定方法为分光光度计法，依据标准 SH/T 0182—1992（2007）进行测定。铜含量测定先用溶剂将铜从油品中萃取出来，利用络合反应使络合剂与铜结合生成黄色络合物，在最大吸收波长处，测定络合物的吸光度，在标准曲线上查出铜含量。

试样中铜含量 X（10^{-12}）按式(3-19）式计算：

$$X=\frac{C\times 10^{3}}{V\rho} \tag{3-19}$$

式中：C——试样的净吸光度在工作曲线上所对应的铜含量，μg；

V——试样体积，mL；

ρ——试样在试验温度下的密度，g/cm^3。

三、注意事项

① SH/T 0182—92《轻质石油产品中铜含量测定法》，对于铜含量较高的轻质油有可能出现测定结果严重偏低的情况，产生这种现象的原因在于方法中规定采用的显色剂的量不足。

② 采取先取较少量的样品按照 SH/T 0182—92 规定的取样规则进行分析，然后再根据初步结果确定较合理的取样量进行分析，可以得到比较客观的铜含量分析结果。

③ 在 SH/T 0182—92 方法中，进行最后一步的显色反应时，增加显色剂数量或者增加显色次数，即可得到较客观的铜含量分析结果。

【课程思政】

精益求精的工匠精神——误差的消除

分析检测过程，很多因素会导致误差的产生，试剂、操作、环境、仪器、取样等均会产生不同程度的误差。为了追求检测结果的准确性，人们要想尽一切办法，排除各种干扰，减少或消除误差的产生。我国的大国工匠们，有的人能在牛皮纸一样薄的钢板上焊接而不出现漏点，有的人能将密封精度控制到头发丝的五十分之一。例如，中国航天科技集团一院火箭总装厂高级技师高凤林，他给火箭焊“心脏”，是发动机焊接的第一人：0.16mm，是火箭发动机上一个焊点的宽度；0.1s，是完成焊接允许的时间误差。如此高的焊接技术，令人折服。这是一种精益求精精神的体现，更是大国工匠精神的体现。

任务实施

操作 17　铜含量测定

一、目的要求

1. 掌握石油产品铜含量测定（SH/T 0182—92）原理及操作技能。

2. 会用分光光度计法测定铜含量。

二、测定原理

用次氯酸钠将试样氧化破坏，用稀盐酸萃取分离铜。然后将试样溶解在微碱性溶液中，以酸铵作隐蔽剂，在异辛烷溶剂中，使二乙基二硫化氨基甲酸铅与铜离子生成黄色络合物，进行测定。

三、仪器与试剂

（1）仪器　722 型分光光度计（或类似的分光光度计，选用光径为 3cm 的比色皿）；分液漏斗（100mL，250mL，500mL，1000mL）；容量瓶（1000mL）；移液管（1mL，2mL，5mL，10mL，25mL）；烧杯（50mL）；硬质玻璃采样瓶（2000mL）。

（2）材料　定性滤纸（直径不大于 9cm）。

（3）试剂　盐酸（优级纯，配成质量分数 13%盐酸溶液）；硝酸（分析纯，按体积比配成 1∶1 溶液）；次氯酸钠溶液（碱性，分析纯，活性氯含量不少于 50g/L）；酚酞指示剂（配成 1g/L 酚酞-乙醇指示液）；硫酸铜（$CuSO_4 \cdot 5H_2O$，分析纯）；柠酸铵（分析纯，称取 20g±0.1g 柠檬酸铵溶于 100mL 蒸馏水中）；盐酸羟胺（分析纯，称取 10g±0.1g 盐酸羟胺溶于 100mL 蒸馏水中）；二乙基二硫代氨基甲酸钠（分析纯）；硝酸铅（分析纯）；异辛烷（2,2,4-三甲基戊烷，分析纯）；蒸馏水（去离子水或二次蒸馏水）。

四、准备工作

（1）铜标准溶液的配制　称取 0.3928g 硫酸铜于 50mL 烧杯中，用少量蒸馏水溶解后，定量移入 1000mL 容量瓶，并用蒸馏水稀释至刻度，此溶液中铜含量为 0.1mg/mL。取上述溶液 10mL 放入 1000mL 容量瓶中，用蒸馏水稀释至刻度，此溶液中铜含量为 1μg/mL。

（2）显色液的配制　称取 0.2g 二乙基二硫代氨基甲酸钠和 0.2g 硝酸铅及 1g 柠檬酸铵于 100mL 烧杯中，加入 50mL 水溶解（由于反应生成的二乙基二硫代氨基甲酸铅在水中溶解度较小，会有白色沉淀析出），将其定量转入 1000mL 分液漏斗中，并加入 2 滴酚酞-乙醇指示液，用氨水调至溶液刚出现红色，再加 500mL 异辛烷，剧烈振荡 5min。将水相放入另一个 1000mL 分液漏斗中，并加入 500mL 异辛烷，剧烈振荡 5min，弃去水相（由于二乙基二硫代氨基甲酸铅过量，经萃取后在水相中仍会有部分不溶物），将两个分液漏斗中的异辛烷萃取液分别用 100mL 蒸馏水洗一次，弃去水相，将有机相合并，用快速定性滤纸过滤于棕色瓶中，置暗处冷藏备用。

（3）容器脱铜　使用新的分液漏斗在试验前用铬酸洗液浸泡洗涤后，用热的 1∶1 硝酸溶液振荡洗涤 3min，然后用蒸馏水冲洗，依次加入 10mL 次氯酸钠溶液、20mL 质量分数为 13%的盐酸溶液，每加入种试剂均应振荡 5min 并按工作曲线绘制步骤测出吸光度，重复上述步骤，直至两次测得吸光度基本一致为止。

（4）工作曲线的绘制　在六个 100mL 分液漏斗中，分别加入 0mL、1.0mL、3.0mL、5.0mL、7.0mL 和 9.0mL 含量为 1μg/mL 的铜标准溶液，然后依次加入 5mL 柠檬酸铵溶液，3mL 盐酸羟胺溶液，摇匀。再加 2～3 滴酚酞-乙醇指示液，用氨水调至试液刚出现红色，再用移液管加入 10mL 显色液，剧烈振荡 5min，静置分层。将水相弃去后，把有机相用定性滤纸过滤于比色皿中，以异辛烷作参比，用722分光光度计在438nm波长测其吸光度。以每个铜标准溶液测得的吸光度中减去空白溶液的吸光度所得的净吸光度为纵坐标，以相对应的铜微克数为横坐标，绘制工作曲线。

M3-13　铜含量测定

注：由于各台仪器的波长准确度不完全一致，应在波长438nm附近，选择吸光度最大的波长测定。

(5) 采样　将硬质玻璃采样瓶洗净烘干。如在生产装置上采样时，要预先打开采样口，放出相当于“死”角存油的三至五倍后，直接采样于采样瓶中，并立即加盖。如在油罐中采样时，按照GB/T 4756要求进行，所采试样应在24h内分析测定。

五、测定步骤

(1) 按GB/T 1884测定在试验温度时试样的密度，并按下表量取在采样瓶中已充分混匀的试样，放入分液漏斗中。

铜含量(10^{-12})	取样量/mL	分液漏斗/mL
<20	500	1000
20～50	200	500
>50～100	100	250
>100～500	<50	100
>500	<10	100

(2) 向分液漏斗中加入10mL次氯酸钠溶液，剧烈摇动，再加入质量分数13%的盐酸溶液10mL，剧烈振荡5min，静置分层。将酸液放入100mL分液漏斗中，再用10mL 13%盐酸溶液萃取一次，两次酸液合并后，按准备工作（4）中操作步骤测出吸光度E_1，并测定空白试验的吸光度E_0，得到净吸光度E_0，由E在工作曲线上查得对应的铜的含量C（μg）。

六、计算和报告

(1) 计算　试样中铜含量X按式(3-19)计算。

(2) 精密度　重复性：重复测定的两个结果之差不应大于下列数值：

铜含量(10^{-12})	重复性(10^{-12})
1～20	2
>20	算术平均值的30%

(3) 报告　取重复测定两个结果的算术平均值作为测定结果。

任务评价

序号	考核项目	测评要点	配分	评分标准	检测结果	扣分	得分	备注
1	准备工作	工具、器具准备，准备好试验所用的容量瓶、移液管等所有器具	5	每少一件扣2.5分				
2	容量操作	正确使用容量瓶，可以准确定容到刻线处	10	不能正确使用扣10分				
		正确使用移液管，准确移取所需体积的液体	10	不能正确使用扣10分				

续表

序号	考核项目	测评要点	配分	评分标准	检测结果	扣分	得分	备注
3	操作步骤	正确开关机	5	开关机错误扣 5 分				
		正确校准分光光度计	5	不能正确操作扣 5 分				
		正确调整波长	5	不能正确操作扣 5 分				
		正确使用比色皿	5	使用不正确扣 5 分				
		正确选用参比	5	选用不正确扣 10 分				
		正确使用分光光度计	15	使用不正确扣 10 分				
4	计算及结果报出	及时记录	10	未及时记录扣 2 分				
		计算及修约正确		结果不正确 2 分；修约不正确扣 2 分				
		填写正确		错误每处扣 1 分；丢落项每处扣 1 分				
		不得涂改		记录涂改每处扣 1 分；杠改每处扣 1 分				
5	分析结果	精密度	15	精密度不符合标准规定扣 15 分				
		准确度	10	准确度不符合标准规定扣 10 分				
6	安全文明生产	遵守安全操作规程；在规定时间内完成	10	每违反一项规定从总分中扣 5 分，严重违规者停止操作；每超时 1min 从总分中扣 5 分，超时 3min 停止操作				
合计			100					

考评人：　　　　　　　　分析人：　　　　　　　　时间：

想一想

汽油中为什么会含有铁？汽油中的铁主要以什么形式存在？

任务二十一　铁含量测定

任务要求

1. 了解铁含量测定的意义；
2. 掌握铁含量测定方法和操作技能。

一、测定意义

1. 二茂铁及其衍生物

二茂铁，又称二环戊二烯合铁、环戊二烯基铁，是分子式为 $Fe(C_5H_5)_2$ 的有机金属化合物，为橙色晶型固体，有类似樟脑的气味。

二茂铁及其衍生物是汽油中的抗爆剂，将二茂铁及其衍生物添加到汽油中，可提高汽油的辛烷值，增强汽油的抗爆性能，向柴油中加入一定量的二茂铁，能起到消烟助燃的作用，进而降低柴油发动机的排烟量和尾气中一氧化碳的含量，减轻排放尾气对环境的污染，增强发动机的功率。另外，二茂铁还能够清除柴油机引擎燃烧室表面的沉积炭，并能在其表面沉积一层氧化铁膜，有效地防止了炭粒子的重新沉积。将二茂铁及其衍生物添加到燃烧重油的锅炉中，减少生成烟尘的效果更为明显，既提高了燃油的燃烧效率，又可节约燃料油，将二茂铁衍生物添加到火箭燃料中，能促进燃料的充分燃烧并起到消烟作用。二茂铁衍生物是目前使用最广泛的火箭燃料催化剂之一。此外，含氨基硅烷二茂铁的硅烷聚合物可改善冷冻润滑剂的热性能和水解性能。

2. 测定意义

在油品中添加适量二茂铁及其衍生物，可以改善油品品质，提高燃油燃烧效率，减轻环境污染，但是加入二茂铁过多会使汽油中铁含量超标，产生的氧化铁沉积到火花塞上，会影响发动机工作。我国在汽油产品中规定不得人为加入铁，但有些生产厂或销售部门仍向汽油中加入有机铁化合物，汽油产品的合格标准中对铁的含量有严格要求，要求铁含量不大于0.01g/L。

二、测定方法

汽油中铁含量的测定方法有很多，主要有原子吸收光谱法、电感耦合等离子体发射光谱法以及分光光度法，现行国家标准中铁含量的检测方法为原子吸收光谱法。

根据预估的样品中的铁含量，在4个50mL容量瓶中配制3个铁工作标准溶液，以碘-甲苯溶液为稳定剂，以MIBK溶液为稀释剂。在另一容量瓶中，取5.0mL汽油样品，加入碘-甲苯溶液为稳定剂，以MIBK溶液稀释至刻度。

测定时，使用铁空心阴极灯，调整波长至248.3nm，使用空白试剂（MIBK），调节空气乙炔流量和样品传输速率，得到蓝色的贫燃氧化火焰，用2.64mg/L的铁工作标准溶液，适当调整燃烧头与光源的角度，再调整燃烧头高度获得仪器最大响应，吸喷工作标准溶液，绘制标准曲线，吸喷样品溶液，从铁标准曲线中读出样品中铁的含量。

三、测定注意事项

1. 扣除背景

当需要扣背景操作时，要求氘灯能量与空心阴极灯的能量基本一致。可以通过调节空心用极灯的灯电流来实现此要求。装卸空心阴极灯时，切勿用手触摸灯顶部的石英窗，防止污染损坏。空心阴极灯长期不用时，每三个月通电点燃两小时以保持其性能。

2. 乙炔纯度和压力

原子吸收光谱仪使用乙炔气为燃气，乙炔纯度必须大于99.6%，当乙炔钢瓶压力大于0.6MPa才可使用，钢瓶输出压力一般控制在0.09MPa，不能大于0.12MPa，否则乙炔会分解。

3. 防止样品被污染

铁是大自然中很常见的金属元素，在采样、测定各个环节中都要避免样品被采样瓶或者试剂污染。

思考与交流

原子吸收光谱法测定汽油中铁含量需要注意哪些问题？

【课程思政】

新中国石油战线的铁人——王进喜

王进喜，1923年出生于甘肃省一个贫苦家庭，是中国黑龙江省大庆市大庆油田石油工人。王进喜以“宁可少活二十年，拼命也要拿下大油田”的顽强意志和冲天干劲，被誉为油田铁人，因用自己身体制伏井喷而家喻户晓。王铁人为发展祖国的石油事业日夜操劳，终致身心交瘁，积劳成疾，于1970年患胃癌病逝，年仅47岁。“铁人”王进喜不仅是共产党人的楷模，更是个为国家分忧解难、为民族争光争气、顶天立地的民族英雄。一代代新生的青年人，在“有条件要上，没有条件创造条件也要上”的铮铮誓言下，应该以怎样的行动，献出自己的力量呢？

任务实施

操作18　铁含量

一、目的要求

1. 了解原子吸收光谱法测定汽油中铁含量的原理和方法。
2. 能用原子吸收光谱法测定汽油中的铁含量。

二、测定原理

原子吸收光谱法测定原理见操作13。

汽油中铁含量测定法为油样直接进样的原子吸收光谱法，铁的原子吸收光谱波长为248.3nm。汽油试样经碘-甲苯溶液处理，用甲基异丁基酮溶剂稀释后，用火焰原子吸收光谱在248.3nm处测定。通过测定一系列铁标准溶液的吸光度计算出吸光度与元素含量对应关系常数，把待测样品溶于有机溶剂中，直接进样得到样品的吸光度，根据吸光度常数，计算出样品中的铁含量。

三、仪器与试剂

1. 仪器　AA-900原子吸收光谱仪见操作13。

2. 试剂及材料

试剂：3g/100mL碘-甲苯、1%氯化甲基三辛基铵、甲基异丁基甲酮、汽油试样。所用试剂均为分析纯。

材料：移液管、量筒、洗耳球、容量瓶等。

操作扫一扫

M3-14　铁含量测定

四、准备工作

试样准备：用量筒量取30mL MIBK于50mL容量瓶中。用润洗三次的移液管准确量取5mL汽油试样加入容量瓶中。加入碘-甲苯试剂100μL，加入5mL MIBK，用MIBK定容，摇匀，备用。

五、测定步骤

1. 汽油中铁含量测定开机操作步骤

（1）打开空气气源阀门，待空气压缩机的压力为0.5MPa时，开计算机显示屏和计算机主机开关。打开光谱仪主机开关。此时仪器对自动进样器等进行自检。打开工作站，此时光谱仪对光栅、马达等机械部件进行自检，计算机屏幕上显示画面中代表两个通信状况的接头接上，同时颜色变绿，此时表明仪器通过自检，可以进入到正常使用状态。

（2）打开工作桌面：点击 wikspec→选择 PE. flm→点击 OK，屏幕上将会显示出一个包括 4 个窗口的工作桌面。

（3）选择方法：选择铁含量测定方法。

（4）打开空心阴极灯：进行背景校正，优化操作条件。预热 30min。

（5）开乙炔气：打开乙炔气气源阀门，乙炔气的压力为 0.09～0.1MPa。（注意：乙炔总表压低于 0.6MPa 时，必须更换新的乙炔气瓶。防止乙炔瓶内丙酮吸入，损坏仪器。）

（6）点火：点击火焰控制开关中的“On”，火焰即被自动点燃。

2. 汽油中铁含量测定绘制标准曲线

（1）标准空白溶液测定：边吸标准空白溶液边点击“Manual Control”窗口中的“Analyze Blank”按钮，仪器自动平行分析三次，自动给出空白浓度。

（2）标准溶液测定：按照浓度由低到高的顺序依次吸入标准溶液，标准溶液 1 点击“Standard 1”，标准溶液 2 点击“Standard 2”，依次测量所有标准溶液。检查校准曲线是否满足要求（相关系数达到 0.999 以上即可）。

3. 汽油中铁含量测定操作步骤

（1）样品空白溶液测定：边吸样品空白溶液，边点击“Sample blank”按钮。

（2）样品溶液测定：空白溶液分析完毕后，边吸样品溶液边点击分析样品按钮，待按钮上的绿色显示灯熄灭，则该样品中铁含量测定完毕。仪器自动给出测定结果。在样品测定完成后，可让火焰继续处于点燃状态同时吸空白溶液几分钟。

4. 汽油中铁含量测定关机操作

（1）关闭火焰：点击火焰控制窗口中“Off”按钮，熄灭火焰。

（2）关乙炔气：关闭乙炔气源阀门。

（3）排放废气：点击火焰控制窗口中“Bleed Gases”，放掉仪器管路中的乙炔气体，直至该窗口中安全连锁出现红色交叉符号。

（4）关灯：关闭所用元素灯及背景灯。

（5）退出工作站。

（6）关机：关主机电源，关空气气源阀门，关计算机。

任务评价

序号	考核项目	测评要点	配分	评分标准	检测结果	扣分	得分	备注
1	准备工作	工具、器具准备，准备好试验所用的容量瓶、移液管等所有器具	5	每少一件扣 2.5 分				
2	容量操作	正确使用容量瓶，可以准确定容到刻线处	8	不能正确使用扣 5 分				
		正确使用移液管，准确移取所需体积的液体	8	不能正确使用扣 5 分				
3	天平的使用	正确使用天平，称取所需要的质量	5	不能正确使用扣 5 分				

续表

序号	考核项目	测评要点	配分	评分标准	检测结果	扣分	得分	备注
4	操作步骤	正确开关机,先开空气后开机,关机时先关机后关气	5	开关机错误5分				
		正确操作仪器及分析软件	8	不能正确操作扣8分				
		会选择及更换空心阴极灯	5	不会扣5分				
		正确设置气流量	5	设置错误扣5分				
		会正确配制3个铁标准溶液及空白溶液	8	配制不正确扣8分				
		会正确配制待测样品	8	配制不正确扣8分				
5	计算及结果报出	及时记录	10	未及时记录扣2分				
		计算及修约正确		结果不正确扣2分;修约不正确扣2分				
		填写正确		错误每处扣1分;丢落项每处扣1分				
		不得涂改		记录涂改每处扣1分;杠改每处扣1分				
6	分析结果	精密度	15	精密度不符合标准规定扣15分				
		准确度	10	准确度不符合标准规定扣10分				
7	安全文明生产	遵守安全操作规程;在规定时间内完成	5	每违反一项规定从总分中扣5分,严重违规者停止操作;每超时1min从总分中扣5分,超时3min停止操作				
合计			100					

考评人:　　　　　　　　分析人:　　　　　　　　时间:

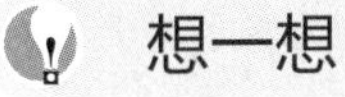

想一想测定油品中的苯含量有什么意义呢?

任务二十二　苯含量测定

任务要求

1. 了解苯含量测定的意义;
2. 掌握苯含量测定的分析方法和操作技能。

一、测定意义

1. 汽油中的苯

汽油调和组分一般包括催化裂化汽油、重整汽油、烷基化油、异构化油和醚类等,其中,催化裂化汽油和重整汽油对汽油的贡献都超过2/3。催化重整汽油和催化裂化汽油作为汽油的重要组成部分，也是汽油苯含量的重要来源。催化重整汽油是汽油苯含量最为主要的来源。

2. 测定意义

汽油中的苯和其他芳烃也是辛烷值的优质组分，汽油中含有的少量苯可以提高辛烷值，但含苯汽油对人体的伤害也不可忽视。

苯是公认的致癌物质，燃料里的芳烃和苯在发动机中的不完全燃烧，可形成多环芳烃化合物微粒并随汽车尾气排放，对环境造成严重的污染，危害公众健康，燃料里的苯也可被人体皮肤直接吸收，抑制人体的造血功能，致使白细胞、红细胞和血小板减少，进而造成多种疾病，所以世界各国对汽油中苯含量的要求十分严格，对苯含量的限制也有进一步严格的趋势，我国执行第六阶段排放法规以来，苯作为芳烃组分，被越来越严格地限定，第七阶段排放法规将进一步限制其使用。

二、测定方法

车用汽油苯含量按 SH/T 0713—2002《车用汽油和航空汽油中苯和甲苯含量测定法（气相色谱法）》、SH/T 0693—2000《汽油中芳烃含量测定方法（气相色谱法）》进行。

按 SH/T 0713—2002 进行时，样品中加入丁酮作为内标物，然后导入一个有串联双柱的气相色谱仪中。样品首先通过一个装填有非极性固定相如甲基硅酮的色谱柱，组分依沸点顺序分离。辛烷流出后，反吹非极性柱，将沸点大于辛烷的组分反吹出去。辛烷及轻组分随后通过一个装填有强极性固定相如 1,2,3-三（2-氰基乙氧基）丙烷（TCEP）或改性聚乙二醇（FFAP）的色谱柱，来分离芳烃和非芳烃化合物。流出的组分用热导检测器（或火焰离子化检测器）检测，并用记录仪记录。测量峰面积，并参照内标物计算各物质的浓度。

按 SH/T 0693—2000 进行时，样品加入 2-己酮（内标物）后注入一含极性固定相（TCEP）的预柱，C_9 和比 C_9 轻的非芳烃化合物从预柱流出后，经放空口放空，在苯流出之前将预柱置于反吹状态，保留的组分导入含有非极性固定相的分析柱（WCOT），苯、甲苯和内标物按沸点顺序流出色谱柱并用 FID 检测器检测。

三、测定注意事项

1. 自制色谱柱要进行脱活处理

自制色谱柱时，要对色谱柱和载体作适当的脱活处理，防止发生不可逆吸附现象，使内标物有机酮减小或消失，造成分析结果的不准确。

2. 干扰物质

在分析过程要注意，当采用 TCEP 填充柱作为分析柱时，车用汽油中添加的醚类化合物，包括甲基叔丁基醚、乙基叔丁基醚、叔戊基甲醚、二异丙醚等通过 TCEP 预柱放空，不影响测定，但甲醇和乙醇会干扰测定，当采用 FFAP 毛细管理柱作分析柱时，甲醇和乙醇的干扰较小。

3. 准确记录样品和内标物的配入量

用容量瓶配制样品和内标物的混合物时，必须准确定量和记录样品和内标物的配入量。

思考与交流

气相色谱法测定汽油中苯含量需要注意哪些问题？

【课程思政】

国产色谱旗舰品牌——依利特

苯含量测定可以采取色谱法进行。依利特公司以科技创新为动力，以质量稳定为根本，以服务诚信为原则，专注于液相色谱仪研发，是高效液相色谱仪、色谱工作站、色谱柱等液相色谱行业国家标准的主持起草单位。依利特公司系列产品包括色谱高压输液泵、多种不同类型检测器、进样器、色谱工作等，产销遍布全国，并远销欧美、非洲、拉丁美洲、东南亚等地区。依利特色谱仪广泛应用于石油化工、生物医药、食品安全、环境保护等领域，多次获得了中国科学院，省、市科技成果奖和科技进步奖，被评为“十大色谱仪器知名品牌”。

任务实施

操作 19　苯含量测定

一、目的要求

1. 掌握气相色谱法测定苯含量的原理。

2. 掌握使用气相色谱仪测定苯含量的操作技术。

二、测定原理

气液色谱法的分离原理是利用不同物质在两相间的分配系数不同，当两相作相对运动时，试样的各组分就在两相中经反复多次地分配，即使两组分的分配系数值仅有微小差异（反映在沸点、溶解度、分子结构和极性等方面的不同），也能实现彼此的分离。

三、仪器与试剂

1. 仪器　SP-3420 气相色谱仪：色谱仪的基本结构包括载气系统、进样系统、分离系统、检测系统以及数据处理系统五部分。载气是气相色谱过程的流动相，对载气的要求原则上没有腐蚀性，且不干扰样品分析，常用的有 H_2、He、N_2、Ar 等。进样系统包括进样器和汽化室，它的功能是引入试样，并使试样瞬间汽化。分离系统主要由色谱柱组成，是气相色谱仪的心脏，它的功能是使试样在柱内运行的同时得到分离。检测器的功能是对柱后已被分离的组分的信息转变为便于记录的电信号，然后对各组分的组成和含量进行鉴定和测量。数据处理系统用计算机控制，既可以对色谱数据进行自动处理，又可对色谱系统的参数进行自动控制。

2. 试剂与材料

（1）试剂　95 号汽油试样、汽油中苯含量测定用内标物丁酮，内标物纯度级别为色谱纯。

（2）材料　洗耳球、移液管、25mL 容量瓶、微量注射器。

四、准备工作

1. 试样准备　在通风橱中，用移液管量取 1mL 丁酮于 25mL 容量瓶中，用试样定容至 25mL，摇匀备用。

2. 仪器检查　检查电路是否安全、气路连接是否漏气。

五、测定步骤

1. 开机

（1）打开气源阀门，打开仪器开关。

（2）打开电脑，打开色谱信号采集单元开关。打开色谱工作站。

2. 设置参数　选择方法 1，输入选择热丝温度，设置其温度为 220℃，返回界面。待热丝温度达到 220℃时，仪器显示就绪状态。

3. 进样　用微量注射器量取 1μL 配制的试样注入进样器，按下信号采集器按钮，开始分析，出色谱图。

4. 查看结果　点击打印报告即可查看分析报告，从结果中可以看出试样中苯的浓度。

5. 关机　关闭工作站，关闭电脑，选择方法 1，设置热丝温度为 OFF 状态，关闭色谱信号采集单元开关，关闭色谱仪开关，关闭气源阀门。

操作扫一扫

M3-15　苯含量测定

任务评价

考核项目	考核内容及要求	分值	评分标准	评定记录	扣分
准备工作（5 分）	劳保护具齐全上岗	2	少一样扣 1 分		
	操作记录表上应该检查的项目	3	每少记一个扣 1 分		
试样和标准系列制备（14 分）	移取苯标准物体积正确	2.5	每个 0.5 分		
	移取丁酮体积准确	3	每个 0.5 分		
	定容准确	5.5	每个 0.5 分		
	返工	3	返工每次扣 3 分		
样品测量（11 分）	样品倒入色谱瓶的量合适	2	不合适扣 2 分		
	倒入色谱瓶时不洒落	2	每次 1 分		
	将色谱瓶放入正确的样品槽	1	未放入正确的样品槽扣 1 分		
	返工进样	2	每次扣 1 分		
	未按规程要求提前停止分析时间	2	每次扣 1 分		
	标样测定顺序不正确	2	每次扣 2 分		
记录与计算 11 分	填写、修约不正确、漏项	3	每处扣 1 分		
	记录不及时、直接	2	每处扣 0.5 分		
	经确认后的划改	2	每处扣 1 分		
	计算结果不正确	4	每处扣 1 分		
工作站的使用（13 分）	不能正确创建以自己参赛证号命名的文件夹	4	错误扣 4 分		
	相应文件夹下缺少文件	3	每个 0.5 分		
	做标准曲线时不能调用正确的谱图	6	每错一个扣 1 分		
结果（40 分）	相关系数	20	$R \geqslant 0.9995$ 扣 0 分；距 0.9995 每少 0.0001 扣 0.5 分		
	准确度	20	测定结果与中位值的绝对误差小于等于 0.02%扣 0 分；超过 0.02%之后每超过 0.01%扣 5 分		
试验管理（6 分）	玻璃器皿破损	3	每个扣 1 分		
	废液处理不正确	1			
	实验结束台面未摆放整齐	2	每处扣 0.5 分		
操作时间	从开始至交卷控制在 70min 内		每超时 1min 从总分中扣 5 分，超时 3min 停止操作		
结果不得分	出现分析数据涂改或未经确认的划改				
	标准曲线缺级别				
	导致试验无法进行或发生事故				
	所有谱图未使用相同的积分条件				
	未经许可修改仪器测定条件				

考评人：　　　　　　　　　　分析人：　　　　　　　　　　时间：

想一想

汽油中的含氧化合物有哪些?

任务二十三 醇类和醚类含量测定

任务要求

1. 了解汽油中醇类和醚类含量测定的意义;
2. 掌握醇类和醚类含量测定方法;
3. 熟悉醇类和醚类含量测定注意事项。

一、测定意义

1. 含氧化合物

任何含氧的可以被用来作为燃料或燃料补充物有机化合物均为含氧化合物。目前，车用汽油中加入的含氧化合物主要是醚类和醇类，如甲基叔丁基醚（MTBE）、乙基叔丁基醚（ETBE）、叔戊基甲基醚（TAME）、乙醇、异丙醇、叔丁醇等。含氧化合物是生产优质无铅汽油的燃料添加剂。

2. 测定意义

在汽油中加入含氧化合物可有效提高汽油的辛烷值，改善其抗爆性能，使燃料燃烧完全，降低一氧化碳（CO）及碳氢化合物的排放，减少空气污染。含氧化合物的加入固然可以优化车用汽油的质量，但其加入量是有限度的。据报道，汽油中氧的质量分数达到2%时，碳氢化合物排放减少量达到最大值，而CO排放减少量则还继续随含氧量的增加而增加；此外，由于有机含氧化合物的成本较高，在汽油中加入过多的有机含氧化合物将会增加汽油的成本，近年来已发现MTBE能对地下水造成不可逆污染，所以汽油中有机含氧化合物的加入量不宜过多。

车用汽油中氧含量要求不大于2.7%（质量分数），相当于MTBE的最大加入量为15%。

二、测定方法

汽油中醇类和醚类含量测定按SH/T 0663—2014《汽油中某些醇类和醚类测定法 气相色谱法》进行，该法适用于测定汽油中含氧化合物醇类和醚类的含量。所测定的组分是：MTBE、ETBE、TAME、二异丙基醚（DIPE）、甲醇、乙醇、异丙醇、正丙醇、异丁醇、叔丁醇、仲丁醇、正丁醇及叔戊醇。单一醚的测定范围为0.20%～20.0%（质量分数）；单一醇的测定范围为0.20%～120%（质量分数）。质量分数小于0.20%时，烃类会对某些醚类和醇类产生干扰。对于烯烃含量不大于10%（体积分数）的汽油检测限为0.20%（质量分数），对于烯烃含量大于10%（体积分数）的汽油，烃类干扰可能大于0.20%（质量分数）。

本方法不适用于醇基燃料，如M-85、E-85、MTBE产品、乙醇产品及改性醇。甲醇燃料的甲醇含量和变性燃料乙醇中乙醇含量不在本方法测定范围。苯虽然能被同时检测，但不能被定量。

三、注意事项

① 在分析柱入口串联阻尼阀，其主要目的是使阀切换前后的基线保持一致。由于系统

提供阀切换时间自由度很小，所以阀切换时间点的准确选择十分重要，切阀时间过早会使轻烃不能完全放空，其残留部分进入到分析柱中，干扰含氧化合物的测定，切阀时间过晚会使部分醚类化合物在预柱中放空，使测定结果偏低。

② 本方法采用内标法定量，需要称取一定量的待测样品，然后配入内标物，汽油、醇类、醚类均易挥发，在样品配制时应使用带盖样品瓶进行称量，按照试剂的挥发性高低，由低到高的次序精确称量和混合的原则配制多组分含氧化合物校正标样，为了减少轻组分的挥发，冷却所有用于配制标样的化学试剂和汽油。

思考与交流

气相色谱法测定汽油中含氧化合物的含量需要注意哪些问题？

任务实施

操作 20　醇类和醚类含量测定

一、目的要求

1. 熟悉汽油中醇类和醚类含量的测定原理和方法。

2. 能进行汽油中醇类和醚类含量的测定。

二、测定原理

气液色谱法的分离原理是利用不同物质在两相间的分配系数不同，当两相作相对运动时，试样的各组分就在两相中经反复多次地分配，即使两组分的分配系数值仅有微小差异（反映在沸点、溶解度、分子结构和极性等方面的不同），也能实现彼此的分离。

三、仪器与试剂

1. 仪器

GC7820A 气相色谱仪：仪器原理见操作 19 的气相色谱仪。

分析天平。

2. 试剂和材料

试剂：色谱纯乙二醇二甲醚内标物、汽油试样。

材料：样品瓶、微量注射器。

四、准备工作

（1）试样准备　吸取 60μL 内标物乙二醇二甲醚注入清洁干燥的样品瓶中，称量内标物质量，天平清零，再吸取 1.5mL 样品加入到装有内标物的样品瓶中，称取样品质量，摇匀备用。

（2）仪器检查　检查电路是否安全，气路连接是否漏气。

M3-16　醇类和醚类含量测定

五、测定步骤

（1）打开氢气、氮气气源，打开仪器开关。

（2）打开电脑，打开工作站。

（3）检查仪器参数，分析样品前设定检测器温度，使检测器升温。将光标移至温度处，输入检测器温度，如：250℃，待检测器温度达到设定温度仪器自动点火。查看火焰输出信号值，如信号值为 0.0，则点火不成功。

(4) 点击仪器1联机→调用方法→汽油中氧含量→确定。

(5) 放样：将样品瓶放在样品托盘上。

(6) 样品分析：双击电脑桌面仪器1联机→调用方法→选择方法→运行控制→样品信息。

(7) 填写样品信息：瓶位号、内标物和样品量→运行方法，点击运行。

(8) 查看结果：在报告的下拉菜单点击打印报告，可以看出甲醇和乙醇的含量。

(9) 关机：待检测器温度降至60℃以下，退出工作界面→关闭电脑→待检测器温度降至60℃以下，关闭主机电源→关闭载气气源。

任务评价

考核项目	考核内容及要求	分值	评分标准	评定记录	扣分
准备工作（5分）	仪器设备、电子天平、移液管、容量瓶等器具准备	5	少一样扣1分		
内标准物配制（20分）	开电子天平，精确至0.0001g	2	每项1分		
	配制标样前，检查各含氧化合物纯度须达到99.9%	2	未完成扣2分		
	按照试剂的挥发性由低到高的次序，精确称量和配制多组分含氧化合物的校正标样	3	不清洁干燥扣2分		
	至少配制5种校正标样来覆盖含氧化合物的浓度范围	5	少一种扣1分，扣完为止		
	正确使用移液管或滴管转移固定体积的含氧化合物至100mL容量瓶中配制标样，记录所加入的含氧化合物的质量，例如加5mL内标（DME），记录它的净质量，以此类推，依次记录	5	移液管使用不规范扣3分；记录不及时扣2分		
	用无含氧化合物汽油或烃类混合物将每个标样稀释至100mL，并称重记录	3	未做到扣3分		
标准曲线制作（20分）	编辑标样序列，依次进行分析，保证标样中每个组分出峰，保存该序列	3	不正确扣3分		
	在脱机模式数据分析界面下，点击方法→另存为→文件名XXX→确定	3	未完成扣3分		
	文件→调用信号→选择第一个标样文件→确定	2	未完成扣2分		
	图形→信号选项→必选“坐标轴、化合物名称、保留时间、基线、峰起止符、自动量程”→确定	2	未完成扣2分		
	积分→积分事件→点击第四个图标→在谱图12min处点击一下→关闭积分→点击第一个图标（保存）	3	未完成扣3分		

续表

考核项目	考核内容及要求	分值	评分标准	评定记录	扣分
标准曲线制作（20分）	校正→新建校正表→自动设定→确定→覆盖现存的校正表吗→是→在表内输入标样中对应的化合物名称、含量、DME为内标物（含量1.000）→将DME内标选为“是”→确定→校正表确定→删除含量为零的行吗→是→确定→保存→确定。依次类推进行2、3、4、5标样处理	4	未完成扣4分		
	保存以后，该曲线自动生成，R值满足0.99，才能保证实验结果正确	3	R值不满足0.99扣3分		
试样配制（15分）	准确称取10mL容量瓶质量，清零	3	未精确至0.0001g扣3分		
	移液管移去0.5mL内标物至色谱瓶，记录内标重质量，精确至0.0001g，清零	5	未精确至0.0001g扣3分；不及时记录扣2分		
	移去样品装满至10mL容量瓶，并记录所加样品的净质量	5	移取样品外洒扣3分；不及时记录扣2分		
	将溶液完全混合后，转移部分溶液至GC玻璃瓶中，并用聚四佛乙烯衬垫密封。（如不立即使用，应将其冷藏低于5℃冰柜中）	2	转移外洒扣1分；未密封扣1分		
工作站的使用及分析（15分）	开气，开机，开工作站，等待升温	2	每处未完成扣0.5分，扣完为止		
	双击桌面Elchrom Elite→7820→确定→双击仪器（联机）设置	2	每处未完成扣0.5分，扣完为止		
	调用方法→ASTM→481.5.met→打开→文件名样品名称→保存	2	每处未完成扣0.5分，扣完为止		
	单针进样→运行控制→样品信息→输入内标物和样品质量→运行方法（也可序列编样）	2	每处未完成扣0.5分，扣完为止		
	查看结果→仪器1（脱机）状态调用信号→文件→数据→打开→色谱图→积分→报告	2	每处未完成扣0.5分，扣完为止		
	正确计算	5	错误扣5分		
填写记录（10分）	填写正确	5	错误扣5分		
	不得涂改	5	涂改扣5分		
分析结果（10分）	精密度	5	不符合要求扣5分		
	准确度	5	不符合要求扣5分		
安全文明生产（5分）	遵守安全操作规程；在规定的时间内完成	5	每违反一项规定从总分中扣5分，严重违规者停止操作；每超时1min从总分中扣5分，超时3min停止操作		

考评人：　　　　　　　　　　分析人：　　　　　　　　　　时间：

想一想

石油烃中的 C_6～C_9 芳烃有哪些？

任务二十四　C_6～C_9 芳烃测定

任务要求

1. 了解 C_6～C_9 芳烃测定的意义；

2. 掌握 C_6～C_9 芳烃的分析方法和操作技能。

一、测定意义

1. C_6～C_9 芳烃

C_6～C_9 芳烃指含 6～9 个碳原子的芳烃混合物。其中，C_6 芳烃的主要组分为苯，C_7 芳烃的主要组分为正庚烷、甲苯，C_8 芳烃中的主要组分为邻二甲苯、对二甲苯、间二甲苯及乙苯，有时也含苯乙烯。C_9 芳烃的主要组分为异丙苯、正丙苯、乙基甲苯、均三甲苯。C_6～C_9 芳烃常温下为无色透明、有芳香气味的液体，是重要的有机化工原料。

2. 测定意义

芳烃是具有较高辛烷值和热值的汽油调和组分。但其碳氢比高，燃烧时易生成沉积物，排气带黑烟，同时随芳烃含量增高，汽油尾气中致癌物苯含量也增多，有害于健康。考虑到减少排放有害污染物的要求，又照顾维持辛烷值达到必要的水平，我国车用汽油控制芳烃含量不大于 40%（体积分数），对于 97 号汽油，在烯烃、芳烃总含量控制不变的前提下，可允许芳烃的最大值为 42%（体积分数）。测定石油馏分中芳烃的含量，对表征油品调和组分和催化重整进料等石油馏分的质量特性十分重要，同时该数值对表征石油馏分和石油产品的质量特性也十分重要。

二、测定方法

车用汽油芳烃含量按 SH/T 0166—92《重整原料油及生成油中 C_6～C_9 芳烃含量测定法（气相色谱法）》和 GB/T 11132—2008《液体石油产品烃类的测定　荧光指示剂吸附法》进行。

气相色谱法将试样涂在有极性固定液的色谱柱上，以氢气为载气，经热导池检测，用外标峰高法定量。该法适用于 60～140℃重整原料油、生成油及 90 号汽油、橡胶工业用溶剂油中 C_6～C_9 芳烃含量的测定。

荧光指示剂吸附法所测定的芳烃包括单环和多环芳烃、芳烯烃、某些二烯烃等。荧光指示剂吸附法操作时，取约 0.75mL 试样注入装有活化过的硅胶的玻璃吸附柱中，在吸附柱的分离段装有一薄层含有荧光染料混合物的硅胶。当试样全部吸附在硅胶上后，加入醇脱附试样，加压使试样顺柱而下。试样中的各种烃类根据其吸附能力强弱分离成芳烃、烯烃和饱和烃。荧光染料也和烃类一起选择性分离，使各种烃类区域界面在紫外灯下清晰可见。根据吸附柱中各种烃类色带区域的长度计算出每种烃类的体积分数。

三、注意事项

荧光指示剂吸附法在测定油品芳烃含量时需要注意以下几个方面。

1. 硅胶在活化前应过筛

硅胶在活化前应过筛，减少200目以下的细颗粒，如此可以有助控制试验时间，提高分析的准确度。

2. 硅胶在使用前应活化

硅胶在使用前应活化，将其置于浅的容器中，在175℃下干燥3h，趁热装入密封的有变色硅胶的干燥器中，以免受潮。干燥后放置两天以上的硅胶，使用时容易使芳烃段和烯烃段拖尾。

3. 注射器针头的选择

使用的注射器针头长应为102mm，汽油或较轻的组分选择7号针头，喷气燃料或较重的组分选择9号或12号针头。针头过小，将样品注射进硅胶的阻力大，样品容易从注射器的根部溢出，导致实际进样量偏少，注射器的进样体积的准确性可用“水称重”的原理验证，即用注射针抽取水至刻度线，用差减法称量这段水的质量是否与标称值一致，取样体积偏小是总长不够的原因之一。

4. 进样温度

样品进样时，使用的注射器和样品应冷却至4℃以下，避免轻组分的损失。

5. 气体压力的控制

测定过程中，气体压力应适宜，通常汽油类试样大约需要28～69kPa，喷气燃料类的试样需要69～103kPa，压力太大使样品通过柱子时间缩短，样品的组分吸附和脱附不完全，误差大；压力过小，然使各组分能完全分离，但同时也会使各组分谱带变宽，分析时间过长，荧光指示剂显色效果变差，影响烃类界面的划分，应控制试样在附柱中吸附时间为1～1.5h。

思考与交流

1. 测定液体石油产品密度常用的方法有哪些？
2. 影响油品密度测定的主要因素有哪些？

任务实施

操作21 C_6～C_9芳烃测定

一、目的要求

1. 掌握气相色谱法测定C_6～C_9芳烃测定的原理。
2. 掌握使用气相色谱仪测定C_6～C_9芳烃的操作技术。

二、测定原理

气液色谱法的分离原理是利用不同物质在两相间的分配系数不同，当两相做相对运动时，试样的各组分就在两相中经反复多次地分配，即使两组分的分配系数值仅有微小差异（反映在沸点、溶解度、分子结构和极性等方面的不同），也能实现彼此的分离。

三、仪器与试剂

1. 仪器　SP-3420气相色谱仪。仪器原理见操作19的气相色谱仪。

2. 试剂与材料

（1）试剂 C_6 试样。

（2）材料 100mL 烧杯、滤纸、微量注射器。

四、测定操作

M3-17 $C_6 \sim C_9$芳烃测定

1. 准备工作

（1）试样准备 在通风橱中，用试样洗涤微量注射器三次，准确量取 0.1μL 试样，备用。

（2）仪器检查 检查电路是否安全，气路连接是否漏气。

2. 测定步骤

（1）开机 打开气源，打开仪器主机开关，打开电脑，打开工作站。

（2）检查参数 查看仪器是否处于准备状态，待柱温、进样器温度及检测器温度达到设定温度，载气压力达到设定压力时，可以进样分析。

（3）空白试样分析 测定空白试样，用注射器注入空白试样，同时按下信号采集器开关和开始按钮，工作站界面红灯亮起，开始分析。

（4）试样分析 测定试样，待柱温降至设定温度，工作站界面绿灯亮起时，用注射器注入试样，同时按下信号采集器开关和开始按钮，工作站界面红灯亮起，开始分析。

保存分析谱图。

（5）查看结果 查看分析结果，可以看出，该试样中主要的 $C_6 \sim C_9$ 芳烃为正庚烷和苯，其浓度分别为 78.84%和 26.16，其余三种成分未检出。

（6）关机 退出工作站→关闭计算机→关闭色谱仪→30min 后关闭气源。

五、操作注意事项

1. 开机前必须检查电路是否安全，气路连接是否漏气。

2. 分析时确保通风设施良好，避免易燃易爆有机气体富集，以免浓度达到爆炸限而引起事故。

3. 气路管线应定期检查是否存在泄漏、老化和腐蚀现象，更换氢气、氧气等易燃易爆气体钢瓶或维护气路时应使用防静电工具，避免产生火花引发事故。

4. 查看结果报告时必须确保所有组分的色谱峰定性正确，否则会导致错误的分析结果。

任务评价

考核项目	考核内容及要求	分值	评分标准	评定记录	扣分
准备工作（36 分）	劳保护具齐全上岗	2	少一样扣 1 分		
	打开氮气、氢气和空气，待压力达到最佳分析条件	6	少一个气扣 2 分		
	打开色谱仪开关，接通电源，使仪器进行自检	2	每处扣 1 分		
	点火，按下[IGNITE(A)]2～3s，点燃氢火焰。观察氢火焰口是否有水汽产生，否则点火失败	6	少一样扣 2 分		
	双击桌面上 BF-2002 色谱工作站，使计算机与色谱仪连接	4	错误扣 4 分		

续表

考核项目	考核内容及要求	分值	评分标准	评定记录	扣分
准备工作（36分）	打开色谱仪，等待自检完毕后，按“BUILE/MODIFY METHOD1”键，查看色谱条件（或者输入条件）共15项，设定完毕后，按STATUS键，仪器将显示COL50℃，INJ250℃，DET250℃	16	少一项扣1分		
样品分析（30分）	待色谱仪的“READY”灯亮，可以开始分析	2	错误扣2分		
	分析样品前用标样进行反标，取0.1μL标样，注入进样口，同时启动升温程序和采集器，根据每个组分的出峰时间及浓度，计算校正因子： a. 在“定量组分”内输入套峰时间，组分名称和浓度； b. 在“定量方法”中选“计算校正因子”进行定量计算； c. 在“定量组分”中点“取校正因子”； d. 点“文件”→“存入模板”	20	少一处扣4分		
	待仪器稳定后，选“定量方法”中的“单点校正”引入上述模板，用同样的方法进行样品分析	3	每处扣1分		
	样品运行完毕后，保存样品	2	未保存扣2分		
	依次定量计算结果，并记录分析结果	3	错一处扣1分		
关机（12分）	先退出工作站，关闭计算机，再关闭色谱仪，过30min后再关闭气源	12	少一处扣3分		
记录与计算结果（12分）	填写、修约不正确、漏项	4	每处扣1分		
	记录不及时、直接	2	每处扣0.5分		
	经确认后的划改	2	每处扣1分		
	结果保留至两位数	4	每处扣1分		
工作站的使用（4分）	不能正确创建以自己参赛证号命名的文件夹	4	错误扣4分		
试验管理（6分）	玻璃器皿破损	3	每个扣1分		
	废液处理不正确	1	扣1分		
	实验结束台面未摆放整齐	2	每处扣0.5分		
操作时间	从开始至交卷控制在70min内		每超时1min从总分扣5分，超时3min，停止操作		
结果不得分	出现分析数据涂改或未经确认的划改				
	导致试验无法进行或发生事故全项为零分				
	所有谱图未使用相同的积分条件				
	未经许可修改仪器测定条件				

考评人：　　　　　　　　分析人：　　　　　　　　时间：

项目小结

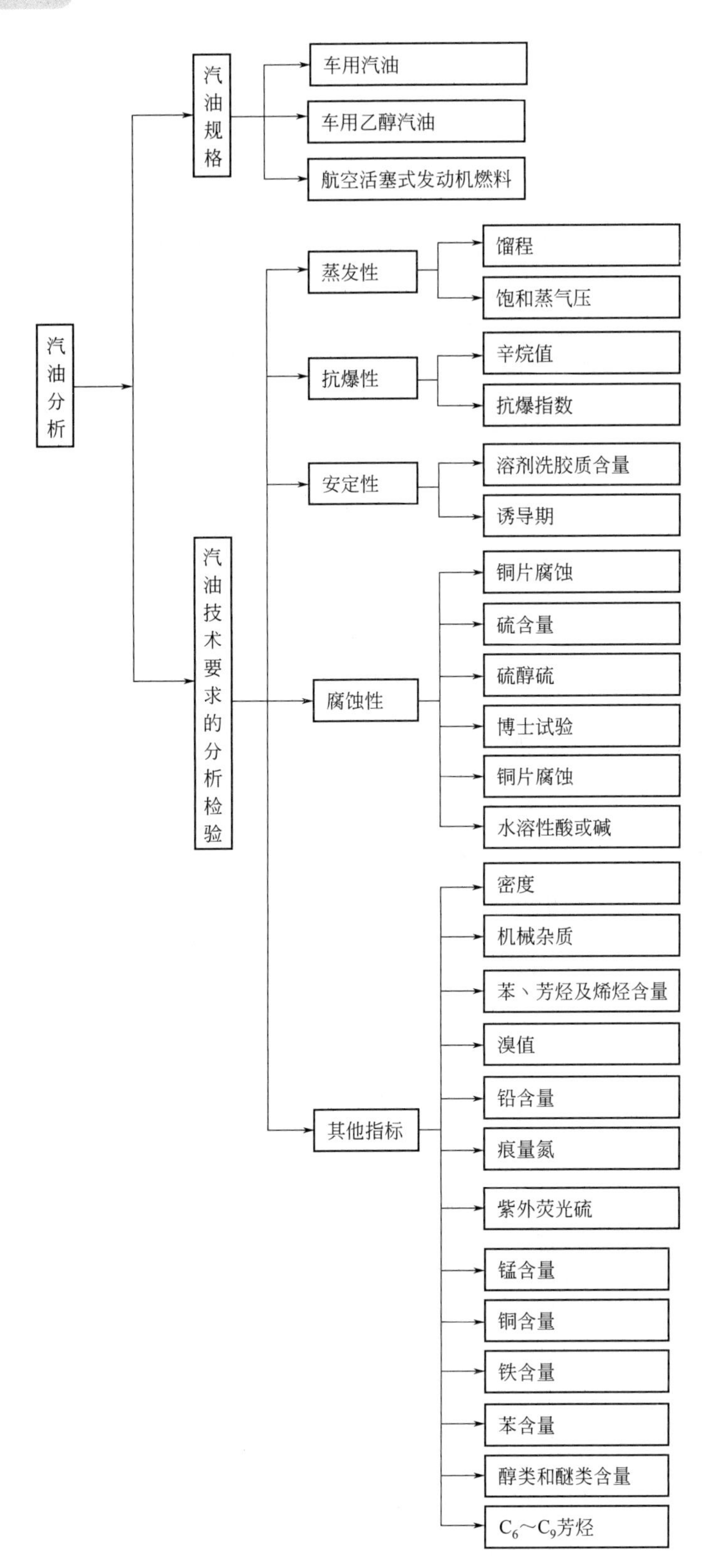

汽油分析
汽油规格
车用汽油
车用乙醇汽油
航空活塞式发动机燃料
汽油技术要求的分析检验
蒸发性
馏程
饱和蒸气压
抗爆性
辛烷值
抗爆指数
安定性
溶剂洗胶质含量
诱导期
腐蚀性
铜片腐蚀
硫含量
硫醇硫
博士试验
铜片腐蚀
水溶性酸或碱
其他指标
密度
机械杂质
苯、芳烃及烯烃含量
溴值
铅含量
痕量氮
紫外荧光硫
锰含量
铜含量
铁含量
苯含量
醇类和醚类含量
C_6～C_9芳烃

练一练测一测

1. 填空题

(1) 我国汽油按组成和用途不同分为（　　）、（　　）和（　　）三种。

(2) 车用汽油（Ⅳ）按研究法辛烷值划分为（　　）、（　　）和（　　）三个牌号。

(3) 车用汽油的馏程常用（　　）、（　　）、（　　）和（　　）等评价，其中（　　）和（　　）反映车用汽油在气缸中的蒸发完全程度。

(4) 测定车用汽油的馏程时，水银温度计应位于蒸馏烧瓶颈部的（　　），毛细管（　　）点应与烧瓶支管内壁底部（　　）点平齐。

(5) 雷德饱和蒸气压测定仪使用时，测定温度应当保持在（　　）。

(6) 雷德饱和蒸气压测定仪又分气体室和液体室两部分，二者体积比规定为（　　）。

(7) 蒸气压高，说明汽油含有（　　）多，容易（　　），利于发动机（　　）启动，效率（　　），油耗（　　）。

(8) 燃料胶质含量的测定喷射蒸发法 GB/T 8019—2008 中胶质杯的清洗，合格的清洗标准应和使用（　　）清洗过的样品实测所得的质量相当。

(9) 燃料胶质含量的测定喷射蒸发法 GB/T 8019—2008 中，①航空汽油和车用汽油蒸发介质是（　　），操作温度为（　　），空气流速为（　　）；②喷气燃料蒸发介质为（　　），操作温度为（　　），蒸汽流速为（　　）。

(10) 从氧弹中放入（　　）浴中至转折点之间所经历的时间，以（　　）表示。

(11) 试样在氧弹中氧化，此氧弹先在（　　）下充氧气至（　　），然后在（　　）条件下加热。按规定的时间间隔读取压力，或连续记录压力，直至到达转折点。

(12) 试样到达转折点所需要的时间即为试验温度下的（　　）。由此（　　）可以计算 100℃的诱导期。

(13) 测定诱导期时要求维持液体浴的温度在（　　）。

(14) 铜片腐蚀试验表面准备时，先用碳化硅或氧化铝（　　）砂纸或（　　）把铜片六个面上的瑕疵去掉。再用 65μm 的碳化硅或氧化铝（　　）砂纸或（　　）处理，以除去在此以前用其他等级砂纸留下的打磨痕迹。然后，用定量滤纸擦去铜片上的金属屑，把铜片浸没在洗涤溶剂中。

(15) 铜片腐蚀试验确定腐蚀等级时，将铜片及腐蚀标准色板对光线成（　　）角折射的方式拿持，进行观察。当铜片出现有比标准色板中（　　）还深的橙色时，则认为铜片属（　　）级；如果观察到有红颜色时，则所观察的铜片判断为（　　）级。

(16) 硫醇硫含量试验和博士试验都是检验油品中（　　）的试验，其中，硫醇硫含量的大小用（　　）表示；博士试验的结果用（　　）或（　　）表示。

(17) 博士试验法是用来定性检测硫醇、（　　）和（　　）的试验方法。

(18) 水溶性酸碱测定可以用（　　）、（　　）指示剂或（　　）测定 pH。

(19) 我国及东欧各国习惯用 20℃时油品的密度与 4℃时纯水的密度之比表示油品的相对密度，其符号用（　　）表示。

(20) 同种烃类，密度随沸点升高而（　　）。

(21) 石油烃是由碳氢化合物组成的复杂混合体，没有明显的总体特征，主要有（　　），目前对环境污染构成威胁的主要分为①（　　），可分为直链烃、支链烃和环烃；②（　　）、多环芳烃。

(22) 油品中不饱和烃含量越高，溴值和溴指数越（　　），油品的安定性就越（　　）。

（23）根据其终点判断方式不同，石油产品溴值的测定方法可概括为三类，分别是（　　　　）、（　　　　）、（　　　　）。

（24）GB/T 8020—2015《汽油中铅含量的测定》规定了用（　　）法测定汽油中的铅含量，该标准适用于测定汽油中质量浓度范围为（　　　）的总铅含量，国标 GB/T 17930—2016 中规定车用汽油（Ⅴ）的铅含量为（　　　　）。

（25）GB/T 8020—2015 标准中规定移取 0.10mL 碘-甲苯溶液应使用的仪器为（　　　）。

（26）GB/T 8020—2015 汽油中铅含量的测定中，汽油试样用（　　　　）稀释，含有烷基铅的试样需要加入（　　　）和（　　　）作为稳定剂。

（27）GB/T 8020—2015 汽油中铅含量的测定，铅标准溶液的浓度为（　　）、（　　）、（　　）、（　　）。

（28）GB/T 8020—2015 标准中规定重复性不得超过（　　　　），再现性不得超过（　　　）。

（29）NB/SH/T 0704—2010《石油和石油产品中氮含量的测定　舟进样化学发光法》测定总氮含量时，适用的氮含量测定范围为（　　　　）。

（30）SH/T 0657—2007《液体石油烃中痕量氮的测定》适用于测定总氮含量为（　　　　　）的石脑油、石油馏分和其他油品。

（31）量取硫含量测定用标准物质时，需用生料带封口，防止（　　）。

（32）含硫质量分数低于（　　）的原油称为低硫原油，高于（　　）的称为高硫原油。

（33）标准 SH/T 0711—2002《汽油中锰含量测定法》适用于（　　）中锰含量的测定，其测定范围为（　　）。

（34）SH/T 0711—2002《汽油中锰含量测定法》中所用到的锰标准物质是（　　）或（　　）。

（35）SH/T 0711—2002《汽油中锰含量测定法》中，所用到的标准工作曲线溶液的三个浓度为（　　）、（　　）、（　　）。

（36）SH/T 0711—2002《汽油中锰含量测定法》中，汽油试样经（　　）溶液或（　　）溶液处理，用（　　）或（　　）溶液稀释后，用火焰原子吸收光谱仪在 279.5nm 处测定试样中的锰含量。

（37）汽油中铜含量的测定方法为（　　）法，依据标准 SH/T 0182—92 进行测定。

（38）铜含量测定先用溶剂将铜从油品中萃取出来，利用（　　）反应使络合剂与铜结合生成（　　），在最大吸收波长处，测定络合物的吸光度，在标准曲线上查出铜含量。

（39）SH/T 0712—2002 的标准适用于（　　）中总铁含量的测定，其测定范围为（　　）。

（40）SH/T 0712—2002《汽油中铁含量测定法（原子吸收光谱法）》对含有（　　）、（　　）和乙醇的汽油同样适用。

（41）SH/T 0712—2002《汽油中铁含量测定法（原子吸收光谱法）》中规定，汽油试样用（　　）溶液处理，用（　　）溶液进行稀释后，用原子吸收光谱仪对铁含量进行测定。

（42）SH/T 0712—2002《汽油中铁含量测定法（原子吸收光谱法）》中所用原子吸收光谱仪要求能够进行（　　），且配有（　　）。

（43）在车用汽油和航空汽油苯和甲苯含量测定中，样品中加入（　　　　）作为内标物，然后导入一个有（　　　）的气相色谱仪中。

（44）车用汽油和航空煤油中苯和甲苯含量测定法采用 1,2,3-三(2-氰基乙氧基）丙烷（TCEP）填充柱时不适用于含（　　　）的汽油，（　　　）也可能引起干扰。

(45) 在汽油中加入乙醇、甲基叔丁基醚、乙基叔丁基醚等物质，可有效提高（　　），同时降低（　　）和（　　）的排放，减少空气污染。

(46) 气相色谱法适用于单一醚测定的质量分数为（　　）。

(47) 单一醇测定的质量分数范围为（　　）。

(48) 气相色谱仪操作条件中对温度的要求有：主箱温度（　　）℃；进样器温度（　　）℃；检测器温度（　　）℃。

(49) 气相色谱法分析 C_6～C_9 芳烃适用于终馏点（　　）的石油馏分。

(50) 试样中如含有相当数量的（　　），会干扰苯和甲苯的测定。

(51) 取一定量的试样注入气相色谱仪（　　），汽化的样品被（　　）带进（　　），采用程序升温技术使 C_6～C_9 芳烃分离，流出物经（　　）检测，由（　　）记录色谱图，用（　　）计算各组分的含量。

(52) GB/T 5487—2015 标准的有效研究法辛烷值测定范围为（　　）。

(53) GB/T 5487—2015、GB/503—2016 标准中辛烷值测定法辛烷值机发动机需预热（　　），确保所有参数稳定，测定前需用（　　）测定仪器的适用性。

(54) 测定机械杂质的主要仪器为（　　），是根据国家标准 GB/T 511《石油产品和添加剂机械杂质测定法》规定的要求设计的。

2. 选择题

(1) 车用汽油（Ⅳ）中的 97 号汽油标志为（　　）。

A. 97 号汽油　　B. 97 号车用汽油（Ⅳ）

C. 97 号汽油（Ⅳ）　　D. 车用汽油（Ⅳ）97 号

(2) 车用汽油（Ⅳ）要求硫含量为（　　）。

A. 不大于 0.001%　　B. 不大于 0.01%

C. 不大于 150mg/kg　　D. 不大于 10mg/kg

(3) 燃料胶质含量的测定喷射蒸发法 GB/T 8019—2008 中，试样量为（　　）。

A. 50mL±0.1mL　　B. 50mL±0.5mL

C. 40mL±0.1mL　　D. 40mL±0.5mL

(4) 诱导期标志着一个时间，在此时间内储存汽油不会生成超过允许量的（　　）。

A. 残炭　　B. 灰分　　C. 胶质　　D. 沥青质

(5) 汽油诱导期是控制汽油（　　）的指标之一。

A. 安定性　　B. 燃烧性　　C. 蒸发性　　D. 腐蚀性

(6) GB/T 8018—2015 中测定诱导期时要求氧弹内通入的氧气压力为（　　）kPa。

A. 650～700　　B. 690～705　　C. 703～750　　D. 751～792

(7) GB/T 8018—2015 中诱导期测定的重复性规定，两个结果与其算数平均值之差不应超过计算平均值的（　　）。

A. 3%　　B. 4%　　C. 5%　　D. 6%

(8) 车用汽油国五标准将硫含量修改至（　　）。

A. 不大于 0.08%　　B. 不大于 0.015%

C. 不大于 0.05%　　D. 不大于 0.001%

(9) 博士试验中，待震荡后的混合溶液澄清后水层颜色出现（　　），证明存在足以使试验结果无效的过氧化物。

A. 黄褐色　　B. 绿色　　C. 蓝色　　D. 粉红色

(10) 取试样置于混合量筒，加入 2mL（　　）溶液，几滴（　　）溶液和几滴（　　）溶液，震荡观察来判断试样是否含有过氧化物。

A. 乙酸、碘化钾、淀粉　　B. 碘化钾、乙酸、淀粉

C. 乙酸、淀粉、碘化钾　　D. 淀粉、碘化钾、乙酸

(11) 碳原子数相同的烃类物质，其密度大小顺序为（　　）。

A. 烷烃＞环烷烃＞芳香烃　　B. 芳香烃＞环烷烃＞烷烃

C. 芳香烃＞烷烃＞环烷烃　　D. 环烷烃＞芳香烃＞烷烃

(12) 紫外分光光度法常用的萃取剂是（　　）。

A. 乙酸　　B. 乙醇　　C. 石油醚　　D. 甲醚

(13) 石油烃中的芳烃在 290～310nm 紫外光的激发下，于（　　）之间有强的荧光发射。

A. 112～230nm　　B. 400～500nm

C. 353～415nm　　D. 312～700nm

(14) 溴值是指在试验条件下，与 100g 试样起反应时所消耗的溴的克数，以（　　）表示。

A. gBr/100g　　B. gBr/1kg　　C. mgBr/100g　　D. mgBr/1kg

(15) 溴指数是指在试验条件下，与 100kg 试样起反应时所消耗的溴的毫克数，以（　　）表示。

A. gBr/100g　　B. gBr/1kg　　C. mgBr/100g　　D. mgBr/1kg

(16) GB/T 8020—2015 用原子吸收法测定汽油中铅含量时，其测定波长是（　　）。

A. 283.5nm　　B. 283.4nm　　C. 283.7nm　　D. 283.3nm

(17) GB/T 8020—2015 标准中规定汽油样品铅含量测定结果应精确至（　　）。

A. 0.1mg/L　　B. 0.1g/L　　C. 0.2mg/L　　D. 0.2g/L

(18) 舟进样化学发光法测定痕量氮时，仪器所用的气体要求是（　　）。

A. 纯度不小于 99.998%　　B. 纯度不小于 99.75%

C. 纯度不小于 99.55%　　D. 纯度不小于 99.35%

(19) TS-2000 型硫含量测定仪所使用气源要求含水量小于（　　）。

A. 2μg/kg　　B. 3μg/kg　　C. 4μg/kg　　D. 5μg/kg

(20) TS-2000 型硫含量测定仪测定液体硫含量的范围是（　　）。

A. 1.0～10000mg/kg　　B. 0.2～10000mg/m^3

C. 0.2～10000mg/L　　D. 大于 10000mg/L

(21) SH/T 0711—2002 用火焰原子吸收法测定锰含量时，其测定波长为（　　）。

A. 279.5nm　　B. 279.6nm　　C. 279.4nm　　D. 279.0nm

(22) SH/T 0711—2002 汽油中锰含量测定法中，除特殊说明外，所用试剂纯度均为（　　）试剂。

A. 化学纯　　B. 分析纯　　C. 优级纯　　D. 实验纯

(23) SH/T 0712—2002 用原子吸收法测定铁含量时，其波长为（　　）。

A. 279.5nm　　B. 283.3nm　　C. 248.3nm　　D. 279.0nm

(24) SH/T 0712—2002 汽油中铁含量测定法中，除特殊说明外，所用试剂纯度均为（　　）试剂。

A. 化学纯　　B. 分析纯　　C. 优级纯　　D. 实验纯

(25) 在车用汽油和航空汽油苯和甲苯含量测定中，样品中加入（　　）作为内标物，然后导入一个有（　　）的气相色谱仪中。

A. 正庚烷、串联双柱　　B. 丁酮、串联双柱

C. 丁酮、单柱串联　　D. 正庚烷、单柱串联

(26) 气相色谱法分析 $C_6 \sim C_9$ 芳烃用的色谱柱类型是（　）。

A. 填充柱　B. 玻璃毛细管柱

C. 石英毛细管柱　D. 聚四氟乙烯毛细管柱

(27) 马达法辛烷值可以用（　）表示。

A. RON　B. AON　C. MON　D. PON

(28) 研究法辛烷值可以用（　）表示。

A. RON　B. AON　C. MON　D. PON

3. 判断题

(1)《车用汽油》GB 17930—2016 规定烯烃含量不大于 35%。（　）

(2) 车用汽油 10%蒸发温度决定其低温启动性和形成气阻的倾向。（　）

(3) 90%蒸发温度和终馏点表示车用汽油中高沸点组分（重组分）的多少，决定其在气缸中的蒸发完全程度。（　）

(4) 测定汽油馏程时，如果试样含有可见水，可用无水硫酸钠除水后再进行试验。（　）

(5) 汽油馏程测定装入试样时，蒸馏烧瓶支管应向上，以防液体注入支管中。（　）

(6) 对未洗胶质含量结果小于 0.5mg/100mL 的非航空燃料，有必要执行这部分洗涤步骤。（　）

(7) 称量配衡杯和各试验杯的质量，称至 0.1mg，并记录。（　）

(8) 评定车用汽油腐蚀性的指标有铜片腐蚀、硫含量、硫醇和水溶性酸或碱。（　）

(9) 铜片腐蚀试验中，腐蚀标准色板分为 4 级，1 级为轻度变色；2 级为中度变色；3 级为深度变色；4 级为腐蚀。（　）

(10) 车用汽油铜片腐蚀试验要求控制水浴温度 (50±1)℃，试验时间 3h±5min。（　）

(11) 评定车用汽油腐蚀性的指标有铜片腐蚀、硫含量、硫醇硫和水溶性酸或碱。（　）

(12) 燃灯法测定硫含量，是使油品中的含硫化合物转化为 SO_2，并用 Na_2CO_3 溶液吸收，然后用 0.05mol/L HCl 标准溶液滴定过剩的 Na_2CO_3，进而计算试样中的硫含量。（　）

(13) 硫含量是检测油品中硫及其衍生物含量（“活性硫”与“非活性硫”之和）的试验，以质量分数表示。（　）

(14) 测定硫醇硫含量时，应尽量缩短滴定时间，且滴定不能中断，这是因为硫醇极易被氧化为二硫化物，从而由“活性硫”转变为“非活性硫”，使测定结果升高。（　）

(15) 电位滴定法测定馏分燃料中硫醇硫时，每次滴定前后，都要用蒸馏水冲洗玻璃参比电极，并用洁净的擦镜纸擦拭。（　）

(16) 电位法测定硫醇硫滴定过程所用的滴定剂是硝酸银水溶液。（　）

(17) 根据待测样品的不同，硫醇硫滴定所需的滴定溶剂也不同。（　）

(18) 升华、干燥的硫黄粉，应贮存于干净的玻璃烧杯中。（　）

(19) 分析汽油水溶性酸、碱试验时，应先把试样和蒸馏水都加热至 50～60℃。（　）

(20) 试验过程中出现乳化情况应用 95%乙醇处理。（　）

(21) GB/T 259—88 中 95%乙醇必须用甲基橙和酚酞指示剂或酸度计检验呈中性后，方可使用。（　）

(22) 测量油品 pH 值时，取重复测定两个 pH 值的平均值作为试验结果。（　）

（23）我国规定 101.325kPa、20℃时，物质的密度为标准密度，用ρ_{20}表示。（　）

（24）当沸点范围相同时，含芳烃越多，其密度越大；含烷烃越多，其密度越小。

（　）

（25）石油烃的测定方法已经比较成熟，主要有重量法、红外光度法、紫外分光光度法、荧光分光光度法、气相色谱法。（　）

（26）溴值和溴指数是用来衡量物质的不饱和程度的指标。（　）

（27）GB/T 8020—2015 标准中规定空白汽油的铅含量应低于质量浓度 1.32mg/L。

（　）

（28）GB/T 8020—2015 标准中规定通过分析质量控制样品（QC）来确认仪器性能或测试过程的可靠性。（　）

（29）气体不纯时易使基线不稳或多次测定值重复性差。（　）

（30）炉温选择时，应选择保证样品燃烧完全，氮化物完全转化为一氧化氮的最低炉温，以延长转化炉和石英管的使用寿命。（　）

（31）SH/T 0711—2002《汽油中锰含量测定法》报告试样中的锰含量结果，精确到 0.1mg/L。（　）

（32）SH/T 0711—2002 测定汽油中锰含量时，汽油中的 MMT 见光不稳定，样品应放在避光容器中保存，否则 MMT 见光分解导致结果偏高。（　）

（33）SH/T 0711—2002 测定汽油中锰含量时，由于吸光度可能会随着时间而发生变化，故应同时测定标准工作曲线溶液和样品。（　）

（34）铜含量测定不需要绘制工作曲线。（　）

（35）铜含量测定吸收波长在 438nm 附近。（　）

（36）铜含量测定需要配制铜标准溶液和显色液。（　）

（37）SH/T 0712—2002 汽油中铁含量测定时，取样应按照 GB/T 4756 的要求进行，汽油样品直接取入容器内，并尽快分析。（　）

（38）SH/T 0712—2002 汽油中铁含量测定法中，由于吸光度可能会随着时间而发生变化，故应同时测定标准工作曲线溶液和试样。（　）

（39）车用汽油和航空煤油中苯和甲苯含量测定法采用 1,2,3-三（2-氰基乙氧基）己烷（TCEP）填充柱时适用于含乙醇的汽油，甲醇也可能引起干扰。（　）

（40）机械杂质测定时所选用滤纸的疏密、厚薄以及溶剂的种类、数量最好是相同的。

（　）

4. 简答题

（1）简述 GB/T 8019—2008 胶质含量测定方法概要。

（2）GB/T 8019—2008 如何处理胶质杯？

（3）GB/T 8019—2008 车用汽油的未洗胶质含量不小于 0.5mg/100mL 时，应做如何处理？

（4）简述测定汽油氧化安定性的测定步骤。

（5）石油产品诱导期与其组成关系如何？

（6）博士试验中如何除去试样中的硫化氢？

（7）简述紫外荧光硫反应原理。

（8）简述 SH/T 0711—2002 汽油中锰含量测定法配制样品的步骤。

（9）简述气相色谱法测定车用汽油和航空煤油苯和甲苯含量的适用范围。

（10）气相色谱法测定汽油中的醇类和醚类的特殊组分有哪些？

（11）简述色谱仪的维护和保养。

(12) 测定馏程时如何安装温度计?

(13) 蒸馏试验时,怎样擦洗冷凝管?

(14) 简述 GB/T 5487—2015、GB/T 503—2016 辛烷值测定法压缩比法操作。

(15) 简述什么是油品中的机械杂质。

5. 名词解释

(1) 转折点 (2) 诱导期 (3) 液体石油产品总烃 (4) 馏程 (5) 初馏点 (6) 终馏点 (7) 硫含量 (8) 水溶性酸、碱。

6. 计算题

已知在大气压力为 98.6kPa 时观察的手动蒸馏数据。试求修正到 101.3kPa 后的:①85%回收温度;②90%回收温度;③校正损失;④校正最大回收分数;⑤90%蒸发温度(t_{90E})。要求根据所使用的仪器对回收温度进行修约。

项目	在 98.6kPa 时的观察数据	项目	在 98.6kPa 时的观察数据
85%回收温度/℃	180.5	最大回收分数/%	94.2
90%回收温度/℃	200.4	残留分数/%	1.1
终馏点时温度/℃	215.0	损失分数/%	4.7

项目四
柴油分析

项目引导

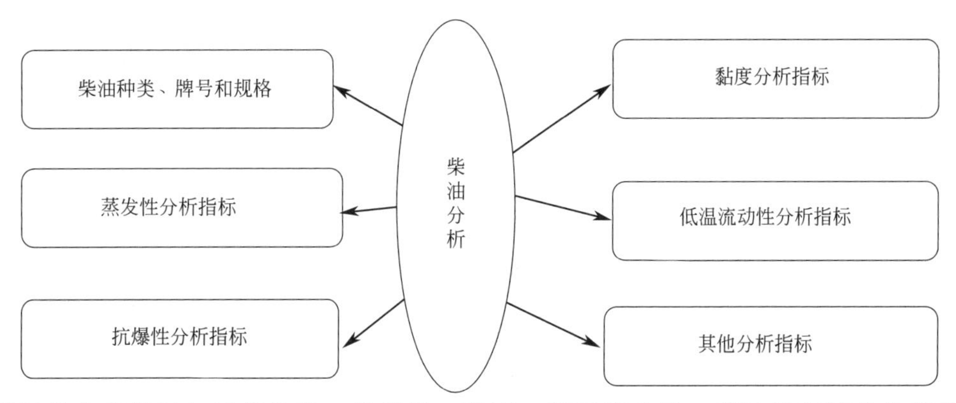

柴油的分析指标包括蒸发性、抗爆性、黏度、低温流动性、腐蚀性和其他性能分析指标，蒸发性分析指标包括馏程和闪点测定，抗爆性分析指标包括十六烷值测定和十六烷指数计算，黏度分析指标包括运动黏度测定，低温流动性包括凝点和冷凝点的测定，安定性包括10％蒸余物残炭、微量残炭和氧化安定性的测定，腐蚀性分析指标包括硫含量、铜片腐蚀和酸度含量测定，其他分析指标包括密度与相对密度、水分、机械杂质、灰分、色度、微水、总污染物以及润滑性测定。由于普通柴油与车用柴油的技术要求及试验方法基本相同，因此以下仅以车用柴油质量指标检验为例进行介绍。

想一想

生活中，柴油主要应用在哪些方面?

任务一　认识柴油的种类、牌号和规格

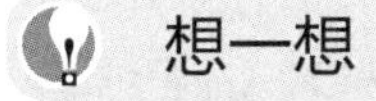

任务要求

1. 了解柴油的分类、牌号和用途；

2. 理解柴油的技术要求及其评定意义；
3. 了解影响柴油使用性能的主要因素。

一、柴油的种类、牌号

柴油是压燃式发动机（简称柴油机）燃料。目前，我国由石油制取并加有改善使用性能添加剂的柴油主要有普通柴油和车用柴油两种。其中，普通柴油适用于拖拉机、内燃机车、工程机械船和发电机组等压燃式发动机，也可用于三轮汽车和车速小于 70km/h 的低速货车；车用柴油主要适用于压燃式发动机轿车、汽车等。我国普通柴油和车用柴油均按凝点划分牌号。前者共有 7 个牌号，即 10 号、5 号、0 号、－10 号、－20 号、－35 号和－50 号；后者除 10 号外，有 6 个牌号。例如，－20 号普通柴油，－10 号车用柴油（Ⅲ），－10 号车用柴油（Ⅳ）等。

二、柴油的规格

1. 规格标准

我国普通柴油标准是 GB 252—2015《普通柴油》；车用柴油标准是 GB 19147—2016《车用柴油》，该标准是参照欧洲标准 EN 590—2004《汽车燃料柴油要求和试验方法》制定的。另外，还有一些地方性标准，如北京地方标准 DB 11/239—2012《车用柴油》，深圳经济特区技术 ZJG 13—2010《含清净剂车用柴油》等。

随着汽车尾气中氮氧化物、一氧化碳（CO）、碳氢化合物和颗粒物（PM）等大气污染物对环境的危害日益严重，世界各国及地区先后制定了汽车尾气排放的限量标准，其中欧洲标准是大多数国家和地区执行或参照的一项标准。

2. 技术要求

普通柴油和车用柴油的馏程、铜片腐蚀、水分、机械杂质、10％蒸余物残炭值、灰分、凝点、冷滤点、氧化安定性、酸度、十六烷值和十六烷指数等项目的技术要求和试验方法完全相同，其他如硫含量、运动黏度、闪点和密度等质量指标略有差异，车用柴油要求更高、更细。此外，车用柴油还增加了润滑性（磨痕直径）、多环芳烃含量和脂肪酸甲酯三项指标，并将十六烷指数指标单列，而普通柴油还有色度指标。在 GB/T 19147—2016《车用柴油》中，执行技术要求有车用柴油（Ⅳ）、车用柴油（Ⅴ）和车用柴油（Ⅵ）三个，后两者的硫含量、十六烷值和多环芳烃含量与车用柴油（Ⅳ）要求不一致，其余技术要求和试验方法与车用柴油（Ⅳ）均相同。车用柴油（Ⅳ）的技术要求和试验方法见表 4-1。

表 4-1　车用柴油（Ⅳ）技术要求和试验方法

项目	质量指标						试验方法
	5 号	0 号	－10 号	－20 号	－35 号	－50 号	
氧化安定性(以总不溶物计)/(mg/100mL)	≤2.5						SH/T 0175
硫含量[1]/(mg/kg)	≤50						SH/T 0689
酸度(以 KOH 计)/(mg/100mL)	≤7						GB/T 258
10％蒸余物残炭[2](质量分数)/％	≤0.3						GB/T 268
灰分(质量分数)/％	≤0.01						GB/T 508
铜片腐蚀(50℃,3h)/级	≤1						GB/T 5096
水分[3](体积分数)/％	痕迹						GB/T 260
机械杂质[4]	无						GB/T 511
润滑性磨痕直径(60℃)/nm	≤460						SH/T 0765
多环芳烃含量[5](质量分数)/％	≤11						SH/T 0606
运动黏度(20℃)/(mm^2/s)	3.0～8.0		2.5～8.0		1.8～7.0		GB/T 265

续表

项目	质量指标						试验方法
	5 号	0 号	−10 号	−20 号	−35 号	−50 号	
凝点/℃	≤5	≤0	≤−10	≤−20	≤−35	≤−50	GB/T 510
冷滤点/℃	≤8	≤4	≤−5	≤−14	≤−29	≤−44	GB/T 510
闪点(闭口)/℃	≥55		≥50		≥45		GB/T 261
十六烷值	≥49		≥46		≥45		GB/T 386
十六烷指数⑥	≥46		≥46		≥43		SH/T 0694
馏程 50%回收温度/℃ 90%回收温度/℃ 95%回收温度/℃	 ≤300 ≤355 ≤365						GB/T 6536
密度⑦(20℃)/(kg/m^3)	810～850			790～840			GB/T 1884 GB/T 1885
脂肪酸甲酯含量⑧(体积分数)/%	≤1.0						GB/T 23801

① 可采用 GB/T 11140 和 ASTM D 7039 进行测定，结果有异议时，以 SH/T 0689 为准。

② 也可采用 GB/T 17144 进行测定，结果有异议时，以 GB/T 268—87（2004）方法为准。若车用柴油中含有硝酸酯型十六烷值改进剂，10%蒸余物残炭的测定，应用不加硝酸酯的基础燃料进行。

③ 可用目测法，即将试样注入 100mL 玻璃量筒中，在室温（20±5)℃下观察，应当透明，没有悬浮和沉降的水分，结果有异议时，以 GB/T 260 测定。

④ 可用目测法，即将试样注入 100mL 玻璃量筒中，在室温（20±5)℃下观察，应当透明，没有悬浮和沉降的机械杂质存在，结果有异议时，以 GB/T 511 测定。

⑤ 也可采用 SH/T 0806 进行测定，结果有异议时，以 SH/T 0606 方法为准。

⑥ 也可采用 GB/T 11139 进行计算，结果有异议时，以 SH/T 0694 方法为准。

⑦ 也可采用 SH/T 0604《原油和石油产品密度测定法（U 形振动管法）》进行测定，结果有异议时，以 GB/T 1884 和 GB/T 1885 方法为准。

⑧ 脂肪酸甲酯应满足 GB/T 20828《柴油机燃料调合用生物柴油（BD100）》要求。

思考与交流

说一说车用汽油和车用柴油的技术要求有哪些不同之处？

【课程思政】

技术升级的风向标——标准的更新

标准是现代化大生产的必要条件、科学管理的基础、调整产品结构和产业结构的需要、扩大市场的必要手段、促进科学技术转化成生产力的平台、推动贸易发展的桥梁和纽带、提高质量和保护安全的保障。新技术、新要求、新问题的出现，都要求标准不能是一成不变的，需要根据社会发展的需要及时改进和更新。我国柴油标准经历了从国一到国六的更新，近几年，柴油标准更新的时间间隔越来越短。柴油标准更新快，反映了我国对柴油品质、生产过程提出了更严格的要求，也反映出我国油品生产技术发展和提高的速度越来越快。

想一想

柴油和汽油从组成上来说有哪些区别？

任务二　馏程测定

任务要求

1. 了解馏程测定意义；
2. 掌握馏程测定方法。

柴油机的工作过程包括吸气、压缩、膨胀做功和排气 4 个行程，即升温（500～700℃，压力达 3.5～4.5MPa，已超过柴油的自燃点）后，液态柴油由高压油泵喷入燃烧室，汽化并自燃膨胀做功，因此又把柴油机称为压燃式发动机。在燃烧室温度与喷油设备一定的条件下，柴油发动机中油气混合气的形成速度与质量主要取决于柴油的蒸发性。普通柴油和车用柴油主要用于高速柴油机，高速柴油机油气混合气形成的时间极短，因此对柴油蒸发性有较高的要求，具体质量要求是：短时间内完全蒸发，并迅速与空气形成均匀的可燃性混合气，以保证发动机正常、稳定运转，具有较好的经济性。

一、测定意义

评价车用柴油蒸发性的主要指标有馏程和闪点。馏程用 50%回收温度、90%回收温度和 95%回收温度评价，0%回收温度评价车用柴油的蒸发性和燃烧性。如表 4-2 和表 4-3 所示，该点温度越低，表示车用柴油中的轻质馏分含量越多，雾化蒸发越好，启动性越好，发动机单位耗油率越低，经济性越好。

表 4-2　柴油 50%馏出温度与启动性的关系

柴油 50%回收温度/℃	200	225	250	275	285
柴油启动时间/s	8	10	27	60	90

表 4-3　柴油馏程与发动机单位耗油量的关系

柴油在 300℃时的馏出量/%	39	34	20
柴油机单位耗油量/[g/(kW·h)]	100	114	131

车用柴油要求 50%回收温度不高于 300℃。轻质馏分过多会使喷入气缸的柴油蒸发过快，可引起全部柴油迅速燃烧，造成压力剧增，使柴油机工作不稳定。因此，需用闪点控制车用柴油蒸发性下限，用 90%回收温度与 95%回收温度评价车用柴油的燃烧完全性。该两点温度过高，表示车用柴油重馏分含量多，易燃烧不完全，致使油耗增大，柴油机的动力性降低，机械磨损加大，引起发动机过热。我国车用柴油要求 95%回收温度不高于 365℃。

二、测定方法

与车用汽油相同，车用柴油的馏程测定也按 GB/T 6536—2010《石油产品常压蒸馏特性测定法》进行。除测定项目不同外，其取样条件、仪器准备及测定条件也有一定的差异，对比见表 4-4。

表 4-4　车用汽油与车用柴油蒸馏的取样、仪器准备及试验条件对比

项目		车用汽油	车用柴油
取样	试样的贮存温度/℃	<10[1]	环境温度
	若试样含水	重新取样	干燥[2]

续表

项目		车用汽油	车用柴油
准备	蒸馏烧瓶规格	125mL	125mL
	蒸馏温度计编号	GB-46	GB-47
	蒸馏烧瓶支板孔径/mm	38	50
	开始试验温度 蒸烧瓶和温度计温度/℃ 蒸馏烧瓶支板和金属罩温度/℃	13～18 不高于环境温度	不高于环境温度 —
	接收量筒和100mL试样温度/℃	13～18	13～环境温度
试验条件	冷凝浴温度/℃	0～1	0～60③
	接收量筒周围冷却浴的温度/℃	13～18	装样温度±3
	从开始加热到初馏点的时间/min	5～10	5～15
	从初馏点到5%回收体积的时间/s	60～100	—
	从5%回收体积到蒸馏烧瓶中5mL残留物的均匀冷凝平均速率/(mL/min)	4～5	4～5
	从蒸馏烧瓶中5mL残留液物到终馏点的时间/min	≤5	≤5

① 特定条件下，试样也可以在低于20℃下贮存。

② 用无水硫酸钠或其他合适的干燥剂干燥，再用倾析法除去，在结果报告中，应注明试样曾用干燥剂干燥过。

③ 可根据试样含蜡量，控制操作允许的最低温度。

思考与交流

说一说车用汽油和车用柴油馏程检测条件有哪些不同之处。

想一想

减压蒸馏和常压蒸馏的有何不同？

任务三　减压蒸馏测定

任务要求

1. 了解减压蒸馏测定意义；
2. 掌握减压蒸馏测定方法；
3. 熟悉减压蒸馏测定注意事项。

一、测定意义

液体的沸点，是指它的饱和蒸气压等于外界压力时的温度，因此液体的沸点是随外界压力的变化而变化的，如果借助于真空泵降低系统内压力，就可以降低液体的沸点，这便是减压蒸馏操作的理论依据。减压蒸馏是分离和提纯有机化合物的常用方法之一，它特别适用于那些在常压蒸馏时未达沸点即已受热分解、氧化或聚合的物质。

石油产品都是复杂的混合物，它与纯化合物不同，没有一个恒定的沸点。由于油品的蒸气压随汽化率不同而变化，所以在外压一定时，油品沸点随汽化率增加而不断升高。当温度达到某一数值使组成油品的各个纯烃的蒸气分压之和恰与外压相等，油品即开始沸腾。随着汽化过程的继续，油中的低沸点烃类由于具有较大的蒸气压，相对汽化较快，沸腾的温度不断升高，使残留液相的组成不断变重，到快要蒸发完时，液相中高沸点烃类相对浓集，沸腾温度已变得接近油中重组分的沸点。因此，含有多种烃类混合物的油品没有固定的沸点，而只有一个沸点范围。

二、测定方法

液体的沸腾温度指的是液体的蒸气压与外压相等时的温度。外压降低时，其沸腾温度随之降低。在蒸馏操作中，一些有机物加热到其正常沸点附近时，会由于温度过高而发生氧化、分解或聚合等反应，使其无法在常压下蒸馏。若将蒸馏装置连接在一套减压系统上，在蒸馏开始前先使整个系统压力降低到只有常压的十几分之一至几十分之一，那么这类有机物就可以在较其正常沸点低得多的温度下进行蒸馏。

减压蒸馏装置主要由蒸馏、抽气（减压）、安全保护和测压四部分组成。蒸馏部分由蒸馏瓶、克氏蒸馏头、毛细管、温度计及冷凝管、接收器等组成。克氏蒸馏头可减少由于液体暴沸而溅入冷凝管的可能性；而毛细管的作用，则是作为汽化中心，使蒸馏平稳，避免液体过热而产生暴沸冲出现象。毛细管口距瓶底约1～2mm，为了控制毛细管的进气量，可在毛细玻璃管上口套一段软橡胶管，橡胶管中插入一段细铁丝，并用螺旋夹夹住。蒸出液接受部分，通常用多尾接液管连接两个或三个梨形或圆形烧瓶，在接受不同馏分时，只需转动接液管。在减压蒸馏系统中切勿使用有裂缝或薄壁的玻璃仪器，尤其不能用不耐压的平底瓶（如锥形瓶等），以防止内向爆炸。抽气部分用减压泵，最常见的减压泵有水泵和油泵两种。安全保护部分一般有安全瓶，若使用油泵，还必须有冷阱及分别装有粒状氢氧化钠、块状石蜡及活性炭或硅胶、无水氯化钙等的吸收干燥塔，以避免低沸点溶剂，特别是酸和水汽进入油泵而降低泵的真空效能。所以在油泵减压蒸馏前必须在常压或水泵减压下蒸除所有低沸点液体和水以及酸、碱性气体。测压部分采用测压计。

三、注意事项

① 试验用的温度计、蒸馏烧瓶和量筒符合标准要求。

② 注入烧瓶的试油温度和收集的馏出液温度应基本一致。

③ 试验前必须擦拭冷凝管内壁，清除前次试验留有的液体。

④ 选择合适孔径的烧瓶支板（石棉垫），既要保证加热速度又要避免油品过热。

⑤ 温度计的安装位置很重要，直接影响温度计读数的准确性。

⑥ 测定不同石油产品的馏程时，冷凝器内水温控制要求不同。

⑦ 加热速度和馏出速度的控制是操作的关键。

⑧ 若试样含水较多影响测定数据的准确性。

⑨ 注意减少蒸馏损失量。

思考与交流

讨论减压蒸馏测定需要注意的问题有哪些。

【课程思政】

著名爱国蒸馏专家——余国琮

余国琮，是我国著名的化工蒸馏专家、化学工程学家、教育家。1947年获美国匹兹堡大学哲学博士学位并留校任教，本来它可以在美国过着优渥的生活，但是1950年他冲破美国的阻力，毅然决然回到了当时很落后的新中国，他担任天津大学化工系教授，培养了大批化工科技人才。他将早期的精密精馏成果用于中国的自主重水生产，解决了"卡脖子"的关键技术难题，为中国国防事业的发展做出了重大的贡献。另外，他的蒸馏模拟理论与高效蒸馏设备相结合的综合技术已大量应用于工业蒸馏，取得巨大经济效益。

任务实施

操作1　减压蒸馏测定

一、目的要求

掌握石油产品用减压蒸馏法测定馏程的原理、方法和操作技能。

二、测定原理

将100mL试样倒入装有瓷片的干净分馏瓶中，记录试样的温度。安装好温度计及仪器。量筒放入盛水的高型烧杯中，使水温与装入试样时的温度之差不大于3℃。启动真空泵，保证整个系统不漏气。调节放空阀，使残压达到测定要求。加热，按标准及试样技术要求，记录温度和馏出分数，并记录残压及时间，要求蒸馏中残压波动不超过0.5mmHg（1mmHg=133.322Pa）。最后按常、减压温度换算图，换算为常压的馏程温度。

三、仪器与试剂

（1）仪器　减压馏程测定装置（主要由减压馏程测定器、真空泵、缓冲瓶、红外线灯、真空压力计、高型烧杯、电炉、保温罩、变压器组成）；温度计（0～100℃及0～360℃棒状温度计）；量筒（100mL）。

（2）试剂及材料

试剂：无水氯化钙（化学纯）。

材料：素烧瓷环或瓷片；火棉胶；真空润滑脂。

四、准备工作

1. 试样中有水时，试验前应进行脱水。含蜡油品预热到高于其凝点15～20℃，黏稠油品预热到易流动的适当温度。加入无水氯化钙，充分搅拌，用滤纸或脱脂棉过滤。

2. 取100mL或相当于100mL质量的试样，倒入装有瓷环或瓷片的干净分馏瓶中，记录量取数据。

3. 试样的温度。安装仪器时，使温度计位于分馏瓶瓶颈中央，并且使温度计水银球的上边缘与分馏瓶支管焊接处的下边缘在同一水平面上。各磨口处涂少量真空脂，磨口外涂一层火棉胶。试验残压较大时可不用涂真空脂和火棉胶。

4. 接收器量筒用装水的高型烧杯保温，水面要高于接收器量筒 100mL 刻线。用红外线灯对高型烧杯进行加热，使水温保持在与量取试样时的温度之差不大于 3℃的范围内；启动真空泵，关闭放空阀，检查系统气密程度，再调节放空阀，使残压达到测定要求。

五、测定步骤

1. 完成准备工作，开始加热，初馏时间控制在 10～20min。

2. 蒸馏时控制从初馏点到馏出 10％的时间不超过 6min，10％～90％，每分钟馏出 4～5mL，馏出 90％时，允许最后调整一次加热强度，使 90％到终馏点不超过 5min。

3. 蒸馏时，按试样技术标准的要求记录温度和馏出分数，同时记录残压和时间。蒸馏过程残压波动不得超过 0.5mmHg（1mmHg＝0.13332kPa）。

4. 蒸馏到终馏点，停止加热，取下保温罩，待温度计自然冷却到 100℃以下，缓慢地放空。水银真空压力计回到原位后停真空泵。

5. 按常、减压温度换算图，将减压下测定的各点温度，换算为常压下的温度。

六、计算和报告

取重复测定两个结果的算术平均值作为试样减压馏程的测定结果。

任务评价

考核时间：80min

序号	考核内容	考核要点	配分	评分标准	检测结果	扣分	得分	备注
1	准备	试样及仪器安装准备	30	劳保护具齐全上岗，少一样扣 1 分				
				作记录表上应该检查的项目，每缺 1 个扣 1 分				
				有水试样试验前未正确脱水扣 5 分（加入无水氯化钙充分搅拌用滤纸过滤）				
				量取试样 100mL，不够或者多出均扣 5 分				
				未装瓷片扣 5 分				
				未记试样温度扣 3 分				
				温度计位置不正确扣 5 分（位于分馏烧瓶颈中央，且是温度计水银球的上边缘与分馏瓶支管焊接处的下边缘在同一水平面上）				
				各磨口处未涂少量真空脂，磨口外未涂一层火棉胶（残压较大可不涂）扣 3 分				
				高型烧杯水面低与受器量筒 100mL 刻线扣 5 分				
				高型烧杯水温与量取试样温度之差大于 3℃扣 5 分				
				系统启动顺序不正确扣 5 分（启动真空泵，关闭放空阀）				
				系统气密程度不符合要求扣 5 分				
				残压不符合要求扣 5 分（馏程在 200～350℃残压为 50mmHg；馏程大于 350℃，残压＜5mmHg）				

续表

序号	考核内容	考核要点	配分	评分标准	检测结果	扣分	得分	备注
2	测定	分析过程	25	从加热到初馏时间未控制在10～20min扣5分				
				初馏点到10%的时间超过6min扣5分				
				10%～90%每分钟馏出不是4～5mL扣10分				
				90%到终馏点时间超过5min扣5分				
				蒸馏时残压波动超过0.5mmHg扣3分				
3	结束	关机处理	5	温度未冷却至100%以下再缓慢地放空扣5分				
				未待水银真空压力计回到原位即停真空泵扣10分				
4	结果	记录填写	10	每错误一处扣2分，涂改每处扣2分，杠改每处扣0.5分				
		结果考察	20	所测温度未进行修正或修正错误扣10分				
				减压下各点温度换算为常压温度换算错误扣10分				
				精密度不符合要求扣20分				
5	试验管理	文明操作	10	台面整齐，仪器摆放整齐，否则扣5分				
				仪器破损扣10分，严重的停止操作				
				废液、废药未正确处理扣5分				
合计			100					

考评人：　　　　　　　　分析人：　　　　　　　　时间：

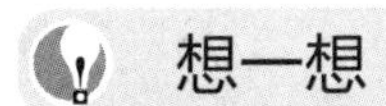

想一想

为什么加油站不允许吸烟和接打手机？

任务四　闪点测定

任务要求

1. 了解闪点测定意义；
2. 掌握闪点测定方法；
3. 熟悉闪点测定注意事项。

闪点是石油产品在规定的条件下，加热到其蒸气与空气形成的混合气接触火焰能发生瞬间闪火的最低温度，以℃表示测定闪点时，盛装试样的油杯有敞口和加盖的两种，前者称为开口杯，测得的闪点叫做开口闪点（开杯闪点）；后者称为闭口杯，测得的闪点叫做闭口闪点（闭杯闪点）。开口闪点适用于测定重质润滑油的闪点，闭口闪点适用于测定燃料和轻质润滑油的闪点。某些润滑油同时规定测定开口闪点和闭口闪点，以判断润滑油馏分的宽窄和是否混入轻组分。车用柴油的蒸发倾向用闭口闪点评价。

一、测定意义

闪点是评价柴油蒸发倾向和着火危险性的指标。闪点越低，柴油蒸发性越好。但过低的闪点，会引起柴油猛烈燃烧，致使柴油机工作不稳定，同时也增大了柴油贮运及使用过程中的着火危险性。因此，普通柴油闪点按牌号不同分别要求控制不低于 55℃和 45℃；车用柴油分别要求控制不低于 55℃、50℃、45℃。

为了降低着火危险性，保证贮存和使用安全，柴油应有较高的闪点。闪点（闭口）低于 45℃的油品称为易燃品，大于或等于 45℃的油品称为可燃品，普通柴油和车用柴油属于后者，因此在运输、贮存和使用时，应采取相应的防火措施，例如，在使用前若需预热，其加热温度应低于闪点 10～20℃。

闪点与油品的馏分组成密切相关，根据油品闪点的异常情况，还可以判断是否混入其他油品或发生取样错误。

二、测定方法

车用柴油闪点的测定按 GB/T 261—2008《闪点的测定　宾斯基-马丁闭口杯法》进行，该标准适用于测定闪点高于 40℃的可燃液体。

如图 4-1 所示为宾斯基-马丁闭口闪点测定仪，测定闭口闪点时，将试样倒入试验杯，至环形刻线处，在规定速率连续搅拌下加热，按要求控制恒定的升温速度，在规定温度间隔，同时中断搅拌的情况下，将小火焰引入试验杯开口处进行点火试验，试样表面蒸气闪火，且蔓延至液体表面的最低温度，即为该油品的闭口闪点。

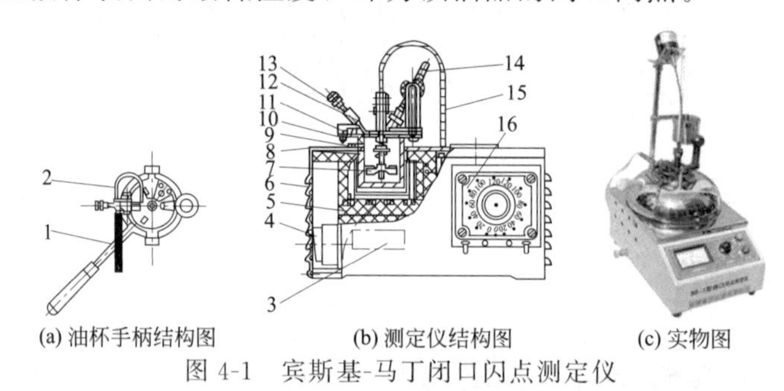

(a) 油杯手柄结构图　(b) 测定仪结构图　(c) 实物图

图 4-1　宾斯基-马丁闭口闪点测定仪

1—油杯手柄；2—点火管；3—铭牌；4—电动机；5—电炉盘；6—壳体；7—搅拌桨；8—浴套；9—油杯；10—油杯盖；11—滑板；12—点火器；13—点火器调节螺丝；14—温度计；15—传动软轴；16—开关箱

三、测定注意事项

影响闭口闪点测定的主要因素有试样含水量、加热速度、点火控制、试样装入量和大气压力等。

① 试样含水量。试样含未溶解水时，必须脱水，否则试样受热时，分散在油中的水分会汽化形成水蒸气，有时形成气泡覆盖于液面上，影响油品的正常汽化，推迟闪火时间，使测定结果偏高。

② 试样装入量。按要求杯中试样要装至环形刻线处试样过多，测定结果偏低，反之偏高。

③ 加热速度。必须严格按标准控制加热速度。加热速度过快，试样蒸发迅速，会使蒸气局部浓度达到爆炸下限而提前闪火，导致测定结果偏低。加热速度过慢，测定时间将延长，点火次数增多，消耗了部分油气，使到达爆炸下限的温度升高，则测定结果偏高。

④ 点火控制。点火用的火焰大小、与试样液面的距离及停留时间都应按标准规定执行。球形火焰直径偏大、与液面距离较近及停留时间过长均会使测定结果偏低。反之，结果偏高。

⑤ 打开盖孔时间。打开盖孔时间要控制在 1s，不能过长，否则测定结果偏高。

⑥ 大气压力。油品的闪点与外界压力有关。气压低，油品易挥发，闪点有所降低。反之，闪点升高。

标准中规定以 101.3kPa 为闪点测定的基准压力，若有偏离，需按式(4-1) 进行压力修正，并以整数报告结果。

$$t_0 = t + 0.25 \times (101.3 - p) \tag{4-1}$$

式中　t_0——相当于基准压力（101.3kPa）时的闪点，℃；

t——实测闪点，℃；

p——实际大气压力，kPa。

式(4-1) 在大气压为 98.0～104.7kPa 范围内为精确修正，超出此范围也可适用。

思考与交流

为什么要对闪点测定值进行修正？

【课程思政】

评价的科学性——分析结果数据的修正

对于石油产品分析，很多项目的分析结果受外界环境影响而不同。例如蒸发性指标中的馏程、闪点，外界环境大气压变化，检测结果会不尽相同。对于不同的油品，用不同大气压条件下测得的馏程或闪点数据，评价其蒸发性就不具备可比性，评价其品质的差别就有失科学性。因此，对油品品质的评价，必须具备科学性才有实质意义。广义上，科学评价是指用科学的方法对一切对象进行的评价，意指“科学地评价”“评价科学化”。无论在生产或生活中，我们要尊重科学，用科学的方法进行评价或评判，评价的结果才具有指导意义。

任务实施

操作 2　闪点（闭口杯法）测定

一、目的要求

1. 掌握闭口闪点的测定（GB/T 261—2008）方法和有关计算。
2. 掌握闭口闪点测定器的使用性能和操作方法。

二、测定原理

试样在连续搅拌下用缓慢、恒定的速度加热。在规定的温度间隔，同时中断搅拌的情况下将小火焰引入试验杯开口处，引起试样蒸气瞬间闪火且蔓延至液面时的最低温度，即为环境大气压下的闪点，再用公式修正至标准大气压下的闪点即完成闪点（闭口杯法）测定。

三、仪器与试剂

(1) 仪器　闭口闪点测定仪；温度计（1 支，温度范围 20～500℃，分度值 1℃，浸没深度 57mm）；防护屏（用镀锌铁皮制成，高度 550～650mm，宽度以适用为宜，屏身涂成黑色）；气压计（1 支，精度 0.1kPa）。

(2) 试剂　清洗溶剂（车用汽油、溶剂油或甲苯-丙酮-甲醇混合溶液）；普通柴油或车用柴油试样。

四、准备工作

(1) 试样脱水　试样含未溶解水时，在试样混合前，应脱水。

先用清洗剂冲洗试验杯、杯盖及其他附件，再用空气吹干，并组装仪器。

(2) 装入试样　试样注入试验杯至环状标记处，然后盖上清洁、干燥的杯盖，插入温度计，并将油杯放在空气浴中。

（3）引燃点火器　点燃试验火源，并将火焰调整到接近球形，其直径为3～4mm。

（4）围好防护屏　为了便于观察闪火，闪点测定仪要放在避风、较暗处。为了更有效地避免气流和光线的影响，闪点测定仪应围着防护屏。

（5）测定大气压　用检定过的气压计，测出试验时的实际大气压力。

五、测定步骤

（1）控制升温速度　整个试验期间，试样以5～6℃/min的速率升温，搅拌速率为90～120r/min。

（2）点火试验　试样温度达到预期闪点前（23±5)℃时，开始点火试验。对于预期闪点不高于110℃的试样每升高1℃进行一次点火试验。闪点高于110℃的试样，要每升高2℃点火一次。

在此期间要不断地转动搅拌器进行搅拌，只有在点火时才停止搅拌。点火时，使火焰在0.5s内降到杯上含蒸气的空间中，停留1s，迅速回到原位。

（3）测定闪点　记录试验杯内产生明显着火的温度，作为试样的观察闪点。但不能将出现在火焰周围的淡蓝色光轮时的温度作为闪点。

说明：只有观察闪点与最初点火温度差值在18～28℃范围内，结果才有效。否则，应更换试样，重新试验。

操作扫一扫

M4-1　闪点(闭口杯法)测定

六、计算和报告

1. 闪点的压力修正　根据观察和记录的大气压力，按式(4-1)对闪点进行大气压力修正。修约到0.5℃，作为测定结果。

2. 精密度　用以下规定来判断结果的可靠性（95%置信水平）。

（1）重复性　在不同的试验室，由同一操作者，使用同一台仪器，按相同的方法，对同一试样连续测定的两个试验结果之差，不能超过$0.029x$（x为两个连续试验结果的平均值）。

（2）再现性　在不同的实验室，由不同的操作者，使用相同类型的仪器，按相同的方法，对同一试样测定的两个单一、独立结果之差不能超过$0.071x$（x为两个独立试验结果的平均值）。

3. 报告　结果报告修正到标准大气压（101.3kPa）下的闪点，精确到0.5℃。

任务评价

考核时间：80min

序号	考核内容	考核要点	配分	评分标准	检测结果	扣分	得分	备注
1	准备	试样及仪器的准备	25	含水试样未正确处理扣10分				
				试验前应洗涤并干燥试验杯，未按规定操作扣5分				
				测试前试样、油杯及空气浴温度不符合规定扣5分				
				未检测试验时大气压力扣5分				
				取样准确，否则扣5分				
2	测定	测定过程	30	未正确控制加热速度扣10分				
				试验火焰形状和直径不符合规定扣10分				
				未按规定进行搅拌扣10分				
				点火时间间隔不正确扣5分				
				点火操作不正确扣5分				
				正确观测闪火温度，否则扣10分				

续表

序号	考核内容	考核要点	配分	评分标准	检测结果	扣分	得分	备注
3	结果	记录填写	10	每错误一处扣2分,涂改每处扣2分,杠改每处扣0.5分				
		结果考察	25	结果未修正或修正错误扣5分				
				精密度不符合规定扣20分				
4	试验管理	文明操作	10	台面整洁,仪器摆放整齐,否则扣5分				
				仪器破损扣10分,严重的停止操作				
				废液、废药未正确处理扣5分				
合计			100					

考评人：　　　　　　　　　　分析人：　　　　　　　　　　时间：

想一想

1. 什么是标准燃料？
2. 如何配制标准燃料？

任务五　十六烷值测定及十六烷指数计算

任务要求

1. 了解十六烷值测定意义；
2. 掌握十六烷值测定方法；
3. 熟悉十六烷值测定注意事项。

一、柴油机中燃料的燃烧过程

柴油发动机中燃料的燃烧过程和点燃式发动机中燃料的燃烧过程是不一样的，主要区别在柴油发动机中的燃料是直接喷射到被压缩的高温高压空气中而自行着火燃烧的，而点燃式发动机则需要外界的能源进行点火燃烧。

在柴油机的进气行程中吸入的是加过温的纯净的空气，在压缩行程将要终了时，也就是在活塞运行到离上止点13°（飞轮转角）时，才将燃料喷入到气缸内，这时气缸内的空气压力一般不低于30kgf/cm^2（1kgf/cm^2＝0.098MPa），温度不低于500～700℃。由于这个温度超过了燃料的自燃点，最初喷入气缸内的部分雾化燃料很快受热蒸发与空气混合后即着火燃烧，继续喷入的燃料在高温下也随即蒸发燃烧，放出热量，膨胀做功。

燃料在柴油机中的燃烧过程，从喷油开始到全部燃烧终结，大体可分为四个阶段，即着火延迟期（滞燃期）、急燃期、缓燃期和后燃期。

（1）着火延迟期（滞燃期）　着火延迟期通常是指从开始喷油到燃料开始燃烧的时间间隔，这个时间很短，只有1～3ms。在这一阶段的前期，燃油喷入气缸后进行雾化、受热、蒸发、扩散以及与空气混合组成可燃混合气等一系列燃烧前的物理准备，所以这部分时间又称物理延迟。同时，燃油受热后开始焰前氧化，进行一系列的链反应，直至集聚能量、形成最初的着火原点，这就是化学延迟。由于柴油的自燃点远低于气缸内压缩后空气的温度，因此柴油与空气组成的混合气在经过物理延迟与化学延迟后便开始着火燃烧。应该知道，物理延迟与化学延迟的时间是部分重叠的，这是因为蒸发和氧化等过程都是互相影响、交错进行的，氧化反应释放出的热量促进了燃料的蒸发和扩散，而蒸发和迅速的扩散又促进了燃油的氧化。

着火延迟期的长短对以后的燃烧过程影响很大，因为这一时期结束时，气缸内已积累了大量柴油，而且经过了不同程度的物理和化学准备，因此着火后反应极为迅速，喷入的燃料就会立即燃烧，使气缸中的压力急剧上升。发火延迟期愈长，积累的燃料愈多，压力上升愈剧烈，发动机工作粗暴甚至会出现敲缸现象。

柴油发火延迟期可以因下列条件而缩短：①增加发动机的压缩比；②给进入气缸的空气加温；③减少喷雾颗粒，改善雾化条件。

(2) 急燃期（速燃期） 燃料在气缸内的急燃阶段是指燃料开始着火到气缸压力不再急剧升高为止的时间。

在着火延迟期的末期，气缸内已经喷入了大量的柴油。由于这些柴油受到被高度压缩高温空气的加热，细小的油滴被完全蒸发。喷入较晚的或较大的油滴也大部分蒸发成气体状态，气缸内的混合气已进行了不同程度的氧化反应，所以当一处或几处的混合气氧化过程达到一定程度而开始着火时，即转入急燃期。这时气缸内的温度、压力均比汽化器发动机要高，火焰传播速度也大得多。因此，燃料着火后，不仅气缸内积累的燃料迅速燃烧，而且继续喷入的燃料也迅速参与燃烧。同时，燃烧又是在活塞正处于上止点附近的较小气缸容积中进行的，接近“定容燃烧”，这一时期的特点是燃烧反应速率很高，单位时间内放出的热量很多，气缸内温度和压力上升很快。

气缸内压力升高速率的大小对柴油发动机的工作影响很大。如速率太大，即气缸内压力猛增，发动机就会工作粗暴，严重时会敲缸。敲缸会给发动机带来很大危害，会使发动机动力不足，功率下降，排气冒黑烟，耗油率增加，使曲轴连杆机构受到很大的冲击力，加剧机件的磨损甚至造成损坏，严重影响发动机的工作可靠性和使用寿命。因此，为了保证发动机工作的稳定性和可靠性，压力升高速率不能太大。但是速率也不能太小，否则发动机的功率和经济性都要降低。

急燃期中压力升高速率的大小，取决于着火延迟期的持续时间，即延迟期愈短，发动机工作愈柔和。

(3) 缓燃期（慢燃期、渐燃期、主燃期） 缓燃期是柴油机中燃烧过程的主要阶段。大量的燃料（约占喷入油量的50%～60%）是在这个阶段燃烧掉的。

所谓缓燃期是指从气缸压力不再急剧升高时起，到压力开始迅速下降时（通常与喷油终止点重合）为止的这一段时间。

这个时期的特点是气缸内压力变化不大，在后期还稍有下降，而温度则继续升高达最高值，然后下降。温度的最高值一般在最高压力之后出现，这是因为经过急燃期后，气缸内的温度、压力已迅速升高，在此阶段中，喷入的燃料的着火延迟期大大缩短，几乎随喷随着，因此，气缸内的压力继续有所上升。但是此时活塞已经向下运动，且速度逐渐加快，气缸容积也逐渐增大，因而使气缸内压力增长很小或逐渐下降，其增长或下降的情况随燃油的喷射量及活塞运行时容积变化程度而定。实践证明，燃烧最大压力在上止点后5°～10°左右时出现，经济性最佳。燃烧最大压力为5～120kgf/cm^2，最高压时可达150kgf/cm^2。

燃料在柴油机中燃烧时，应保证在缓燃期内燃烧大量的燃料，从而取得较大的功率和较高的效率，但最大压力又不能过高。在此阶段中，应努力改善燃料与空气的混合，如加强燃烧室内的扰动与涡流，采用较多的过量空气等，都有利于提高反应速率，使燃烧反应趋于完全，以释放出最大的热值。燃烧的最高温度也不应太高，否则会引起燃烧产物的严重分解，使发动机的效率降低。

(4) 后燃期（补燃期、余燃期） 后燃期是燃料燃烧的最后阶段，从压力迅速下降开始到燃烧结束为止。在后燃期中，那些在急燃期和缓燃期中没来得及燃烧完的燃料以及中间产物在此时进行补充燃烧。由于燃烧是在膨胀行程中即活塞由上止点往下止点运行中进行的，活塞继续向下运行，气缸容积迅速增大，散热面积增加，所以气缸压力迅速降低，温度也逐渐下降。显然，后燃期应尽量缩短，避免过多的燃料在膨胀行程中才进行燃烧，因为这样会使排气温度升高，通过气缸壁损失的热量增大，燃料热能的利用效率降低。实践证明，调整好的柴油发动机，燃料总热量的80%以上的热量应在急燃期和缓燃期中释放出来，后燃期中释放出来的热量不宜超过20%，燃烧应在上止点后60°左右结束，不宜拖长。

二、发动机的工作过程

一般柴油发动机均是四冲程的压燃发动机，四个冲程分别是进气行程、压缩行程、工作行程和排气行程。在四个行程中，只有工作行程是有价值的，其他三个行程都是为工作行程服务的。发动机曲轴旋转两圈完成一个燃烧循环。

（1）进气行程　曲轴转动，活塞在气缸内由上向下运行，进气阀开启，排气阀关闭，空气被吸入气缸，等活塞运行到下止点时，气缸内充满了加过温的新鲜空气。

（2）压缩行程　曲轴继续转动，活塞在气缸内由下向上运行时进气阀关闭，于是活塞就压缩吸入气缸中的空气。

（3）工作行程　当活塞向上运行到上止点前，气缸内的空气被压缩为高温高压，柴油喷入气缸并开始自行燃烧，燃气膨胀产生动力推动活塞由上向下运行，通过连杆带动曲轴转动。

（4）排气行程　活塞完成了工作行程后，借惯性又由下向上运行，此时排气阀已大开，燃烧过的废气就开始从气缸中排出，此行程将尽时，进气阀微开，排气阀关闭，开始又一个循环。

三、影响柴油机中燃烧过程的主要因素

影响柴油机中燃料燃烧过程的因素很多，在此主要从燃料的使用性质和发动机维护运转角度来讨论柴油的理化性质、柴油的雾化、气缸的热状态、喷油提前角等因素的影响。

（1）柴油的理化性质　影响柴油机燃烧过程最重要的因素之一就是燃料的理化性质，其中主要是柴油的着火性能和蒸发性能。我们知道，柴油机燃料的着火性能用十六烷值或十六烷值指数来评定。十六烷值或十六烷值指数愈高，则柴油的自燃性能愈好，着火延迟期愈短，发动机工作愈平稳。但是十六烷值也不能过高，否则不仅着火性能很少改善，而且在高温时将分解出难于燃烧的炭粒，随废气排出气缸，使发动机冒黑烟，燃料单位消耗量增大，污染环境。

燃料的蒸发性能良好时，一般易于和空气形成可燃混合气，有利于在低温下启动发动机，在喷射时容易形成细小的油滴，因而着火延迟期可以缩短，发动机工作平稳，而且蒸发性良好的燃料燃烧比较迅速完全。但燃料馏分过轻时，在延迟期中蒸发的量过大，当燃料着火时，几乎所喷射的燃油全部参加燃烧过程，结果会导致压力增长过快，发动机工作不平稳。

（2）柴油的雾化　燃料雾化质量良好，可以缩短燃料发火的物理延迟时间，整个延迟期也因之缩短，使发动机工作平稳。雾化良好的燃料有利于使燃料和空气均匀混合，保证燃烧迅速而完全。

燃料的雾化质量的好坏主要取决于燃料的黏度和表面张力的大小。燃料的表面张力较小时，雾化的颗粒较细。燃料黏度过大或过小，对油束在燃烧室内的均匀分布都不利。

当喷油器针阀关闭不严而漏油时，会出现喷油压力降低，雾化质量变化，所以必须保证柴油机喷油器的喷射压力。ASTM试验机的喷射压力规定为（10.30±0.31）MPa。

（3）气缸的热状态　压缩行程终了时，气缸内的空气温度对着火延迟期有很大影响。如温度和压力较高，则燃料着火前的化学反应速率加快，蒸发也较快，因而着火延迟期缩短，发动机工作柔和；反之，温度、压力不高，则燃料的物理和化学延迟均增长，发动机工作不平稳。

气缸内的压缩空气温度和压力的高低取决于发动机压缩比的大小、气缸的冷却状态以及活塞运行的状态。提高发动机的压缩比，也就提高了压缩终了时空气的温度和压力。

在冬季冷车状态下启动柴油发动机，由于空气及气缸温度变低，压缩后热能损失大，使压缩后空气温度降低，造成启动困难。因此，柴油机在冷启动时必须暖缸，以改善启动性能。当活塞环张力不足或损坏时，则气缸产生漏气，压缩压力不足。气缸漏气不仅使压缩终了时空气温度压力降低，而且气缸中充气量减少，结果都引起燃烧不良。

(4) 喷油提前角　柴油机的功率与经济性不仅取决于燃料的理化性质，而且与开始喷油时间的正确与否有密切关系。因为喷入气缸的柴油，必须经一段着火延迟期才能着火燃烧。如果喷油时间过早，燃料着火燃烧并产生最大压力时，活塞还在由下往上运行，燃烧气体就会给活塞以很大的反压力，使柴油机工作不平稳，功率和经济性都会显著降低。如果喷油时间过晚，即喷油提前角过小，燃烧将在活塞离开上止点由上往下运行、气缸容积逐渐增大的情况下进行，这时气缸内温度和压力已经降低，结果最大压力也大大降低，使发动机功率减少，经济性降低。同时，喷油过晚，燃烧不易完全，后燃严重，耗油量增大，排气冒黑烟，污染环境。

(5) 气缸内涡流强度　适当增加气缸内空气的涡流强度，可以加速柴油与空气的混合，改善高温空气对柴油的加热，使发火延迟期缩短，燃烧速度加快，燃烧也较完全。但涡流强度过大，则热能损失增加，对燃烧也不利。

(6) 发动机转速　柴油发动机转速提高时，由于气体的涡流增强，燃料的雾化蒸发条件改善。同时，压缩过程的时间缩短，漏气和散热损失减少，使得压缩终了时的温度升高，因此，转速升高后燃料混合气形成的时间可以缩短，燃烧也较迅速完全。但是转速很高时，由于四冲程循环的总时间间隔缩短，如不加大喷油提前角，往往不易保证在上止点附近燃烧完毕，后燃期延长，耗油量增加。

四、测定意义

柴油的着火性能（或称燃烧性）就是指柴油的自燃能力，十六烷值和十六烷指数是表示车用柴油着火性能的重要指标。

1. 十六烷值

十六烷值是表示车用柴油着火性能的重要指标，代表柴油在柴油发动机中着火性能的一个约定量值。在规定操作条件下的标准发动机试验中，将柴油与标准燃料进行比较，而得到的柴油着火性能的测定值。十六烷值可以缩写为 CN (Ceane Number)。

标准燃料是用抗爆性能好的正十六烷（规定其十六烷值为 100）和抗爆性能较差的七甲基壬烷（规定其十六烷值为 15）按不同体积比配成的混合物。则标准燃料的十六烷值为：

$$CN = 100\phi_1 + 15\phi_2$$

式中　CN——标准燃料的十六烷值；

ϕ_1——标准燃料中正十六烷值的体积分数，%；

ϕ_2——标准燃料中七甲基壬烷的体积分数，%。

计算结果，取两位小数。

十六烷值的高低决定于燃料的化学组成。一般正构烷烃的十六烷值最高，异构烷烃次之，环烷烃的十六烷值较低，而芳香烃的十六烷值最低。无论环烷烃或芳香烃，侧链越长，分支越少，则十六烷值越高。因此，含烷烃越多的燃料，其十六烷值也就越高，含芳香烃多的燃料最不适合于柴油机使用。同时，组成相近的烃，分子量越大，其十六烷值也越高。如正庚烷的十六烷值为 55，而正十六烷的十六烷值为 100。烃的分子量增大，其热安定性相对降低，高温下易于分解而产生自由基，加速着火前的链反应，因而着火延迟期缩短，十六烷值增加。正构或异构烷烃在高温下较易分解而生成自由基，氧化较易，所以十六烷值较高。环烷烃较烷烃稳定，而芳香烃由于其特殊结构，具有最大的稳定性，因而环烷烃和芳香烃的着火延迟期均较长，十六烷值很低。

燃料的十六烷值愈高，柴油的自燃性能愈好，着火延迟期愈短，用于柴油机时启动容易，且发动机工作愈平稳。但十六烷值也不能过高，否则不仅发火性能很少改善，而且在高温时分解出难以燃烧的炭粒，随废气排出气缸，使发动机冒黑烟，燃料单位消耗量增大，污染环境。如果过低，则起动困难，运转粗暴。一般柴油机燃油的十六烷值在40～60范围之内。在寒冷或高海拔地区应选用高十六烷值燃料，大型低速柴油机可用十六烷值为30的燃料。十六烷值可用发动机法或试验室法测定。发动机法在试验发动机上测定，常用的有闪光重合法、着火延迟期法和临界压缩比法等。试验室法是用燃料的某些物理性质间接测定，常用的有苯胺点法和柴油指数法等。

2. 十六烷指数

十六烷值指数是表示柴油着火性能的一个计算值，它是用来预测馏分燃料的十六烷值的一种辅助手段，其计算按GB 11139—89《馏分燃料十六烷指数计算法》进行，该方法适用计算直馏馏分、催化裂化馏分以及两者的混合燃料的十六烷指数，特别是当试样很少或不具备发动机试验条件时，计算十六烷指数是估计十六烷值的有效方法，当原料和生产工艺不变时，可用十六烷指数检验柴油馏分的十六烷值，进行生产过程的质量控制，试样的十六烷指数按下式计算：

$$CI=431.29-1586.88\rho_{20}+730.97(\rho_{20})^2+12.392(\rho_{20})^3+0.0515(\rho_{20})^4-0.554t+97.803(\lg t)^2$$

式中　CI——试样的十六烷指数；

ρ_{20}——试样在20℃时的密度，g/mL；

t——试样按GB/T 6536—2010《石油产品常压蒸馏特性测定法》测得的中沸点，℃。

注意：此公式不适用于计算纯烃、合成燃料、烷基化产品、焦化产品以及从页岩油和油砂中提炼的燃料的十六烷指数，也不适用于计算加有十六烷改进剂的馏分燃料的十六烷指数。

【例4-1】 若已知某试样在20℃时的密度为0.8400g/mL，按GB/T 6536—2010《石油产品常压蒸馏特性测定法》测得的中沸点为260℃，计算该试样的十六烷指数。

解： $CI=431.29-1586.88\times0.8400+730.97\times0.8400^2+12.392\times0.8400^3+0.0515\times0.8400^4-0.554\times260+97.803\times(\lg260)^2=47.8$　　$CI\approx48$

修约后的十六烷指数为48。

五、测定方法

柴油的十六烷值按GB/T 386—2010《柴油十六烷值测定法》测定。

1. ASTM-CFR试验机

柴油十六烷值的主要测定设备为ASTM-CFR试验机（见图4-2），该设备是一台单缸四冲程可变压缩比的压燃式柴油发动机，由美国Waukesha发动机公司制造，主要由CFR-48曲轴箱、变压缩比柴油机燃烧室、气缸水套冷却冷凝器系统、CFR发动机润滑系统、曲轴箱通风系统、排气系统、冷却水分配及排放系统、燃油供应系统、进气系统、发动机启动/转速控制系统、电气系统、设置温度监测系统等组成。

2. 基本概念

（1）十六烷值　表示柴油在柴油机中燃烧时着火性能的指标。在规定操作条件下的标准发动机试验中，将柴油与标准燃料进行比较，而得到的柴油着火性能的测定值。

（2）压缩比　活塞在下止点时，包括预燃室在内的燃烧室体积与活塞在上止点时可比较体积之比。

（3）着火滞后期　喷油器开始喷油和燃料开始燃烧之间的时间间隔，以曲轴转角度数表示。

（4）喷油提前角　表示喷油器开始喷油到上止点为止的曲轴转角度数。

（5）燃烧传感器　暴露在气缸压力下的压力变送器，指示燃料开始燃烧。

（6）参比传感器　装在发动机飞轮上的变送器，检查着火滞后期表曲轴转角间隔和上止点的位置。

（7）着火滞后期表　测定柴油的十六烷值时，通过从输入的复合变送器脉冲，显示喷油提前角和着火滞后期的电子仪表。

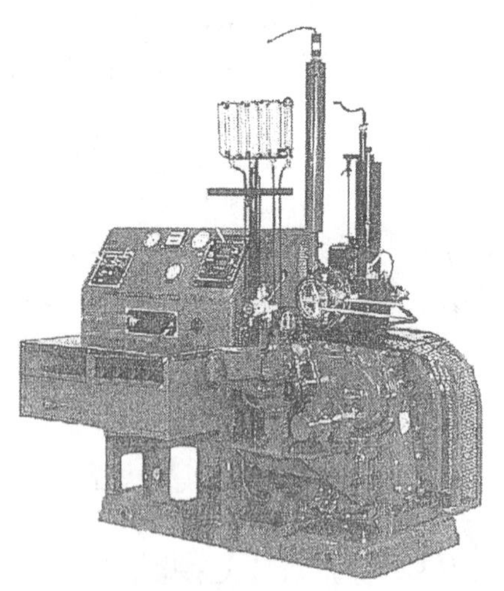

图 4-2　ASTM-CFR 试验机

（8）手轮读数　该数值与测微计标尺上得到的压缩比相关。测微计指示出可变压缩塞在发动机预燃室内的位置。转动大手轮调节发动机的压缩比，由标定刻度尺上得到的读数计算发动机的压缩比和柴油的十六烷值。

（9）喷油器打开压力　克服通常使喷油嘴针栓关闭的弹簧阻力的燃料压力，该压力迫使针栓提起，从而从喷油嘴喷出油雾。

（10）正标准燃料　用标准发动机测定柴油十六烷值时，用正十六烷和七甲基壬烷及其按体积比配制的混合物进行测定。规定正十六烷的十六烷值为 100，七甲基壬烷的十六烷值为 15。

（11）副标准燃料　经过精心选择、具有稳定十六烷值并可代替正标准燃料、用于测算柴油十六烷值的高十六烷值烃类燃料和低十六烷值烃类燃料及其按体积比组成的混合物。这两种燃料分别称为：T 燃料（高副标）和 U 燃料（低副标）。

（12）检验燃料　一种用于控制试验质量的、性质经过选择的、专门用来检查十六烷值机和评价柴油十六烷值测定准确性的柴油。

3. 方法概要

① 柴油的十六烷值是在试验发动机的标准操作条件下，将柴油着火性质与已知十六烷值的标准燃料混合物进行比较来测定的。

② 测定采用内插法。对于试样和两个标准燃料，改变发动机的压缩比，以得到特定的着火滞后期，然后根据手轮读数用内插法计算十六烷值。

4. 数据处理

① 取试样和最终用的两种标准燃料试验得到的三次手轮读数的算术平均值，计算试样的十六烷值，计算结果取至小数点后两位。

② 试样的十六烷值按下式计算：

$$CN=CN_1+(CN_2-CN_1)(a-a_1)/(a_2-a_1) \tag{4-2}$$

式中　CN——试样的十六烷值；

CN_1——低着火性质标准燃料的十六烷值；

CN_2——高着火性质标准燃料的十六烷值；

a——试样三次测定手轮读数的算术平均值；

a_1——低十六烷值标准燃料三次测定手轮读数的算术平均值；

a_2——高十六烷值标准燃料三次测定手轮读数的算术平均值。

六、注意事项

1. 标准物质

① 标准物质（正标准燃料和副标准燃料）不要暴露在高温、日光或紫外灯下，以尽量减少化学反应，确保十六烷值稳定。

② 定期（每年）对标准物质进行期间核查。如对标准物质进行色谱纯度的测定。

2. 检验燃料的测定

① 每次测定样品时需用低值检验燃料或高值检验燃料对仪器工况进行检查，允许极限为 CNARV±1.5SARV。如果检测结果不满足要求，需要对试验机和操作条件进行检查。

② 喷油嘴的检查。拆下喷油嘴清洗积炭，检查并调整喷油器开启压力（10.30MPa±0.34MPa），检查喷油器油雾图形。保证油雾图形的对称性。

③ 检查并调整气门间隙（0.20mm±0.02mm）。冷机状态下进气门：0.102mm（0.004in）。排气门：0.356mm（0.014in）。

④ 喷油传感器间隙的调整。发动机处于停机状态时，一般将间隙调整为 1mm（0.04in）。

⑤ 基础压缩压力检查。在手轮读数为 1.000 时，在 101.33kPa 标准大气压下操作发动机，在关闭后立即测量压缩压力，此时的读数应为 327.5kPa±138kPa。如果操作条件不在此范围内，要重新检查基础手轮设定。

3. 压缩压力的检查

在发动机用典型的柴油并在该柴油的标准操作条件下完成升温后，进行压缩压力的测量，测量按以下步骤尽快进行，确认热机状态下的压力读数。

① 准备一个经过校正的压力表并将所需组合件集中起来，准备好拆卸燃烧传感器和在燃烧室传感孔中安装压力表所需的工具。

② 打开喷油器燃料旁路阀以关闭发动机，然后关上发动机的电源。在后续步骤中，旁路阀必须始终是开着的。

③ 燃料切换阀必须定在合适的位置，这样燃料将能持续输送到燃料泵，使泵体筒内保持正常，柱塞得到润滑。

④ 从气缸盖上拆下燃烧传感器，装上压缩压力表。

⑤ 将手轮定在 1.000。

⑥ 重新启动发动机，用电机带动的模式运行，气缸不喷入任何燃料。

⑦ 观察压缩压力表读数，用放气阀放压一至两次，记录最后的平衡压力。

⑧ 如果压缩压力为 327.5kPa±138kPa，表明基础手轮读数合适。

⑨ 关闭发动机，拆下压缩压力表及附件，重新装上燃烧传感器，用规定的力矩拧紧。

4. 仪器的维护保养

① 当大手轮转动费力时，不要强行转动，要将大手轮拆下，清洗膨胀塞积炭后再组装上。

② 当喷射提前角和点火提前角波动都较大时，经过检查机器处于正常状态下，如排除气泡，检查喷射传感器间隙，需要拆下喷射器（喷枪），清洗喷嘴，重新组装后，检查是否渗水。

③ 曲轴箱和喷射泵里的润滑油 50h 应更换一次，每次加油要加到规定的液位高度。润滑油规格要求：SAE30 CD 级。

④ 较长时间停止运转时，要验证燃烧室有无积水，如果燃烧室积水较多，人工将盘不动车，此时严禁打开机器开关，需要拆下传感器进行检查，如发现有水则要吸净水后，再人工盘车。

⑤ 每 100h 要更换过滤器。

⑥ 每 300h 要进行大修。大修内容主要包括：拆下气缸，清洗活塞、活塞环、燃烧室、进排气阀，检查电路系统、油压系统、进气系统、冷却系统。相关部件要进行尺寸检查，若尺寸不满足要求，有磨损，要进行更换，然后重新组装气缸。

5. 其他

① 不得接触或操作热的排放系统元件。在开始任何保养程序前，应使排放系统所有元件及液体有足够的时间冷却到室温。

② 用清洗剂清洗积炭时，要戴好防护手套，避免清洗剂直接接触皮肤。

③ 如果温度计测量头破裂，应避免接触水银。水银的不正确处理或错误使用会导致严重的人员伤害。

思考与交流

柴油发动机中燃料的十六烷值是否越高越好？

任务实施

操作 3　十六烷值测定

一、目的要求

1. 掌握柴油十六烷值测定的原理；

2. 熟悉柴油十六烷值测定的方法步骤。

二、测定原理

1. 柴油的十六烷值是在试验发动机的标准操作条件下，将柴油着火性质与已知十六烷值的标准燃料混合物进行比较来测定的。

2. 测定采用内插法。对于试样和两个标准燃料，改变发动机的压缩比，以得到特定的着火滞后期，然后根据手轮读数用内插法计算十六烷值。

M4-2　十六烷值测定

三、仪器与试剂

1. 仪器　主要测定仪器为十六烷值试验发动机，如图 4-2 所示，发动机的基本性能和规格见表 4-5。

表 4-5　发动机的基本性能和规格

项目	说明
曲轴箱	CFR-48 型(优先采用)，高速或低速型(任选)
气缸类型	单筒，铸铁制，具有整体冷却夹套
气缸盖类型	铸铁制，具有涡流预燃室、可变压缩塞通道、整体冷却液通道、气缸盖内气门总成
压缩比	通过外置手轮可从 8∶1 调节至 36∶1
气缸筒直径/in	标准为 3.250，可再镗孔以扩大直径 0.010、0.020、0.030 以上
行程/in	4.50
气缸工作容量/in^3	37.33
气门结构	气缸盖内，具有外壳
进气门与排气门	表面为钨铬钴硬质合金
活塞	铸铁制，顶部为平面
活塞环	

续表

项目	说明
压缩型	4个,铁制,直边(上部可以是镀铬的——任选)
油控型	1个,铸铁制,有缝(85型)
凸轮轴使进气门和排气门同时打开的时间(以曲轴转角度数表示)	5°
燃料系统	具有可变定时装置和喷油器的喷油泵
喷油器	装配在具有旁路泄压阀的固定架上
喷油嘴	闭式,差动针,液压操作,针栓型
发动机重量/kg	约400(880lb)
试验装置总重/kg	约1250(2750lb)

注：1in=0.0254m。

2. 试剂和材料　气缸夹套冷却剂；发动机曲轴箱润滑油；正标准燃料；副标准燃料；检验燃料。

四、准备工作

1. 打开总电源开关。

2. 将双数字十六烷值表的开关打到ON的位置。

3. 将机油温控开关旋至7挡，一般可满足机油温度的要求。

4. 用曲柄扳手人工顺时针盘车4～5圈，以确认机器组装无问题。让飞轮停在压缩冲程的死点上（刻度对应红轮上的零刻度），调节冷机气门间隙，进气门为0.004in，排气门为0.014in；这样的间隙在热机时，可提供所需的0.008in间隙。

5. 检查曲轴箱机油液面，应在玻璃视镜的三分之二处，不足时要补加同牌号或原牌号级别的机油，检查喷油泵机油液面，应在两条线中间位置，不足时补加同牌号或高于原牌号级别的机油。

6. 检查夹套水液面应在2cm的高度，如低于则补充蒸馏水。

7. 转动汽化器选择阀，如拧不动，用螺丝刀轻轻敲击选择阀一下，使选择阀转动自如，不能用力硬拧阀。将选择阀的指针放在3的位置（杯的位置从左到右分别是1，2，3）。

8. 将预热燃料（高十六烷值的柴油）倒入杯中（第三个），并排除连接管及燃料杯中的气泡。

9. 喷油枪（器）进油阀放在断油的位置。

10. 手轮读数放在2左右。

11. 检查仪表盘上所有开关均要处在关闭状态（除双数字十六烷值表外）。

12. 检查机器运转部件上应无废布、电线等杂物。

五、启动和预热

1. 润滑油温度要在（135±15)℉，130℉最佳（$T_{华氏}=T_{摄氏}\times9\div5+32$）。

2. 启动机器，检查飞轮旋转方向，从正面看应为顺时针旋转，直至灯灭后松手。若反转要立即停机，将380V电源任意两相互换。

3. 开启右面的空气加热器开关。

4. 喷油枪（器）的进油阀放在给油的位置。

5. 快速转动大手轮（向手轮读数小的方向）将柴油压燃。

6. 打开冷却水开关，观察有无冷却水流出。

7. 打开温控器开关。

六、试验步骤

1. 根据被测样品，选择两个参比燃料，被测样品的十六烷值要在两个参比燃料之间，两个参比燃料的十六烷值之差应不大于5个单位。

2. 用被测样品清洗1号杯三次，放入被测样品，测量流速（13±0.2)mL/min，如不合适，调整流速测微计，直到满足流速条件为止，调喷射提前角测微计和大手轮使双数字十六烷值表上的喷射提前角和点火滞后角为13°，读手轮读数，重复三次，计算三次的手轮读数平均值。

3. 用第一个参比样品清洗2号杯三次，放入参比样品，测量流速（13±0.2)mL/min，如不合适，调整流速测微计，直到满足流速条件为止，调喷射提前角测微计和大手轮使双数字十六烷值表上的喷射提前角和点火滞后角为13°，读手轮读数，重复三次，计算三次的手轮读数平均值。

4. 用第二个参比样品清洗3号杯三次，放入参比样品，测量流速（13±0.2)mL/min，如不合适，调整流速测微计，直到满足流速条件为止，调喷射提前角测微计和大手轮使双数字十六烷值表上的喷射提前角和点火滞后角为13°，读手轮读数，重复三次，计算三次的手轮读数平均值。

5. 用被测样品的手轮读数的平均计算出被测样品的十六烷值。

$$\text{十六烷值}=\text{低副标十六烷值}+(\text{高副标十六烷值}-\text{低副标十六烷值})\times\frac{\text{样品手轮读数}-\text{低副标手轮读数}}{\text{高副标手轮读数}-\text{低副标手轮读数}} \tag{4-3}$$

七、关机

1. 将选择阀放在任意两个刻度之间，喷油枪（器）进油阀放在断油处，机器转动1min左右，关空气加热器开关，关启动开关，关温度控制器开关，关水。

2. 盘车让飞轮停在压缩冲程的死点上（刻度对应红轮上的零刻度)，关十六烷值表，关总电源开关，放空所有油杯里的油。

任务评价

考核项目	考核内容及要求	配分	评分标准	评定记录	扣分
准备工作（10分）	劳保护具齐全上岗	5	少一样扣2分		
	检查机油液位是否正常	5	未做到扣5分		
测定（60分）	检查冷却水液位，5～10mm处，冷却水压是否足够，冬季水管线有无冻凝	3	未做到扣2分		
	检查进排汽门间隙，配制标准燃料	5	油品洒落飞溅扣3分；油量不符扣5分		
	开机前必须手动盘车4～5圈，确认机器运转正常	10	未做到扣10分		
	机油温度达到120～150℉，大气压力补正	5	未做到扣2分		
	为仪器各处须润滑的地方滴加机油润滑	9	未完成扣3分		
	飞轮转速是否符合要求；检查进气温度	3	不合适扣3分		
	检查喷油提前角和点火滞后角是否符合要求	15	未做到扣15分		
	严格按照操作规程进行停机；关闭冷却水，关闭电源	10	进油阀未放到断油处扣2分；未关电源扣2分；未关水阀扣2分		

续表

考核项目	考核内容及要求	配分	评分标准	评定记录	扣分
试验结果（15分）	重复性（不大于0.2）	5			
	再现性（不大于0.8）	10			
原始记录（10分）	原始数据记录不及时、直接	4	每处扣0.5分		
	记录清楚，经确认后的更改	2	不清楚每处扣1分		
	无漏项	4	漏项每处扣1分		
试验管理（5分）	玻璃器皿破损	2			
	废液处理不正确	1			
	实验结束台面未摆放整齐	2			
操作时间	从考核开始至交卷控制在120min内				
总分	100				
备注	1. 各项总分扣完为止 2. 因违反操作规程损坏仪器设备扣20分，如果导致试验无法进行或发生事故全项为零分				

考评人：　　　　分析人：　　　　时间：

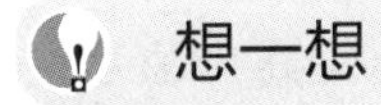

想一想

柴油发动机是如何工作的？

任务六 运动黏度测定

任务要求

1. 了解运动黏度测定意义；
2. 掌握运动黏度测定方法；
3. 熟悉运动黏度测定注意事项。

黏度是柴油的重要性质之一，车用柴油对黏度的质量要求是：黏度适宜，即具有良好的流动性，以保证高压油泵的润滑和喷油雾化的质量，利于形成良好的混合气。

液体受外力作用移动时，分子间产生内摩擦力的性质，称为黏度。黏度有动力黏度与运动黏度之分，两者有简单的换算关系，车用柴油的黏度用运动黏度评价。

动力黏度表示液体在一定的切应力下流动时内摩擦力的量度。当流体处于层流状态时，符合牛顿黏性定律：

$$\tau=\frac{F}{S}=\eta\frac{\mathrm{d}v}{\mathrm{d}x} \tag{4-4}$$

式中　τ——切应力，即单位面积上的剪切力，Pa；

F——相邻两层流体做相对运动时产生的剪切力（或称为内摩擦力），N；

S——相邻两层流体的接触面积，m^2；

η——流体的黏滞系数，又称为动力黏度，简称黏度，Pa・s；

$\frac{dv}{dx}$——在与流动方向垂直方向上的流体速度变化率，称为速度梯度，s^{-1}。

符合式(4-4）关系的流体称为牛顿流体（即在所有切应力和速度梯度下，都显示恒定黏度的流体。反之，则称为非牛顿流体）。黏滞系数是衡量流体黏性大小的指标，称为动力黏度，简称黏度。其物理意义是：当两个面积为 $1m^2$、垂直距离为 1m 的相邻流体层，以 1m/s 的速度做相对运动时所产生的内摩擦力。

只要无结晶析出，汽油、煤油、柴油、润滑油、苯、甲苯、二甲苯等大多数液体石油化工产品都是牛顿流体；而有石蜡析出的油品、加入高分子添加剂（如增黏剂）制成的稠化润滑油和含胶质、沥青质多的重质燃料油（渣油）和沥青等均为非牛顿流体。

运动黏度则是液体在重力作用下流动时内摩擦力的量度。其数值为相同温度下液体的动力黏度与其密度之比。

$$\nu_t = \frac{\eta_t}{\rho_t} \tag{4-5}$$

式中　ν_t——油品在温度 t 时的运动黏度，m^2/s 或 mm^2/s（$1m^2/s = 10^6 mm^2/s$）；

η_t——油品在温度 t 时的动力黏度，Pa・s；

ρ_t——油品在温度 t 时的密度，kg/m^3。

一、测定意义

黏度是评价车用柴油流动性、雾化性和润滑性的指标。黏度过小，会使高压油泵柱塞与泵筒之间漏油量增多，喷入气缸的燃料减少，造成发动机功率降低，同时喷油过近，雾化不良，易造成局部燃烧。若黏度过大，则流动阻力增大，难以过滤，泵油效率降低，发动机供油量减少，喷出的油滴颗粒大，射程远，雾化状态差，油气混合不均匀，燃烧不完全，易形成积炭，使发动机单位耗油量增大。柴油机供油系统中的高压油泵和喷油嘴都是紧密配合的精密部件，如喷油泵的柱塞和柱塞套的间隙仅有 0.0015～0.0025mm，其间是靠柴油本身润滑的，因此为了保证形成可靠润滑，其黏度不能过低。

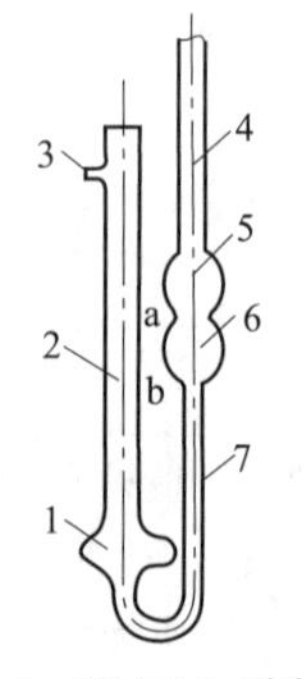

图 4-3　BMN-1 型黏度计
1，5，6—扩张部分；
2，4—管身；3—支管；
7—毛细管；a，b—标线

我国车用柴油按牌号规定了 20℃的运动黏度（见表 4-1）的上下限。

黏度与流体的化学组成密切相关。通常，当碳原子数相同时，各种烃类黏度顺序是：正构烷烃＜异构烷烃＜芳烃＜环烷烃，且黏度随环数的增加及异构程度的增大而增大。在油品中，环上碳原子在油料分子中所占比例越大，其黏度越大，表现为不同原油的相同馏分，含环状烃多的油品比烷烃多的具有更高的黏度。同类烃中，黏度随分子量的增大而增大，即石油馏分越重，其黏度越大。

二、测定方法

柴油运动黏度的测定按 GB/T 265—88《石油产品运动黏度测定法和动力黏度计算法》进行，玻璃毛细管黏度计的规格型号见表 4-6，主要仪器是 BMN-1 型黏度计（见图 4-3），该法适用于牛顿流体的液体石油产品。

表 4-6　玻璃毛细管黏度计的规格型号

型号	毛细管内径/mm
BMN-1	0.4,0.6,0.8,1.0,1.2,1.5,2.0,2.5,3.0,3.5,4.0
BMN-2	5.0,6.0
BMN-3	0.31,0.42,0.54,0.63,0.78,1.02,1.26,1.48,1.88,2.20,3.10,4.00
BMN-4	1.0,1.2,1.5,2.0,2.5.3.0

其原理是依据泊塞耳方程：

$$\eta=\frac{\pi r^4 p\tau}{8VL} \tag{4-6}$$

式中　η——试样的动力黏度，Pa·s

r——毛细管半径，m；

p——使试样流动的压力，N/m^2；

π——试样的平均流动时间（多次测定结果的算术平均值），s；

V——毛细管流出试样的体积，m^2；

L——毛细管长度，m。

如果试样流动压力改用油柱静压力表示，即 $p=h\rho g$，再将动力黏度转换为运动黏度，则式(4-6) 改写为：

$$\nu=\frac{\eta}{\rho}=\frac{\pi r^4 hpg\tau}{8VL\rho}=\frac{\pi r^4 hg}{8VL}\tau \tag{4-7}$$

式中　ν——试样的运动黏度，m^2/s；

h——油柱高度，m；

g——重力加速度，m/s^2。

对于指定的毛细管黏度计，其直径、长度和液柱高度均为定值，即 r、L、V、h、g 均为常数，因此，式(4-7) 可改写为：

$$\nu=C\tau \tag{4-8}$$

$$C=\frac{\pi r^4 hg}{8VL}$$

式中　C——毛细管黏度计常数，m^2/s^2。

式(4-8) 表明液体的运动黏度与流过毛细管的时间成正比。因此，只要预先测得毛细管黏度计常数，就可以根据液体流出毛细管的时间计算其黏度。测定时，把被测试样装入直径合适的毛细管黏度计中，在恒定的温度下，测定一定体积试样在重力作用下流过该毛细管黏度计的时间，毛细管黏度计常数与流动时间的乘积即为该温度下试样的运动黏度，由于油品的黏度与温度有关，故不同温度的运动黏度表示为：

$$\nu_t=C\tau_t \tag{4-9}$$

式中　ν_t——在温度 t 时，试样的运动黏度，mm^2/s；

τ_t——在温度 t 时，试样的平均流动时间，s。

不同的毛细管黏度计，其常数 C 值不尽相同，一般不同规格的黏度计出厂时，都给出 C 的定值，也可按下述方法测定黏度计常数：用已知黏度的标准液体，在规定条件下测定其通过毛二管黏度计的时间，再根据式(4-9) 计算出 C，测定时，要注意选用的标准液体黏度应与试样相近，以减少误差。

三、注意事项

(1) 试样预处理　试样含水分及机械杂质时，必须进行脱水、过滤处理。因为水分会影响试样的正常流动，易黏附于毛细管内壁，增大流动阻力，影响测定结果。

（2）黏度计的选择　要求在试验温度下，试样通过毛细管黏度计的流动时间必须不少于200s，内径为0.4mm的黏度计流动时间不少于350s。否则，若试样通过时间过短，易产生湍流，不符合式(4-9)使用条件，会使测定结果产生较大的偏差。若通过时间过长，则不易保持温度恒定，也可引起定偏差。

（3）仪器的准备　毛细管黏度计必须洗净、烘干。毛细管黏度计、温度计必须定期检定。

（4）试验温度的控制　油品的运动黏度随温度升高而降低，变化很明显，为此规定试验温度必须保持恒定（其中，车用柴油要求恒温20℃），否则，会使测定结果产生较大的误差。

测定油品运动黏度时，为了温度恒定，要求使用长度不小于180mm、容积不小于2L、设有自动搅拌装置的恒温浴和能够准确调温的电热装置。根据测定条件，在恒温浴内注入表4-7中列举的一种液体。

表4-7　不同测定温度下使用的恒温浴液体

测定温度/℃	恒温浴液体
50～100	透明矿物油①、丙三醇(甘油)或25%硝酸铵溶液
20～50	水
0～20	水与冰的混合物或乙醇与干冰(固体二氧化碳)的混合物
-50～0	乙醇与干冰的混合物(若没有乙醇,则可用车用汽油代替)

① 恒温浴中的矿物油最好加有抗氧化添加剂，以防止氧化，延长使用时间。

（5）试样的装入　必须严格控制试样装入量，不能过多或过少。吸入黏度计的试样不允许有气泡，气泡不但会影响装油体积，而且进入毛细管后还能形成气塞，增大流体流动阻力，使流动时间增长。

（6）黏度计的安装　黏度计必须调整成垂直状态，否则会改变液柱高度，引起静压差的变化，使测定结果出现偏差。黏度计向前倾斜时，液面压差增大，流动时间缩短，测定结果偏低。黏度计向其他方向倾斜时，都会使测定结果偏高。

（7）恒温时间　严格控制黏度计在恒温浴中的恒温时间，如车用柴油要求10min。

（8）流动计时　试样在黏度计中流动时，应防止油浴振动，必要时将搅拌机减速或停止。秒表必须专用，并定期检定。

思考与交流

黏度对柴油的使用性能会产生什么影响？

【课程思政】

透过现象看本质——油品组成决定其品质

油品检测指标分析结果反映油品不同品质，而油品品质归根结底是由油品组成决定的，检测结果数据实质上是油品组成特点的反映，品质是现象，组成是本质，看清事物的本质，就能发现决定现象的根本原因，从而才能找到改变现象的根本途径。看待问题时，我们要能够抓住这个事件背后的“根本性”运作逻辑，找到问题的本质。在工业生产过程中，去粗取精，去伪存真，找出引发问题的实质性原因，尤为重要。

任务实施

操作4　运动黏度测定

一、目的要求

1. 掌握石油产品运动黏度的测定方法和操作技术。

2. 掌握石油产品运动黏度测定结果的计算方法。

二、测定原理

在某一恒定温度下，测定一定体积试样在重力下流过一个经过标定的玻璃毛细管黏度计时间，毛细管黏度计常数与流动时间的乘积，即为该温度下测定液体的运动黏度。

三、仪器与试剂

1. 仪器　常用规格的玻璃毛细管黏度计一组（毛细管内径为0.6mm、0.8mm、1.0mm、1.2mm、1.5mm、2.0mm等，测定时，应根据试验温度选用合适的黏度计，必须使试样流动时间不少于200s）；恒温浴（恒温浴液体的选择见表4-7）；玻璃水银温度计（符合GB/T 514—2005中GB-9、GB-13技术要求，各1支）；秒表（分度0.1s，1块）。

2. 试剂　溶剂油（符合GB 1922—2006《油漆及清洗用溶剂油》要求）或石油醚（60～90℃，化学纯）；铬酸洗液；95%乙醇（化学纯）；试样（普通柴油或车用柴油，汽油机油或柴油机油）。

四、准备工作

(1) 试样预处理　试样含有水或机械杂质时，在试验前必须经过脱水处理，用滤纸过滤除去机械杂质。对于黏度较大的润滑油，可以用瓷漏斗，利用水流泵或真空泵吸滤，也可以在加热至50～100℃的温度下进行脱水过滤。

(2) 清洗黏度计　在测定试样黏度之前，必须用溶剂油或石油醚洗涤黏度计，如果黏度计粘有污垢，可用铬酸洗液、水、蒸馏水或用95%乙醇依次洗涤。然后放入烘箱中烘干或用通过棉花滤过的热空气吹干。

(3) 装入试样　测定运动黏度时，选择内径符合要求的清洁、干燥的BMN-1型黏度计（见图4-3），吸样。在装试样之前，将橡胶管套在支管3上，并用手指堵住管身2的管口，同时倒置黏度计，将管身4插入装着试样的容器中，利用洗耳球（或水流泵、真空泵）将试样吸到标线b，同时注意不要使管身4、扩张部分5和扩张部分6中的试样产生气泡和裂隙。当液面达到标线b时，从容器中提出黏度计，并迅速恢复至正常状态，同时将管身4的管端外壁所沾着的多余试样擦去，并从支管3取下橡胶管套在管身4上。

(4) 安装仪器　将装有试样的黏度计浸入事先准备妥当的恒温浴中，并用夹子将黏度计固定在支架上，固定位置时，必须把毛细管黏度计的扩张部分5浸入一半。

温度计要利用另一支夹子固定，使水银球的位置接近毛细管中央点的水平面，并使温度计上要测温的刻度位于恒温浴的液面上10mm处。

若所用全浸式温度计测温刻度露出恒温浴液面，则需按式(4-10)进行露颈校正，这样才能准确测出液体温度。

$$t=t_1-\Delta t \tag{4-10}$$

$$\Delta t=kh(t_1-t_2)$$

式中　t——经校正后的测定温度，℃；

t_1——测定黏度时的规定温度，℃；

t_2——接近温度计液柱露出部分的空气温度，℃；

Δt——温度计液柱露出部分的校正值，℃；

k——常数，水银温度计采用 $k=0.00016$，酒精温度计采用 $k=0.001$；

h——露出浴面的水银柱或酒精柱高度以℃表示的读数值。

五、测定步骤

（1）调整温度计位置　将黏度计调整成为垂直状态，要利用铅垂线从两个相互垂直的方向去检查毛细管的垂直情况。将恒温浴调整到规定温度，把装好试样的黏度计浸入恒温浴内，按表 4-8 规定的时间恒温，试验温度必须保持恒定，波动范围不允许超过±0.1℃。

表 4-8　黏度计在恒温浴中的恒温时间

试验温度/℃	恒温时间/min	试验温度/℃	恒温时间/min
80,100	20	20	10
40,50	15	−50～0	15

（2）调试试样液面位置　利用毛细管黏度计管身 4 所套的橡胶管将试样吸入扩张部分 6 中，使试样液面高于标线 a，注意不要让毛细管和扩张部分 6 中的试样产生气泡或裂隙。

（3）测定试样流动时间　观察试样在管身中的流动情况，液面恰好到达标线 a 时，开动秒表。液面正好流到标线 b 时，停止秒表，记录流动时间。应重复测定，至少 4 次。按测定温度不同，每次流动时间与算术平均值的差值应符合表 4-9 中的要求。最后，用不少于 3 次测定的流动时间计算算术平均值，作为试样的平均流动时间。

（4）清洗毛细管黏度计　将毛细管黏度计从恒温浴中取出，将样品倒掉，并用溶剂油或石油醚洗涤，然后放入烘箱中烘干或用通过棉花滤过的热空气吹干。如果黏度计粘有污垢，可用铬酸洗液、水、蒸馏水或用 95%乙醇溶液依次洗涤。

表 4-9　不同温度下允许单次测定流动时间与算术平均值的相对误差

测定温度范围/℃	允许相对测定误差/%	测定温度范围/℃	允许相对测定误差/%
<−30	2.5	15～100	0.5
−30～15	1.5		

六、计算和报告

1. 计算　在温度为 t 时，试样的运动黏度按式(4-9) 计算。

【例 4-2】　某黏度计常数为 $0.4780\text{mm}^2/\text{s}^2$，在 50℃时，试样的流动时间分别为 318.0s，322.4s，322.6s 和 321.0s，试报告试样运动黏度的测定结果。

解： 流动时间的算术平均值为 321.0s。

由表 4-9 查得，允许相对误差为 0.5%，即单次测定流动时间与平均流动时间的允许差值为 321.0s×0.5%=1.6s。

由于只有 318.0s 与平均流动时间之差已超过 1.6s，因此将该值弃去。计算平均流动时间为 322.0s。

则应报告试样运动黏度的测定结果为 $0.4780\text{mm}^2/\text{s}^2\times322.0\text{s}=154.0\text{mm}^2/\text{s}$。

2. 精密度　用下述规定来判断结果的可靠性（95%置信水平）。

（1）重复性　同一操作者重复测定两个结果之差，不应超过表 4-10 所列数值。

表 4-10　不同测定温度下运动黏度测定重复性要求

黏度测定温度/℃	重复性	黏度测定温度/℃	重复性
－60～30 －30～<15	算术平均值的 5.0% 算术平均值的 3.0%	15～100	算术平均值的 1.0%

（2）再现性　当黏度测定温度范围为 15～100℃时，由两个实验室提出的结果之差，不应超过算术平均值的 2.2%。

3. 报告

（1）有效数字　黏度测定结果的数值，取四位有效数字。

（2）测定结果　取重复测定两个结果的算术平均值，作为试样的运动黏度。

任务评价

考核时间：80min

考核项目	考核内容及要求	分值	评分标准	评定记录	扣分
准备工作（10 分）	劳保护具齐全上岗	2	少一样扣 1 分		
	仪器、器具齐全	8	每项 2 分		
测定（50 分）	试样含水或机械杂质，试验前按规定要求进行脱水过滤	7	试样含水较大未脱水，或脱水方法不正确扣 2 分 试样混合不均匀扣 2 分 试样未过滤扣 3 分		
	黏度计必须用规定要求的溶剂进行洗涤后烘干或吹干	7	黏度计不清洁、不干燥扣 7 分		
	选择合适的黏度计，按要求吸入试样到标线	7	黏度计系数选择不准确扣 2 分 用黏度计吸油不准扣 2 分 吸油样时抽空，产生大量气泡扣 3 分		
	将吸试样的黏度计垂直浸入规定温度的恒温浴中	7	黏度计浸入油浴后，浴中液面高度不符合规定扣 3 分 黏度计不垂直扣 4 分		
	按规定要求安装温度计，并恒温	7	温度计测温刻度不在液面上 10mm 扣 3 分 温度计水银球不在黏度计毛细管中间扣 3 分		
	黏度计调整垂直，试验温度必须保持到±0.1℃	7	浴温波动大于±0.1℃扣 2 分 黏度计未检查垂直扣 2 分		
	将试样吸入扩张部分，使液面稍高于标线 a，此时观察到液面正好达标线 a 时开启秒表，液面流到标线 b 时停止秒表，记下流动时间	8	测定中吸样抽空扣 2 分 黏度计里的油样有气泡扣 2 分 秒表计时不及时扣 2 分 测定次数少于 4 次扣 2 分		
计算（10 分）	正确计算黏度	10	计算不正确扣 5 分 黏度单位不明确扣 5 分		
试验结果（15 分）	根据表 4-10 判断是否符合重复性要求	5			
	根据表 4-9 判断测定误差	10	结果超差，此试验失败		
原始记录（10 分）	原始数据记录不及时、直接	2	不及时、直接，每处扣 0.5 分		
	记录清楚，经确认后的杠改	2	不清楚每处扣 1 分		
	无漏项	2	漏项每处扣 1 分		
	填写、修约不正确	2	每处扣 1 分		
	计算结果不正确	2	记录不规范扣 5 分		

续表

考核项目	考核内容及要求	分值	评分标准	评定记录	扣分
试验管理（5分）	玻璃器皿破损	2			
	废液处理不正确	1			
	实验结束台面未摆放整齐	2			
操作时间	从考核开始至交卷控制在40min内				
总分					
备注	1. 各项总分扣完为止 2. 因违反操作规程损坏仪器设备扣20分，如果导致试验无法进行或发生事故全项为零分				

考评人：　　　　分析人：　　　　时间：

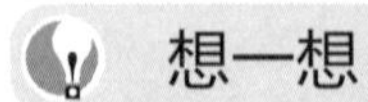

想一想

日常生活中，柴油发动机在外界环境非常低的情况下出现无法正常启动的原因是什么？

任务七　凝点测定

任务要求

1. 了解凝点测定意义；
2. 掌握凝点测定方法；
3. 熟悉凝点测定注意事项。

油品的低温流动性能是指油品在低温下使用时，维持正常流动、顺利输送的能力。车用柴油要求有良好的低温流动性能，以保证在使用条件下无结晶析出，不堵塞滤清器，容易泵送，供油正常，发动机易于启动。

油品的凝点（凝固点）是指油品在规定的条件下，冷却至液面不移动时的最高温度，以℃表示。

石油产品是多种烃类的复杂混合物，因此没有固定的凝固温度。油品的凝点只是条件试验下所得的相对值，是油品完全失去流动性的近似最高温度。油品组成不同，失去流动性的原因也不同，对含蜡很少或不含蜡的油品，温度降低，黏度迅速增大，当黏度增大到一定的程度时，油品就会变成无定形的黏稠玻璃状物质而失去流动性，这种现象称为黏温凝固。影响黏温凝固的是油品中的胶状物质以及多环短侧链的环状烃。对含蜡较多的油品，温度降低，蜡就会逐渐结晶出来，当析出的蜡形成网状骨架时，就会将液态的油包在其中而失去流动性，这种现象称为构造凝固。影响构造凝固的是油品中高熔点的正构烷烃、异构烷烃及带长烷基侧链的环状烃。柴油凝固主要是构造凝固，当碳原子数相同时，柴油馏分的各类烃中，通常正构烷烃熔点最高，带长侧链的芳烃、环烷烃次之，异构烷烃则较小。例如，石蜡基的大庆原油直馏柴油的凝点（－21.5℃）要比环烷基的孤岛原油直馏柴油（－48.0℃）高得多。另外，柴油含水量超标，凝点也会明显增高。

一、测定意义

① 划分柴油牌号。柴油的使用与低温性能有密切的关系，因此我国普通柴油和车用柴

油按凝点划分牌号。例如，0 号柴油，其凝点不高于 0℃；－10 号柴油，其凝点不高于－10℃。

② 预测柴油低温流动性。输送油品时，必须处于流动状态，一般使用凝点低于环境 5～7℃以上的柴油，才能保证顺利抽注、运输、贮存和使用。

③ 估计油品含蜡量。含蜡油品的含蜡越高，其凝点越高，因此凝点可以作为估计油品含蜡量的指标。

柴油凝固主要是构造凝固，阻止构造凝固的措施是降低其凝点的最好方法。由于胶质、沥青质、表面活性剂等能吸附在石蜡结晶中心的表面上，可阻止石蜡结晶生长，防止或延缓石蜡形成网状结构，致使油品凝点下降，因此加入某些表面活性物质（降凝添加剂），可以降低油品的凝点，使油品的低温流动性得到改善，这是降低柴油凝点最为经济、简便的措施，广泛应用于油品生产中。此外，凝点较高的柴油中掺入裂化柴油也可以明显降低其凝点，如凝点为－3℃的直馏柴油按 1∶1 的比例掺入－6℃的催化裂化柴油，其调和凝点为－14℃。

二、测定方法

柴油凝点的测定按 GB/T 510—2018《石油产品凝点测定法》进行。该标准方法适用于测定深色石油产品及润滑油的凝点。

测定时，将试样装入规定的试管中，按规定条件预热到（50±1)℃，再在室温下冷却到(35±5)℃然后将试管放入装好冷却剂的容器中。当试样冷却到预期凝点时，将浸在冷却剂中的试管倾斜 45°，保持 1min，观察液面是否移动。然后，从套管中取出试管重新将试样预热到(50±1)℃，按液面有无移动的情况，用比上次试验温度低或高 4℃的温度重新测定，直至能使液面位置静止不动而提高 2℃又能使液面移动时，则取液面不动的温度作为试样的凝点。

三、注意事项

条件性试验只有严格遵守操作规程，才能得到具有可比性的正确数据，具体注意以下几点。

① 试样预处理。若试样含水量大于产品标准允许范围，则测定前必须先行脱水处理。

② 温度计的安装。温度计要固定在试管中央，不能活动，防止影响石蜡结晶的形成，造成测定结果偏低。水银球距试管底部 8～10mm，否则结果偏低。

③ 预热条件。每观测一次液面，试管中的试样都要在水浴中重新预热至（50±1)℃，然后再在室温下冷却到（35±5)℃。

④ 冷却温度、速度。要控制冷浴温度比预期凝点低 7～8℃。否则，温度过低，冷却速度过快，晶体结构及网状骨架形成不及时，测定结果偏低。温度过高，冷却速度过慢，石蜡结晶快，阻止油品流动，致使测定结果偏高。

思考与交流

凝点和凝固点有什么区别？

任务实施

操作 5　凝点测定

一、目的要求

1. 掌握石油产品凝点的测定方法和操作技术。

2. 了解凝点对油品生产及使用的重要性。

二、测定原理

将装在规定试管中的试样冷却到预期温度时，倾斜试管45°，保持1min，观察液面是否移动。

三、仪器与试剂

（1）仪器　圆底试管［1支，高度（160±10)mm，内径（20±1)mm，在距试管底30mm的外壁处有一环形标线］；圆底玻璃套管［高度（30±10)mm，内径（4±2)mm］；盛冷却剂用的广口保温瓶或筒形器（高度不少于160mm，内径不少于120mm)；液体温度计（符合GB/T 514—2005中GB-31的技术要求，1支)；任何形式的温度计（1支，供测定冷却剂温度使用)；支架（用于固定套管、冷却剂容器和温度计)；冷却浴。

（2）试剂及材料　无水乙醇（化学纯)；冷却剂（试验温度在0℃以上用水和冰，在－20～0℃用盐和碎冰或雪，20℃以下用工业乙醇和干冰)；试样（普通柴油或车用柴油)。

四、准备工作

（1）制备含有干冰的冷却剂　在选定盛放冷却剂的容器中，注入工业乙醇达容器深度的2/3。在搅拌下按需要逐渐加入适量的细块干冰。当气体不再剧烈冒出后，添加工业乙醇达到必要的高度。

注意加干冰时，要防止工业乙醇外溅或溢出。

（2）试样脱水　若试样含水量大于产品标准允许范围，必须先行脱水，对含水多的试样应先静置，取其澄清部分进行脱水。对易流动的试样，脱水处理是加入新煅烧的粉状硫酸钠或小粒无水氯化钙，定期振摇10～15min，静置，用干燥的滤纸滤取澄清部分。对黏度大的试样，先预热试样不高于50℃，再通过食盐层过滤。食盐层的制备是在漏斗中放入金属网或少许棉花，然后再铺新煅烧的粗食盐结晶。试样含水多时，需要经过2～3个漏斗的食盐层过滤。

（3）在干燥清洁的试管中注入试样　使液面至环形刻线处，用软木塞将温度计固定在试管中央，水银球距管底8～10mm。

五、测定步骤

（1）预热试样　将装有试样和温度计的试管垂直浸在（50±1)℃的水浴中，直至试样温度达到（50±1)℃为止。

（2）冷却试样　从水浴中取出试管，擦干外壁，将试管安装在套管中央，垂直固定在支架上，在室温条件下静置，使试样冷却到（35±5)℃，然后将试管放入装好冷却剂的容器中。冷却剂温度要比凝点低7～8℃。外套管浸入冷却剂的深度不应少于70mm。

注意冷却试样时，冷却剂温度的控制必须准确到±1℃。试样凝点低于0℃时，应事先在套管底部注入1～2mm高的无水乙醇。

（3）测定试样凝点　当试样冷却到预期凝点时，将浸在冷却剂中的试管倾斜45°，保持1min，然后小心取出仪器迅速地用工业乙醇擦拭套管外壁，垂直放置仪器，透过套管观察试样液面，当液面有移动时，从套管中取出试管，重新预热到（50±1)℃，然后用比前次低4℃的温度重新测定，直至某试验温度能使试样液面停止移动为止。

提示试验温度低于－20℃时，应先除去套管，将盛有试样和温度计的试管在室温条件下升温到－20℃，再水浴加热。

当液面没有移动时，从套管中取出试管，重新预热到（50±1)℃，然后用比前次高4℃的温度重新测定，直至某试验温度能使试样液面出现移动为止。

M4-4　凝点测定

（4）确定试样凝点　找出凝点的温度范围（液面位置从移动到不移动或从不移动到移动的温度范围）之后采用比移动的温度低2℃或比不移动的温度高2℃的温度，重新进行试验。如此反复试验，直至能使液面位置静止不动而提高2℃又能使液面移动时，取液面不动的温度作为试样的凝点。

（5）重复测定　试样的凝点必须进行重复测定，第二次测定时的开始试验温度要比第一次测出的凝点高2℃。

六、计算和报告

1. 精密度　用以下数值来判断测定结果的可靠性（置信水平为95%）。

（1）重复性　同一操作者重复测定两次，结果之差不应超过2℃。

（2）再现性　由不同试验室提出的两个结果之差不应超过4℃。

2. 报告　取重复测定两次结果的算术平均值，作为试样的凝点。

任务评价

考核时间：130min

序号	考核内容	考核要点	配分	评分标准	检测结果	扣分	得分	备注
1	准备	试样及仪器的准备	25	对含水试样未脱水或脱水操作不正确扣5分				
				正确选择冷却剂温度，比预期凝点低7～8℃，否则扣5分				
				注入试管的试样量准确，否则扣5分				
				凝点低于2℃时套管中未注入无水乙醇扣5分				
				温度计插入位置不正确扣5分				
2	测定	测定过程	45	测定前装试样及温度计的试管未在(50±1)℃的水浴中恒温扣5分				
				装好套管后未放在固定的支架上在室温中冷却试样至(35±5)℃扣5分				
				将套管放在冷却剂中冷却并按规定步骤测定其凝固点，操作不正确扣15分				
				从冷却剂中取出仪器后未迅速用工业乙醇擦拭套管外壁扣5分				
				不会找出凝点范围扣10分				
				正确观测凝点，否则扣5分				
3	结果	记录填写	5	每错误一处扣2分，涂改每处扣2分，杠改每处扣0.5分				
		结果考察	5	结果未修正或修正错误扣5分				
				精密度不符合规定扣20分				
4	试验管理	文明操作	20	台面整洁，仪器摆放整齐，否则扣5分				
				仪器破损扣10分，严重的停止操作				
				废液、废药未正确处理扣5分				
合计			100					

考评人：　　　　　　　　　分析人：　　　　　　　　　时间：

想一想

冷滤点和凝点有何不同?

任务八 冷滤点测定

任务要求

1. 了解冷滤点测定意义;
2. 掌握冷滤点测定方法;
3. 熟悉冷滤点测定注意事项。

冷滤点指在规定条件下冷却,当试样不能通过过滤器或20mL试样流过过滤器的时间大于60s或不能完全返回到试验杯时的最高温度,称为试样的冷滤点,以℃(按1℃的整数倍)表示。同凝点类似,冷滤点是评价柴油低温流动性的指标之一。

一、测定意义

大量的行车及冷启动试验表明,柴油最低极限使用温度不是凝点,而是冷滤点,尤其是加有流动改进剂(降凝剂)的柴油更为突出。冷滤点测定仪是模拟车用柴油在低温下通过滤清器的工作状况而设计的,因此比凝点更能反映车用柴油的低温使用性能,它是保证普通柴油、车用柴油输送和过滤性的指标,并且能正确判断添加低温流动改进剂后的普通柴油和车用柴油质量。

二、测定方法

馏分燃料油冷滤点的测定按石油化工行业标准SH/T 0248—2006《柴油和民用取暖油冷滤点测定法》进行,该标准适用于馏分燃料,包括含有流动性改进剂或其他添加剂,供柴油机和民用取暖装置使用的燃料。冷凝点测定装置见图4-4。

测定冷滤点时,先将45mL清洁的试样注入试杯中,水浴加热到30℃±5℃,再按规定条件冷却,当试样冷却到比预期浊点高5℃时,以1.961kPa(200mmH_2O)压力抽吸,使试样通过规定的过滤器20mL时停止,同时停止秒表计时,继续以1℃的间隔降温,再抽吸。如此反复操作,直至60s内通过过滤器的试样不足20mL或在切断压力下,试样不能完全自然流回试杯中为止,则记录本次抽吸开始时的温度,即为试样的冷滤点。

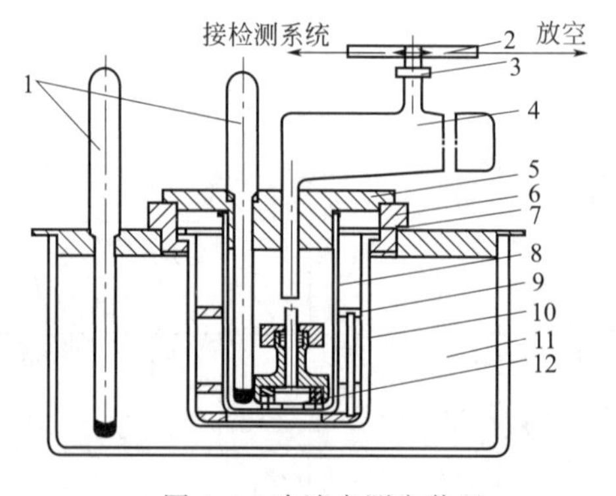

图4-4 冷滤点测定装置

1—温度计;2—三通阀;3—橡皮管;4—吸量管;5—橡胶塞;6—支持环;7—弹簧环;8—试杯;9—固定架;10—铜管套;11—冷浴;12—过滤器

三、注意事项

① 检查仪器冷浴中冷却剂液位,不足时及时补充。

② 试验前检查抽滤系统是否达到分析所需条件。

③ 试样杯塞子上有三个孔,其中两个孔分别插入吸量管与温度计,另一个孔用于保持系统的压力平衡,使用前检查第三个孔是否畅通,否则会影响测定结果。

④ 清洗溶剂用正庚烷和丙酮，操作应在通风橱下进行。

⑤ 应保持仪器的清洁，防止酸、碱、油污染，控制面板部分不要受潮或进水。

思考与交流

讨论冷滤点测定需要注意的问题有哪些。

【课程思政】

温度计的故事

伽利略是欧洲文艺复兴时期伟大的数学家、物理学家、天文学家。在伽利略读大学期间，一次偶遇看到一个小男孩在玩游戏：在U形玻璃管中装了一半的水，然后将管的一端密封，接着用火烧U形玻璃管的密封端。烧了一会以后，另一端的水柱渐渐升高，将火移开后水柱又渐渐下落，最后两边一样高。看到此情景，伽利略脑中灵光乍现：这不正是自己为做测量温度的仪器而百思不得的方法吗？受此启发，伽利略很快就做出了测量温度的仪器。伽利略之所以能够发明温度计，得益于他具有强烈的求知欲望和探索精神。

任务实施

操作6　冷滤点测定

一、目的要求

1. 掌握石油产品冷滤点的测定方法和计算方法。

2. 掌握冷滤点装置的安装和操作方法。

二、测定原理

试样在规定的条件下冷却，在负压200mmH_2O时，当试样不能流过过滤器（363目网）或20mL试样流过过滤器的时间大于60s或试样不能完全流回试验杯时的最高温度。冷滤点比浊点、凝点更能反映柴油低温实际使用性能，最接近柴油的实际最低使用温度。轻柴油规格按凝点分为10、0、－10、－20、－35和－50六个牌号，分别表示凝点不高于10℃、0℃、－10℃、－20℃、－35℃和－50℃；牌号越高，凝点越低。

三、仪器与试剂

仪器：冷滤点测定仪（主要由试验杯、套管、保温环、定位环、支撑环、吸量管与过滤器组成）；温度计；冷浴；三通阀；真空源；真空调节装置；秒表。

试剂和材料：正庚烷（分析纯）；丙酮（分析纯）；无绒滤纸；校正标准物。

四、准备工作

检查抽吸装置“稳压瓶”中的水位是否在刻线处，如果不在规定水位，则取下导气管，向稳压瓶加水至刻线处，再插回导气管至稳压瓶一半处。

检查U形管水位是否在“0”刻线处。

检查所有配件是否全部清洁和干燥，检查黄铜壳体、螺帽和滤网有无损坏。如果需要，应更换新的。

试样准备。

五、测定步骤

1. 接通仪器电源，打开仪器开关。

2. 左边显示窗显示实际温度，按下“启停”键。仪器按照设定的温度开始降温；设定温度，按下“设温”键，按回车键调整光标位置，按三角键调整参数大小，温度调整好后按下“启停”键，仪器按照设定的温度开始降温；当仪器达到设定温度并稳定时，可以开始分析样品。

3. 打开抽吸装置的总机电源，检查 U 形管水位压差计应稳定指示压差为 200mm±1mm，空气流速应为 15L/h±1L/h，如不符合，及时进行调整。

4. 室温下，将 50mL 试样在干燥的无绒滤纸上过滤；将装有温度计、吸量管的塞子，塞入盛有 45mL 试样的试杯中，使温度计垂直并距离试杯底部 1.5mm±0.2mm。

5. 当试样温度达到 30℃±5℃时，将装有试样的试样杯垂直放入置于已冷却到预定温度冷浴中的套管内。

6. 当试样温度达到合适的整数度时，按下抽吸按钮，仪器自动开始计时。

7. 当试样达到吸量管刻度标记时，按下停止按钮，计时停止，再按下放空按钮，让试样自然流回试验杯。

8. 如果第一次过滤达到吸量管刻度标记的时间超过 60s，放弃本次试验，在一个稍高温度，重复前面的试验。

试样温度每降低 1℃，重复操作。直到 60s 时，试样不能充满吸量管或 60s 试样不能完全流回试验杯时，记录此最后过滤开始时的温度，即为试样的冷滤点。

9. 试验结束，取出试验杯，用正庚烷清洗连接管、试验杯、吸量管和温度计，然后用丙酮冲洗，再用经过滤的干燥空气吹干。

10. 关闭仪器开关，将仪器清洁干净。

六、计算和报告

取两次重复试验结果的算术平均值，报告为本试验结果。

任务评价

序号	考核内容	考核要点	配分	评分标准	检测结果	扣分	得分	备注
1	准备	试样及仪器的准备	20	取样不具代表性扣 5 分				
				试样未正确过滤扣 5 分				
				未洗涤干燥仪器扣 5 分				
				正确组装仪器否则扣 5 分				
2	测定	测定过程	30	正确选择冷浴温度，否则扣 5 分				
				试样装入量不正确扣 5 分				
				将保温环和定位环放到套管内的合适位置，否则扣 5 分				
				未检查并使 U 形管压差计稳定指示压差为 200mm±1mm 扣 5 分				
				试样温度未达到 30℃±5℃即放入装置扣 5 分				
				按照标准规定进行测定，操作不正确扣 5 分				
				不能正确判断冷滤点并记录温度扣 10 分				

续表

序号	考核内容	考核要点	配分	评分标准	检测结果	扣分	得分	备注
3	结束	洗涤试验设备	10	未按要求正确洗涤设备并将试验杯、过滤器和吸量管吹干，扣10分				
4	结果	记录填写	10	每错误一处扣2分，涂改每处扣2分，杠改每处扣0.5分				
		结果考察	20	结果未修正或修正错误扣10分				
				精密度不符合规定扣20分				
5	试验管理	文明操作	10	台面整洁，仪器摆放整齐，否则扣5分				
				仪器破损扣10分，严重的停止操作				
				废液、废药未正确处理扣5分				
合计			100					

考评人：　　　　分析人：　　　　时间：

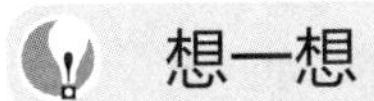

想一想

10%蒸余物残炭测定的方法有哪些？

任务九　10%蒸余物残炭测定

任务要求

1. 了解10%蒸余物残炭测定意义；
2. 掌握10%蒸余物残炭测定方法；
3. 熟悉10%蒸余物残炭测定注意事项。

油品的残炭值，是指油品在特定的高温条件下，经过蒸发及热裂解过程后，所形成的炭质残余物占油品的质量分数。残炭值的大小与油品的化学组成及灰分含量有关。除灰分外，油品中的胶质、沥青质及多环芳烃等物质是残炭的主要来源。故通常情况下，残炭值可用来表征油品的相对生焦倾向的大小（含有生灰添加剂的油品除外），用于指导原料的选择及油品的生产工艺。

由于普通柴油和车用柴油馏分轻，直接测定残炭值很低，误差较大，故规定将试油蒸馏到残余10%后再进行蒸发、裂解及缩合，故称为10%蒸余物残炭。

一、测定意义

残炭是评价油品在高温条件下生成焦炭倾向的指标。普通柴油和车用柴油的10%蒸余物残炭反映油品精制深度或油质好坏，间接说明油品在使用过程中发生结焦和生成积炭的倾向，10%蒸余物残炭值大的柴油在使用时易在气缸内形成积炭，导致散热不良，机件磨损加剧，缩短发动机使用寿命。车用柴油要求10%蒸余物残炭值（质量分数）不大于0.3%。

二、测定方法

车用柴油10%蒸余物残炭测定前，先按GB/T 6536—2010《石油产品常压蒸馏特性测定法》对200mL试样进行蒸馏，收集10%残余物作为试样。也可用GB/T 255—77《石油产品馏程测定法》获取10%残余物，由于该法采用100mL蒸馏烧瓶，因此需进行不少于两次的蒸馏，收集10%蒸余物作为试样，再按康氏法测定残炭。

康氏法残炭按 GB/T 268—87《石油产品残炭测定法（康氏法）》进行。该方法是参照 ISO 标准方法编写的。康氏法残炭一般用于测定常压蒸馏时易分解、相对易挥发的石油产品。

如图 4-5 所示，测定时，用恒重好的瓷坩埚按规定称取试样，将盛有试样的瓷坩埚放入内铁坩埚中，再将内铁坩埚放在外铁地坩埚内（内外铁坩埚之间装有细砂），然后再将全套坩埚放在镍铬丝三脚架上，使外铁坩埚置于遮焰体中心，用圆铁罩罩好。用煤气喷灯的强火焰加热，使试样蒸发、燃烧，生成残留物，冷却 40min 后称量，计算残炭占试样的质量分数，即为康氏法残炭值。

加热过程分预热期（10min ± 1.5min）、燃烧期（13min±1min）和强热期（7min）三个阶段，测定时，要严格执行标准，以确保测定结果的有效性。

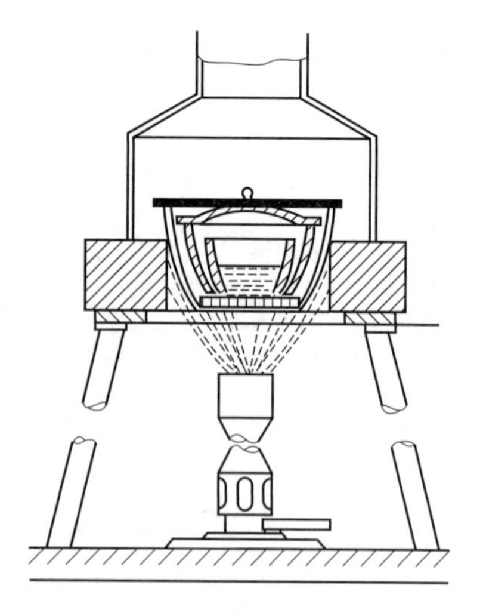

图 4-5　残炭测定仪示意图

三、注意事项

（1）量取温度　蒸馏时，馏出物温度与装样温度应保持一致，以得到较准确的 10%蒸余物。

（2）仪器的安装　全套坩埚放在镍铬丝三脚架上，必须将外铁坩埚放在遮焰体的正中心，不能倾斜。全套坩埚用圆铁罩罩上，使其受热均匀，否则将影响测定结果。

（3）加热强度控制　预热期的加热应自始至终保持均匀，如果加热强度过大，试样会溅出瓷坩埚外，使测定结果偏低。如果加热强度小，会使燃烧期延长，溅出残炭的可能性加大，同样使测定结果偏低。燃烧期要控制火焰不超过火桥，否则测定结果偏低。强热期必须保证 7min，若加热强度不够，会影响到残炭的形成，使其无光泽，并不呈鱼鳞片状，造成结果偏大。

（4）坩埚冷却和称量　按规定，强热期过后，移开喷灯，使仪器冷却到不见烟（约 15min），再移去圆铁罩和外、内铁坩埚盖，用热坩埚钳将瓷坩埚移入干燥器内，冷却 40min，称量。若过早取出坩埚，则新鲜空气进入，残炭易发生燃烧，使测定结果偏小。若届时未取出，则温度降低，易引起瓷坩埚吸收空气中的水分，使测定结果偏高。

思考与交流

讨论 10%蒸余物残炭测定需要注意的问题有哪些。

【课程思政】

汽车尾气与环境污染

汽车是人类不可缺少的交通工具，但汽车尾气却是大气的主要污染源。汽车尾气的主要污染物是：一氧化碳（CO）、氮氧化物（NO_x）、碳氢化合物（HC）、铅（Pb）、苯并芘（BaP）等。它们对环境的污染主要表现为产生温室效应，破坏臭氧层，产生酸雨、黑雨等现象。对人体的危害主要为造成各种疾病，严重损害呼吸系统，并且，具有很强的致癌性。针对汽车尾气污染的危害性，人们需要增强环保意识，加快治理汽车尾气污染的步伐，开发新的代用燃料来提高燃油品质，降低污染物的排放量。

任务实施

操作 7　10%蒸余物残炭测定

一、目的要求

掌握石油产品 10%蒸余物残炭的测定方法。

二、测定原理

在规定的试验条件下，用电炉来加热蒸发润滑油、重质液体燃料或其他石油产品的试样，并测定燃烧后形成的焦黑色残留物（残炭）的质量分数。

三、仪器与试剂

仪器：电炉法残炭测定仪（包括加热设备和配电设备两部分）；高温炉；干燥器；坩埚盖；瓷坩埚。

试剂和材料：石细砂（要预先充分灼烧过。在残炭测定仪器中，每个装坩埚的空穴底部装入细砂 5～6mL）。

四、准备工作

1. 检查仪器设备连接：检查仪器控制设备、加热设备各连接处是否正常。

2. 打开仪器电源开关，在温控表上设定实验所需温度。使钢浴温度保持在（520±5)℃。

3. 瓷坩埚的准备：将清洁的瓷坩埚放在（800±20)℃的高温炉中煅烧 1h 后，取出，在空气中放置 1～2min，移入干燥器中冷却 40min，称量坩埚质量，精确至 0.0002g。

五、测定步骤

1. 在预先称量过的瓷坩埚中，称入一份如下数量的试样，精确至 0.01g：润滑油或柴油的 10%馏出物 7～8g，重质燃料油 1.5～2g，渣油沥青 0.7～1g。

2. 放入试样：用钳子将盛有试样的瓷坩埚放入电炉的空穴中，立即盖上坩埚盖，切勿使瓷坩埚及盖偏斜靠壁。未用空穴均应盖上钢浴盖。如果同时使用四个空穴，则此时炉温会有下降。

3. 引火点燃蒸气：当试样在高温炉中加热到开始从坩埚盖的毛细管中逸出蒸气时，立即引火点燃蒸气，使它燃烧，在燃烧结束时，用空穴的盖子盖上高温炉的空穴，然后将炉温维持在（520±5)℃，煅烧试样残留物。

4. 试样从开始加热，经过蒸气的燃烧，到残留物的煅烧结束，共需 30min。

5. 取出坩埚冷却称量：当残留物的煅烧结束时，打开钢浴盖和坩埚盖，并立即从电炉空穴中取出瓷坩埚，在空气中放置 1～2min，移入干燥器中冷却约 40min 后，称量瓷坩埚和残留物的质量，精确至 0.0002g。

6. 在确定试验结果时，必须注意瓷坩埚里面的残留物情况，它应该是发亮的，否则重新进行测定。如果在第二次分析时仍获得同样的残留物，测定才认为正确。

7. 计算：按试样的残炭值计算公式计算。

$$X=\frac{m_1}{m}\times 100\% \qquad (4\text{-}11)$$

式中，X 为试样的残炭值，%；m_1 为残留物的质量，g；m 为试样的质量，g。残炭值的计算结果精确到 0.1%。

六、计算和报告

取重复测定两个结果的算术平均值作为测定结果，取至 0.01mg/L。

任务评价

序号	考核内容	考核要点	配分	评分标准	检测结果	扣分	得分	备注
1	准备	试样及仪器的准备	40	未根据试样性质进行处置(如加热、脱水等)扣5分				
				未检查瓷坩埚、玻璃珠的准备扣5分				
				取试样前未摇匀扣5分				
				取样准确，超差或返工扣5分				
				测定前未接通电源使炉温达到520℃±5℃扣5分				
				将盛有试样的瓷坩埚正确放入电炉的空穴中并迅速盖上坩埚盖，否则扣5分				
				未用空穴未盖上钢浴盖扣5分				
2	测定	测定过程	20	坩埚盖毛细管逸出蒸气时，未立即将其点燃扣5分				
				燃烧结束未盖上钢浴盖扣5分				
				从开始加热至煅烧结束时间不符合要求扣5分				
				未检查瓷坩埚内残留物情况扣5分				
				恒重操作不正确规范扣5分				
3	结果	记录填写	10	每错误一处扣2分；涂改每处扣2分；杠改每处扣0.5分				
		结果考察	20	计算公式或结果不正确扣20分				
				分析结果精密度不符合规定扣20分				
4	试验管理	文明操作	10	台面整洁，仪器摆放整齐，否则扣5分				
				仪器破损扣10分，严重的停止操作				
				废液、废药未正确处理扣5分				
合计			100					

考评人：　　　　　　　　　分析人：　　　　　　　　　时间：

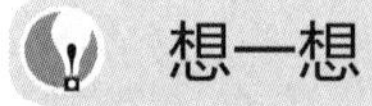

想一想

微量法和电炉法测定残炭有何不同？

任务十　微量残炭测定

任务要求

1. 了解微量残炭测定意义；
2. 掌握微量残炭测定方法；

3. 熟悉微量残炭测定注意事项。

一、测定意义

各种石油产品的残炭值是用来估计该产品在相似的降解条件下，形成炭质沉积物的大致趋势，以提供石油产品相对生焦倾向的指标。

二、测定方法

普通柴油和车用柴油微量残炭按 GB/T 17144—1997《石油产品残炭测定法（微量法）》进行测定。

将已称重的试样放入一个样品管中，在惰性气体（氮气）气氛中，按规定的温度程序升温，将其加热到 500℃，在反应过程中生成的易挥发性物质由氮气带走，以留下的炭质残渣占原样品的质量分数报告微量残炭值。

三、注意事项

① 当成焦箱的温度低于 250℃时才能打开其上盖，否则会有操作危险。

② 试验过程中，不要触及仪器，以免烫伤，试验时不能离人。

③ 当“废液收集器”内的废液到达 2/3 时，请顺时针旋转拆下废液收集器将废液予以清理，否则会影响实验结果。

④ 定期对“成焦箱”内部 12 个进气孔清焦，以防止进气孔堵塞，影响结果。

⑤ 保持仪器清洁，防止酸碱、油污、潮湿等侵蚀。

思考与交流

讨论微量残炭测定需要注意的问题有哪些。

任务实施

操作 8 微量残炭测定

一、目的要求

掌握石油产品微量残炭的测定方法。

二、测定原理

将已称重的试样放入一个样品管中，在惰性气体（氮气）气氛中，按规定的温度程序升温，将其加热到 500℃，在反应过程中生成的易挥发性物质由氮气带走，以留下的炭质残渣占原样品的质量分数报告微量残炭值。

三、仪器与试剂

1. 仪器 样品管；滴管或玻璃棒；成焦箱；样品管支架；热电偶；分析天平；冷却器。

2. 试剂和材料 氮气，纯度 98.5%以上，用双级调节器后提供压力为 0～200kPa，实际应用中最低气流压力为 140kPa。

四、准备工作

1. 样品准备 对于由馏分油组成的样品，可以按以上的原理进行测定，也可以按 GB/T 6536 修改的步骤制备 10%（体积分数）蒸馏残余物。

（1）按 GB/T 6536 制备 10%（体积分数）蒸馏残余物，仪器的安装仍按 GB/T 6536 进行，但蒸馏烧瓶颈部的温度计可省略，只用一个密切配合的软木塞或橡胶塞塞紧蒸馏烧瓶瓶口，使其安全牢固。

（2）当量筒中馏出物的体积为 89mL 时，停止加热。当液体继续流入量筒恰好为 90mL 时，移开量筒，换上一个小玻璃瓶，收集从冷凝管中流出的最后馏出物，并趁热与蒸馏烧瓶中的残余物合并。混合均匀，这种混合的残余物代表原样品的 10%（体积分数）的残余物部分。

2. 充分搅拌待测样品　对于黏稠的或含蜡的石油产品，应首先将其加热，降低样品的黏度。如果样品是液态，可用小棒直接把样品滴到样品管底部。固态样品也可加热滴入或用液态氮冷冻，然后打碎，取一小块放入样品管底部。

3. 样品的称量

（1）在取样和称量过程中，用镊子夹取样品管，以减少称量误差。用过的样品管一般应废弃。

（2）称量洁净的样品管，并记录其质量，准确至 0.1mg。

（3）把适量质量的样品（表 4-11）滴入或装入到已称重的样品管底部，避免样品沾壁，再称量，准确至 0.1mg，并记录下来。把装有试样的样品管放入样品管支架上（最多 12 个），根据指定的标号记录每个试样对应的位置。

表 4-11　试样量

样品种类	预计残炭值/%(质量分数)	试样量/g
黑色黏稠或固体	>5.0	0.15±0.05
褐色或黑色不透明流体	>1.0～5.0	0.50±0.10
透明或半透明物体	0.2～1.0 <0.2	1.50±0.50 1.50±0.50 或 3.00±0.50

当参比样品的结果落在该试样平均残炭值±3 倍标准偏差范围内时，则这批样品的试验结果认为可信。当参比样品的测试结果在上述极限范围以外时，则表明试验过程或仪器有问题，试验无效。

五、测定步骤

1. 在炉温低于 100℃时，把装满试样的样品管支架放入炉膛内，并盖好盖子，再以流速为 600mL/min 的氮气流至少吹扫 10min。然后把氮气流速降到 150mL/min，并以 10～15℃/min 的加热速率将炉子加热到 500℃。

2. 使加热炉在 500℃±2℃时恒温 15min，然后关闭炉子电源，并让其在氮气流（600mL/min）吹扫下自然冷却。当炉温降到低于 250℃时，把样品管支架取出，并将其放入干燥器中在天平室进一步冷却。

注 1：在样品管支架从炉中取出后关闭氮气。

如果样品管中试样起泡或溅出引起试样损失，则该试样应作废，试验重做。

注 2：试样飞溅的原因可能是由于试样含水所造成的。可先在减压状态下慢慢加热，随后再用氮气吹扫以赶走水分。

另一种方法是减少试样量。如果要做下一次试验，则打开炉盖，让其自然快速冷却。

注 3：当炉温冷却到低于 100℃时，可开始进行下一次试验。

注意：因为空气（氧气）的引入会随着挥发性焦化产物的形成产生一种爆炸性混合物，

这样会不安全，所以在加热过程中，任何时候都不能打开加热炉盖子。在冷却过程中，只有当炉温降到低于250℃时，方可打开炉盖。在样品管支架从炉中取出后，才可停止通氮气。生焦箱放在试验室的通风柜内，以便及时地排放烟气，也可将加热炉排气管接到实验室排气系统中排走烟气，注意管线不要造成负压。

3. 用镊子夹取样品管，把样品管移到另一个干燥器中，让其冷却到室温，称量样品管，称至0.1mg，并记录下来。用过的样品管一般应废弃。

4. 定期检查加热炉底部的废油收集瓶，必要时将其内容物倒掉后再放回。

注意：加热炉底部的废油收集瓶中的冷凝物，可能含有一些致癌物质，应该避免与其接触，并应该按照可行的方法对其进行掩埋或处理。

六、计算和报告

原始试样或10%（体积分数）蒸馏残余物的残炭 X（质量分数），按式(4-12)计算：

$$X=\frac{m_3-m_1}{m_2-m_1}\times 100\% \tag{4-12}$$

式中　m_1——空样品管的质量，g；

m_2——空样品管的质量加试样的质量，g；

m_3——空样品管的质量加残炭量，g。

取重复测定两个结果的算术平均值，作为试样或10%（体积分数）蒸馏残余物的残炭值，报告结果精确至0.01%（质量分数）。

任务评价

序号	考核项目	测评要点	配分	评分标准	扣分	得分	备注
1	准备工作	仪器试剂准备： 瓷坩埚或蒸发皿(50mL和90～120mL)、高温炉、干燥器、定量滤纸(直径9cm)	5	1. 仪器准备不充分扣2分； 2. 干燥器使用不正确扣3分			
2	新坩埚的处理	1. 处理前将坩埚内外清洗干净； 2. 将稀盐酸1∶4注入瓷坩埚内煮沸几分钟用蒸馏水洗涤； 3. 称量时称准至0.0001g； 4. 坩埚烘干后放在高温炉中在775℃±25℃煅烧至少10min，取出在空气中冷却3min，移入干燥器中； 5. 重复进行煅烧、冷却及称量，直至两次称量间的差数不大于0.0005g为止	15	1. 坩埚不清洁扣3分； 2. 盐酸配制不准确扣3分； 3. 坩埚恒重称量和天平使用不合要求扣3分； 4. 炉温控制不在775℃±25℃扣3分； 5. 冷却坩埚及称量不准扣3分			
3	试验步骤	1. 将瓶中的试样剧烈摇动均匀后进行取样； 2. 将定量滤纸叠成两折卷成圆锥状，用剪刀把据尖端5～10mm之顶端不剪去，放入坩埚内，将圆锥状滤纸(引火芯)安稳地立插在坩埚内的油中，将大部分的试样表面盖住； 3. 将装有试样和引火芯的坩埚放在电热炉上缓慢加热，使其不溅出，燃烧时火焰高度维持在10cm左右； 4. 试样燃烧后，残渣成灰后，将坩埚放在空气中冷却3min，在干燥器内冷却至室温后进行称量。在移入高温炉中煅烧20～30min，重复进行煅烧、冷却及称量，至连续两次称量间的差数不大于0.0005g为止	30	1. 称量前试样未摇匀扣5分； 2. 滤纸处理不符合规定扣5分； 3. 加热温度和时间不符合规定扣10分； 4. 冷却及称量时间不符合规定扣10分			

续表

序号	考核项目	测评要点	配分	评分标准	扣分	得分	备注
4	计算	计算公式及结果	10	计算公式错误扣 5 分； 计算结果错误扣 5 分			
5	结果报告及填写记录	填写正确不得涂改	10	记录错误每处扣 2 分；丢落项每处扣 2 分；涂改每处扣 2 分；杠改每处扣 1 分			
6	分析结果	精密度	10	精密度不符合标准规定扣 10 分			
		准确度	10	准确度不符合标准规定扣 10 分			
7	安全文明生产	遵守安全操作规程；在规定的时间内完成	10	每违反一项从总分中扣 5 分，严重违规者停止操作；每超时 1min 从总分中扣 5 分，超时 3min 停止操作			

考评人：　　　　　　　　　　分析人：　　　　　　　　　　时间：

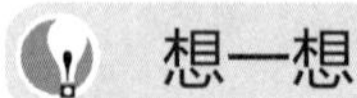

想一想

测定柴油氧化安定性的意义是什么？

任务十一　氧化安定性测定

任务要求

1. 了解氧化安定性测定意义；
2. 掌握氧化安定性测定方法；
3. 熟悉氧化安定性测定注意事项。

氧化安定性是指柴油在储存和运输过程中，在空气和少量水存在的情况下，生成沉淀物和胶质的趋势。如果氧化安定性不好，生成的沉淀就会使过滤器堵塞，在燃烧室形成大量积炭，使柴油喷射系统形成漆膜并使活塞环黏滞和加大磨损。其物性指标用总不溶物（mg/100mL）来表示。

柴油的安定性取决于其化学组成。二烯烃、多环芳烃和含硫、含氮化合物都是不安定性成分，他们能使发动机中沉积物显著增加。因此，必须通过各种精制方法减少这些化合物的含量。

一、测定意义

柴油的安定性直接影响柴油机的工作，主要表现在当柴油机在运转时，油箱中的温度可达到 60～80℃，柴油中不安定组分与油中溶解氧会很快氧化，生成氧化缩合物。这些缩合物呈漆状沉积在喷油嘴的针芯上，严重时会造成喷油嘴针芯黏死而中断供油，沉积在喷油嘴周围呈积炭状的缩合物，能破坏燃料的供应，并使喷雾状况恶化；沉积在燃烧室壁及阀门等部位的积炭，则导致磨损加剧、阀门关闭不严或卡死等故障。为此，在国家标准 GB 19147—2016 中，规定车用柴油氧化安定性（以总不溶物计）不大于 2.5mg/mL。

二、测定方法

柴油的氧化安定性按 SH/T 0175—2004《馏分燃料油氧化安定性测定法（加速法）》进行测定，该方法适用于评定初馏点不低于 175℃、90％点温度不高于 370℃的中间馏分燃料油的固有安定性。

在不存在水或活性金属表面以及污物等环境因素的情况下加温、通氧，以测定试样暴露于大气中的抗变化能力，这种能力称为固有安定性。测定时，将已过滤的350mL试样注入氧化管，通入氧气，速度为50mL/min。在95℃的温度条件下氧化16h；然后将氧化后的试样冷却到室温，过滤，得到可过滤的不溶物；用三合剂（等体积混合的丙酮、甲醇和甲苯）把黏附性不溶物从氧化管上洗下来，蒸发除去三合剂，得到黏附性不溶物；可过滤的不溶物与黏附性不溶物之和即为总不溶物量，以mg/100mL表示。

黏附性不溶物是指在试验条件下，试样在氧化过程中产生的、在试样放出后黏附在氧化管壁上的不溶于异辛烷的物质。而可过滤的不溶物，是指在试验条件下，试样在氧化过程中产生并通过过滤分离出来的物质，它包括两部分，一部分是氧化后在试样中悬浮的物质，另一部分是在管壁上易于用异辛烷洗下来的物质。

三、注意事项

① 金属及金属离子的催化氧化作用。铜、铬等金属及其离子均对氧化反应有催化作用，会使生成不溶物的量增加。因此，在使用前要彻底清洗掉金属残渣，同时为防止铬离子的残留，不允许用铬酸洗液清洗所有玻璃仪器和氧化管。

② 试剂纯度。若三合剂试剂纯度不高，将引起黏附性不溶物量的增加。

③ 光线照射。试样暴露紫外光下，会引起总不溶物量的增加。因此，试验用的样品必须避免阳光或荧光；试样的取样、测量、过滤和称量的全部操作过程应避免阳光直射；试样通氧前的保存、通氧操作、通氧后的降温应在暗处进行。

思考与交流

讨论氧化安定性测定需要注意的问题有哪些。

【课程思政】

化工安全，不容小觑

2020年11月2日，中石化北海液化天然气有限责任公司发生着火事故，7人死亡，2人重伤，直接经济损失2029.30万元。事故直接原因是在实施二期工程项目过程中，隔离阀门开启，低压外输汇管中的LNG（液化天然气）从切割开的管口中喷出，LNG雾化气团与空气的混合气体遇可能的点火能量产生燃烧事故。间接原因是阀门隔离方式不当、仪表工程师未按规定执行仪表联锁审批程序和操作程序、动火施工作业条件确认不充分、安全风险意识与管控不到位等。这起事故告诫大家，作为一个化工人，一定要有强烈的责任感和安全意识，稍有疏忽，就会付出惨痛的代价。

任务实施

操作9　氧化安定性测定

一、目的要求

1. 掌握石油产品氧化安定性的测定方法。
2. 掌握氧化安定性测定装置的安装和操作方法。

二、测定原理

将已过滤的350mL试样装入氧化管中，通入氧气，速率为50mL/min，在95℃下氧化16h。然后将氧化后的试样冷却至室温，过滤，得到可滤出不溶物。用三合剂把黏附性不溶物从氧化管壁和通氧管壁上洗下来，把三合剂蒸发除去，得到黏附性不溶物。可滤出不溶物的量和黏附性不溶物的量之和为总不溶物的量，以mg/100mL表示。

三、仪器与试剂

仪器：氧化管；加热浴；浮子流量计；滤膜干燥箱；玻璃仪器干燥箱；过滤仪器；滤膜；蒸发容器；电热板。

试剂和材料：水的纯度（应符合GB/T 6682规规格中三级水的要求）；异辛烷；氧气（纯度不低于99.5%）；三合剂（等体积丙酮、甲醇和甲苯的混合液）。

四、准备工作

1. 仪器的准备

（1）玻璃仪器（除氧化管外的准备）：用三合剂淋洗所有的玻璃仪器，然后用水、中等碱性或中性实验室清洗剂清洗，再用蒸馏水洗涤三次，最后用丙酮洗，除去水，烘干后待用。

（2）氧化管及其附件的准备：用含有清洗剂的水装满氧化管，装上通氧管及冷凝器，浸泡至少2h，刷洗，倒出洗液，用自来水冲洗5次，然后用蒸馏水或符合GB/T 6682规格中三级水要求的水冲洗3次，再用丙酮洗，除去水，烘干后待用。

（3）蒸发容器的准备：在（105±5）℃烘箱中干燥已清洗干净的200mL高型烧杯1h，取出后放入无干燥剂的干燥器内，冷却1h，称量各烧杯质量，精确至0.1mg。

2. 试样准备　在滤膜托板上放一张滤膜，用夹子把滤膜、漏斗、滤膜托板固定，连接抽真空系统，过滤约400mL试样，接收在干净的500mL吸滤瓶内，弃去滤膜。每个试样都应按上述步骤准备。再次过滤试样时，不要用上次用过的滤膜，否则滤膜上滤出的沉渣可能被后加的试样带走，影响试验结果。

五、测定步骤

1. 试样氧化：将350mL±5mL已过滤的试样装入干净的氧化管内，在尽量短的时间内将此氧化管放入已恒温至95℃±0.2℃的加热浴中，氧化管内试样的液面应低于加热介质的液面，暂时存放时，应避光；氧化管放入加热浴中后，依次装好通氧管和冷凝器，接通冷凝水和氧气，调节氧气流量为50mL/min±5mL/min，确保试验避光；记录第一个氧化管放入加热浴中的时间（零时间）。

2. 试样冷却：从零时间开始，至16h±0.25h，按照放入加热浴中的顺序，从加热浴中取出个氧化管，用一片和氧化管口同样大小的铝箔或塑料片盖住管口，防止污物、灰尘和水分进入氧化管内。记录第一个氧化管取出时间；将氧化管放入室温下通风的暗处冷却至接近室温，放置时间不应超过4h。

3. 测定可滤出不溶物：把两张质量配重的滤膜放在过滤器滤膜托板上，安装过滤仪器，抽真空，倾倒并过滤冷却至室温的试样。待全部试样过滤完后再倒入异辛烷淋洗。过滤结束。用异辛烷冲洗氧化管和通氧管3次，每次用量50mL±5mL（冲洗液均通过过滤器仪器抽滤），过滤完成后，卸下过滤仪器漏斗上部，再用50mL±5mL异辛烷清洗滤膜的托板和相邻的部件，弃去滤液，小心取出滤膜。在80℃±20℃烘箱中干燥此两张滤膜30min，冷却30min，分别称量上层滤膜和下层滤膜的质量，精确至0.1mg，计算可滤出不溶物的量。

4. 测定黏附性不溶物：用75mL±5mL的三合剂分三次洗下黏附在氧化管壁和通氧管壁上的不溶物。

检查氧化管壁和通氧管壁表面是否还有未洗下的不溶物或管壁带有颜色。如果还有未洗下的不溶物或管壁带有颜色，再用25mL三合剂冲洗。

蒸发三合剂，用下述两种方法中的任意一种方法将三合剂蒸发除去：

① 将冲洗液收集在已称过质量的200mL的高型烧杯内，把烧杯放在135℃的电热板上，在通风柜内加热蒸发三合剂，待三合剂蒸干后，将含有不溶物的烧杯放在无干燥剂的干燥器内，冷却1h，称量各烧杯质量，精确至0.1mg（也可选用将冲洗液收集在GB/T 8019规定的1个或2个100mL的烧杯内，用GB/T 8019喷射蒸发法在160℃下蒸发三合剂）；

② 蒸发和试验等体积的三合剂，作为黏附性不溶物的空白，校正三合剂中的杂质。

六、计算和报告

试样氧化后可滤出不溶物的量按式(4-13)计算。

$$A=\frac{m_2-m_1}{3.5} \tag{4-13}$$

式中　m_1——下层（空白）滤膜的质量，mg；

m_2——上层（试样）滤膜的质量，mg。

试样氧化后黏附性不溶物的量按式(4-14)计算，试样氧化后总不溶物的质量按式(4-15)计算。

$$B=\frac{(m_6-m_4)-(m_5-m_3)}{3.5} \tag{4-14}$$

式中　m_3——空白试验烧杯质量，mg；

m_4——试样试验烧杯质量，mg；

m_5——空白试验后烧杯及其内容物总质量，mg；

m_6——试样试验后烧杯及其内容物总质量，mg。

$$X=A+B \tag{4-15}$$

取重复测定所得的两个总不溶物结果的算术平均值，报告为试样的总不溶物X(mg/100mL)，报告结果取一位小数。也可选择报告试样可滤出不溶物A(mg/100mL)和黏附性不溶物B(mg/100mL)。

任务评价

考核项目	考核内容及要求	分值	评分标准	评定记录	扣分
准备工作（5分）	劳保护具齐全上岗	2	少一样扣1分		
	检查滤膜、氧化管等是否清洁、完好	1	未检查扣1分		
	检查天平、烘箱是否完好、清洁	1	未检查扣1分		
	检查试剂是否正确、够用	1	未检查扣1分		
试样及仪器准备（10分）	在滤膜托板上放一张滤膜，用夹子把滤膜、漏斗、滤膜托板固定	2	不正确扣2分		
	连接抽真空系统（真空度约80kPa），过滤约400mL试样，接收在干净的500mL吸滤瓶内，弃去滤膜	3	操作不正确扣3分；真空度不正确扣2分；扣完为止		
	正确开启仪器，加热浴恒温至95℃±0.2℃	5	未正确开机扣5分；设置温度不正确扣5分；扣完为止		

续表

考核项目	考核内容及要求	分值	评分标准	评定记录	扣分
试验步骤（56分）	将350mL±5mL已过滤的试样装入干净的氧化管内	2	装样量不准确扣2分		
	在尽量短的时间内（不应超过1h）将氧化管放入已恒温的加热浴中，氧化管内试样的液面应低于加热介质的液面	5	超时扣2分；试样液面位置不正确扣3分		
	氧化管放入加热浴中后，依次装好通氧管和冷凝器，接通冷凝水和氧气，调节氧气流量为(50±5)mL/min。确保试样避光	5	操作顺序不正确扣3分；流量不正确扣2分；试样未避光扣2分；扣完为止		
	记录第一个氧化管放入加热浴中的时间	2	未记录扣2分		
	氧化加热时间16h±0.25h	2	时间不符合扣2分		
	按照放入加热浴中的顺序从加热浴中取出各氧化管	2	未按要求操作扣2分		
	用一片和氧化管口同样大小的铝箔或塑料片盖住管口，防止污物、灰尘和水分进入氧化管内	3	未按要求操作扣3分		
	记录第一个氧化管取出的时间	2	未记录扣2分		
	将氧化管放入室温下（应高于试样的浊点）通风的暗处冷却至接近室温。放置时间不应超过4h	2	不符合要求扣2分		
	把两张质量配重的滤膜放在过滤器滤膜托板上，安装过滤仪器，抽真空（真空度约80kPa），倾倒并过滤完冷却至室温的试样	5	滤膜未配重扣2分；真空度不正确扣2分。过滤试样洒落扣2分。扣完为止		
	倒入异辛烷淋洗，并用异辛烷冲洗氧化管和通氧管三次，每次用量50mL±5mL	3	操作不正确扣3分；用量不正确扣2分。扣完为止		
	卸下过滤仪器漏斗上部，再用50mL±5mL异辛烷清洗滤膜的托板和相邻的部件，弃去滤液	4	操作不正确扣4分		
	小心取出滤膜，在80℃±2℃烘箱中干燥此两张滤膜30min，冷却30min，分别称量上层滤膜（样品）和下层滤膜（空白）的质量，精确至0.1mg	6	温度不正确扣2分；时间不正确扣2分；称量不准确扣3分。扣完为止		
	用75mL±5mL的三合剂分三次洗下黏附在氧化管壁和通氧管壁上的不溶物	2	操作不正确扣2分		
	检查氧化管壁和通氧管壁表面是否还有未洗下的不溶物或管壁带有颜色，若有，用25mL三合剂冲洗	2	操作不正确扣2分		
	将冲洗液收集在已称量过质量的200mL的高型烧杯内，把烧杯放在135℃的电热板上，在通风柜内加热蒸发三合剂	3	操作不正确扣3分		
	三合剂蒸干后，将含有不溶物的烧杯放在无干燥剂的干燥器内，冷却1h，称量各烧杯质量，精确至0.1mg	4	操作不正确扣4分		
	蒸发和试验等体积的三合剂，作为黏附性不溶物的空白，校正三合剂中的杂质	2	操作不正确扣2分		

续表

考核项目	考核内容及要求	分值	评分标准	评定记录	扣分
计算（10分）	正确计算试样氧化后可滤出不溶物的量	5			
	正确计算试样氧化后黏附性不溶物的量	5			
试验结果（10分）	重复性	5			
	再现性	5			
原始记录（5）	原始数据记录不及时、直接	1	每处扣0.5分		
	记录不清楚，经确认后的杠改	1	每处扣0.5分		
	漏项	1	每处扣0.5分		
	填写、修约不正确	1	每处扣0.5分		
	计算结果不正确	1	每处扣0.5分		
试验管理（4分）	玻璃器皿破损	1			
	废液处理不正确	2			
	实验结束，台面未摆放整齐	1			
操作时间	从考核开始至交卷控制在24h内				
总分					
备注	1. 各项总分扣完为止 2. 因违反操作规程损坏仪器设备扣20分，如果导致试验无法进行或发生事故全项为零分				

考评人：　　　　分析人：　　　　时间：

想一想

车用柴油组成和车用汽油组成有哪些不同？

任务十二　硫含量和铜片腐蚀测定

任务要求

1. 了解硫含量和铜片腐蚀测定意义；
2. 掌握硫含量和铜片腐蚀测定方法。

评价车用柴油腐蚀性的指标有硫含量、铜片腐蚀和酸度。车用柴油要求硫的含量要低，以保证不腐蚀发动机及减少大气污染。柴油硫含量是指存在于油品中的硫及其衍生物的含量。

一、测定意义

柴油中硫的含量一般比汽油高，因此对柴油机寿命的影响更大。硫及硫化物在柴油机中烧时均会生成 SO_2 和 SO_3，这些硫的氧化物不但腐蚀柴油机组件，而且还会对气缸壁上的润油和尚未燃烧的柴油起催化作用，加速烃类的聚合反应，使燃烧室、活塞顶和排气门等部位的胶状物和积炭增加。在有硫存在的条件下，积炭层会更加坚硬，不仅加剧机件磨损，而且清除困难。试验表明，当柴油硫含量由0.1%增加到1.5%时，积炭密度增加15倍。当气态硫氧化物进入轴箱时，遇水将生成亚硫酸与硫酸，强烈腐蚀机件，同时也会加速润滑油老化变质。进入排气系统时，会造成气相腐蚀。所以，对于柴油中的硫与硫醇硫含量应严格限制。

二、测定方法

1. 硫含量

与车用汽油一样，按 GB/T 380 进行。

2. 铜片腐蚀

铜片腐蚀的测定意义、指标要求及测定方法与车用汽油相同。

思考与交流

查一查车用柴油的硫含量指标。

想一想

车用柴油组成和车用汽油组成有哪些不同？

任务十三　酸度测定

任务要求

1. 了解酸度测定意义；
2. 掌握酸度测定方法；
3. 熟悉酸度测定注意事项。

滴定100mL试样到终点所需氢氧化钾的质量，称为酸度，用mgKOH/100mL表示。

一、测定意义

酸度是用来衡量油品中酸性物质含量的指标。普通柴油中的酸性物质主要指环烷酸、脂肪酸、酚等有机酸和酸性硫化物等，它们多为原油的固有成分，少部分则是在石油炼制、运输、贮存过程中氧化生成的。酸性物质可直接腐蚀柴油机零件，腐蚀生成的盐沉淀物会增大喷油泵柱塞的磨损，加速喷油嘴和气缸中积炭的生成，致使喷油雾化恶化，柴油机功率下降。试验表明，将使用酸度为4mg KOH/100mL柴油的发动机改用酸度为50mg KOH/100mL的柴油运行50h时，发动机功率下降为原来的1/4.6，喷油嘴供油量下降为原来的1/8。

因此，车用柴油要求酸度不大于7mg KOH/100mL。

二、测定方法

车用柴油酸度的测定按 GB/T 258—2016《轻质石油产品酸度测定法》进行。该法属于微量化学滴定分析，主要仪器是微量滴定管。

测定时，先利用沸腾的乙醇溶液抽提试样中的酸性物质，再用已知浓度的氢氧化钾-乙醇溶液进行滴定，通过酸碱指示剂颜色的改变来确定终点，由滴定消耗的氢氧化钾-乙醇溶液体积计算试样的酸度。其化学反应如下：

$$RCOOH+KOH \longrightarrow RCOOK+H_2O$$

这是由强碱滴定弱酸的中和反应，通常采用酚酞和碱性蓝 6B 作为指示剂。因为用强碱滴定弱酸生成的盐，醇解显弱碱性，在接近化学计量点时，加入最后一滴强碱溶液后，溶液的 pH 将大于 7，而酚酞和碱性蓝 6B 均在 pH 等于 8.4～9.8 的范围内变色，故可作为测定酸度的指示剂。

试样的酸度按式(4-16) 计算：

$$X=\frac{100VT}{V_1} \tag{4-16}$$

$$T=56.1c$$

式中　X——试样的酸度，mgKOH/100mL；

V——滴定时所消耗的氢氧化钾-乙醇溶液的体积，mL；

T——氢氧化钾-乙醇溶液的滴定度，mgKOH/mL；

V_1——试样的体积，mL；

56.1——氢氧化钾的摩尔质量，g/mol；

c——氢氧化钾-乙醇溶液的物质的量浓度，mol/L。

三、注意事项

影响酸度测定的主要因素有指示剂用量、煮沸条件的控制和滴定终点的确定。

① 指示剂用量。每次测定所加的指示剂要按标准规定的用量加入，以免引起滴定误差。通常用于测定试样酸度的指示剂为弱酸性有机化合物，本身会消耗碱性溶液。如果指示剂用量多于规定用量，测定结果将偏高。

② 煮沸条件的控制。在试验过程中，待测试样按规定要煮沸两次（各 5min)，并要求迅速进行滴定（在 3min 内完成)，其目的是为了提高抽提效率和减少 CO_2 对测定结果的影响。CO_2 在乙醇中的溶解度比在水中大 3 倍，不赶走 CO_2，将使测定结果偏高。要求趁热滴定，并在 3min 内完成，也是为了防止 CO_2 的溶解，保证测定结果的准确性。

③ 滴定终点的确定。滴定至终点附近时，应逐滴加入碱液，快到终点时，要采取半滴操作以减少滴定误差。滴定终点的准确判断，对测定结果有很大的影响。用酚酞作为指示剂滴定至乙醇层显浅玫瑰红色为止；用甲酚红作为指示剂滴定至乙醇层由黄色变为紫红色为止；用碱性蓝 6B 作为指示剂滴定至乙醇层蓝色刚刚消失，恰好显示浅红色为止。对于滴定终点颜色变化不明显的试样，可滴定到混合溶液的原有颜色开始明显改变时，将其作为滴定终点。

思考与交流

油品中酸性物质的存在会对油品的使用性能带来哪些影响？

【课程思政】

做“双手把握精度的大国工匠”——误差的累积效应

当利用递推公式对各部分计算结果进行积分（或累加）时，其误差也随之累加，最后所得到误差总和称为累积误差。误差具有累积效应，差之毫厘谬以千里，准确的结果需要每个步骤的误差最小化。“双手把握精度的大国工匠”们，减少一微米的变形，能缩小火箭几公里的轨道误差；靠手触摸，安装误差控制在一根头发的五十分之一；蒙上眼睛，方寸之间也能插接百条线路。严谨求实、精益求精的科学作风，是大国工匠精神的集中体现，更是当代工业人孜孜不倦追求的目标。

任务实施

操作 10 酸度测定

一、目的要求

(1) 掌握油品酸度测定原理与试验方法。

(2) 掌握油、水分离操作技术。

二、测定原理

本方法系用沸腾的乙醇抽出试样中的有机酸，然后用氢氧化钾-乙醇溶液进行滴定。

三、仪器与试剂

(1) 仪器 锥形瓶（250mL）；球形回流冷凝管（长约 300mm）；量筒（25mL，50mL，100mL）；微量滴定管（2mL，分度为 0.02mL；或 5mL，分度为 0.05mL）；电热板或水浴；秒表（1 块）。

(2) 试剂 95%乙醇（分析纯）；氢氧化钾（分析纯，配成 0.05mol/L 氢氧化钾-乙醇溶液）；碱性蓝 6B（称取碱性蓝 1g，称准至 0.01g，然后将它加在 50mL 的煮沸的 95%乙醇中，并在水浴中回流 1h，冷却后过滤。必要时将煮热的澄清滤液用 0.05mol/L 氢氧化钾-乙醇溶液或 0.05mol/L 盐酸中和，直至加入 1～2 滴碱溶液能使指示剂溶液从蓝色变成浅红色，而在冷却后又能恢复成为蓝色为止）；甲酚红（称取甲酚红 0.1g，称准至 0.001g，研细后溶入 100mL 95%乙醇中，并在水浴中煮沸回流 5min，趁热用 0.05mol/L 氢氧化钾-乙醇溶液滴定至甲酚红溶液由橘红色变为深红色，而在冷却后又能恢复成橘红色为止）；酚酞（配成 1%乙醇溶液）；试样。

碱性蓝 6B 指示剂适用于测定深色的石油产品；酚酞指示剂适用于测定无色的石油产品或在滴定混合物中容易看出浅玫瑰红色的石油产品。

四、测定步骤

(1) 去除二氧化碳 量取 95%乙醇溶液 50mL 注入清洁无水的锥形瓶内，用软木塞将球形回流冷凝管与锥形瓶连接塞住后，将 95%乙醇煮沸 5min。

(2) 取样 汽油或煤油取 50mL，柴油取 20mL 均在（0±3)℃温度范围内量取，将试样注入 95%热乙醇中。

(3) 滴定操作 安装球形回流冷凝管至锥形瓶上，将锥形瓶中的混合物煮沸 5min 已加有碱性蓝 6B 溶液或甲酚红溶液的混合物，此时应再加入 0.5mL 的碱性蓝 6B 溶液或甲酚红溶液，在不断摇荡

操作扫一扫

M4-5 酸度测定

下趁热用 0.05mol/L 氢氧化钾-乙醇溶液滴定，直至 95%乙醇层的碱性蓝 6B 溶液从蓝色变为浅红色（甲酚红溶液从黄色变为紫红色）为止；或对已加有酚酞溶液的混合物，按上述方法滴定直至 95%乙醇层的酚酞溶液呈现浅玫瑰红色为止。

五、计算和报告

取两个测定结果的算术平均值，作为试样的酸度。

任务评价

考核项目	考核内容及要求	分值	评分标准	评定记录	扣分
准备工作	仪器试剂：95%乙醇、微量滴定管、50mL 量筒、电热炉、锥形瓶 250mL	10	1. 仪器不清洁干燥扣 5 分 2. 试验时取样温度不在 20℃±3℃扣 5 分		
试验步骤	1. 量取 20mL 试样 2. 量取 50mL 乙醇	10	1. 试样量取不准确扣 5 分 2. 量取 50mL 乙醇不准扣 5 分		
	1. 装 KOH-乙醇至零刻线 2. 排除气泡，试漏多次 3. 开加热炉，直至第一滴冷凝液滴下时计数，回流 5min 4. 加 2～3 滴酚酞，摇匀。进行滴定 5. 从取下加热到滴定的时间严格控制在 3min	30	1. 滴定管试漏未试漏扣 6 分 2. 准确加入标准溶液，加入不准确扣 6 分 3. 加热回流时间不准确扣 6 分 4. 滴定不规范，指示剂加入量不符合规定扣 6 分 5. 滴定超过 3min 扣 6 分		
计算	计算公式及结果	10	1. 计算公式错误扣 5 分 2. 计算结果错误扣 5 分		
结果报告及填写记录	填写正确 不得涂改	10	1. 记录错误每处扣 2 分；丢落项每处扣 2 分；涂改每处扣 2 分；杠改每处扣 1 分 2. 含水苯样品换算为不含水苯结晶点，为补正扣 5 分		
分析结果	精密度	10	精密度不符合标准规定扣 10 分		
	准确度	10	准确度不符合标准规定扣 10 分		
安全文明生产	遵守安全操作规程；在规定的时间内完成	10	每违反一项从总分中扣 5 分，严重违规者停止操作；每超时 1min 从总分中扣 5 分，超时 3min 停止操作		

考评人：　　　　分析人：　　　　时间：

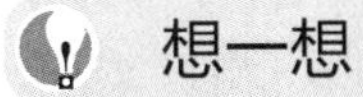

油品中的水有几种存在形式？

任务十四　水分测定

任务要求

1. 了解水分测定意义；

2. 掌握水分测定方法；

3. 熟悉水分测定注意事项。

水分主要是在柴油运输、贮存和加注过程中混入的。

一、测定意义

水分影响柴油的低温流动性，使柴油机运转不稳定，在低温时还可能因结冰而堵塞油路。同时，因溶解带入的无机盐将使柴油灰分增大，并加重硫化物对金属零件的腐蚀作用。所以，车用柴油严格规定水分为痕迹。

二、测定方法

柴油水分的检验可用目测法，即将试样注入 100mL 的玻璃量筒中，在室温［(20±5)℃］下静置后观察，应当透明，没有悬浮和沉降的水分。如有争议，可按 GB/T 260—2016《石油产品水分测定法》进行测定，该方法属于常量分析法，测定装置由蒸馏烧瓶、带刻度的接收器及冷凝管组成，如图 4-6 所示。

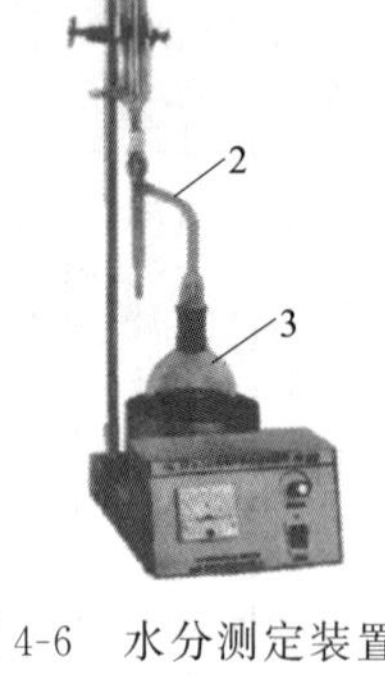

图 4-6　水分测定装置
1—冷凝管；2—接收器；3—圆底烧瓶

蒸馏法测定水分的原理：将一定体积的无水溶剂及称量好的试样注入蒸馏烧瓶中，加热至沸腾，使溶剂汽化并将油品中的水分携带出去，通过接收器支管进入冷凝器中，冷凝回流后进入带刻度的接收器内。由于二者互不相溶，且水的密度比溶剂大，故在图 4-6 所示的水分测定装置器内油水分层，水分沉入底部，而溶剂则连续不断地经接收器支管返回蒸馏瓶中，在不断加热的情况下，反复汽化、冷凝，直至接收器中水的体积不再增加为止。

无水溶剂的作用：

① 降低试样黏度，以避免含水试样沸腾时发生冲击和起泡现象，便于水分蒸出。②蒸出的溶剂被不断冷凝回流到烧瓶内，便于将水全部携带出来，同时可防止过热现象。③若测定润滑脂，溶剂还起溶解润滑脂的作用。

根据接收器内的水量及所取试样量，可分别由式(4-17)、式(4-18) 计算试样含水质量分数和体积分数。

$$\omega=\frac{V\rho}{m}\times 100\% \tag{4-17}$$

式中　ω——试样含水质量分数，%

V——接收器收集水的体积，mL；

ρ——水的密度，g/cm^3；

m——试样的质量，g。

室温下水的密度视为 1g/cm^3，此时水的体积（单位 cm^3，即 mL）与其质量（单位 g）在数值上相等，当试样为（100±1)g 时，可直接用接收器中收集到水的体积（单位 mL）的数值作为含水质量分数。

$$\phi=\frac{V\rho}{m}\times 100\% \tag{4-18}$$

式中　ϕ——试样含水体积分数，%；

V——接收器收集水的体积，mL；

ρ——注入烧瓶的试样密度，g/cm^3；

m——试样的质量，g。

由于蒸馏法是一种常量测定法，因此只能测定含水量在0.03%以上的油品。当含水量少于0.03%时，即可认为是“痕迹”。如接收器中没有水，则认为试样无水。

三、测定注意事项

溶剂必须无水，使用前必须脱水和过滤；仪器一定要保持干燥；试样与溶剂要混合均匀，以便形成稳定的混合物，迅速分离水分；烧瓶中要加入沸石（或无釉瓷片、毛细管），注意加热强度，防止发生突沸。

思考与交流

为什么水分测定需要加入无水溶剂？

【课程思政】

严把油品质量关，惩治不法行为

“柴油中水分超标40倍，这样的油你敢加吗?”2014年，黑龙江尚志市苇河镇中某加油站就出现了水分含量超标、导致车辆零部件损坏、车辆频生故障的事件发生，引发了油品“质量门”风波。柴油中大量掺水，后果是显而易见的，严重时会导致交通意外发生，损害人民的生命和财产。油品质量不仅事关司机与车辆的安全，更维系着一个家庭的命运，绝不容小觑与胡为。严把油品质量关，加大监管力度，严厉打击违法行为，是石油产品行业相关部门和从业人员坚守的底线，也是社会各行各业坚守诚信的基本准则。

任务实施

操作11　水分测定

一、目的要求

1. 掌握蒸馏法测定油品水分的操作技能。
2. 掌握水分含量的计算和表示方法。

二、测定原理

将100g试样与100mL无水溶剂油混合，进行蒸馏，测定其水分含量并以质量分数或体积分数表示。

三、仪器与试剂

（1）仪器　水分测定器［包括圆底烧瓶（容量为500mL)，水分接收器（见图4-7)；直管式冷凝管（长度为250～300mm）］；干燥管。

说明：水分测定器各部分连接处，可以用磨口塞或软木塞连接。但仲裁试验时，必须用磨口塞连接，接收器的刻度在0.3mL以下设有10等分的刻线，0.3～1.0mL设有七等分的刻线；1.0～10mL每分度为0.2mL。

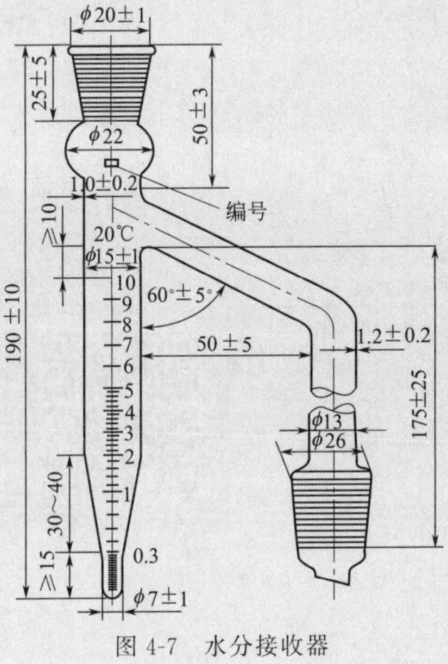

图4-7　水分接收器
（单位：mm）

(2) 试剂与材料 溶剂（采用工业溶剂油或直馏汽油 80℃以上的馏分，溶剂在使用前必须脱水和过滤），素瓷片、沸石或一端封口的毛细管，必须试样（普通柴油或车用柴油）。

四、准备工作

(1) 摇匀试样 将黏稠或含蜡试样预热到 40～50℃，摇动 5min，混合均匀。

(2) 称量试样 向洗净并烘干的圆底烧瓶中加入试样 100g，称准至 0.1g。

(3) 加入溶剂油、沸石 用量筒量取 100mL 溶剂油，注入圆底烧瓶中，将其与试样混合均匀，并投放 3～4 片素瓷片或沸石。

提示：①黏度小的试样可先用量筒量取 100mL，注入圆底烧瓶中，再用该未经洗涤的量筒量出 100mL 的溶剂。圆底烧瓶中的试样质量，等于试样的密度乘以 100mL 所得之积；②当水分超过 10%时，试样的质量应酌量减少，要求蒸出水不超过 10mL。

(4) 安装装置 如图 4-7 所示，将洁净、干燥的接收器通过支管紧密地安装在圆底烧瓶上，使支管的斜口入烧瓶颈部 15～20mm。然后在接收器上连接真空冷凝管，冷凝管的内壁要预先用棉花擦干，用胶管连接好冷凝管上、下水出入口。

安装时，冷凝管与接收器的轴心线要重合，冷凝管下端的斜口切面要与接收器的支管管口相对。为了避免水蒸气逸出，应在塞子缝隙上口涂抹火棉胶，在冷凝管上端外接一个干燥管，以免空气中的水蒸气进入冷凝管凝结。

五、测定步骤

(1) 加热 以电炉或酒精灯加热圆底烧瓶，并控制回流速度，使冷凝管斜口每秒滴下 2～4 滴液体。

(2) 剧烈沸腾 蒸馏将近完毕时，如果冷凝管内壁有水滴，应使烧瓶中的混合物在短时间内剧烈沸腾，利用冷凝的溶剂将水滴尽量洗入接收器中。

(3) 停止加热 当接收器中收集的水体积不再增加而溶剂上层完全透明时，应停止加热，回流时间不应超过 1h。

提示：停止加热后，如果冷凝管内壁仍沾有水滴，可用无水溶剂油冲洗，或用金属丝带有橡胶或塑料头的一端小心地将水滴推刮进接收器中。

(4) 读数 圆底烧瓶冷却后，将仪器拆卸，读出接收器收集的水体积，并按式(4-18)计算测定结果。

说明：当接收器中的溶剂呈现浑浊，且管底收集的水不超过 0.3mL 时，将接收器放入热水中 20～30min，使溶剂澄清，待接收器冷却到室温后，读出水的体积。

(5) 精密度 在两次测定中，收集水的体积之差，不应超过接收器的一个刻度，如表 4-12 所示。

表 4-12 同一试验者连续两次测定结果的允许误差

水分体积/mL	体积差/mL	水分体积/mL	体积差/mL
<0.3 0.3～0.1	≤0.03 ≤0.1	1.0～10	≤0.2

M4-6 水分测定

六、计算和报告

① 取两次测定结果的算术平均值，作为试样水分的含量。

② 试样水<0.03%时，认为是“痕迹”，在仪器拆卸后，若接收器中没有水存在，则认为试样无水。

任务评价

考核时间：110min

序号	考核内容	考核要点	配分	评分标准	检测结果	扣分	得分	备注
1	准备	准备试样	35	未摇动待测试样 5min 扣 5 分				
				混合不均匀扣 5 分				
				称量操作不正确扣 5 分				
				称量时试样外溅扣 5 分				
		量取溶剂		量取溶剂不准扣 5 分				
				未投入沸石扣 5 分				
		安装水分测定器		安装不正确扣 10 分				
				塞子缝隙处未涂上火棉胶扣 5 分				
				水温与室温相差大时，冷凝管上端未塞棉花扣 5 分				
2	测定	水分测定	35	回流速度未控制在规定范围内扣 10 分				
				蒸馏将近完毕时没使混合物剧烈沸腾，使内壁水滴洗入接收器中扣 5 分				
				水体积仍在增加时停止加热扣 5 分				
				回流时间超过 1h 扣 5 分				
				停止加热后，若冷凝管内壁仍沾有水滴而未处理扣 10 分				
				未冷却就将仪器拆卸扣 5 分				
3	结果	记录填写	20	每错误一处扣 2 分，涂改每处扣 2 分，杠改每处扣 0.5 分，最多扣 10 分				
		计算水分质量分数		读取错误扣 10 分				
				计算错误扣 20 分				
		精密度考察		精密度不符合规定扣 20 分				
4	试验管理	文明操作	10	台面整洁，仪器摆放整齐，否则扣 5 分				
				仪器破损扣 10 分，严重的停止操作				
				废液、废药未正确处理扣 5 分				
合计			100					

考评人：　　　　　　分析人：　　　　　　时间：

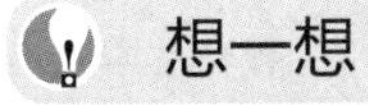

想一想

测定柴油中水分的意义是什么？

任务十五　微水测定

任务要求

1. 了解微水测定意义；

2. 掌握微水测定方法；

3. 熟悉微水测定注意事项。

柴油中水分是由外界污染和柴油储存时由于昼夜温度变化使储罐“呼吸”空气而带入的水。柴油中含有水分会大大提高其浊点和凝点。在低温下，水分呈小冰晶悬浮于柴油中，此时即使没有蜡结晶析出，也会堵塞滤网，影响正常供油。水分的存在还会降低柴油的热值，影响正常燃烧。柴油中水分会加速柴油氧化过程并溶解可溶性盐类，使柴油的灰分增加，并增加硫化物对金属零件的腐蚀作用，还会造成柴油中低分子有机酸生成酸性水溶液等。如果水中含有无机盐，进入气缸后将导致积炭增加和增大磨损，因此必须限制轻柴油的水分含量不大于痕迹量。

一、测定意义

1. 石油产品中水分的来源

① 在储运及使用中混入的水分。

② 溶解空气中的水分。

2. 水在油品中的存在形式

（1）悬浮水　水以细小液滴状悬浮于油品中，构成浑浊的乳化液或乳胶体。此种现象多发生于黏度较大的重质油中，其保护膜可由环烷酸、胶状物质、黏土等形成。

（2）溶解水　水以分子状态均匀分散在烃类分子中，这种状态的水叫做溶解水。通常烷烃、环烷烃及烯烃溶解水的能力较弱，芳香烃能溶解较多的水分。温度越高，水在油品中的溶解量越多。

（3）游离水　以油水分离状态存在。

通常油品分析中所说的无水，是指没有游离水和悬浮水，溶解水很难除去。

3. 石油产品含水的危害

① 破坏油品低温流动性能。

② 降低油品抗氧化性能。

③ 溶剂油含水，降低油品溶解能力和使用效率。

④ 降低润滑性能。

⑤ 降低油品的介电性能。

二、测定方法

GB/T 11133—2015《石油产品、润滑油和添加剂中水含量的测定　卡尔费休库仑滴定法》适于测定水含量为50～1000mg/kg的液体石油产品。本测定为卡尔·费休法，习惯称为微水测定。

三、测定原理

将一定量的试样加入到卡尔费休库仑滴定仪的滴定池中，滴定池阳极生成的碘与试样中的水根据反应，按1∶1的比例发生卡尔·费休反应。当滴定池中所有的水反应消耗完后，滴定仪通过检测过量的碘产生的电信号，确定滴定终点并终止滴定。因此依据法拉第定律，滴定出的水的量与总积分电流成一定比例关系。

试样进样量的计量单位可以是质量单位或体积单位。

黏度大或是存在干扰反应的试样可使用水分蒸发器进行测量。将试样加入到水分蒸发器中加热，蒸发出的水由干燥的载气带入卡尔费休库仑滴定池中进行滴定分析。

四、测定注意事项

① 卡尔费休库仑滴定仪开机前必须检查仪器电路连接是否安全，否则不能开机。

② 分析时必须劳保上岗。

③ 延时开始时方可进样，延时结束时不能进样。

④ 测定时穿过进样垫慢慢注入试剂，不能将水向试剂中滴入，这样加入量难以控制。

⑤ 发生过碘时不可进行试验，需用水先调回平衡点。

⑥ 开机后回到平衡状态时，至少要经过一个空白周期才可做样品分析。

⑦ 电解池不能剧烈摇动，可以慢慢倾斜转动清洗池壁。不能让试剂浸入进样塞。搅拌时禁止将电解池从座中拿出或放入。

⑧ 自动分析键只有与液态烃闪蒸气进样器连机配合时才能使用。

⑨ 对含水量较高的样品（100mg/kg 以上）针尖不宜进入液面（有存液进样器）。

⑩ 取样要排除干扰，具有代表性。针头内壁腐蚀会使结果偏高。

⑪ 用甲醇清洗电解池时，洗完后必须把各部件上的残留甲醇清除掉，可用电吹风清除。

⑫ 测量含几个微克水的样品时，平衡状态值越接近 40，误差越小。

⑬ 进样垫无密封性时需重新更换清理，擦净塞上和针过孔内残液。

⑭ 出现死机时需启动“复位”键，或重新开启电源。

⑮ 试剂失效时，要及时更换。

⑯ 变色硅胶变色后要及时更换。

⑰ 电解液失效时，要及时更换。

⑱ 瞬间出现 00001 状态是功能键连续启动造成的，但能迅速恢复。

⑲ 经常转动电解池上用真空脂密封的各密封部件，以免黏结。如果黏结可用甲醇或丙酮滴向黏结部位浸泡。

思考与交流

讨论微水测定需要注意的问题有哪些？

任务实施

操作 12 微水测定

一、目的要求

掌握石油产品微水的测定方法。

二、仪器与试剂

仪器：卡尔费休库仑滴定仪（由滴定池、铂电极、磁力搅拌器和控制单元部分组成）；水分蒸发器；注射器；天平（感量为 0.1mg）。

试剂和材料：蒸馏水；二甲苯（分析纯）；卡尔费休试剂（市售的用于卡尔费休库仑滴定的标准试剂）；正己烷（分析纯）；白油（分析纯）；5A 分子筛（粒径为 1.7～2.36mm）。

三、准备工作

1. 仪器开启前应做密封检查，查看进样塞内硅胶垫是否完好，干燥管内硅胶是否干燥。玻璃磨口应密封良好，如果硅胶垫失去密封性，更换时注意将进样塞针孔内、进样塞外侧和瓶口擦干净后，将硅胶垫紧紧安到瓶口上。

2. 开机与干燥：电解池准备按要求进行准备，接通仪器电源，仪器自动进入干燥状态，向平衡状态靠拢。当状态小于 59 时，进入平衡状态，并有蜂鸣提示。

3. 进入平衡状态后，仪器开始连续做同周期性空白测量，空白测量周期为40s，至少进行一个空白周期后才能进行样品测量。通常在开机后进入平衡状态，过2min再做样品测量。

四、测定步骤

1. 样品标定：仪器稳定后，在测样前需做常规标定，检验仪器测量误差是否超限，以及试剂是否失效。常规标定注入0.1μL纯水，结果是（100±10）μg时符合要求，否则需检查原因。

2. 样品测量：在测量样品时先启动“进样”键延时开始，在延时结束前注入1mL试样于电解池试剂中，延时结束测量随即开始。

3. 测量结束时蜂鸣器提示语音报告样品含水量，示窗自动显示结果。如需样品浓度计算，将被测样品参数通过“质量”键或“体积”“密度”键输入，这样样品含水浓度会自动计算并提示。如需要打印结果，按“打印”键即可。

4. 关机：仪器不使用需停止时，只关闭主机电源即可。

五、计算和报告

试样中的水含量按下式计算。

$$X_1 = W_1 / W_2 \tag{4-19}$$

$$X_2 = V_1 / V_2 \tag{4-20}$$

式中　X_1——试样中的水含量，mg/kg；

X_2——试样中的水含量，μL/mL；

W_1——滴定出的水的质量，μg；

W_2——试样的进样量，g；

V_1——滴定出的水的体积，μL；

V_2——试样的进样量，mL。试样中的水含量的质量分数和体积分数按下式计算。

$$X_3 = W_1 / 10000 \times W_2 \tag{4-21}$$

$$X_4 = V_1 / 10 \times V_2 \tag{4-22}$$

式中　X_3——试样中水含量的质量分数，%；

X_4——试样中水含量的体积分数，%。

报告试样中水含量，精确到1mg/kg或0.01%（质量分数）；或精确到1μL/mL或0.01%（体积分数）。

任务评价

序号	考核内容	考核要点	配分	评分标准	检测结果	扣分	得分	备注
1	准备	准备试样	40	劳保护具齐全上岗，少一样扣1分				
				仪器密封检查，试剂失效检查，未进行扣5分				
				电解池按要求准备，不符合要求扣10分				
				仪器开机与干燥，未进行扣10分				
		量取溶剂		仪器进入平衡状态后，至少要经过一个空白周期才可以分析样品，错误扣10分				
		安装水分测定器		仪器安装不正确扣5分				

续表

序号	考核内容	考核要点	配分	评分标准	检测结果	扣分	得分	备注
2	测定	水分测定	30	样品标定，未进行扣15分				
				正确注入试样，不正确扣5分				
				测量时按键正确，不正确扣5分				
				关机时只关闭主机电源，不正确扣5分				
3	结果	记录填写	20	每错误一处扣2分，涂改每处扣2分，杠改每处扣0.5分				
		计算水分质量分数		读取错误扣10分				
				计算错误扣20分				
		精密度考察		精密度不符合规定扣20分				
4	试验管理	文明操作	10	台面整洁，仪器摆放整齐，否则扣5分				
				仪器破损扣10分，严重的停止操作				
				废液、废药未正确处理扣5分				
合计			100					

考评人：　　　　　　　　分析人：　　　　　　　　时间：

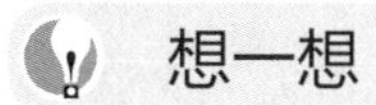

想一想

灰分测定时放入坩埚内滤纸的作用是什么？

任务十六　灰分测定

任务要求

1. 了解灰分的测定意义；
2. 掌握灰分的测定方法；
3. 熟悉灰分测定的注意事项。

在规定条件下油品被炭化后的残留物经煅烧所得的无机物叫做灰分，以质量分数表示。灰分主要是油品中含有的环烷酸盐类。石油产品的组成十分复杂，除含有大量有机物质外，还含有较丰富的无机成分。当这些组分经高温灼烧时，将发生一系列物理和化学变化，最后有机成分挥发逸散，而无机成分（主要是无机氧化物）则残留下来，这些残留物称为灰分。灰分是标示石油产品中无机成分总量的一项指标。通常油品中的灰分含量都很小。在润滑油中加入某些高灰分添加剂后，油品的灰分含量会增大。

石油产品的灰分与石油产品中原来存在的无机成分在数量和组成上并不完全相同。石油产品在灰化时，某些易挥发元素，如氯、碘、铅等会挥发散失，磷、硫等也能以含氧酸的形式挥发散失，使这些无机成分减少。某些金属氧化物会吸收有机物分解产生的二氧化碳而形成碳酸盐，又使无机成分增多。因此，灰分并不能准确地表示石油产品中原来的无机成分的总量。从这种观点出发通常石油产品经高温灼烧后的残留物称为粗灰分（总灰分）。

一、测定意义

石油产品中的灰分含有 CaO、MgO、Fe_2O_3、SiO_2、V_2O_5 和 Na_2O 等。这些氧化物是

由盐类在高温下分解或氧化生成的。

1. 灰分的来源

① 由原油中带来的可溶性矿物盐，在蒸馏时残留在重质残油中。

② 在炼制过程中混入，例如在酸碱精制时产生的金属盐（如硫酸钠、碳酸钠等）未除净，或白土处理时未滤净的白土微粒。

③ 油品在炼制（特别是酸碱精制）和储运过程中设备腐蚀产生的金属化合物。

④ 为改善润滑油质量而加入的金属盐类添加剂，如有些消净分散剂、抗氧抗腐添加剂等。润滑油在使用过程中还会因与油接触的金属受腐蚀和灰尘的污染而增加灰分。

2. 灰分的危害

① 重质燃料油若含灰分太大，灰分沉积在管壁、蒸气过热器、节油器和空气预热器上，不但使传热效率降低，而且会引起这些设备的提前损坏。

② 油品中的灰分是不能燃烧的矿物质，呈颗粒状且坚硬，如柴油中灰分是造成气缸壁与活塞环磨损的重要原因之一。

3. 灰分测定的意义

测定石油产品灰分对不同油品有不同的意义。

① 对于不含添加剂的润滑油以及喷气燃料、柴油燃料油等，灰分被用作检查精制程度，如精制中残留有金属盐或白土等，则灰分含量增高。因此，在规格中规定灰分不大于一定数量。例如，喷气机润滑油规定灰分不大于0.005%。

② 对一些含金属盐添加剂的润滑油来说，在加添加剂前，要求其灰分不大于某一数值，而在加添加剂后则要求其灰分不小于另一数值。加添加剂前的灰分量应少，以保证适当的精制程度。加添加剂后的灰分是用来保证有足够的添加剂，满足润滑油质量要求。

二、测定方法

灰分测定方法按GB/T 508《石油产品灰分测定发》进行，测定时，用无灰滤纸作引火芯来燃烧试油，然后将固体残渣在(755±25)℃的温度下反复进行煅烧，经冷却后，称量至恒重，之后计算质量分数。

燃烧试油时，把卷成圆锥体的滤纸放入坩埚内盖住试油表面，其作用是：①避免试油燃烧时，含有矿物杂质的固体微粒随气流带走；②滤纸浸透试油，在燃烧时起“灯芯”的作用。

遇有残渣难烧成灰时，可以滴入几滴硝酸铵溶液，起助燃的作用。因为硝酸铵加热分解可逸出新生态氧，它可促进难燃物质的氧化。同时，产生的气体起到疏松残渣的作用，使焦炭易于燃烧。

三、注意事项

① 试油应充分摇动均匀。

② 必须掌握住燃烧速度，维持火焰高度在10cm左右，以防止试油飞溅以及过高的火焰带走灰分微粒。

③ 试油燃烧后放入高温炉煅烧时，要防止突然燃起的火焰将坩埚中灰分微粒带走。

④ 滤纸折成圆锥体，放入坩埚中要求能紧贴坩埚内壁。并让油浸透滤纸，以防止油未烧完而滤纸则早已烧完，起不到“灯芯”的作用。

⑤ 煅烧、冷却、称量应严格按规定的温度和时间进行。

思考与交流

柴油中的灰分主要有哪些成分？

任务实施

操作 13　灰分测定

一、目的要求

1. 掌握灰分测定的实验原理；

2. 熟悉《石油产品灰分测定法》。

二、测定原理

用无灰滤纸做引火心，点燃放在一个适当容器中的试样，使其燃烧到只剩下灰分和残留的炭；炭质残留物再在775℃高温炉中加热转化成灰分，然后冷却并称重。

三、仪器与材料

1. 仪器　高温炉；电炉；瓷坩埚；干燥器。

2. 材料　定量滤纸（直径 9cm）；盐酸：化学纯，配成 1∶4 的水溶液。

四、准备工作

1. 将稀盐酸（1∶4）注入所用的瓷坩埚（或瓷蒸发皿）内煮沸几分钟，用蒸馏水洗涤。烘干后放在高温炉中在（775±25)℃温度下煅烧至少 10min，取出在空气中冷却 3min，移入干燥器中。冷却至室温后，进行称量，称准至 0.0001g。

重复进行煅烧、冷却及称量，直至连续两次称量间的差数不大于 0.0005g 为止。

2. 取样前将瓶中的试样（其量不得多于该瓶容积的 3/4）剧烈摇动均匀，要确保所取试样有真正的代表性。对黏稠的或含蜡的试样需预先加热至 50～60℃，再摇动均匀后进行取样。

五、测定步骤

1. 将已恒重的坩埚称准至 0.01g，然后称取 25g 试样装入坩埚内。

2. 将一张定量滤纸叠成两折，卷成圆锥状，用剪刀把距尖端 5～10mm 之顶端部分剪去，然后放入坩埚内。把卷成圆锥状的滤纸（引火芯）安稳地立插在坩埚内的油中，将大部分试样表面盖住。

3. 测定含水的试样时，将装有试样和引火芯的坩埚放置在电热板上，缓慢加热，使其不溅出，让水慢慢蒸发，直到浸透试样的滤纸可以燃着为止。

4. 试样燃烧之后，将盛有残渣的坩埚移入加热到（775±25)℃的高温炉中（应注意防止突然爆燃），在此温度下加热，直到残渣完全成为灰烬（一般保持 1.5～2.0h）。

5. 残渣成灰后，将坩埚放在空气中冷却 3min，然后在干燥器内冷却至室温后进行称量，称准至 0.0001g，再移入高温炉中煅烧 20～30min。重复进行煅烧、冷却及称量，直至连续两次称量间的差数不大于 0.0005g 为止。

6. 记录实验数据，并根据公式计算灰分含量。

六、计算

试样的灰分按下式计算：

$$X=\frac{G_1}{G}\times 100\% \tag{4-23}$$

式中　G_1——灰分的质量，g；

G——试样的质量，g。

取重复测定两个结果的算术平均值，作为试样的灰分。

任务评价

考核时间：80min

序号	考核项目	测评要点	配分	评分标准	扣分	得分	备注
1	准备工作	瓷坩埚或瓷蒸发皿(50mL 和 90～120mL)、高温炉、干燥器、定量滤纸(直径 9cm)	5	1. 仪器准备不充分扣 2 分； 2. 干燥器使用不正确扣 3 分			
2	新坩埚的处理	1. 处理前将坩埚内外清洗干净； 2. 将稀盐酸(1∶4)注入瓷坩埚内煮沸几分钟，用蒸馏水洗涤； 3. 称量时称准至 0.0001g； 4. 坩埚烘干后放在高温炉中在(775±25)℃煅烧至少 10min，取出在空气中冷却 3min，移入干燥器中； 5. 重复进行煅烧、冷却及称量，直至两次称量间的差数不大于 0.0005g 为止	15	1. 坩埚不清洁扣 3 分； 2. 盐酸配制不准确扣 3 分； 3. 坩埚恒重称量和天平使用不合要求扣 3 分； 4. 炉温控制不在(775±25)℃扣 3 分； 5. 冷却坩埚及称量不准扣 3 分			
3	试验步骤	1. 将瓶中的试样剧烈摇动均匀后进行取样； 2. 将定量滤纸叠成两折卷成圆锥状，用剪刀把据尖端 5～10mm 之顶端部分剪去，放入坩埚内，将圆锥状滤纸(引火芯)安稳的立插在坩埚内的油中，将大部分的试样表面盖住； 3. 将装有试样和引火芯的坩埚放在电热炉上缓慢加热，使其不溅出，燃烧时火焰高度维持在 10cm 左右； 4. 试样燃烧后，残渣成灰后，将坩埚放在空气中冷却 3min，在干燥器内冷却至室温后进行称量；在移入高温炉中煅烧 20～30min，重复进行煅烧、冷却及称量，至连续两次称量间的差数不大于 0.0005g 为止	30	1. 称量前试样未摇匀扣 5 分； 2. 滤纸处理不符合规定扣 5 分； 3. 加热温度和时间不符合规定扣 10 分； 4. 冷却及称量时间不符合规定扣 10 分			
4	计算	计算公式及结果	10	1. 计算公式错误扣 5 分； 2. 计算结果错误扣 5 分			
5	结果报告及填写记录	填写正确 不得涂改	10	记录错误每处扣 2 分；丢落项每处扣 2 分；涂改每处扣 2 分；杠改每处扣 1 分			
6	分析结果	精密度	10	精密度不符合标准规定扣 10 分；			
		准确度	10	准确度不符合标准规定扣 10 分；			
7	安全文明生产	遵守安全操作规程；在规定的时间内完成	10	每违反一项从总分中扣 5 分，严重违规者停止操作；每超时 1min 从总分中扣 5 分，超时 3min 停止操作			

考评人：　　　　　　分析人：　　　　　　时间：

想一想

什么是色度？

任务十七　色度测定

任务要求

1. 掌握色度的概念；
2. 掌握柴油色度的测定的原理；
3. 掌握石油产品色度测定仪的原理。

一、色度

色度是在规定的条件下，油品颜色最接近于某一色号的标准色板（色液）颜色时所测得的结果。

二、测定意义

色度是判断油品质量的简易目测方法。油品的颜色主要是由强染色能力的中型胶质所致，通常直馏汽油、喷气燃料和柴油是无色透明的。柴油的颜色主要是由二次加工油品（裂化、焦化）中的不饱和烃和非烃类氧化、聚合生成胶质所引起的。柴油颜色深，则其色号大，表明其含胶质较多，贮存安定性较差。普通柴油要求色度不大于3.5号。

三、分析检验方法

色度的测定按GB/T 6540—86《石油产品颜色测定法》进行。

测定时，将试样和蒸馏水分别注入不同标准玻璃杯内，然后将两个标准玻璃杯放入比色计的格室内，用标准光源照射，通过该格室可以观察到标准玻璃比色板的颜色（0.5～8.0），比较试样和标准玻璃比色板的颜色，当试样颜色恰好与标准比色板颜色相同时，记录该色号。若试样颜色介于两个标准色号之间，则报告较高色号为测定值。报告时，在色号前加“小于”字样，如小于7.0号。

思考与交流

柴油色度测定原理是什么？

【课程思政】

柴油的颜色就能说明柴油的质量，是真的吗？

相同标号的柴油为什么颜色有明显差异？其实，出现颜色不同有多方面的原因，一是柴油的存储系统，如油罐或者管道受到污染，颜色会变深。二是本身柴油被氧化后，颜色也会变深。三是有时人为使用了一些添加剂，而且一些添加剂怕光，在光照下易发生分解，导致颜色变深。那么问题来了，柴油颜色不同，到底能不能说明油品品质的好坏？判断柴油好坏主要是两个评价指标：一个是馏程，另一个是十六烷值。其中，馏程反映汽油的蒸发性，十六烷值反映抗爆性。至于柴油的颜色差异，事实上产生的原因比想象中的客观。不同的产地和炼制工艺，都会导致柴油的颜色差异。总的说来，不论柴油还是汽油，油品检测和油品标准是既定的也是统一的，颜色的差异并不能说明品质的好坏，一切以检测数据为准。油品质量必须以科学思维进行思考，以科学的检测数据进行判断。

任务实施

操作 14 柴油色度的测定

一、目的要求

1. 掌握石油产品色度测定仪测定柴油的颜色方法、标度。

2. 掌握石油产品色度测定仪的使用方法。

二、测定原理

将试样注入试样容器中，用一个标准光源对试样和 0.5～8.0 排列的颜色玻璃圆片进行比较，以相等的色号作为该试样的色号。如果试样颜色找不到确切匹配的颜色，而落在两个标准颜色之间，则报告两个颜色中较高的一个颜色。

三、仪器与试剂

（1）仪器　石油产品色度测定仪（如图 4-8 所示 SYP1013 石油产品色度试验器，由光源、标准玻璃比色板、带盖的试样容器和观察目镜组成）。

图 4-8　SYP1013 石油产品色度试验器

试样容器（透明无色玻璃容器，仲裁试验用指定规格的玻璃试样杯，常规试验允许用内径为 30～33.5mm，高为 115～125mm 的透明平底玻璃试管）；试样容器盖（可由任何适当材料制成，盖的内面是暗黑色，能完全防护外来光）。标准玻璃试样杯见图 4-9。

（2）试剂　柴油。

四、准备工作

将试样柴油倒入试样容器至 50mm 以上的深度，观察颜色。如果试样不清晰，可将其加热到高于浊点 6℃以上或至浑浊消失，然后在该温度下测其颜色。

五、操作步骤

（1）注入试样　将蒸馏水注入试样容器至 50mm 以上的高度，将该试样容器放在石油产品色度测定仪的格室内，通过该格室可观测到标准玻璃比色板，再将装试样的另一试样容器放进另一个格室内。盖上盖子，以隔绝一切外来光线。

（2）色度的测定

① 检查电源线连接是否到位。

② 打开电源开关，此时电源开关指示灯亮。

③ 将样品装入试样杯中。

④ 将试样杯外面的油擦干净。

⑤ 打开上盖，将试样杯装入仪器比色区。

⑥ 调节面板左右两面的旋钮，尽量使样品色与一个标准玻璃比色板一致。

⑦ 如果样品色与某一个标准玻璃比色板一致。读出该比色板相应的色号即为该油样的色号。

⑧ 如果样品色介于两个标准玻璃比色板之间。读出标准比色板中颜色较深的比色板对应的色号（或号码较大的色号），并在色号前加上“小于”，即为该油样的色号。

⑨ 测定完毕，关闭电源开关。

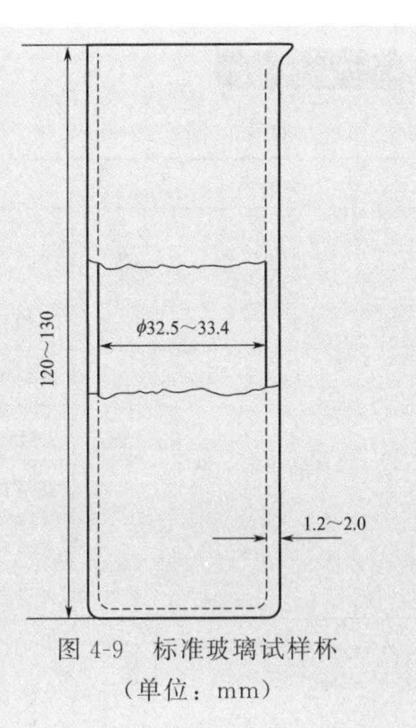

图 4-9　标准玻璃试样杯
（单位：mm）

六、注意事项

① 开机前必须检查电路是否安全。

② 及时将沾在试样杯外面的样品擦拭干净。

七、精密度

用下述规定判断试验结果的可靠性（95%的置信水平）。

（1）重复性　同一操作者用同一仪器，在恒定的条件下对同一被测物质连续测定两次，色号之差不能大于 0.5 号。

（2）再现性　不同试验室的不同操作者，对同一被测物质的两个独立试验结果，色号之差不应大于 0.5 号。

八、报告

（1）与试样颜色相同的标准玻璃比色板作为试样颜色的色号，例如 3.0、7.5。

（2）如果试样的颜色居于两个标准玻璃比色板之间，则报告较深的玻璃比色板号，并在色号前面加“小于”，例如，小于 3.0 号，小于 7.5 号。绝不能报告为颜色深于给出的标准比色板，例如，大于 2.5 号，大于 7.5 号，除非颜色比 8 号深，可报告为大于 8 号。

九、数据与记录

序号	试样量	蒸馏水量	色号	备注
1				
2				
3				

十、仪器的维护与保养

1. 仪器应放置在通风、干燥的位置，有良好的接地线，并保持仪器的清洁。

2. 光学镜头严禁用手触摸，必要时可用镜头纸擦拭，否则可能造成仪器的永久性损伤。

3. 仪器若出现故障，应请专业人员维修，不准乱拆乱卸。

任务评价

准备时间：10min　　　　　　　　　　测定时间：40min

考核项目	考核内容及要求	分值	评分标准
准备工作（5分）	未穿戴劳保护具上岗	3	缺一项每个扣1分
	未检查操作记录表应该检查的项目	2	每处1分
试样和仪器的准备（20分）	取样不具有代表性	10	
	试样混浊时未正确处理	10	
	玻璃试样管、标准比色板清洗不符合要求	5	每个扣2分
	不会正确组装仪器	10	扣10分
	未进行仪器校正或仪器校正不正确的	10	
样品测量（30分）	未用试样冲洗试管并使管中试样流出	10	每处2分
	油滴残留在管壁上	5	每处1分
	试样中有气泡未排除	5	
	标准比色板选错	10	
	未按标准规定进行测定比色	5	
记录（5分）	填写、修约不正确、漏项	2	每处2分
	记录不及时、直接	2	每个扣2分
	经确认后的划改	1	每处扣1分
结果（30分）	结果不正确	25	
	精密度不符合规定	20	
试验管理（10分）	试验结束，台面未摆放整齐	3	
	仪器破损	10	
	废液、废药未正确处理的	5	
操作时间	从开始至交卷控制在40min内		

考评人：　　　　　　　　分析人：　　　　　　　　时间：

想一想

测定总污染物的意义是什么？

任务十八　总污染物测定

任务要求

1. 了解总污染物测定意义；

2. 掌握总污染物测定方法；

3. 熟悉总污染物测定注意事项。

总污染物用来反映柴油中总污染物含量的多少，过量的污染物会导致过滤器阻塞以及硬件故障，使燃烧性能恶化，所以无法满足使用要求。

一、测定意义

我国大部分地区已从2016年起开始执行国五车用柴油标准。为了使环境质量更快地改善，降低车辆排放污染物带来的污染，我国自2016年12月23日发布并开始实施GB 19147—2016车用柴油标准，增加了车用柴油（VI）的技术要求和试验方法，其中比国五柴油增加一项总污染物含量指标，这一指标用于监测燃油中的污染物。如果燃油系统中含有过量的污染物会导致过滤器阻塞以及硬件故障，使燃烧性能恶化，所以无法满足使用要求。

二、测定方法

总污染物的测定按GB/T 33400—2016《中间馏分油、柴油及脂肪酸甲酯中总污染物含量测定法》进行测定。

称量一定量的试样，在真空条件下用预先称量的滤膜过滤。将有残留物的滤膜洗涤、干燥并称重。用滤膜的质量差计算总污染物含量，并以毫克每千克（mg/kg）表示。其中对于20℃运动黏度大于8mm^2/s或40℃运动黏度大于5mm^2/s的液体石油产品，过滤之前，需要将已称重的样品用溶剂进行稀释。

三、测定注意事项

① 进入岗位必须劳保着装。

② 试验前检查仪器是否漏气，确保不漏气才能开始试验。

③ 试验所用石油醚应通过溶剂过滤器过滤后再使用。

④ 安装玻璃砂芯过滤装置时，小心玻璃器皿损坏划伤手。

⑤ 定期检查真空泵的油位，不足时及时补充。

⑥ 试验前检查各连接管是否完好，否则应及时更换。

思考与交流

讨论总污染物测定需要注意的问题有哪些。

任务实施

操作15 总污染物测定

一、目的与要求

掌握石油产品总污染物的测定方法。

二、测定原理

称量一定量的试样，在真空条件下用预先称量的滤膜过滤。将有残留物的滤膜洗涤、干燥并称重。用滤膜的质量差计算总污染物含量，并以毫克每千克（mg/kg）表示。其中，对于20℃运动黏度大于8mm^2/s或40℃运动黏度大于5mm^2/s的液体石油产品，过滤之前，需要将已称重的样品用溶剂进行稀释。

三、仪器与试剂

仪器：过滤装置；滤膜；烧杯（容量500mL和1000mL）；带刻度量筒（容量500mL和1000mL）；带盖玻璃瓶（0.5L和1L）；烘箱；干燥器；带盖培养皿；分析天平；镊子；水浴或烘箱；带喷嘴洗瓶；天平；真空装置；合适的干净样品容器及取样器皿；计时器；干净的表面皿或铝箔；滤膜（公称孔径为0.45μm，用于试剂过滤）。

试剂和材料：正庚烷；二甲苯（分析纯）；异丙醇；溶剂（750mL的正庚烷和250mL的二甲苯充分混合）。

四、准备工作

1. 试样准备：打开样品容器密封盖，将容器及其中样品置于40℃的水浴或烘箱中30～60min，以确保析出组分能再次溶解于样品中；将样品容器从水浴或烘箱中取出，拧紧密封盖，用异丙醇洗净容器外部，并将其冷却到室温；将500mL的烧杯置于天平上，扣除烧杯的质量；摇动样品容器至少10s，每秒1～2次，幅度10cm到25cm，将样品容器倒置，继续摇动，至少10s，然后将样品容器正放，继续摇动至少10s。如果容器内壁上粘有任何可观测到的污染物，重复此摇动过程，不允许使用混合器；样品摇匀后，立即迅速地向烧杯中加入约300mL的试样，用天平称量，精确至0.1g，将其质量记为m_E。

2. 仪器准备

（1）过滤装置的准备　目测过滤装置的内部和外部是否都洁净。若不洁净，重新清洗；遵循所有已有安全预防措施，并将仪器接地防静电；装配除了滤膜以外的其他过滤装置部分，并用正庚烷将其内部清洗干净，确保过滤器与接收瓶之间的密封，并使用合适的密封材料确保塞子、软管、导线及安全烧瓶之间的密封性。

（2）滤膜的准备　操作过程中，应用镊子来夹取滤膜边缘；将滤膜放在预先清洗好的仪器的支撑筛板上，确保滤膜放在支撑筛板的中央，并且不能损坏滤膜，在真空下用正庚烷冲洗滤膜，缓慢释放真空，用镊子小心地将滤膜从支撑筛板上移走，将其放入培养皿中，盖上盖子，将培养皿放入110℃±5℃烘箱中至少45min；将装有滤膜的培养皿从烘箱中取出，盖上盖子，置入干燥器中冷却约45min，并将干燥器置于分析天平附近。

五、测定步骤

1. 用准备好的滤膜过滤试样，装置内绝对压力应达到2kPa至52kPa。试样应少量逐次转移到过滤装置中，注意在转移过程中不要使过滤装置空抽。

2. 用洗瓶中的正庚烷，将烧杯或玻璃瓶中的沉淀冲洗到滤膜上，用正庚烷仔细冲洗烧杯或玻璃瓶的内壁和底部，并将洗涤液过滤，重复此洗涤操作两次。

3. 用洗瓶中的正庚烷冲洗过滤装置漏斗的内壁和滤膜，抽吸至干。应该用缓缓的溶剂细流沿圆周移动着冲洗漏斗，重复洗涤操作至少两次。

4. 小心移走漏斗，在真空下用缓缓的正庚烷细流从边缘向中心冲洗滤膜，注意不要将滤膜表面的颗粒物冲走。继续抽真空，至洗涤结束后10～15s或者直至滤膜上的洗涤液完全被抽走；缓慢释放真空，用清洁的镊子小心地将滤膜从支撑筛板上移走，将滤膜放在培养皿中，盖上盖子，将装滤膜的培养皿放在110℃±5℃烘箱中干燥45min，然后取出装有滤膜的培养皿，盖上盖，置于干燥器中冷却约45min，且干燥器置于分析天平附近。

5. 将滤膜从培养皿中取出，用分析天平称量滤膜的质量，精确至0.1mg，质量记录为m_2，滤膜应恒重。

6. 结果计算：试样中总污染物含量，按式(4-24）计算。

六、计算和报告

试样中总污染物的含量按式(4-24）计算。

$$\mu=\frac{1000(m_2-m_1)}{m_3} \tag{4-24}$$

式中　m_1——滤膜质量，mg；

m_2——过滤后滤膜质量，mg；

m_3——试样质量，g。

报告应至少包含以下内容：①试样的类型和名称；②使用的方法标准；③使用的取样步骤；④试验结果；⑤如过滤失败，需注明“过滤失败”，并注明已过滤的样品体积，单位为毫升（mL）；⑥协议或其他规定与方法试验步骤的任何偏离；⑦试验日期。

任务评价

考核项目	考核内容及要求	配分	评分标准	评定记录	扣分
准备工作（10分）	劳保护具齐全上岗	2	少一样扣1分		
	检查滤膜、量筒、烧杯是否清洁、完好	3	每项1分		
	检查天平、烘箱是否完好、检定、清洁	3	每项1分		
	检查试剂是否正确、够用	2	少一样扣1分		
试样准备（18分）	确保样品容器未黏附干扰分析结果的任何颗粒。如果不干净，按照清洗要求将容器的外部和封口部位冲洗干净	3	未去除颗粒扣3分		
	打开样品容器密封盖，将容器及其样品置于40℃的水浴中30～60min，以确保析出组分能再次溶解于样品中	5	水浴温度不符合要求扣3分，保留时间不够扣2分		
	样品容器从水浴中取出，拧紧密封盖，用异丙醇洗净容器外部，并冷却至室温	2	未拧紧或未用异丙醇洗净或未冷却至室温扣2分		
	用天平称量500mL的烧杯，并扣除烧杯的质量	2	未做到扣2分		
	摇动样品容器至少10s，每秒1～2次，幅度10～25cm。将样品容器倒置摇动至少10s，然后将样品容器正放再摇动至少10s。如果容器内壁上粘有任何可观测到的污染物，重复此摇动过程	3	摇动时间不够扣1分；摇动方法不正确扣1分；摇动次数不够扣1分；扣完为止		
	样品摇匀后立即迅速向烧杯中加入约300mL试样，用天平称量，精准至0.1g，记录其质量	3	称量不准确扣3分		
仪器准备（13分）	目测过滤装置的内部和外部是否都洁净，若不洁净，按照要求重新进行清洗	2	未完成扣2分		
	装配除了滤膜以外的其他过滤装置部分，并用正庚烷将其内部清洗干净。确保过滤器与接收瓶之间的密封	2	未用正庚烷清洗扣1分；密封不严扣1分		
	将滤膜放在清洗好的仪器支撑筛板上，确保滤膜放在支撑筛板中央，且不能损坏滤膜，在真空下用正庚烷冲洗滤膜	3	滤膜未放在中央扣2分；损坏滤膜扣3分；未用正庚烷清洗扣1分；扣完为止		
	缓慢释放真空，用镊子小心地将滤膜从支撑筛板上移走，将其放入培养皿中，盖上盖子	2	释放真空不正确扣1分；未将滤膜放入培养皿中扣1分		

续表

考核项目	考核内容及要求	配分	评分标准	评定记录	扣分
仪器准备（13分）	培养皿放入(110±5)℃烘箱中至少45min(干燥过程中不盖盖子)	2	温度或时间不符合扣2分		
	装有滤膜的培养皿从烘箱中取出，盖上盖子，置于干燥器中冷却约45min，并将干燥器置于分析天平附近	2	未盖盖子扣1分；冷却时间不符合扣1分		
试验步骤（30分）	过滤装置应接地	3	未接地扣3分		
	用准备好的滤膜过滤试样。装置内绝对压力应达到2～5kPa	2	压力不符扣2分		
	试样应少量逐次转移到过滤装置中，在转移过程中不要使过滤装置空抽	2	不符合要求扣2分		
	用正庚烷将烧杯或玻璃瓶中的沉淀冲洗到滤膜上，仔细冲洗烧杯或玻璃瓶的内壁和底部，并将洗涤液过滤。重复此洗涤操作两次	5	未将沉淀冲洗干净扣5分；未重复操作扣2分；扣完为止		
	用正庚烷冲洗过滤装置漏斗的内壁和滤膜，抽吸至干，应该用缓缓的溶剂细流，沿圆周移动着冲洗漏斗。重复洗涤操作至少两次	4	操作不正确扣4分；未重复操作扣2分；扣完为止		
	小心移走漏斗，在真空下用缓缓的正庚烷流从边缘向中心冲洗滤膜。不要将滤膜表面的颗粒物冲走。继续抽真空直到洗涤结束后10～15s或者直到滤膜上的洗涤液完全被抽走	5	操作不正确扣5分		
	缓慢释放真空，用清洁镊子小心地将滤膜从支撑筛板上移走，将滤膜放在培养皿中，盖上盖子	2	释放真空不正确扣1分；未将滤膜放入培养皿中扣1分		
	将装滤膜的培养皿放在(110±5)℃烘箱中干燥至少45min(干燥过程中不盖盖子)	2	温度或时间不符合扣2分		
	将装有滤膜的培养皿从烘箱中取出，盖上盖子，置于干燥器中冷却约45min，并将干燥器置于分析天平附近	2	未盖盖子扣1分；冷却时间不符合扣1分		
	将滤膜从培养皿中取出，用分析天平称量滤膜的质量，精确至0.1mg。滤膜应恒重	3	称量不准确扣3分；未恒重扣3分。扣完为止		
计算（10分）	正确计算试样的总污染物含量	10			
试验结果（10分）	重复性	5			
	再现性	5			
原始记录（5分）	原始数据记录不及时、直接	1	每处扣0.5分		
	记录不清楚，经确认后的杠改	1	每处扣0.5分		
	漏项	1	每处扣0.5分		
	填写、修约不正确	1	每处扣0.5分		
	计算结果不正确	1	每处扣0.5分		

续表

考核项目	考核内容及要求	配分	评分标准	评定记录	扣分
试验管理（4分）	玻璃器皿破损	1			
	废液处理不正确	2			
	实验结束台面未摆放整齐	1			
操作时间	从考核开始至交卷控制在450min内				
总分					
备注	1. 各项总分扣完为止 2. 因违反操作规程损坏仪器设备扣20分，如果导致试验无法进行或发生事故全项为零分				

考评人：　　　　　　　　分析人：　　　　　　　　时间：

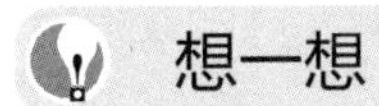

想一想

测定油品的润滑性有什么意义呢？

任务十九　润滑性分析

任务要求

1. 了解油品润滑性测定的意义；
2. 掌握柴油润滑性测定的分析方法和操作技能。

一、测定意义

与汽油发动机（汽油机）相比，柴油发动机（柴油机）具有效率高、清洁、耐用、维修费用低等优点，在相同功率下，汽车用柴油机比用汽油机节省燃料30%（按体积计），并且柴油机排放的CO、CO_2分别比汽油机少95%和25%。因此从环保和节能角度出发，柴油发动机备受青睐，其应用更广。柴油在发动机中既作为燃料又作为输油泵和高压油泵的润滑剂，高压油泵的压力高，一般为10～20MPa。如果柴油的润滑性不好，就无法为油泵提供可靠的润滑，将导致发动机的精密部件过度磨损、配合精度下降、柴油雾化不良、发动机功率不足等问题，造成使用寿命降低，严重时可能引起油泵漏油。

以往对柴油的精制深度要求不高，柴油并没有出现润滑性差的问题。近年来，随着人们环保意识的提高，对柴油质量提出的要求也越来越高，柴油中的硫含量受到严格的控制，柴油油品的低硫化已经成为一种必然趋势。20世纪80年代末期，西方各国政府纷纷提出要降低柴油中的硫含量，生产低硫和超低硫柴油，将硫含量降到500μg/g以下，芳烃含量小于35%。瑞典、芬兰和美国加州则颁布了更严格的法规，例如瑞典1号柴油要求硫含量不大于10μg/g。使用低硫和超低硫柴油确实对环境友好，但硫含量减少带来柴油润滑性能的下降，进一步导致温度较低的寒区出现柴油机喷油泵严重磨损问题。因此，车用柴油增加了抗磨性指标，即用磨痕直径评价车用柴油的润滑性，要求磨痕直径（60℃）不大于460μm。

二、测定方法

按SH/T 0765—2005《柴油润滑性评定法（高频往复试验机法）》的要求，将试验样品放在给定温度下的油槽内，固定在垂直夹具中的钢球对水平安装的钢片进行加载，钢球以设定的频率和冲程往复运动，球与片的接触界面应完全浸在样品中。球和片的材质、试验温度、载荷、频率和冲程都是确定的。根据试验环境（温度和湿度）把钢球的磨痕直径校正到标准状况下的数值，试验样品的润滑性用校正后的磨痕直径表示。

三、注意事项

1. 清洗金属零件和器皿

试验片、球及金属夹具等所有可能在试验时与样品接触的金属零件和器皿表面携带的细微颗粒都会对磨痕直径产生较大影响，这些物件在每次试验前应用甲苯、丙酮作清洗溶剂，在超声波清洗槽中清洗洁净。如果金属夹具等金属零件和器皿不立即使用，应储存在干燥器中。

2. 安装试验组件

在安装试验组件时，应正确组装试验片、球及金属夹具，确保各组件不松动。装拆试验组件时应使用洁净的镊子，防止已清洗洁净的各试验组件被污染，并且注意不要刮伤试验组件的表面。在完全卡紧上试件夹具前，确保夹具水平，否则对磨痕直径有影响。

3. 定期检查试验机的性能

每做 25 个试验或每做 10 天试验后应按照标准要求用参考油进行核对试验，以全面检验试验机性能，当参考油的分析结果超出规定范围时应用仪器自带的校验设备进行校验。

4. 试验球或试验片应符合要求

试验球和试验片的质量直接关系到分析结果的准确性，实验室不具备按方法中定义的指标来验收试验球和试验片的条件时，在更换不同批次的试验球或试验片时，可用分析标准参考油的办法进行抽样验收，不符合要求的试验球或试验片不能用于样品的检验。

思考与交流

测定柴油润滑性需要注意哪些问题？

任务实施

操作 16　润滑性测定

一、目的要求

1. 掌握柴油润滑性测定的原理；
2. 掌握柴油润滑性测定方法及操作技能。

二、测定原理

样品放入设定温度下的油槽中，固定在垂直夹具中的钢球对放在油槽中水平安装的钢片进行加载，钢球以设定的频率和冲程进行往复运动，与钢片进行摩擦，球与钢片的接触面完全浸在样品中。测定钢球上产生的磨斑直径大小，再校正到标准状况下（水蒸气压 1.4Pa）的磨斑直径大小，就是样品的润滑性测定值。

三、仪器与试剂

1. 仪器

HFRR 高频往复仪：能使一个钢球按加载负荷对固定的钢片加载，球和片的接触面完全浸泡在油槽中，以固定的频率和冲程往复运动，试验样品的润滑性用摩斑直径表示。

超声波清洗槽：采用足够容积和清洗功率为 40W 或更大的超声波无缝不锈钢清洗槽。

显微镜：用于观测磨斑直径，能放大 100 倍以上，并能精确到 1μm。

2. 试剂和材料

试剂：柴油、甲苯、丙酮。甲苯和丙酮均为分析纯。

材料：试验球、试验片、油槽、上试件夹具、下试件夹具、螺丝刀、挂绳、螺丝、负重、移液管、洗耳球、烧杯。

试验球的直径为6mm，表面粗糙度小于0.05μm。

试验片的表面粗糙度小于0.02μm。

四、准备工作

1. 清洗零件和器皿　用镊子把夹具、螺钉以及所有能与试验样品接触的金属零件和器皿，连同新试验片、试验球一起放在一个干净的玻璃烧杯内，用甲苯浸没，把烧杯放在超声波清洗槽中清洗10min，然后用干净的镊子，把金属零件和试验件放入一个干净的玻璃烧杯内，用丙酮浸没，再放到超声波清洗槽内清洗2min。取出各零件，如果不是立即使用，应贮存在干燥器中。

2. 试验片和试验球安装　用镊子把试验片放进下试件夹具，光面朝上，然后将其固定在下试件夹具上，用镊子将试验球放进上试件夹具内，然后将其固定在上试件夹具上。

五、测定步骤

1. 开机：打开高频往复仪电源开关。调节温度控制开关（一般在25～30℃）。打开微处理器电源。

2. 选择方法：在液晶屏幕上按NEXT键，选择方法12156。

3. 固定试件夹具：把下试件夹具固定在试验机上。再把上试件夹具固定在振动臂的末端，在完全卡紧此构件之前，要确保夹具水平。

4. 加柴油试样：将2mL试验油样加入下试件夹具。放下振动臂，并在振动臂上悬挂一个200g的砝码，确保载荷和悬挂绳自由下垂。将热电偶插入下试件夹具的测量孔中。

5. 开始测定：关闭玻璃门，待空气温度和相对湿度能达到要求时，按“开始”键，输入样品信息，单击OK，试验开始。

6. 冲洗带球夹具：仪器自动运行75min后停止。取下所挂砝码，抬起振动臂，取出上试件夹具。用丙酮冲洗带球夹具，吹干。

M4-7　润滑性测定

7. 磨斑测量：将夹具中的试验球放在显微镜下，打开显微镜光源，调焦，使试验球上的磨斑处在视野的中心。调节照明度，直到磨斑边缘清晰可见。在x和y两方向上测量磨斑直径，精确到1μm。记录这两个数据。

8. 数据处理：将x和y的数值输入微处理器，按确认键，仪器自行计算和校正，所得数值即为该试样的磨斑直径。

9. 数据记录：填写记录并报告。

10. 关闭仪器：关闭微处理器、高频往复仪电源开关，打开玻璃门，取出油槽，倒掉废液，关上玻璃门。

任务评价

序号	考核项目	测评要点	配分	评分标准	扣分	得分	备注
1	准备工作	准备试验片和试验球、金属零件，按规定清洗、浸泡	10	不按规定清洗或浸泡扣10分			

续表

序号	考核项目	测评要点	配分	评分标准	扣分	得分	备注
2	测定	对仪器进行标定和校正	5	未进行扣5分			
		严格按照清洁要求和规定的程序进行操作,用干净的镊子拆装,防止实验零件被污染	10	未按要求清洁扣5分,镊子不干净扣5分			
		按规定把试验片放进试件夹具,将热电偶插入测量孔	5	操作不当扣5分			
		按规定设定参数,开始试验	10	未按规定操作扣10分			
3	计算结果	正确填写	30	公式不熟练扣10分,计算不准确扣20分			
4	分析结果	精密度	10	精密度不符合规定扣10分			
		准确度	10	准确度不符合规定扣10分			
5	安全文明生产	台面整洁,仪器摆放整齐	5	否则扣5分			
		废液、固废正确处理	5	否则扣5分			
		试验仪器完好		仪器破损扣5分,严重的,停止操作			
合计			100				

考评人： 分析人： 时间：

项目小结

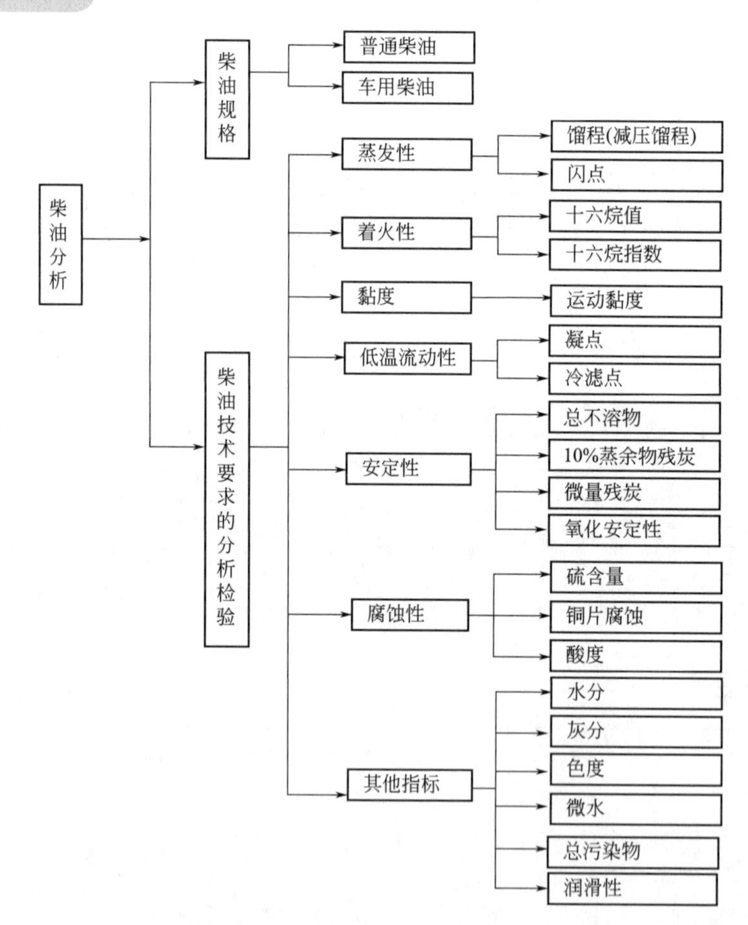

练一练测一测

1. 填空题

（1）柴油是（　　）燃料。我国柴油主要分为（　　）和（　　）两种。

（2）我国普通柴油和车用柴油产品标记由（　　）、（　　）和（　　）三部分组成。例如，0号轻柴油标记为（　　）。

（3）我国普通柴油共有（　　）个牌号，车用柴油有（　　）个牌号。

（4）测定轻柴油和车用柴油馏程时，样品贮存温度要求在（　　）℃；若试样含水，需用（　　）或其他合适的干燥剂干燥，再用倾注法除去；蒸馏烧瓶支板孔径为（　　）mm；蒸馏烧瓶和温度（　　）室温；量筒和100mL试样温度为（　　）；试验过程中冷浴温度控制在（　　）℃范围内，可根据试样含蜡量控制操作允许的最低温度；量筒周围的温度为（　　）；从开始加热到初馏点的时间限制在（　　）min；从蒸馏烧瓶残留液体约为5mL到终馏点的时间，要求不大于（　　）min。

（5）测定闪点时，油杯要用（　　）或（　　）洗涤，再用空气吹干。

（6）测定闪点时，闪点测定器要放在（　　）、（　　）处，并要围着防护屏。

（7）测定闪点点火时，使火焰在（　　）内降到杯上含蒸气的空间中，停留（　　），立即迅速回到原位。在试样液面上方最初出现（　　）时，立即读出温度，作为闪点测定结果。继续按规定的方法进行点火试验，应能再次闪火。否则，应更换试样重新试验。

（8）按照SH/T 0165规定，样品馏程范围200～350℃，残压为（　　），样品馏程范围>350℃，残压（　　），蒸馏过程中残压波动不得超过（　　）。

（9）SH/T 0248标准规定冷滤点测定实验前应分别用（　　）、（　　）洗涤连接管、试杯、吸量管和温度计，然后用经过过滤的干燥空气吹干。

（10）评价轻柴油和车用柴油安定性的指标主要有（　　）和（　　）。

（11）由于轻柴油和车用柴油馏分轻，直接测定残炭值很低，误差较大，故规定将试油蒸馏到残余10%后再进行蒸发、裂解及缩合，故称为（　　）。

（12）微量残炭测定法适用于原油和石油产品残炭的测定，测定范围为（　　），也适用于其残炭值低于（　　）。

（13）柴油氧化安定性测定法规定所有与试验样品接触的器具应先用（　　）洗涤。

（14）微量滴定管刻度为（　　），分度值为（　　）mL。

（15）滴定柴油试样量为（　　）mL，在（　　）下量取试样。

（16）要求在5min内趁热滴定，中间不能成（　　），也不能（　　），以免影响测定。

（17）测定油品水分时，停止加热后，如果冷凝管内壁仍沾有水滴，可用（　　）冲洗，或用（　　）或（　　）的一端小心地将水滴推刮进接收器中。

（18）试样管内沉积物经擦拭和用溶剂除不掉时可用（　　）、丙酮或其他溶剂冲洗并干燥。

（19）玻璃管的光学性质十分重要，同样材质会因批号不同而不同，必须使用颜色（　　）的玻璃管。当一根玻璃管破损时，需要（　　）的玻璃管。

（20）当试样浑浊时，可用多层的（　　）过滤，直至透明。

（21）如试样中发现气泡，则要用（　　）将其排出。

（22）测定水分的方法按其含量不同分为两种，GB/T 260《石油产品水含量的测定　蒸馏法》属于（　　），SH/T 0246《石油产品、润滑油和添加剂中水含量的测定》属于（　　）。

(23) 柴油润滑性评定法(高频往复试验机)SH/T 0765—2005 要求,在距离下试验夹具( )的范围内,测量空气温度和相对湿度。

(24) 柴油润滑性评定法(高频往复试验机)SH/T 0765—2005 要求,试验球放进夹具内,固定试验夹,再将上试件夹具固定在震动臂的末端。在完全卡紧此构件之前,要确保夹具( )。

(25) 柴油润滑性评定法(高频往复试验机)SH/T 0765—2005 要求,分析结束后,用( )和( )分别冲洗带球夹具,然后放在盛有新鲜甲苯的烧杯里,把烧杯放在超声波清洗槽内清洗 30s。

(26) 柴油润滑性评定法(高频往复试验机)SH/T 0765—2005 要求,试验机在每做( )个试验或者每做 10 天试验后,就要用参考油进行一次核对试验,以时间短者为准。

(27) 柴油十六烷值的高低决定于燃料的化学组成,一般( )的十六烷值最高,异构烷烃次之,环烷烃的十六烷值较低,而( )的十六烷值最低。

(28) 称取灰分试样时,所需瓷坩埚或瓷蒸发皿的规格是( )和( )。

(29) 坩埚在 (775±25)℃的温度下至少煅烧( ),取出在空气中冷却( ),移入干燥器中,冷却至室温后进行称量。

2. 选择题

(1) 在 GB/T 6536 馏程试验中,测定前冷凝管没擦净,会造成馏出体积( )。

A. 增加　B. 减少　C. 不变　D. 无法确定

(2) 导致闭口闪点测定结果偏低因素是( )。

A. 加热速度过快　B. 试样含水量

C. 气压偏高　D. 火焰直径偏小

(3) 按照 SH/T 0165—92 进行减压蒸馏,试验结束后应打开( )缓慢消除真空后,再关闭真空泵。

A. 放空阀　B. 球阀　C. 闸阀　D. 截止阀

(4) 测定柴油运动黏度要求严格控制黏度计在恒浴中的温度、恒温时间为( )。

A. 50℃,10min　B. 20℃,10min　C. 20℃,20min　D. 50℃,30min

(5) GB/T 265 黏度测定法中规定在测定黏度过程中,试样正好到达( )时启动秒表。

A. 标线底部　B. 标线 b　C. 标线中部　D. 标线 a

(6) GB/T 265 规定,黏度测定结果的数值,取( )位有效数字。

A. 2　B. 3　C. 4　D. 1

(7) 在凝点测定中,当试样凝点低于 0℃时,试验前应在套管底部注入 1～2mL( )。

A. 石油醚　B. 无水乙醇　C. 待测油样　D. 蒸馏水

(8) 在凝点测定中,温度计的水银球距套管底部的距离为( )。

A. 8～10mm　B. 7～8mm　C. 10～12mm　D. 0～15mm

(9) 柴油冷滤点的高低与其中的( )组分有关。

A. 烷烃　B. 芳烃　C. 环烷烃　D. 石蜡

(10) ( )是试验条件下,试样在氧化过程中产生的能过滤分离出来的物质,它包括氧化后在试样中悬浮的物质和在管壁上易于用异辛烷洗涤下来的物质。

A. 黏附性不溶物　B. 可过滤不溶物　C. 胶体不溶物　D. 蜡质不溶物

(11) 柴油机在炎热的夏季使用过程中,油箱温度可达( ),由于剧烈振荡,油品中的溶解氧可达到饱和程度,进入燃油系统后,温度继续升高,在金属催化作用下,不安定组分会急剧氧化生成胶质。

A. 60～80℃　B. 90～100℃　C. 20～30℃　D. 200～300℃

(12) 将已称重的试样放入一个样品管中，在惰性气体（氮气）气氛中，按规定的温度程序升温，将其加热到（　），在反应过程中生成的易挥发性物质由氮气带走，留下的炭质型残渣占原样品的质量分数即为微量残炭值。

A. 100℃　B. 400℃　C. 600℃　D. 500℃

(13) 测定柴油氧化安定性时冲洗液应放在（　）的电热板上加热蒸发三合剂。

A. 135℃　B. 145℃　C. 155℃　D. 160℃

(14) 在酸度的测定中，从三角瓶停止加热到滴定终点不超过（　）min。

A. 2　B. 3　C. 5　D. 4

(15) 在酸度的测定中，球形回流冷凝管长约（　）mm。

A. 250　B. 300　C. 500　D. 350

(16) 试样水分小于多少时，认为是痕迹？（　）

A. 0.03%　B. 0.01%　C. 0.05%　D. 0.1%

(17) 蒸馏法测定油品水分时，在两次测定中，收集水的体积之差，不应超过接收器的（　）。

A. 3 个刻度　B. 2 个刻度　C. 1 个刻度　D. 0.5 个刻度

(18) 蒸馏法测定油品水分时，应控制回流速度使冷凝管斜口每秒滴下液体为（　）。

A. 1～2 滴　B. 2～4 滴　C. 1～3 滴　D. 3～5 滴

(19) GB/T 260 中，水分测定器接收器的刻度在 0.3mL 以下设有（　）等分的刻线。

A. 7　B. 8　C. 9　D. 10

(20) 当规定在室温下操作时，温度过高或过低可能会对试验结果造成影响，室温的操作范围一般为（　）。

A. 15～20℃　B. 15～25℃　C. 20～25℃　D. 18～23℃

(21) 柴油润滑性评定法（高频往复试验机）SH/T 0765—2005 中，参考油的密封冷藏温度为（　）。

A. 4℃±1℃　B. 4℃±2℃　C. 3℃±2℃　D. 3℃±1℃

(22) 柴油润滑性评定法（高频往复试验机）SH/T 0765—2005 中，柴油润滑性分析中油样体积是（　）mL。

A. 2.0±0.2　B. 2.0±0.1　C. 1.0±0.2　D. 1.0±0.1

(23) 柴油润滑性评定法（高频往复试验机）SH/T 0765—2005 中，柴油润滑性分析中应用载荷是（　）g。

A. 200±0.1　B. 200±2　C. 200±1　D. 200±0.2

(24) 柴油润滑性评定法（高频往复试验机）SH/T 0765—2005 中，柴油润滑性分析中温度的控制范围是（　）。

A. 18～27℃　B. 18～28℃　C. 17～27℃　D. 17～28℃

(25) 一个干燥器中放入一对坩埚为宜，放一对 50mL 坩埚，一般冷却（　）可达室温，放一对 100mL 的坩埚，一般冷却 45～60min 可达室温。

A. 20～30min　B. 30～45min　C. 40～45min　D. 50～65min

3. 判断题

(1) 评价车用柴油的蒸发性指标主要有蒸气压、馏程和闪点。（　）

(2) 普通柴油和车用柴油的 50%蒸发温度反映其启动性。（　）

(3) GB/T 6536—2010 规定蒸馏柴油时，冷浴温度为 0～50℃。(　　)

(4) 闭口杯闪点测定法规定试样含水量不大于 0.05%，否则，必须脱水。(　　)

(5) 闭口杯闪点测定时，点火前应停止搅拌，点火后立即打开搅拌开关。(　　)

(6) 按照 SH/T 0165—92 进行减压蒸馏，先启动真空泵，再调节放空阀，使残压达到测定要求，再开始蒸馏。(　　)

(7) 试样通过毛细管黏度计的流动时间一律要求控制在不少于 200s。(　　)

(8) 黏度是评价轻柴油和车用柴油流动性、雾化性和润滑性的指标。(　　)

(9) 试样黏度测定前必须将黏度计用溶剂油或石油醚洗涤，然后烘干备用。(　　)

(10) 测定凝点时，将装在规定试管中的试样冷却到预期温度时，倾斜试管 45°，保持 1min，观察液面是否移动。(　　)

(11) 试样凝点必须进行重复测定，第二次测定时的开始试验温度要比第一次测出的凝点高 2℃。(　　)

(12) 测定凝点时，冷却剂温度要比试样预期凝点低 7～8℃。(　　)

(13) 评定轻柴油、车用柴油低温流动性的指标主要有凝点和冷滤点。(　　)

(14) 冷滤点是表示油品低温流动性的质量指标之一。(　　)

(15) 我国车用柴油要求总不溶物含量不大于 2.5mg/100mL。(　　)

(16) 轻柴油和车用柴油的 10%蒸余物残炭反映油品精制深度或油质好坏，间接说明油品在使用过程中发生结焦和生成积炭的倾向。(　　)

(17) 原油和石油产品的微量残炭值与康氏残炭值有很好的一致性。(　　)

(18) 柴油氧化安定性测定法中规定用三合剂淋洗所有玻璃仪器，然后用水、中等碱性或中性实验室清洗剂清洗，再用蒸馏水洗涤三次，最后用丙酮洗，除去水，烘干待用。(　　)

(19) 在滴定分析过程中当滴定至指示剂颜色改变时滴定达到终点。(　　)

(20) 蒸馏法测定油品水分时，停止加热后，如果冷凝管内壁仍沾有水滴，可用无水溶剂油冲洗，或用金属丝带有橡胶或塑料头的一端小心地将水滴推刮进接收器中。(　　)

(21) 原油中的水主要以溶解状态存在。(　　)

(22) 测定总污染物时，样品容器的外部和封口部位必须冲洗干净，避免将污染物引入到待测样品中。(　　)

(23) 柴油润滑性评定法（高频往复试验机）SH/T 0765—2005 中，试验样品的润滑性用校正后的磨痕直径表示。(　　)

(24) 柴油润滑性评定法（高频往复试验机）SH/T 0765—2005 中，在拆装过程中，刮伤试验件不影响试验结果（　　）。

(25) 柴油润滑性评定法（高频往复试验机）SH/T 0765—2005 中，如果磨痕测量值 x 和 y 之差（$x-y$）超过 $-50\mu m \sim +100\mu m$ 的范围，需核对已确认的磨痕边界。(　　)

(26) 柴油润滑性评定法（高频往复试验机）SH/T 0765—2005 中，需记录磨损表面的情况，包括磨屑的颜色、异常颗粒或磨损类型以及明显的擦伤等。(　　)

(27) 点燃火时滤纸要浸透试样，调整火焰，使火焰高度不超过 8cm。(　　)

4. 简答题

(1) 减压蒸馏的原理是什么？

(2) 减压蒸馏装置为什么要安装放空阀？

(3) 柴油中哪些组分影响其冷滤点？是如何影响的？

(4) 测定总不溶物的意义是什么？

(5) 影响柴油安定性的因素有哪些？

（6）测定微量残炭的意义是什么？

（7）简述柴油储存后氧化变质的危害。

（8）简述柴油色度测定的方法概要。

（9）柴油色度测定采用的是什么光源？

（10）柴油色度测定的重复性和再现性分别要满足什么条件？

（11）油品含水的危害有哪些？

（12）简述总污染物测定中样品容器和仪器部分组件的清洗过程。

（13）SH/T 0765—2005 中查重复性和再现性的要求分别是多少？

（14）润滑性实验开始前球片的准备程序是什么？

（15）简述什么是柴油的十六烷值。

（16）燃烧试油时用滤纸盖住试油的作用是什么？

5. 名词解释

（1）冷滤点（2）总不溶物（3）油品的残炭值（4）氧化安定性（5）微水（6）总污染物（7）校正磨斑直径（8）闪点（9）运动黏度（10）油品的凝点

6. 计算题

（1）在 98.0kPa 时，测得某油品的闭口闪点为 50℃，试求基准压力下的闭口闪点。

（2）某黏度计常数为 $0.4660mm^2/s^2$，在 20℃，试样的流动时间分别为 319.0s、321.6s、321.4s 和 321.2s，报告试样运动黏度的测定结果。

（3）某试样用规定试验方法比较测定，其着火滞后期与正十六烷体积分数为 36%、七甲基壬烷体积分数 64%的标准燃料相同，求试样的十六烷值。

（4）已知某车用柴油试样 20℃时的密度为 $0.8360g/cm^3$，按 GB/T 6536－2010《石油产品蒸馏测定法》测得的中沸点为 258℃，计算该试样的十六烷指数。

项目五
喷气燃料分析

项目引导

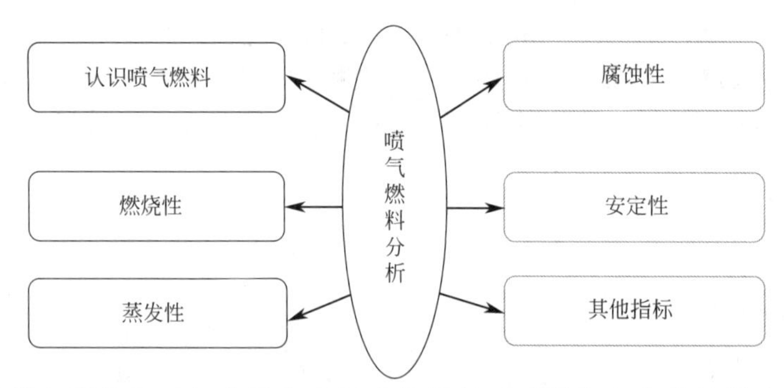

喷气燃料在燃气涡轮发动机中最主要的功能就是通过燃烧产生热能做功，要求其具有良好的燃烧性能、良好的洁净性、良好的低温性、良好的安定性、无腐蚀性、良好的高空性能、适宜的润滑性，以及具有较小的起电性和着火危险性。本项目通过对喷气燃料各项指标的测定，起到监督和指导的作用。

想一想

喷气燃料可以运用于哪些领域？喷气燃料与汽油、柴油等油品燃料的性能区别是什么？

任务一　认识喷气燃料

任务要求

1. 掌握喷气燃料的分类、牌号和用途；
2. 了解喷气燃料的技术要求及其评定意义。

一、喷气燃料的定义

喷气燃料是馏程范围在130～280℃的石油馏分，主要用于喷气式发动机，如军用飞机、民航飞机等。其生产过程是以原油常减压蒸馏所得的常一线馏分经脱硫、碱洗后，加抗氧剂、抗磨剂和抗静电而成；也可由减压蜡油、焦化蜡油、裂化循环油等经加氢裂化后制得。

二、喷气燃料的发展历史

20 世纪 40 年代，德国发明家奥海因研制成功了 HeS-3B 轴流式喷气式发动机，英国工程师弗兰克·惠特尔也研制出一种涡轮喷气式发动机，从此喷气燃料一直是军用和民用飞机的主要燃料。

英美两国民用喷气燃料按冰点分为 Jet A（冰点小于或等于－40℃）与 Jet A-1（冰点小于或等于－47℃）2 种，其余性能指标完全相同。Jet A 是美国民航普遍使用的燃料，其最新标准为 ASTMD 1655—2004。

英国在二战末出台了自己的第一个喷气燃料标准 RDE/F/KER（临时标准）。1948 年，英国开始使用高闪点煤油（RDE/FKER 203）。

20 世纪 90 年代初，英国将所有的喷气燃料规格进行了标准化，统一成国防标准 Defence Standard，由国防部标准化局统一管理，主要有以下几种喷气燃料：Avt511ur/FSⅡ（DERD2453）、Avcat（DERD2498）、Avtag/FSⅡ（DERD2454）等。

美国在 1944 年为燃料油 JP-1 颁布了 AN-F-32 标准，随后又颁布了 JP-2（1945 年，AN-F-34 标准）、JP-3（1947 年，AN-F-58 标准）以及 JP-4（1951 年，MIL-F-5624A 标准）燃料油标准。后来美国又开发出 JP-5、JP-6、JP-7 和 JP-8 喷气燃料。JP-8 是美国和北约空军的主要燃料用油，美国在 JP-8 的基础上开发出 JP-8＋100 热安定性燃料，正在研制 JP-8＋225、JP-900 等一系列新型燃料。“＋100”是指将 JP-8 的整体最高温度提高了 100°F（55℃），从而大大改善 JP-8 的热氧化安定性，研制的关键是在 JP-8 中加入抗氧剂 BHT（2,6-二叔丁基-4-甲基酚）和金属钝化剂 MDA（*N*,*N*′-二亚水杨基-1,2-丙二胺）。

苏联在 1949 年生产出直馏喷气燃料 T-1（TOCT 4138—49），后因扩大油源和实际使用需要而开发出 T-2、T-3、T-4、TC-1、PT、T-5、T-6、T-7（TC-1T）、T-8、T-8B 等燃料，以直馏的 TC-1 和加氢精制的 PT 为其主要品种。

我国于 1956 年开始试生产喷气燃料，当时生产 RP-1 和 RP-2，其标准是套用苏联 20 世纪 50 年代的 T-1 和 TC-1 标准。现在我国生产的喷气燃料可分为 RP-1、RP-2、RP-3、RP-4、RP-5、RP-6。

航空喷气燃料发展可分为 3 个阶段：第一阶段是选择适合于喷气飞机的第一种燃料，第二阶段是扩大喷气燃料的来源，第三阶段是研究使用添加剂改善喷气燃料的性能。

三、喷气燃料种类和牌号

我国的喷气燃料按馏程的宽窄可分为宽馏分型、煤油型及重煤油型；按加工工艺分为直馏喷气燃料和加氢工艺喷气燃料。国外又分为军用喷气燃料和民用喷气燃料，我国原先为军民通用喷气燃料，最新修改的 GB 6537—2018《3 号喷气燃料》将其分为军用喷气燃料和民用喷气燃料。

目前我国生产的喷气燃料有 RP-1、RP-2、RP-3、RP-4、RP-5、RP-6，其中 RP-1、RP-2 已经停产，RP-3 为煤油型（沸点范围 150～280℃），由于具有燃料闪点较高，不控制初馏点等优点，使得其生产工艺具有较大的灵活性，适合我国石蜡基原油生产喷气燃料的现状，广泛用于民用和军用飞机、出口等各个方面，为主要品种；RP-4 为宽馏分煤油（沸点范围 60～280℃），主要为备用燃料，平时不生产；RP-5 为舰载飞机专用燃料，RP-6 是大密度煤油（沸点范围 190～315℃），主要用于军用特种喷气燃料。

3 号喷气燃料（RP-3）是由直馏馏分、加氢裂化和加氢精制等组分及必要的添加剂调和而成的一种透明液体，主要由不同馏分的烃类化合物组成。3 号喷气燃料密度适宜，热值高，燃烧性能好，能迅速、稳定、连续、完全燃烧，且燃烧区域小，积炭量少，不易结焦；

低温流动性好，能满足寒冷低温地区和高空飞行对油品流动性的要求；热安定性和抗氧化安定性好，可以满足超音速高空飞行的需要；洁净度高，无机械杂质及水分等有害物质，硫含量尤其是硫醇硫含量低，对机件腐蚀小。

四、喷气燃料的规格

3 号喷气燃料的技术要求和试验方法见表 5-1。4 号喷气燃料、5 号喷气燃料及 6 号喷气燃料（RP-4、RP-5、RP-6）的技术要求请同学自行查阅相关标准。

表 5-1　3 号喷气燃料的技术要求和试验方法

项　目		质量指标	试验方法
外观		室温下清澈透明，目视无不溶解水及固体物质	目测
颜色	不小于	+25	GB/T 3555
组成			
总酸值(以 KOH 计)/(mg/g)	不大于	0.015	GB/T 12574
芳烃含量(体积分数)/%	不大于	20.0	GB/T 11132
烯烃含量(体积分数)/%	不大于	5.0	GB/T 11132
总硫含量(质量分数)/%	不大于	0.20	GB/T 380,GB/T 11140,GB/T 17040,SH/T 0253,SH/T 0689
硫醇硫(质量分数)/%	不大于	0.0020	GB/T 1792
或博士试验		通过	NB/SH/T 0174
直馏组分(体积分数)/%		报告	
加氢精制组分(体积分数)/%		报告	
加氢裂化组分(体积分数)/%		报告	
合成烃组分(体积分数)/%			
挥发性			
馏程			
初馏点/℃		报告	GB/T 6536
10%回收温度/℃	不高于	205	
20%回收温度/℃		报告	
50%回收温度/℃	不高于	232	
90%回收温度/℃		报告	
终馏点/℃	不高于	300	
残留量(体积分数)/%	不大于	1.5	
损失量(体积分数)/%	不大于	1.5	GB/T 21789
闪点(闭口)/℃	不低于	38	GB/T 1884,GB/T 1885
密度(20℃)/(kg/m³)		775～830	
流动性			
冰点/℃	不高于	-47	GB/T 2430
运动黏度/(mm²/s)			GB/T 265
20℃	不大于	1.25	
-20℃	不大于	8.0	
燃烧性			
净热值/(MJ/kg)	不小于	42.8	GB/T 384
烟点/mm	不小于	25.0	GB/T 382
或烟点最小为 20mm 时，			
萘系烃含量(体积分数)/%	不大于	3.0	SH/T 0181
腐蚀性			
铜片腐蚀(100℃,2h)/级	不大于	1	GB/T 5096
银片腐蚀(50℃,4h)/级	不大于	1	SH/T 0023

续表

项　　目		质量指标	试验方法
安定性			
热安定性(260℃,2.5h)			GB/T 9169
压力降/kPa	不大于	3.3	
管壁评级		小于3,且无孔雀蓝色或异常沉淀物	
洁净性			
胶质含量/(mg/100mL)	不大于	7	GB/T 8019
水反应			GB/T 1793
界面情况/级	不大于	1b	
分离程度/级	不大于	2	
固体颗粒污染物含量/(mg/L)	不大于	1.0	SH/T 0093
导电性			
电导率/(pS/m)		50～600	GB/T 6539
水分离指数			
未加抗静电剂	不小于	85	SH/T 0616
或加入抗静电剂	不小于	70	
润滑性			
磨痕直径 WSD/mm	不大于	0.65	SH/T 0687

注：经铜精制工艺的喷气燃料，油样应按 SH/T 0182 方法测定铜离子含量，不大于 150μg/kg。

思考与交流

简述喷气燃料的分类。

【课程思政】

我国首家民营石化企业航煤正式获得适航审定批准

2019 年 10 月 22 日，民航局在北京组织召开恒力石化（大连）炼化有限公司 3 号喷气燃料研讨会，会上民航局向该公司颁发了 3 号喷气燃料的技术标准规定项目批准书（CTSOA），这标志我国首家民营石化企业生产的航空煤油正式获得适航批准，可投入商业使用。该事件对于鼓励和引导民间资本投资民航业，对促进民航高质量发展，推动新时代民航强国建设具有重要意义。

想一想

为什么喷气燃料的热值用净热值表示，而不用总热值表示？

任务二　净热值分析

任务要求

1. 掌握喷气燃料弹热值、总热值及净热值的概念及测定意义；

2. 掌握喷气燃料净热值的测定方法；
3. 了解喷气燃料净热值注意事项。

一、测定意义

热值表示喷气燃料的能量性质。喷气燃料的净热值越高，耗油率越低，续航能力越强。弹热值指利用弹式量热装置测量热量时的实测热量值。净热值指一种物质完全燃烧后冷却到初始状态时所释放出来的热量，其中燃烧产物中的水蒸气仍以气态存在，总热值是指一种物质完全燃烧后冷却到初始状态时所释放出来的热量，其中燃烧产物中的水蒸气凝结成水。

二、测定方法

在氧弹内压缩氧气中，放入已知质量的吸有硫酸的浮石作为吸水剂，同时在用封上胶片的小皿中燃烧所称得的试样，但不计算热值。将氧弹置于沸腾的水中及空气中以吸收水分。然后测定浮石所吸收的水量。

三、注意事项

试验条件的准确控制是影响热值测定的主要因素，热值测定对试验室、试验设备及材料提出如下特殊要求。

1. 试验室温度

试验时，要求试验室温度波动不超过±5%，为此测定应在一个单独的房间内进行，房间要背阴，并具有双层严密的门窗，严禁通风。

2. 量热计搅拌速度

垂直搅拌，搅拌速度大于50r/min（螺旋桨式大于400r/min），要防止容器中的水发生飞溅，并控制因搅拌产生的温度升高，每10min不超0.01℃。

3. 温度的测量

使用量热温度计或贝克曼温度计（分度值为0.01℃）。此温度计须经国家计量机关作检查，其校正误差应不大于0.005℃。

4. 读取温度计示值

用固定在支架上的放大镜读取温度计示值。该放大镜为放大6～9倍、焦距0.5～1.0m的短焦距视镜（或双重放大镜，双眼放大镜）。

5. 引火电压

用低于12V电源引火，为避免导火线的发热而带来的多余热量，在燃烧胶片及试样时，其通电时间不应超过1s。为方便观察点火情况，可在电路上串联一盏指示灯。

6. 氧气压力表

带减压阀的氧气压力表的分压指示范围为0～5.88kPa或0～7.35kPa，供弹内装满氧气时测定压力使用。

7. 压缩氧气用具的连接

严禁在连接部分涂润滑油。如果在试验或一起搬运时弹氧及氧气连接仪器粘有润滑油或其他类油污，则应先用汽油小心洗涤，然后再用乙醇或乙醚洗涤。

思考与交流

1. 高热值与低热值的联系与区别是什么？
2. 喷气燃料的热值与其碳氢比有什么关系？

【课程思政】

中国空间站首次出舱

2021年6月17日9时22分，搭载神舟十二号载人飞船的长征二号F遥十二运载火箭发射升空，顺利将聂海胜、刘伯明、汤洪波3名航天员送入太空，中国空间站迎来了首批访客。14点57分，经过约7小时的出舱活动，圆满完成出舱活动期间全部既定任务后，航天员刘伯明、汤洪波安全返回天和核心舱，标志着中国空间站首次出舱活动圆满成功。这也是继神舟七号飞行乘组顺利出舱任务后，时隔13年中国航天员再次执行出舱任务。

任务实施

操作1　净热值测定

一、目的要求

1. 掌握石油产品热值测定法方法及操作技能；

2. 掌握喷气燃料净热值测定结果修正与计算方法。

二、测定原理

用试验方法或按公式计算的方法测定试样中的氢含量（只有在特别准确的分析测定时，才用试验方法测定氢含量）。向总热值中引入水蒸气生成热进行修正，即得净热值。

三、仪器与试剂

1. 弹热值测量仪器与试剂

（1）仪器

① 测定热值的量热计设备及附件，应符合热值测定的各项要求。

② 量热计小皿（以后简称小皿），不锈钢制成，见图5-1。

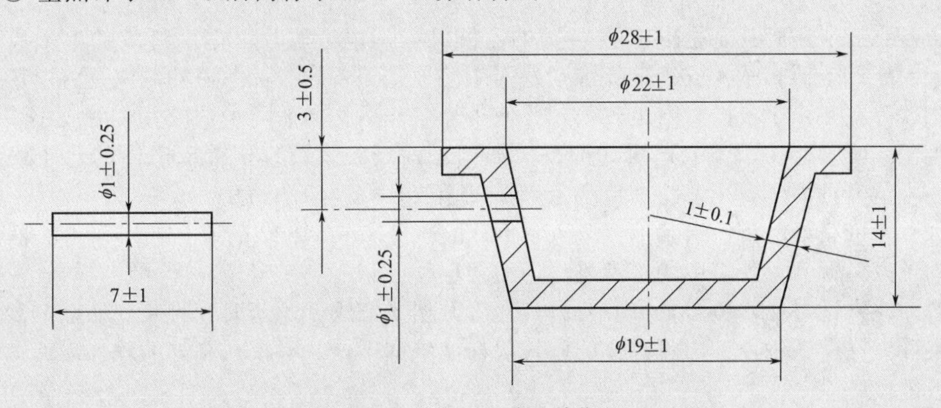

图5-1　量热计小皿尺寸（单位：mm）

③ 瓷或玻璃制的平盘（可以用平底、直径为100～200mm的浅结晶皿或表面皿），供制备胶片用。

④ 金属钳。

⑤ 吸液管：1mL。

⑥ 秒表。

⑦ 注射器。

⑧ 分析天平和重负荷的5kg天平。

⑨ 容量瓶：2000mL和1000mL。

（2）试剂

① 丙酮：化学纯，作胶片溶剂。

② 等量热标准苯甲酸，测定热值专用，需经中国计量科学研究院委托的工厂检定，并附有证书（也可以使用标准异辛烷，由中国计量科学研究院提供）。

③ 氢氧化钠：化学纯，配成0.1mol/L溶液。

④ 酚酞：配成1%乙醇溶液。

2. 总热值测量仪器及试剂

（1）仪器

① 干燥器。

② 瓷坩埚：矮型的。

③ 水浴。

④ 电炉。

⑤ 烧杯：300～500mL。

⑥ 玻璃漏斗：60°角，直径50～65mm。

⑦ 洗瓶：500～1000mL。

⑧ 定量滤纸：慢速，直径70～90mm。

（2）试剂

① 盐酸：分析纯。

② 氯化钡：分析纯，配成10%水溶液。

③ 硝酸银：分析纯，配成3%水溶液。

④ 甲基橙：配成0.02%水溶液。

四、准备工作

1. 小皿所用胶片的制备

（1）小皿所用胶片，是以5%～8%的乙酸纤维的电影胶片（硝酸纤维的电影胶片不溶解于丙酮）或照相软片或乙酸纤维素的丙酮溶液来制备的。此溶液的制取是将电影胶片或照相软片在热水中浸湿，除去胶膜，并使干燥，然后称出所需量的胶片，剪成小块，移入玻璃瓶或锥形瓶中，注入适量的丙酮。如用乙酸纤维素，直接称入适当的量于锥形瓶中，注入适量的丙酮，用塞将瓶口塞上，摇晃至胶片完全溶解为止。

（2）将准备好的溶液，量取4～5mL倒入直径100mm的结晶皿上或平盘上。然后将容器向各方向倾斜，使其中的溶液呈均匀的薄层。经过10～15min，待所形成的胶片表面无光时，注入适量热水覆盖，待胶片由其边缘开始成皱纹并脱落时，将胶片从盘的表面上取下，并夹在薄纸中压榨。将制成的胶片留在滤纸间干燥一昼夜。制好的胶片需保存在金属盒或纸盒中。

2. 聚乙烯塑料安瓿瓶的制备　取一段聚乙烯塑料管在酒精灯火焰上烤软，将一端稍微拉细，然后将细端熔融封口。封好后，在酒精灯上烤软（勿使塑料管直接接触火焰）然后离开火焰，用嘴通过一个装有氯化钙的干燥管（避免吹入水气）吹成带毛细管的塑料安瓿瓶封样管。封样管的质量为0.2g左右，吹好后放入干燥器中待用。

五、测定步骤

1. 弹热值的测定　在氧弹式热量计中测定的热值称为“弹热值”。测定时先称取定量试样，置于不锈钢制成的热量计小皿中，用易燃而不透气的胶片密封（或将试样封闭于聚乙烯管制成的安瓿瓶内）后置于充有压缩氧气的密闭氧弹中，然后用直流电通过导火线点燃试样，待其完全燃烧放出的热量传递于热量计周围的水中后，测量水在试样燃烧前后的温度，并计算水吸收的热量。

$$Q=mC(T-T_0) \tag{5-1}$$

式中　Q——水吸收的热量，kJ；

m——水的质量，kg；

C——水的比热容，kJ/(kg·℃)；

T_0——燃烧前的水温，℃；

T——燃烧后的水温，℃。

单位质量试样所放出的热量，称为弹热值。计算弹热值时，要对影响试样燃烧放热测定的因素进行校正。例如，胶片（或聚乙烯塑料安瓿瓶）及导火线燃烧放热的影响；热量计水温高于周围介质温度所散失的热量的影响；热量计系统本身在测定过程中吸热的影响等。此外，测定所用热量温度计应先经检定机关校正。用校正后试样放出的热量计算弹热值。

$$q_D=\frac{Q}{m} \tag{5-2}$$

式中　q_D——试样的弹热值，kJ/kg；

Q——试样燃烧放出的热量，kJ；

m——试样的质量，kg。

2. 总热值的测定　从氧弹洗涤液中测定硫含量（将含硫试样在氧弹中燃烧生成的二氧化硫转变为硫酸，再使硫酸根离子转化为硫酸钡沉淀析出，由硫酸钡质量即可求出硫含量)，再由试样的弹热值减去酸的生成修正数（由二氧化硫生成硫酸的热量、氮生成硝酸的热量和酸溶解水的热量所组成）就是总热值。氧弹洗涤液中的硫由二氧化硫生成硫酸及其溶解于水的热量，采用每1%硫含量相当于94.2kJ/kg；氧弹生成的硝酸量，不做试验测定，其生成及溶解热对于轻质燃料为50.24kJ/kg。

$$q_z=q_D-94.2w_s-q_N \tag{5-3}$$

$$w_s=\frac{0.1373m_1}{m}\times100\% \tag{5-4}$$

式中　q_z——试样的总热值，kJ/kg；

q_D——试样的弹热值，U/kg；

w_s——试样的硫含量（质量分数)，%；

94.2——1%硫转化成硫酸时的生成热和溶解热，kJ/kg；

q_N——硝酸的生成热和溶解热，kJ/kg；

m_1——所得硫酸钡沉淀的质量，kg；

0.1373——换算硫酸钡质量为硫酸质量的系数；

m——试样质量，kg。

3. 净热值的测定

(1) 空白试验

① 将7～8g用硫酸浸透的浮石置入坩埚中，并在盖好的称量瓶中称量这份浮石和坩埚的质量，称准至0.0002g。然后，将坩埚迅速置于氧弹底部的玻璃三脚架上，然后将氧弹盖拧紧。

② 由进气阀的管，小心地（不使浮石被吹散）用氧气将氧弹充至 30～32kgf/cm^2（1kgf/cm^2＝0.098MPa）的压力（不使空气从弹中排出），然后在室温下放置 1h。

③ 在 4～5min 内，小心地将氧气从氧弹中放出，拧开盖，迅速将盛浮石的坩埚从氧弹中移入称量瓶，并测定浮石中增加的水量。

④ 空白试验至少进行两次，如试验结果有显著的变动（1～2mg 以上）时，则须进行补充测定。

⑤ 最后，算出氧气中的水分、氧弹体积中空气的水分、氧弹内表面所吸附的水分以及吸收剂在由称量瓶与氧弹间来回移动时所吸收的水分的平均修正数。在每次更换氧气瓶时，必须测定水分的修正数。

（2）氢含量的测定

① 将蒸馏水装入量热容器中，无须精确称量，但其数量须使氧弹沉没至阀的锁紧螺母处，水的温度应与室温相同。将装水的容器置于热量计外壳中的绝缘底座上。

② 在盖好的称量瓶中的瓷坩埚里，称量 7～8g 用硫酸浸透的浮石，称准到 0.0002g，在装入氧弹前，将装浮石的称量瓶置于干燥器中。

③ 试验轻质石油产品时，用注射器向按弹热值测定法准备好的小皿中，由侧孔注入试样，小心地用塞将孔塞上。试验重质石油产品时，向按弹热值测定法准备好的小皿中加入试样 0.3～0.4g（对于含氢较多的石油产品则酌量减少），并称其质量，准确至 0.0002g。

④ 将盛有试样的小皿固定在电极的环上，同时使塞通过环的开口，然后将导火线的一端接于电极上，试验轻质石油产品时，将导火线的另一端穿过点火小条并固定于电极的另一端，试验重质石油产品时，将导火线的中段浸在小皿的试样中，使导火线呈 U 字形，两端分别固定在电极上。

⑤ 将盛有硫酸浸透的浮石的坩埚移置于氧弹底部的玻璃三脚架上，小心地用手将盖拧紧，并由进气阀的管小心地（避免使胶片发生破裂及浮石被吹散）用氧气将氧弹充至 30～32kfg/cm^2 的压力，又不使空气由氧弹中排出。

将氧弹小心地浸入装水的量热容器中，将导线接在氧弹电极上。把搅拌器及温度计浸入水中，用盖将外壳盖好，然后开动搅拌器。

⑥ 将全部装置在搅拌下装置 2～3min，使温度均匀。然后将点火电路接通，按温度计水银柱的上升（或按指示灯）观察试样是否燃烧。

⑦ 将氧弹自量热器中取出，使铜线由阀头上的孔穿过，然后再将氧弹移入预先准备好沸腾水的金属罐中，并将这金属罐放在电炉上。往金属罐中注水时，应使达到标记处，以使氧弹沉入时完全淹没。

将氧弹在沸水中放置 30min，然后将氧弹自水中取出，在室温下放置 1h，若氧弹在此期间并未完全冷却，则可将其沉入冷水中 2～3min，以达到室温为止。

⑧ 在 4～5min 内慢慢地将气体从氧弹中放出，拧开盖，迅速将盛浮石的坩埚从氧弹中移入称量瓶中，并测定浮石中增加的水量。

⑨ 检查氧弹的内表面，以确定试样是否完全燃烧及湿气是否完全被吸收，氧弹的内表面应是干燥的。但在燃烧含大量硫的石油产品情况下，由于与空气接触可稍呈湿润。

如在氧弹内壁上存有烟灰或未被吸收的水分时，则该试验作废。

⑩ 将使用过的浮石收集到有磨口的广口瓶中，以备再生。

（3）氢含量的计算

$$H=\frac{(G_1-G_2)\times 0.1119\times 100-H_J G_3}{G} \tag{5-5}$$

式中 G_2——用硫酸浸透的浮石在试样燃烧后增加的质量，g；

G_1——用硫酸浸透的浮石在空白试验后增加的质量，g；

0.1119——水的质量换算成含氢质量的系数；

G_3——小皿上的胶片质量，g；

G——试样的质量，g；

H_J——胶片的氢含量，%。

六、计算和报告

净热值为总热值减去水的汽化热。

$$q_J = q_z - 25.12 \times (9w_H + w_{H_2O}) \tag{5-6}$$

式中 q_J——试样的净热值，kJ/kg；

q_z——试样的总热值，kJ/kg；

w_H——试样中氢的质量分数，%；

w_{H_2O}——试样中水的质量分数，%；

9——氢的质量分数转换为水的质量分数的系数；

25.12——水汽在氧弹中每凝结1%（0.01g）所放出的潜热，kJ/kg。

任务评价

序号	考核项目	评分要素	配分	评分标准	扣分	得分	备注
1	净热值测定	试验室温度波动不超过±5%	7	不符合要求，扣7分			
2		小皿所用胶片的制备程序是否正确	7	不符合要求，扣7分			
3		制成的胶片是否留在滤纸间干燥一昼夜	4	不符合要求，扣4分			
4		小皿胶片必须保存在金属盒或纸盒中	4	不符合要求，扣4分			
5		聚乙烯塑料安瓿瓶制备程序是否正确	7	不符合要求，扣7分			
6		封样管的质量为0.2g左右	4	不符合要求，扣7分			
7		试样点燃	4	用直流电通过导火线点燃，不符合要求，扣4分			
8		进气阀的管室温下放置1h	4	不符合要求，扣4分			
9		空白试验至少进行两次	7	不符合要求，扣7分			
10		量热计搅拌速度大于50r/min	4	不符合要求，扣4分			
11		更换氧气瓶时，必须测定水分的修正数	4	不符合要求，扣4分			
12		水的温度应与室温相同	4	不符合要求，扣4分			
13		氧弹充至30～32kgf/cm^{2}的压力	4	不符合要求，扣4分			
14		氧弹在沸水中放置30min	4	不符合要求，扣4分			
15		氧弹室温下放置1h	4	不符合要求，扣4分			
16		氧弹内表面必须干燥	4	不符合要求，扣4分			
17		浮石再生利用	4	不符合要求，扣4分			
18		弹热值计算是否正确	4	不符合要求，扣4分			
19		总热值计算是否正确	4	不符合要求，扣4分			
20		净热值计算是否正确	4	不符合要求，扣4分			
21		氢含量测定是否正确	4	不符合要求，扣4分			
22		记录齐全、整齐、不涂改、无漏记，有效数字保留位数正确	4	不符合要求，扣4分			
合计			100				

考评人： 分析人： 时间：

想一想

兼顾净热值和密度，哪种烃是喷气燃料的理想组合？

任务三　密度分析

任务要求

1. 了解密度测定意义；
2. 掌握密度测定方法；
3. 熟悉密度的测定注意事项。

一、测定意义

喷气燃料的热值有质量热值（MJ/kg）和体积热值（MJ/m^3）之分。质量热值大，喷气式发动机的推动力大，油耗低；在油箱体积不变的条件下，为增加续航时间，则需要燃料具有较高的体积热值，即在保证燃烧性能不变坏的条件下，喷气燃料的密度大一些较好。

与质量热值相反，烃类碳氢比越低，其密度越大，体积热值越高。当碳原子数相同时，烃类密度大小顺序为：芳烃＞环烷烃＞烷烃。同种烃类，密度随沸点升高而增大，当沸点范围相同时，含芳烃越多，其密度越大；含烷烃越多，其密度越小。

二、测定方法

使试样处于规定温度，将其倒入温度大致相同的密度计量筒中，将合适的密度计放入已调好温度的试样中让它静止。当温度达到平衡后，读取密度计刻度读数和试样温度。用石油计量表把观察到的密度计读数换算成标准密度。如果需要，将密度计量筒及内装的试样一起放在恒温浴中，以避免在测定期间温度变动太大。

三、测定注意事项

1. 温度的控制

在整个试验期间，当环境温度变化大于2℃时，要使用恒温浴，以保证试验结束与开始的温度相差不超过0.5℃。当密度值用于散装石油计量时，在散装石油温度下或接近散装石油温度±3℃以内时测定密度，可以减少体积修正误差。要使密度计量筒和密度计的温度接近试样温度。

2. 温度的测定

测定温度前，必须搅拌试样，保证试样混合均匀，记录要准确到0.1℃。

3. 密度计测定操作

放开密度计时应轻轻转动一下，要有充分时间静止，让气泡升到表面，并用滤纸除去。

4. 量筒的处理

塑料量筒易产生静电，妨碍密度计自由漂浮，使用时要用湿布擦拭量筒外壁，消除静电。

5. 密度计刻度的读取

根据试样和选用密度计的不同，规范读数操作。

思考与交流

1. 什么是石油产品的视密度和标准密度？如何将视密度化为标准密度？
2. 测定油品的密度对生产和应用有何意义？

【课程思政】

"高密度"纤维素航空燃料来了

2019年，中国科学院大连化学物理研究所研究员李宁、中国科学院院士张涛课题组开发了一条以纤维素为原料制备高密度航空生物燃料的路线。首先，实验人员通过温和条件下二氯甲烷/水双相体系中的氢解反应将纤维素选择性地转化为2,5-己二酮。之后，实验人员以2,5-己二酮为原料，通过一个双床催化剂体系"一步法"，直接获得碳链长度为12和18的低凝固点多环烷烃的混合物。在实际应用中，可以利用高密度航空生物燃料远航程、高载荷的特点，减少长途飞行旅程中的转机次数和航空运输中需要的航班次数，进而降低飞机在起飞和降落过程中造成的噪声、二氧化碳以及其他污染物排放，为绿色航空事业贡献力量。

任务实施

操作2　密度测定

一、目的要求

1. 掌握原油和液体石油产品密度实验室测定法（密度计）操作技能；
2. 掌握喷气燃料密度测定结果记录与计算方法。

二、测定原理

密度测定理论的依据是阿基米德原理，其主要仪器是一组玻璃石油密度计。测定时，将密度计垂直放入液体中，当密度计排开液体的质量等于其本身质量时则漂浮于液体，处于平衡状态。密度小的液体浮力较小，密度计露出液面较少；相反，密度大的液体，浮力也大，密度计露出液面部分较多。

三、仪器与试剂

1. 密度计量筒：由透明玻璃、塑料或金属制成，其内径至少比密度计外径大25mm，其高度应使密度计在试样中漂浮时，密度计底部与量筒底部的间距至少有25mm。

塑料密度计量筒应不变色并抗侵蚀，不影响被测物质的特性。此外，长期暴露在日光下，不应变得不透明。

2. 密度计：玻璃制，应符合SH/T 0316和表5-2中给出的技术要求。

3. 恒温浴：其尺寸大小应能容纳密度计量筒，使试样完全浸没在恒温浴液体表面以下，在试验期间，能保持试验温度在±0.25℃以内。

4. 温度计：范围、刻度间隔和最大刻度误差见表5-3。

表5-2　密度计技术要求

型号	单位	密度范围	每支单位	刻度间隔	最大刻度误差	弯月面修正值
SY-02	g/cm^3	600～1100	20	0.2	±0.2	±0.3
SY-05	(20℃)	600～1100	50	0.5	±0.3	±0.7
SY-10		600～1100	50	1.0	±0.6	±1.4

续表

型号	单位	密度范围	每支单位	刻度间隔	最大刻度误差	弯月面修正值
SY-02	g/cm^2	0.600～1.1000	0.02	0.0002	±0.0002	±0.0003
SY-05	(20℃)	0.600～1.1000	0.05	0.0005	±0.0003	±0.0007
SY-10		0.600～1.1000	0.05	0.0010	±0.0006	±0.0014

注：可以使用 SY-Ⅰ或 SY-Ⅱ型石油密度计。

表 5-3　温度计技术要求

范围/℃	刻度间隔/℃	最大误差范围/℃
−1～38	0.1	±0.1
−20～102	0.2	±0.15

注：可以使用电阻温度计，只要它的准确度不低于上述温度计的不确定度。

5. 玻璃或塑料搅拌棒：长约 450mm。

四、准备工作

1. 样品混合　混合试样是使用于试验的试样尽可能地代表整个样品所必需的步骤，但在混合操作中，应始终注意保持样品的完整性。

为减少轻组分损失，样品应在原来的容器和密闭系统中混合。

2. 试验温度　把样品加热到使它能充分地流动，但温度不能高到引起轻组分损失，或低到样品中的蜡析出。

3. 仪器准备　检查密度计的基准点确定密度计刻度是否处于正确位置。如果刻度已移动，应废弃这支密度计。

使密度计量筒和密度计的温度接近试样的温度。

五、测定步骤

1. 在试验温度下把试样转移到温度稳定、清洁的密度计量筒中，避免试样飞溅和生成空气泡，并要减少轻组分的挥发。

2. 用一片清洁的滤纸除去试样表面上形成的所有气泡。

3. 把装有试样的量筒垂直地放在没有空气流动的地方。在整个试验期间，环境温度变化应不大于 2℃。当环境温度变化大于±2℃时，应使用恒温浴，以免温度变化太大。

4. 用合适的温度计或搅拌棒作垂直旋转运动搅拌试样，如果使用电阻温度计，要用搅拌棒，使整个量筒中试样的密度和温度达到均匀。记录温度接近到 0.1℃。从密度计量筒中取出温度计或搅拌棒。

5. 把合适的密度计放入液体中，达到平衡位置时放开，让密度计自由地漂浮，要注意避免弄湿液面以上的干管。把密度计按到平衡点以下 1mm 或 2mm，并让它回到平衡位置，观察弯月面形状，如果弯月面形状改变，应清洗密度计干管，重复此项操作直到弯月面形状保持不变。

操作扫一扫

M5-1　密度测定

6. 对透明、低黏度液体，将密度计压入液体中约两个刻度，再放开。由于干管上多余的液体会影响读数，在密度计干管液面以上部分应尽量减少残留液。

7. 在放开时，要轻轻地转动一下密度计，使它能在离开量筒壁的地方静止下来自由漂浮。要有充分的时间让密度计静止，并让所有气泡升到表面，读数前要除去所有气泡。

8. 当密度计离开量筒壁自由漂浮并静止时，读取密度计刻度值，读到最接近刻度间隔的 1/5。

9. 测定液体时，先使眼睛稍低于液面的位置，慢慢地升到表面，先看到一个不正的椭圆，然后变成一条与密度计刻度相切的直线（见图 5-2）。密度计读数为液体下弯月面与密度计刻度相切的那一点。

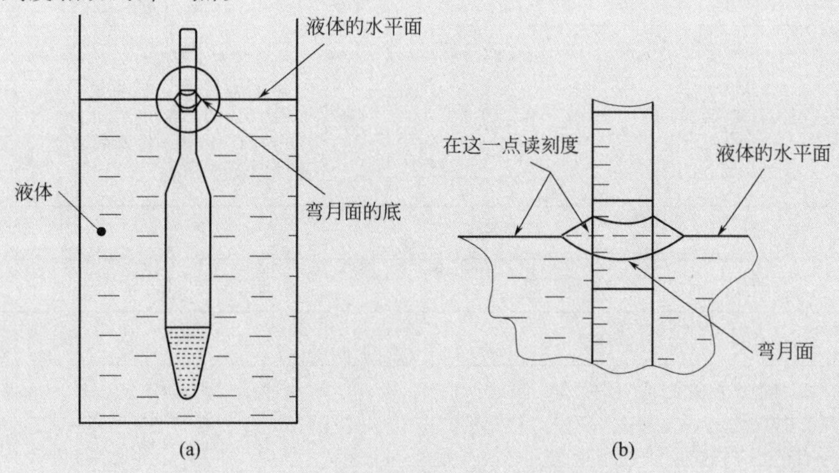

图 5-2　透明液体的密度计刻度读数

10. 记录密度计读数后，立即小心地取出密度计，并用温度计垂直地搅拌试样。记录温度接近到 0.1℃，如这个温度与开始试验温度相差大于 0.5℃，应重新读取密度计和温度计读数，直到温度变化稳定在±0.5℃以内。如果不能得到稳定的温度，把密度计量筒及其内容物放在恒温浴内，再从步骤 3 重新操作。

11. 铅弹蜡封型密度计在高于 38℃下使用后，要垂直地晾干和冷却。

六、计算和报告

1. 原始数据记录　由于密度计的准确读数是在规定温度（20℃）标定的，因此在其他温度下的测量值仅是密度计读数，并不是该温度下的油品的标准密度，故称为视密度。

试样名称				
第一次	视密度/(g/mL)			
	温度/℃			
第二次	视密度/(g/mL)			
	温度/℃			

2. 计算　根据各试样连续两次测定的温度和视密度，可以用下述方法来求得标准密度。

(1) 由 GB/T 1885 中视密度换算表，查得 20℃的密度。取两个密度的算术平均值作为测定结果。

(2) 由下列公式计算出 20℃下的密度，取两个密度的算术平均值作为测定结果。

$$\rho_{20}=\rho_t+k(t-20) \tag{5-7}$$

式中　ρ_{20}——油品在 20℃时的密度，g/cm^3；

ρ_t——油品在测定温度 t 时的视密度，g/cm^3；

k——喷气燃料的平均密度温度系数，$g/(cm^3 \cdot ℃)$；

t——油品的温度，℃。

任务评价

序号	考核项目	评分要素	配分	评分标准	扣分	得分	备注
1	密度测定	密度计量筒选择正确	8	内径至少比密度计外径大 25mm，密度计底部与量筒底部的间距至少 25mm，有一个条件不符合，扣 4 分			
2		转移试样时是否出现飞溅和生成空气泡	6	不符合要求，扣 6 分			
3		试样表面有气泡聚集时是否处理	6	不符合要求，扣 6 分			
4		正确选择量筒垂直放置的地方	6	不符合要求，扣 6 分			
5		试样温度控制在 20℃±0.25℃	8	不符合要求，扣 6 分			
6		试样是否混合均匀	6	不符合要求，扣 6 分			
7		温度计水银线未保持全浸	6	不符合要求，扣 6 分			
8		密度计选择正确	6	不符合要求，扣 6 分			
9		将密度计压入试样 1mm 或 2mm	6	不符合要求，扣 6 分			
10		密度计杠管上附有多余试样而未处理	6	不符合要求，扣 6 分			
11		读数时未除去表面气泡	6	不符合要求，扣 6 分			
12		读数是否正确	6	不符合要求，扣 6 分			
13		密度是否修正	6	不符合要求，扣 6 分			
14		是否将测定温度和视密度换算	6	不符合要求，扣 6 分			
15		计算错误	6	若存在，扣 6 分			
16		记录齐全、整齐、不涂改、无漏记，有效数字保留位数正确	6	每一处不符合要求扣 6 分			

考评人： 分析人： 时间：

烟点与油品组成的关系是什么？各种烃类生成积炭的倾向是什么？

任务四 烟点分析

任务要求

1. 了解烟点测定意义；
2. 掌握烟点测定方法；

3. 熟悉烟点测定注意事项。

一、测定意义

烟点是指喷气燃料在规定试验条件下燃烧时无烟火焰的最大高度，以毫米表示，它是评定喷气燃料燃烧时生成积炭倾向的指标。喷气燃料在发动机内生成积炭倾向与喷气燃料烟点的高低密切相关，烟点越低，生成积炭越多，见表 5-4。

表 5-4　喷气燃料烟点与生成积炭的关系

烟点/mm	12	18	21	23	26	30	43
积炭质量/g	7.5	4.8	3.2	1.8	1.6	0.5	0.4

喷气燃料含芳烃越多，无烟火焰高度越低，燃烧时生成的炭粒越多，火焰明亮度越大，易引起燃烧室接受辐射过多而超温，致使生成积炭倾向增大；燃料馏分越重，无烟火焰高度越低，生成积炭的倾向也越大。

为保证喷气燃料正常燃烧，避免积炭形成。我国 3 号喷气燃料均要求烟点不小于 25mm。

二、测定方法

测定时，量取一定量试样注入贮油器中，点燃灯芯，按规定调节火焰高度至 10mm，燃烧 5min，再将灯芯升高到出现有烟火焰，然后平稳地降低火焰高度，在毫米刻度尺上读取烟尾刚好消失时的火焰高度，即为烟点的实测值。

三、测定注意事项

1. 试样的准备

试验保持到室温即可，不能加热，以防轻组分挥发损失，如发现试样有雾状杂质，则用定性滤纸过滤。

2. 灯芯的处理

灯芯不能卷曲，灯芯头必须剪平，并使其突出灯芯管 3mm，仲裁试验必须更换新灯芯。

3. 试样用量

通常试样量为 20mL，不允许用少于 10mL 的试样做试验。

4. 读数方法

为消除视觉误差，在观察灯芯呈现油烟的现象时，可在烟道后方衬上一张白纸或不透明白色板。

5. 仪器校正系数的测定

仪器校正系数要定期测定，特别是当调换仪器、改变操作者或大气压力变化超过 706.4Pa（5.3mmHg）时，必须进行仪器校正系数测定。

思考与交流

1. 测定烟点对喷气燃料的燃烧性有何意义？
2. 在测定烟点时，对于灯芯的要求有哪些？

【课程思政】

“天问”携“祝融”落火

2020年7月23日12点41分，长征五号运载火箭搭载火星探测器“天问”一号发射升空，这是中国首次自主实施火星探测任务。2021年2月10日，“天问”一号，成功实施近火捕获制动，进入火星轨道，成为我国第一颗人造火星卫星。2021年5月15日，“天问”一号确认成功着陆火星北半球的乌托邦平原，正式带领“祝融”号火星车展开火星探测之旅！中国也因此成为第二个探测器成功着陆火星的国家，并且我们这次探测要完成“绕落巡”3个任务，也属全球首次。我们也终于可以骄傲地说：火星，中国到了！

任务实施

操作3 烟点测定

一、目的要求

1. 掌握煤油烟点测定法方法及操作技能；

2. 掌握烟点测定结果记录与计算方法。

二、测定原理

试样在标准灯内燃烧，火焰高度的变化反映在毫米刻度尺背景上。测量时把灯芯升高到出现有烟的火焰，然后再降低到烟尾刚刚消失的一点，这点的火焰高度即为试样的烟点。

三、仪器与试剂

1. 仪器

(1) 烟点灯　烟点灯包括以下几部分：备有灯芯管和空气导管的贮油器，装配有灯芯导管和进气口的对流室平台、灯体和灯罩。烟点灯上还备有一个专用的50mm标尺，在其黑色玻璃上每1米分度处用白线标记，灯芯导管的顶部与标尺的零点标记处在同一水平面上，也备有一个能缓慢和均匀地升降贮油器的装置。灯体门上的玻璃窗是弧形的，以防止形成多重映象。贮油器底座和其本体之间的连接处不应漏油。

(2) 灯芯　适用的圆形灯芯。长不小于125mm。由纯棉棉纱织成。经纱面径17根、3股10支纱，芯径9根、4股6支纱；纬密5根/厘米。

(3) 量筒　25mL。

(4) 滴定管　25mL或50mL。

2. 试剂

(1) 甲苯　分析纯。

(2) 异辛烷　分析纯。

(3) 石油醚或直馏轻质汽油。

四、准备工作

1. 把灯具垂直放在一个完全避风的地方。仔细检查每个灯，确保平台内空气孔和贮油器引入空气的导口干净、畅通和具有正确的尺寸。平台的位置应该是使空气孔完全不受阻碍。

2. 将灯芯用石油醚或直馏轻质汽油洗涤，在100～105℃温度下干燥30min，取出后放在干燥器中备用。

3. 将贮油器用石油醚或直馏轻质汽油洗涤，用空气吹干。

4. 把试样保持到室温（不能加热），如果发现试样有雾状或杂质，则用定量滤纸过滤。

5. 用试样将灯芯润湿，装入灯芯管中。如果灯芯有卷曲的地方，应仔细地将其捻平，并须重新将其上端用试样润湿。

五、测定步骤

1. 用量筒量取 20mL 试样。将试样倒入清洁、干燥的贮油器内。如试样不足 20mL，则只要不少于 10mL 即可。

2. 把灯芯管放入贮油器中并拧紧。注意勿使试样落入空气孔中。将所有不整齐的灯芯头，用剪刀剪平，并使灯芯在灯芯管中突出 3mm。将贮油器插入灯中。

3. 把灯芯点燃并调节火焰高度为 10mm，燃烧 5min。将灯芯升高到呈现油烟，然后平稳地降低火焰高度，其外形可能出现下列几种情况：

（1）一个长光状，可轻微地看见有烟，间断不定形状并跳跃的火焰。

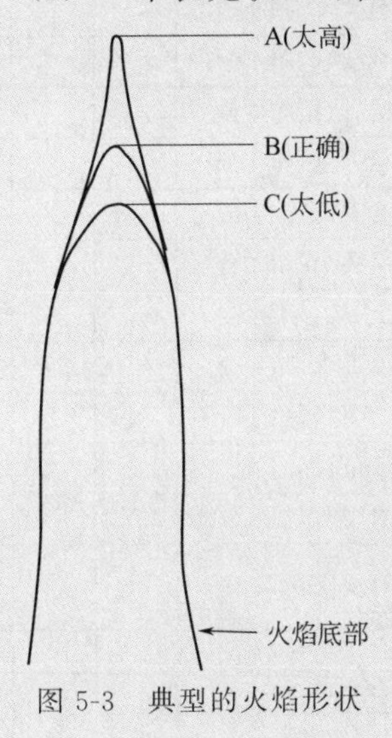

图 5-3　典型的火焰形状

（2）一个延长的点光状，光边有向上的凹面，如图 5-3 中 A。

（3）点尖状正好消失，出现一个很亮的燃烧火焰，如图 5-3 中 B。在接近真实火焰的尖端，有时出现锯齿状的间断不定的辉光，这些可以不必考虑。

（4）一个刚好的圆光，如图 5-3 中 C。

估读图 5-3 中 B 火焰高度，并读至 0.5mm。记录所观察到的烟点值。为了消除视差，观察者的眼睛应倾斜到中心线的一边，以便在标尺的白色垂直线的一边能够看见反射影，而在另一边能够看见火焰本身。

4. 按步骤 3 中规定，对火焰外形重复观测三次烟点。如果测定值变化超过 1.0mm，则用新的试样并换一根灯芯重做试验。

取三次烟点观测值的算数平均数，作为试样烟点的测定值。

六、计算和报告

1. 仪器校正系数计算

$$f=\frac{1}{2}\left(\frac{A_b}{A_c}+\frac{B_b}{B_c}\right) \tag{5-8}$$

式中　A_b——第一种标准燃料烟点的标准值，mm；

A_c——第一种标准燃料烟点的测定值，mm；

B_b——第二种标准燃料烟点的标准值，mm；

B_c——第二种标准燃料烟点的测定值，mm。

2. 烟点计算　试样的烟点 H，其单位为 mm，计算：

$$H=f\cdot H_c \tag{5-9}$$

式中　f——仪器校正系数；

H_c——试样的烟点测定值，mm。

取数值准确到 0.1mm。

任务评价

序号	考核项目	评分要素	配分	评分标准	扣分	得分	备注
1	烟点测定	灯具放置位置是否垂直、避风	4	不符合要求，扣4分			
2		平台内空气孔是否干净、畅通	4	不符合要求，扣4分			
3		贮油器空气导口尺寸是否正确、干净、畅通	4	不符合要求，扣4分			
4		平台位置是否影响空气孔通气	4	不符合要求，扣4分			
5		灯芯洗涤溶剂是否选用正确	4	不符合要求，扣4分			
6		灯芯是否在100～105℃温度下洗涤	4	不符合要求，扣4分			
7		灯芯干燥时间要求30min	5	每少1min，扣2分			
8		灯芯取出后是否放在干燥器中备用	4	不符合要求，扣4分			
9		贮油器是否洗涤	4	不符合要求，扣4分			
10		贮油器洗涤后是否用空气吹干	4	不符合要求，扣4分			
11		试样温度是否保持在室温	4	不符合要求，扣4分			
12		是否采用加热方式将试样保持到室温	5	若是，直接扣5分			
13		如试样中有杂质或呈雾状是否过滤	4	不符合要求，扣4分			
14		灯芯是否用试样润湿	4	不符合要求，扣4分			
15		如灯芯卷曲，是否捻平	4	不符合要求，扣4分			
16		试样是否量取20mL	4	低于10mL，直接扣分			
17		灯芯头高出灯芯管3mm	4	不符合要求，扣4分			
18		火焰高度达到10mm	4	不符合要求，扣4分			
19		燃烧时间持续5min	4	每少1min，扣1分			
20		读数时是否在烟道后方衬上一张白纸或不透明白色板	4	不符合要求，扣4分			
21		当调换仪器、改变操作者或大气压力变化超过706.4Pa是否进行仪器校正系数测定	4	不符合要求，扣4分			
22		测定值变化超过1.0mm时是否重新做试验	5	不符合要求，扣5分			
23		计算结果是否精确到0.1mm	4	不符合要求，扣4分			
24		记录齐全、整齐、不涂改、无漏记，有效数字保留位数正确	5	不符合要求，扣4分			
合计			100				

考评人：　　　　　　　　分析人：　　　　　　　　时间：

想一想

辉光值与燃料化学组成有关，对于正构烷烃、异构烷烃、环烷烃、烯烃及芳烃，兼顾其他性能，哪种烃类是喷气燃料的理想组分？

任务五　辉光值分析

任务要求

1. 了解辉光值测定意义；
2. 掌握辉光值测定方法；

3. 熟悉辉光值测定注意事项。

一、测定意义

辉光值是在可见光谱的黄绿带内于固定火焰辐射强度下，火焰温度升高的相对值。

辉光值表示喷气燃料燃烧时火焰辐射强度，用以评定燃料生成积炭的倾向，喷气式发动机燃烧室壁上积炭的生成与火焰辐射强度密切相关。高辉光值燃料燃烧时带淡蓝色火焰，释放出少量的辐射能，若飞机发动机使用低辉光值燃料，过量的辐射热对燃烧室寿命和其他某些热部件会有不利影响，所以要求喷气燃料的辉光值不低于45。

二、测定方法

将被测试样放入辉光计的灯芯式小油灯内燃烧，火焰辐射强度通过一滤光片和光电池装置测得，同时用正对火焰上方的热电偶测得油灯横面的温升值作一曲线，将试样温升值与在恒定的辐射水平下基准样品四氢化萘和异辛烷所测得的火焰温升值进行对比。为了确保所有仪器的恒定评价基准均相同，规定以四氢化萘烟点时的火焰辐射强度为基准。辉光值的计算是由试样的温升值与四氢化萘的温升值之差，除以异辛烷与四氢化萘的温升值之差得出的。

三、测定注意事项

1. 准备工作

为保证条件性试验的可靠性，必须按规定做好试验前的准备工作。每次试验前，都要用小试管刷蘸丙酮或石油醚清洗灯芯套管的顶部和内侧，并用擦镜纸保护滤光片，保证滤光片洁净，无斑点；灯芯以等体积的甲苯和无水乙醇混合液，在脂肪提取器（索式提取器）中萃取至少25个循环，再按规定方法通风蒸发及烘干备用；要求灯芯不卷曲，灯芯头剪平，并使其高出灯芯管6.4mm；使用前小油灯必须用丙酮或石油醚彻底清洗、烘干，否则将影响测定结果。

2. 防止水蒸气凝聚

高辉光值燃料易形成水蒸气凝聚，影响辉光计读数。可以用一个小的火焰将灯室内部预热或采用逐步缓慢加温的办法，防止水蒸气凝聚，若已形成水蒸气凝聚，可在取下灯门的情况下，让试样燃烧至滤光片和小油灯上的湿气完全消失为止。

3. 冒烟处理

低辉光值燃料在辉光计读数较低时常常冒烟，可通过灯门观察孔观察低温升值试样的火焰是否冒烟，一旦出现冒烟火焰，要及时将滤光片和热电偶套管擦净。

思考与交流

1. 在测定辉光值时对灯芯的要求有哪些？
2. 在测定辉光值时为什么要防止水蒸气凝聚？

任务实施

操作4　辉光值测定

一、目的要求

1. 掌握喷气燃料辉光值测定法方法及操作技能；

2. 掌握辉光值测定结果记录与计算方法。

二、测定原理

在标准试验条件下将试样与两个标准燃料相比较（标准燃料之一为工业标准异辛烷，规定其辉光值为100；另一标准燃料为四氢化萘，规定其辉光值为0），当三者在同样辐射强度时（规定以四氢化萘烟点时的火焰辐射强度为基准），测定火焰温度升高值，即可计算出试样的辉光值。

三、仪器与试剂

1. 仪器

（1）辉光计：CRC型辉光计。

（2）灯芯式小油灯：试样即在其中燃烧。

（3）滤光片与光电管线路：应保证在480～700nm范围内的火焰辐射强度。

（4）一个双元热电偶线路和一个用数字输出表指示的电位计。

（5）脂肪提取器。

（6）量筒：25mL。

2. 试剂

试剂的纯度：在所有的试验中均应使用分析纯试剂。

（1）四氢萘：分析纯，n_D^{20} 1.5396～1.5410。

（2）异辛烷：分析纯，n_D^{20} 1.3913～1.3917。

（3）丙酮：分析纯。

（4）石油醚：60～90℃，分析纯。

（5）甲苯：分析纯。

（6）无水甲醇：分析纯。

四、准备工作

1. 灯的清洗　每次试验前，用小试管刷蘸丙酮或石油醚清洗灯芯套管（在灯体内）的顶部和内侧。清洗时，用擦镜纸保护滤光片。清洗后，检查滤光片上有无斑点，如发现有斑点，要用擦镜纸擦净。必要时，可先将油灯移开，再拧松滤光片固定环的螺丝钉，卸下滤光片进行清洗，待灯恢复原位后，应该用基准燃料（四氢化萘和异辛烷）检验。

2. 灯芯与小油灯

（1）灯芯以等体积的甲苯和无水甲醇混合液，在脂肪抽出器中进行萃取，至少进行25个循环。取出灯芯置于通风处5min，使灯芯局部的残存溶剂自然蒸发干燥，然后放进烘箱，在（105±5)℃下干燥30min，存放在干燥器中备用。

（2）小油灯放在丙酮或石油醚中彻底清洗，然后置于通风处让残存溶剂蒸发，再放入(105±5)℃烘箱中烘干。

（3）将干燥灯芯穿入干净的小油灯的灯芯套管中，可用一根细铁丝钩住灯芯的一端将灯芯通过管子拉出来，而不要搓捻灯芯，然后用干净的刀片或其他锋利的工具将灯芯顶端剪切平整。用手推灯芯的下部使其头部向上伸出，然后将灯芯往上拉，并松转灯芯的端头使灯芯没有任何扭曲。再将灯芯往下拉至其顶端比套管高出6.4mm。将灯芯头部不平之处再进行修整使其符合要求。

3. 辉光计　辉光计有调节灯室斜度的底座，用位于火焰高度调节环上的小水平仪检查灯室水平，油灯的火焰轴线必须是垂直的。

4. 热电偶套管　固定在灯的中心线上，其底端应准确地位于灯芯套管上方 25.4mm。

5. 辉光计表　按仪器使用说明书进行零点的调节。然后将右侧下方旋钮拨到 A1、A2、B1 和 B2 位置，以检查电池电压。若旋钮在每个位置时指针都停在表头刻度盘的相应标度上，即认为电池是合格的，仪器可以使用。若电池功率不足，则应更换。在更换“B”电池时，亦应更换放在光电池盒内的光电管电池。

五、测定步骤

1. 在室温下取 20mL 四氢化萘注入洁净、干燥的灯芯式小油灯内，将灯芯套管由小油灯上口插入，并旋紧。用一根小木棍通入灯芯式小油灯底部的通气孔，使燃料放气孔畅通。当燃料上升到灯芯顶端后，将灯芯式小油灯放入灯室内，并将小油灯点燃。若热电偶套管上积了烟灰，要熄灭火焰，擦净套管，将小油灯稍降低再点燃。通过灯门中央的观察孔注意使火焰进行无烟燃烧。在此条件下让四氢化萘燃烧 15min 以加温仪器。

2. 仪器加温后，将小油灯下降使辉光计表指针接近 30，再将辉光计表和电位计调“零”。然后把辉光计表右侧下方旋钮拨至“试验”位置。稳定 30s 后，在此位置上，辉光计灯室在外门关闭、空气不流动的条件下，再稳定 5min，记录辉光计表和温度指示器读数。然后将小油灯提高，使辉光计表读数升高近 5 个单位，稳定 5min 后，按上述试验步骤再记录辉光计表和温度指示器读数。每当小油灯提高 5 个单位时，重复上述步骤直至取得四个数据点，其最后一个数据点的火焰高度选在使火焰顶端刚好出现一点辉光焰尾（微量冒烟），也就是恰好选在四氢化萘的烟点上。

3. 将数据点按辉光计表读数值对灯的温升值作曲线，全部点都应落在一条光滑的曲线上。其最高点（四氢化萘的烟点）就代表该仪器测试所有试样时的评价基准。如此重复四次以确定仪器评价基准的平均值（见图 5-4）。

4. 按步骤 1～3，对异辛烷取两个试样进行测试，但每次要测四个数据点，其中要有两点低于仪器用四氢化萘标定的评价基准，另两点要高于该基准。在四个数据点中，每两点间的温升值要使辉光计读数差 10 个辉光值单位左右。一个异辛烷样要放在测定试样之前进行；另一个则放在测过试样后进行。划出两条曲线，并在评价基准处找出每个异辛烷样的灯温升值（见图 5-5）。求出其平均值。

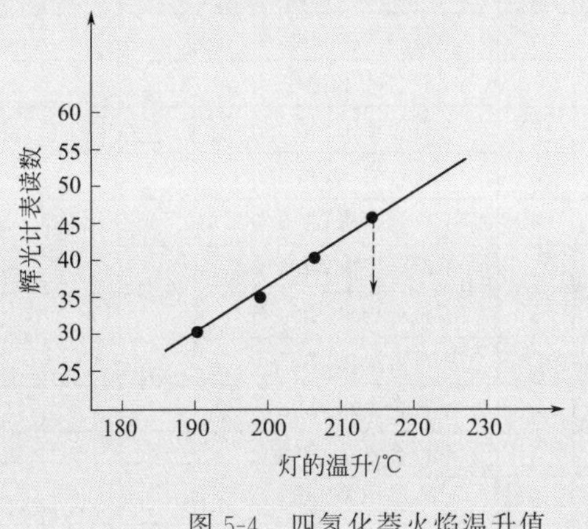

图 5-4　四氢化萘火焰温升值

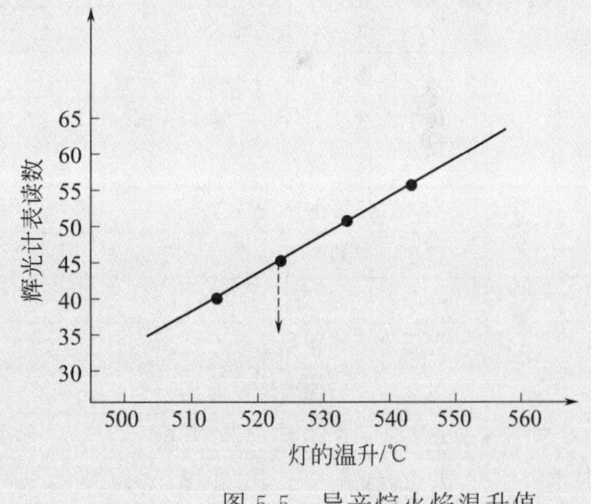

图 5-5　异辛烷火焰温升值

5. 按照测定异辛烷的方法，对试样测定其灯温升值（见图 5-6）。用此温升值与四氢化萘的温升值之差，除以异辛烷与四氢化萘的温升值之差，计算出该试样的辉光值。

六、计算和报告

试样的辉光值 X 按下式计算：

$$X=\frac{\Delta T_1-\Delta T_2}{\Delta T_3-\Delta T_2}\times 100 \tag{5-10}$$

式中　ΔT_1——试样火焰辐射强度在评价基准处的火焰温升值，℃；

ΔT_2——四氢化萘火焰辐射强度在评价基准处的火焰温升值，℃；

ΔT_3——异辛烷火焰辐射强度在评价基准处的火焰温升值，℃。

四氢化萘和异辛烷的 ΔT 为在四氢化萘的评价基准处的平均值。

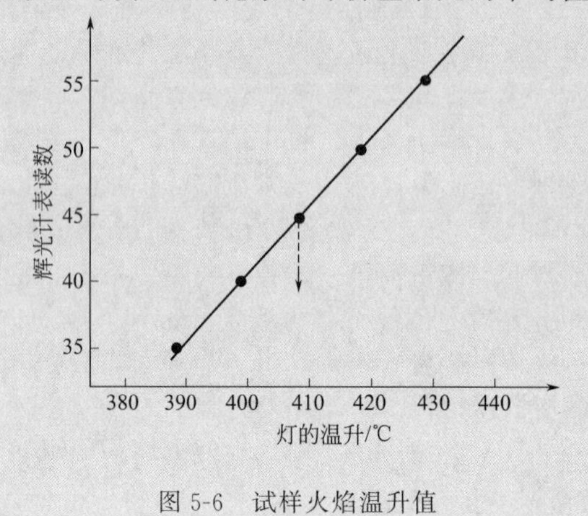

图 5-6　试样火焰温升值

任务评价

序号	考核项目	评分要素	配分	评分标准	扣分	得分	备注
1	辉光值测定	清洗灯芯套管	3	包括顶部和内侧，少一个减 1 分			
2		是否保护滤光片	3	不符合要求，扣 3 分			
3		如有斑点，用擦镜纸擦净	3	没有擦净，扣 3 分			
4		灯芯萃取至少 25 个循环	3	不符合要求，扣 3 分			
5		灯芯放置通风处 5min，自然干燥	3	不符合要求，扣 3 分			
6		在指定温度下灯芯干燥 30min	3	不符合要求，扣 3 分			
7		灯芯是否存放在干燥器中备用	3	不符合要求，扣 3 分			
8		小油灯是否彻底清洗	3	不符合要求，扣 3 分			
9		残存溶剂的蒸气是否完全除尽	3	不符合要求，扣 3 分			
10		灯芯不扭、整齐	3	不符合要求，扣 3 分			
11		灯芯比套管高 6.4mm	3	不符合要求，扣 3 分			
12		油灯的火焰轴线是否垂直	3	不符合要求，扣 3 分			
13		热电偶是否固定在灯的中心线上	3	不符合要求，扣 3 分			
14		热电偶底端位于灯芯套管上方距离达 25.4mm	5	不符合要求，扣 5 分			
15		电位计使用前调试归零	3	不符合要求，扣 3 分			
16		温度指示器试验后断电	3	不符合要求，扣 3 分			
17		辉光计零点调节	3	不符合要求，扣 3 分			
18		四氢化萘取样 20mL	3	不符合要求，扣 3 分			
19		火焰离热电偶的距离不允许小于 3.2mm	5	不符合要求，扣 5 分			

续表

序号	考核项目	评分要素	配分	评分标准	扣分	得分	备注
20	辉光值测定	温度指示器读数不允许超过538℃	5	不符合要求,扣5分			
21		若热电偶套管积了烟灰,是否正确处理	3	不符合要求,扣3分			
22		保持火焰进行无烟燃烧	3	不符合要求,扣3分			
23		燃烧四氢化萘15min	3	不符合要求,扣3分			
24		四氢化萘烟点所对应的火焰高度位置是否正确	5	不符合要求,扣5分			
25		数据点是否在一条光滑的曲线上	3	不符合要求,扣3分			
26		异辛烷测定数据的正确选择	5	不符合要求,扣5分			
27		加热过程中出现水汽凝聚的正确处理	3	不符合要求,扣3分			
28		辉光值的正确计算	3	不符合要求,扣3分			
29		重复测定两个结果之差不大于6.1	3	不符合要求,扣3分			
30		记录齐全、整齐、不涂改、无漏记,有效数字保留位数正确	3	每一处不符合要求扣1分			
合计			100				

考评人：　　分析人：　　时间：

想一想

萘系烃燃烧的完全程度与喷气燃料的哪个燃烧性能指标有关?

任务六　萘系烃含量分析

任务要求

1. 了解萘系烃含量测定意义;
2. 掌握萘系烃含量测定方法;
3. 熟悉萘系烃含量测定注意事项。

一、测定意义

喷气燃料在燃烧时，其中萘系烃比单环芳烃更容易产生积炭、黑烟和热辐射。因此，萘系烃含量是评价喷气燃料燃烧性能的指标之一，要求其体积分数不大于3.0%。

二、测定方法

以待测喷气燃料为溶质，异辛烷为溶剂，配制一定浓度的喷气燃料的异辛烷溶液，测定其在285nm处的吸光度，计算试样中萘系烃的总含量。

三、注意事项

① 本测定方法适用于终馏点不高于315℃的喷气燃料中体积含量不高于5%的萘系烃含量的测定。试验程序A所用样品的萘系烃浓度范围为0.03%～4.25%（体积分数）；试验程序B所用样品的萘系烃浓度范围为0.08%～5.6%（体积分数）。

② 精制光谱级异辛烷的硅胶采用在150℃下活化6h、粒度为250～124μm的细孔硅胶。

思考与交流

1. 在测定萘系烃含量时选择试验程序A或B的依据是什么？
2. 喷气燃料测定萘系烃含量的意义是什么？

【课程思政】

中国正式进入空间站时代

2021年4月29日11时23分，中国“长征”5B运载火箭搭载中国首个空间站核心舱“天和”号在文昌航天发射场发射成功！“天宫”空间站轨道高度约370～450km，轨道倾角约42°，预计在轨寿命10年以上，具备拓展能力，最多可保障6名航天员常驻。此后将择机发射“问天”实验舱和“梦天”实验舱。预计将于2022年前后完成中国空间站在轨建造，建成在轨稳定运行的国家太空实验室。后续将陆续实施货运补给、载人飞行等多次任务。国际空间站或将于2024年退役，届时中国空间站有望成为全世界唯一在轨运行的空间站。

任务实施

操作5　萘系烃含量测定

一、目的要求

1. 掌握喷气燃料萘系烃含量测定法（紫外分光光度法）操作技能；
2. 掌握萘系烃含量的测定结果记录与计算方法。

二、仪器与试剂

1. 仪器

（1）分光光度计　见图5-7。

（2）吸收池　光程1.00cm±0.005cm。

（3）移液管　1.00mL，5.00mL，10.00mL。

（4）镜头纸。

（5）分析天平　感量0.1mg，载重为100g时，称量误差不大于±0.0002g。

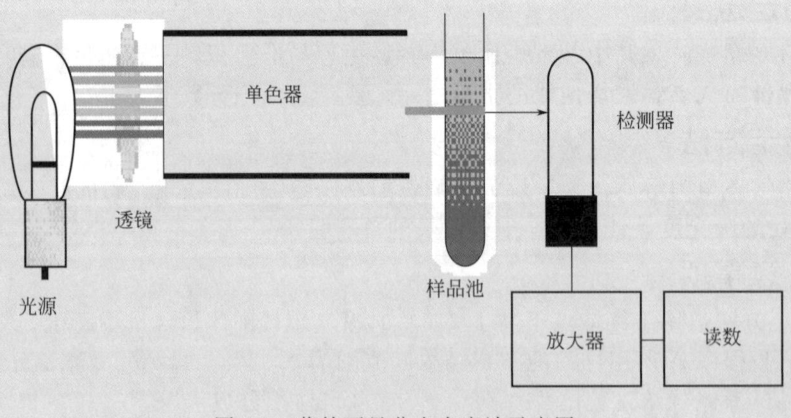

图5-7　紫外可见分光光度计示意图

2. 试剂

(1) 异辛烷，光谱级；

(2) 吸收池、容量瓶、移液管的清洗剂：丙酮或者无水乙醇，要求挥发残留物小于10mg/kg。

三、准备工作

1. 试验程序A——系列稀释

一级稀释：如果样品比异辛烷更容易挥发，则预先在25mL洁净的容量瓶中，加入10～15mL光谱级异辛烷，然后取约1g试样（准确至0.0001g）于容量瓶中，再加入光谱级异辛烷稀释至刻度，摇匀；如果样品的挥发性低于异辛烷，则直接称取约1g样品于25mL容量瓶中，再加入光谱级异辛烷，稀释至刻度，混合均匀。

二级稀释：用移液管移取5.00mL一级稀释液，加入到50mL洁净的容量瓶中，用光谱级异辛烷稀释至刻度，摇匀。

三级稀释：取5.00mL二级稀释液，继续按照二级稀释的方法处理得到三级稀释液。

2. 试验程序B——100mL一次稀释　称取适量样品，准确至0.0001g，加入到100mL的容量瓶中。用光谱级异辛烷稀释到刻度，加塞，摇匀。

参照表5-5，根据萘系烃平均吸光系数33.7，估算吸光度落在0.2～0.8时所需样品的质量。对于萘系烃体积含量为0.8%～3.0%的喷气燃料样品，称取60mg较为合适。

表5-5　一次稀释使测定萘系烃时的吸光度为0.2～0.8时所需样品质量和体积的估算值（假定样品密度为0.8g/mL）

样品体积/mL	样品质量/mg	吸光度为0.2时萘系烃含量/%(体积分数)	吸光度为0.8时萘系烃含量/%(体积分数)
0.050	40	1.2	4.8
0.075	60	0.8	3.2
0.100	80	0.6	2.4
0.150	120	0.4	1.6
0.200	160	0.3	1.2
0.300	240	0.2	0.8

根据所用样品的萘系烃浓度范围选择程序A还是程序B。

四、测定步骤

1. 吸光度的测定　对于双光束仪器，将光谱级异辛烷和三级稀释液分别加入到分光光度计的参比池和样品池中，立即加盖，以防止样品的挥发，检查吸收窗，确保其光学表面洁净，然后测定285nm下试样相对于光谱级异辛烷的吸光度；对于单光束仪器，先将光谱级异辛烷加入到吸收池中，测定光谱背景，测定完毕后，干燥吸收池，然后在同一吸收池中加入上述三级稀释溶液，测定其285nm下的吸光度（通常已经自动扣除异辛烷背景）。

2. 吸光度的校正　对于双光束仪器，在样品池和参比池中分别装满光谱级异辛烷，测定样品池的吸光度，将此值作为吸收池的校正值；对于单光束仪器，由于样品和参比采用同一吸收池，无须校正。

五、计算和报告

1. 计算试样萘系烃的质量分数 X_1

$$X_1=(AK/33.7W)\times100\% \tag{5-11}$$

式中　A——校正后试样的吸光度（吸光度读数值减去吸收池校正值）；

K——稀释后溶液的累积体积，L；

W——所称取试样的质量，g；

33.7——C_{10} 到 C_{13} 的萘系烃的平均吸光系数，L/(g・cm)。

注：如按试验程序A进行稀释，则 K 等于初始体积（0.025L）与稀释倍数的乘积。因此，一级稀释 $K=0.025$，二级稀释 $K=0.25$，三级稀释 $K=2.5$。对于所建议的三级稀释倍数，$K=0.625$。如按试验程序B直接进行100mL稀释，$K=0.10$。

2. 计算试样中萘系烃的体积分数 X_2

$$X_2=X_1\times(D/C) \tag{5-12}$$

式中　X_1——试样中萘系烃的质量分数，%；

D——试样的相对密度（15℃/15℃）；

C——萘系烃的相对密度（15℃/15℃），为1.00。

3. 报告　报告试样中萘系烃体积分数的结果，精确至0.01%。

任务评价

序号	考核项目	评分要素	配分	评分标准	扣分	得分	备注
1	萘系烃含量测定	预测试样能否采用紫外分光光度法	9	不符合要求，扣9分			
2		试验程序A或B的选择	8	不符合要求，扣8分			
3		分析天平称量误差应不大于0.0002g	5	不符合要求，扣5分			
4		异辛烷应密闭保存于玻璃容器中	5	不符合要求，扣5分			
5		硅胶是否使用新的或再生使用	5	若使用旧硅胶，扣5分			
6		挥发残留物应小于10mg/kg	5	不符合要求，扣5分			
7		试样称取精确至0.0001g	5	不符合要求，扣5分			
8		试样吸光度读数应控制在0.2～0.8之间	8	不符合要求，扣8分			
9		比异辛烷更易挥发试样的一级稀释顺序	5	顺序错误，扣5分			
10		挥发性低于异辛烷的试样的一级稀释顺序	5	顺序错误，扣5分			
11		二级稀释时移液不存在滴漏	5	根据滴漏程度，扣1～5分			
12		稀释液应搅拌均匀	5	一级、二级、三级均需搅拌均匀，少一个扣5分			
13		测定吸光度时立即加盖	5	不符合要求，扣5分			
14		吸收窗应保持表面洁净	5	不符合要求，扣5分			
15		双光束吸收池的校正	5	分别在样品池和参比池中测定，少一个扣5分			
16		萘系烃的质量分数计算	5	不符合要求，扣5分			
17		萘系烃的体积分数计算	5	不符合要求，扣5分			
18		记录齐全、整齐、不涂改、无漏记，有效数字保留位数正确	5	每一处不符合要求，扣2分			
合计			100				

考评人：　　　　　　分析人：　　　　　　时间：

想一想

常减压蒸馏装置通过控制喷气燃料的恩氏蒸馏 90%回收温度和 98%回收温度来调节它的密度和结晶点。馏程范围太窄或过宽时，会如何影响喷气燃料的性能？

任务七　馏程分析

任务要求

1. 了解馏程测定意义；
2. 掌握馏程测定方法；
3. 熟悉馏程测定注意事项。

一、测定意义

国产 3 号喷气燃料是煤油型燃料，用馏程的 10%回收温度控制其蒸发性，用 90%回收温度和 98%回收温度控制重组分含量。

二、测定方法

根据试样的组成、蒸气压、预期初馏点和预期终馏点等性质，将 100mL 试样在其相应规定的条件下，用试验室间歇蒸馏仪器进行蒸馏。根据对试验结果的要求，系统地观测并记录温度读数和冷凝物体积、蒸馏残留物和损失体积，观测的温度读数需进行大气压修正，试验结果以蒸发体积分数或回收体积分数对相应的温度作表或作图表示。

测定标准参考 GB/T 6536—2010《石油产品常压蒸馏特性测定法》，具体操作步骤见项目三汽油分析。

思考与交流

简述喷气燃料测定馏程的意义。

想一想

某航空喷气燃料新型防冻剂闪点被提高到 92℃，这对于油料的安全性有何影响？

任务八　闪点测定

任务要求

1. 了解闪点测定意义；
2. 掌握闪点测定方法；
3. 熟悉闪点测定注意事项。

一、测定意义

喷气燃料蒸发性能主要用闪点来控制，分别要求闪点不低于 28℃、28℃、38℃。较高的闪点可减少喷气燃料在高空中的蒸发损失，并能防止燃料系统产生气阻，避免中断供油。

二、测定方法

将样品倒入试验杯中，在规定的速率下连续搅拌，并以恒定速率加热样品。以规定的温度间隔，在中断搅拌的情况下，将火源引入试验杯开口处，使样品蒸气发生瞬间闪火，且蔓延至液体表面的最低温度，此温度为环境大气压下的闪点，再用公式修正到标准大气压下的闪点。

测定标准参考 GB/T 261—2008《闭口闪点的测定（宾斯基-马丁闭口杯法）》，具体操作步骤见项目四柴油分析。

思考与交流

测定喷气燃料的闪点有何意义？

想一想

结晶点和凝固点的区别是什么？

任务九　浊点与结晶点分析

任务要求

1. 了解浊点、结晶点测定意义；
2. 掌握浊点、结晶点测定方法；
3. 熟悉浊点、结晶点测定注意事项。

一、测定意义

喷气式发动机燃料系统中出现最低油温的部位是直接与冷空气接触的副油箱，其温度的高低直接受地面温度和高空低温气层飞行时间的影响，高空环境下，喷气燃料出现结晶，会堵塞发动机燃料系统的滤清器或导管，使燃料不能顺利泵送，供油不足，甚至中断，这是相当危险的。

二、测定方法

试样在规定的试验条件下冷却，并定期地进行检查，当试样开始呈现浑浊时的最高温度作为浊点；用肉眼看出试样中有结晶出现时的最高温度作为结晶点。

三、注意事项

① 冷浴温度应保持比预期的浊点和结晶点低 15℃±2℃，如温差过大，降温速度过快会造成测定结果偏高。

② 搅拌速度要均匀，并防止温度计摩擦，以保证在整个降温过程中石蜡晶体能在一定的条件下形成并析出。

③ 试验所用的双壁玻璃试管没有焊闭，则应加入 0.5mL±1mL 无水乙醇，以防止试管

夹壁管中结霜。

④ 测定脱水试样的浊点时，试样要预热到50℃±1℃，冷却温度应控制在比预期的浊点低10℃±2℃。

思考与交流

1. 简述喷气燃料测定结晶点的意义。
2. 测定过程中如何判定浊点和结晶点？

【课程思政】

我国首位女航天员出舱，太空授课2.0

2021年11月8日1时16分，经过约6.5小时的出舱活动，神舟十三号乘组圆满完成出舱活动全部既定任务，航天员翟志刚、航天员王亚平安全返回天和核心舱，出舱活动取得圆满成功。至此，王亚平也成为中国航天史上首次出舱的女航天员。2021年12月9日，太空授课2.0版本正式开启。航天员王亚平主讲，神舟十三号指令长翟志刚及航天员叶光富辅助，为全球的观众们演示了失重环境下细胞学实验、物体运动、液体表面张力等现象等8项太空授课项目。这也是继2013年神舟九号乘组太空授课后，时隔八年的第二次太空云课堂。

任务实施

操作6　浊点与结晶点测定

一、目的要求

1. 掌握轻质石油产品浊点和结晶点测定方法和有关计算。
2. 掌握浊点和结晶点测定仪的使用性能和操作方法。

二、测定原理

在标准大气压（100kPa）的气压下物质由液体变为固体的温度称为结晶点。纯物质有固定不变的结晶点，如含有杂质则结晶点降低，因此通过测定结晶点可判断物质的纯度。

三、仪器与试剂

1. 仪器　见图5-8。

（1）双壁玻璃试管：试管上端的两条支管，可以焊闭或敞开。使用支管敞开的仪器时，要在试管夹层内注入0.5～1mL的无水乙醇，以防试管夹层内凝结水滴。

（2）搅拌器：用铝或其他金属丝制成，利用手摇、机械或电磁搅拌。

（3）广口保温瓶或圆筒形容器：高度不低于220mm，直径不小于120mm，要具有保温层。容器的盖（木制或厚纸板制）上有插试管、温度计和加入干冰的孔口。也可用半导体制冷器。

（4）水银温度计：符合GB/T 514要求，供测量不低于−30℃的试样温度用。

（5）低温液体温度计：符合GB/T 514要求，供测量低于−30℃的试样温度用。

（6）低温液体温度计：具有低于−80℃的刻度，供测量冷剂温度用。

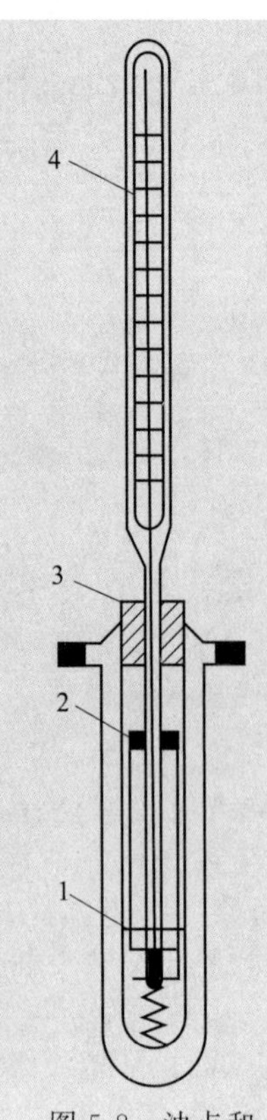

图 5-8 浊点和结晶点测定仪
1—环形刻线；2—搅拌器；3—软木塞；4—温度计

（7）试管架：供放置双壁试管用。

2. 试剂

（1）无水乙醇：化学纯。

（2）硫酸钠或氯化钙：化学纯。

四、准备工作

1. 试样应当保存在严密封闭的瓶子中。在进行测定前，摇荡瓶中的试样，使其混合均匀。

2. 测定时，准备两支清洁、干燥的双壁试管。

第一支试管是装贮用冷剂试验的试样。如果试管的支管未经焊闭，需在试管的夹层中注入 0.5～1mL 的无水乙醇。将按步骤 1 准备好的试样注入试管内，装到标线处。

第二支试管也用试样装到标线处，作为标准物。

每支试管要用带有温度计和搅拌器的橡胶塞塞上，温度计要位于试管的中心，温度计底部与内管底部距离 15mm。

3. 在装有低温液体温度计的冷剂容器中，注入工业乙醇，再徐徐加入干冰（若用半导体制冷器时，可调节电流），使温度下降到比试样的预期浊点低 15℃±2℃。将装有试样的第一支试管通过盖上的孔口，插入冷却剂容器中。

容器中所贮冷却剂的液面，必须比试管中的试样液面高 30～40mm。

五、测定步骤

1. 浊点的测定　在进行冷却时，搅拌器要用每分钟 60～200 次（搅拌器下降到管底再提起到液面作为搅拌一次）的速度来搅拌试样。使用手摇搅拌器时，连续搅拌的时间至少为 20s，搅拌中断的时间不应超过 15s。

在到达预期的浊点前 3℃时，从冷却剂中取出试管，迅速放在一杯工业乙醇中浸一浸；然后在透光良好的条件下，将这支试管插在试管架上，要与并排的标准物进行比较，观察试样的状态。每次观察所需的时间，即从冷却剂中取出试管的一瞬间起，到把试管放回冷却剂中的一瞬间止，不得超过 12s。

如果试样与标准物比较，没有发生异样（或有轻微的色泽变化，但在进一步降低温度时，色泽不再变深，这时应认为尚未达到浊点），则将试管放入冷却剂中，以后每经 1℃就观察一次，仍要同标准物进行比较，直至试样开始呈现浑浊为止。

试样开始呈现浑浊时，温度计所示的温度就是浊点。

2. 结晶点的测定　在测定浊点后，将冷剂温度下降到比所测试样的结晶点低 15℃±2℃，在冷却时也要继续搅拌试样。在到达预期的结晶点前 3℃时，从冷却剂中取出试管，迅速放在一杯工业乙醇中浸一浸，然后观察试样的状态。

如果试样中未呈现晶体，再将试管放入冷却剂中，以后每经 1℃观察一次，每次观察所需的时间不应超过 12s。

当燃料中开始呈现为肉眼所能看见的晶体时，温度计所示的温度就是结晶点。

六、计算和报告

取重复测定两个结果的算术平均值，作为试样的浊点、结晶点。

任务评价

序号	考核项目	评分要素	配分	评分标准	扣分	得分	备注
1	浊点结晶点测定	试样是否混合均匀	5	不符合要求，扣5分			
2		两支试管是否清洁、干燥	5	不符合要求，扣5分			
3		一支试管的夹层中是否注入0.5～1mL的无水乙醇	5	不符合要求，扣5分			
4		另一支试管的试样是否装到标线处	5	不符合要求，扣5分			
5		温度计是否位于试管中心	5	不符合要求，扣5分			
6		温度计底部与内部底部的距离达到15mm	5	不符合要求，扣5分			
7		冷剂的液面比试管中的试样液面高30～40mm	5	不符合要求，扣5分			
8		冷剂容器中的温度下降到比试样的预期浊点低15℃±2℃	5	不符合要求，扣5分			
9		搅拌器每分钟60～200次	5	不符合要求，扣5分			
10		连续搅拌时间至少20s	5	不符合要求，扣5分			
11		搅拌中断时间不超过15s	5	不符合要求，扣5分			
12		观察试样状态的时间不超过12s	5	不符合要求，扣5分			
13		开始出现混浊时的温度即为浊点	5	不符合要求，扣5分			
14		出现浊点后将冷却剂温度下降到比所测试样的结晶点低15℃±2℃	5	不符合要求，扣5分			
15		在到达预期结晶点前3℃时，开始观察试样状态	5	不符合要求，扣5分			
16		若未呈现晶体，每经1℃观察一次，时间不超过12s	5	不符合要求，扣5分			
17		燃料开始呈现为肉眼所看到的晶体时即为结晶点	5	不符合要求，扣5分			
18		没有重复试验	5	不符合要求，扣5分			
19		重复测定的两个结果之差不大于2℃	5	不符合要求，扣5分			
20		没有将重复测定两次结果的算术平均值作为最终结果	5	不符合要求，扣5分			
合计			100				

考评人：　　　　分析人：　　　　时间：

想一想

影响结晶点、冰点的主要因素是燃料的化学组成和溶水性，油品含水为什么会使冰点显著升高？

任务十　冰点分析

任务要求

1. 了解冰点测定意义；

2. 掌握冰点测定方法；
3. 熟悉冰点测定注意事项。

一、测定意义

喷气燃料的冰点是保证燃料中不出现固态烃类结晶的最低温度。若在飞机燃料系统中存在此类晶体，将会阻碍燃料通过过滤器。因飞机油箱中燃料的温度在飞行期间通常会降低，降低幅度取决于飞行速度、高度和飞行持续时间，所以燃料的冰点必须永远低于油箱的最低操作温度。

二、测定方法

取 25mL 试样倒入洁净干燥的双壁试管中，装好搅拌器及温度计，将双壁试管放入有冷却介质的冷浴中，按要求不断搅拌试样使其温度下降，直至试样中开始出现肉眼能看见的晶体，然后从冷却介质中取出试管，使试管慢慢地升温，并连续不断地搅拌试样，直至烃结晶完全消失时的最低温度即为冰点。

三、注意事项

① 冰点测定须注意试样脱水处理和冷浴的控制。如果由于有不溶解水的存在，妨碍烃类结晶的观测，则试验前必须用无水硫酸钠对试样进行脱水处理。

② 整个试验期间，要保持冷却剂液面高于试样液面。

③ 测定时要加防潮管，防止空气中的水分在试管中冷凝。

④ 如果已知燃料的预期冰点，在温度到达预期冰点前 10℃时，可间断搅拌，此后必须连续搅拌，也可用机械搅拌装置。

思考与交流

1. 冰点测定时为什么必须要进行试样脱水处理？
2. 试验过程中判定结晶点和冰点的依据是什么？

任务实施

操作 7 冰点测定

一、目的要求

1. 掌握航空燃料冰点测定法和有关计算；
2. 掌握冰点测定仪的使用性能和操作方法。

二、仪器与试剂

1. 仪器 见图 5-9。

（1）双壁玻璃试管：一个双壁没有镀银的容器，类似于杜瓦瓶，在内外管之间的空间充满干燥的常压氮气或空气。管口用装有温度计和防潮管（或压帽）的塞子塞住，搅拌器通过此防潮管搅拌。

（2）防潮管：以防止湿气凝结。也可选用压帽。

（3）搅拌器：直径为 1.6mm 的黄铜棒，下端弯成平滑的三圈螺旋状。搅拌器可以使用机械搅拌装置。

（4）真空保温瓶：不镀银的真空保温瓶，应能够盛放足够量的冷却剂，以使双壁玻璃试管浸入到规定的深度。

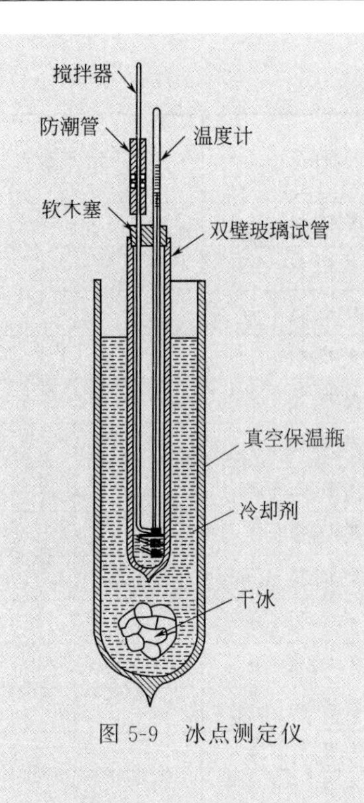

图 5-9　冰点测定仪

警告：有内爆的危险。

（5）温度计：全浸式，温度范围－80～20℃。符合GB/T 514 中 GB-38 号温度计的规格要求。

注：此温度计的准确度，按照温度计检定方法进行检定，检定点温度为 0℃、－40℃、－60℃和－75℃。

（6）压帽：在低温试验时压帽紧密地插入软木塞内，用脱脂棉填充黄铜管和搅拌器之间的空间。

2. 试剂

（1）丙酮：若在蒸发干后不留下残渣，可用化学纯丙酮作冷却剂。

（2）乙醇：用工业或化学纯无水乙醇作冷却剂。

（3）异丙醇：用工业或化学纯的无水异丙醇作冷却剂。

（4）干冰：用干冰作冷却剂。

（5）液氮：当冰点低于－65℃时，可用工业或化学纯液氮作冷却剂。

三、准备工作

取样应按 GB/T 4756 进行取样。每次试验至少需要 25mL 试样。

试样保存在室温下密封容器中，尽量减少湿气的带入。试样尽量远离热源。

四、测定步骤

1. 量取 25mL±1mL 试样倒入清洁、干燥的双壁玻璃试管中。用带有搅拌器、温度计和防潮管（或压帽）的软木塞紧紧塞紧双壁玻璃试管，调节温度计位置，使感温泡不要触壁，并位于双壁玻璃试管的中心。温度计的感温泡距离双壁玻璃试管底部 10～15mm。

2. 夹紧双壁玻璃试管，使其尽可能深地浸入盛有冷却剂的真空保温瓶内。试样液面应在冷却剂液面下约 15～20mm 处。除非采用机械制冷来冷却，否则，在整个试验期间都需要不断添加干冰，以保持真空保温瓶中冷却剂的液面高度。

3. 除观察时，整个试验期间要连续不断地搅拌试样，以 1～1.5 次/秒的速度上下移动搅拌器，并要注意搅拌器的铜圈向下时不要触及双壁玻璃试管底部，向上时要保持在试样液面之下。在进行某些步骤的操作时，允许瞬间停止搅拌，不断观察试样，以便发现烃类结晶。由于有水存在的缘故，当温度降至接近－10℃时，会出现云状物，继续降温时云状物不增加，可以不必考虑此类云状物。当试样中开始出现肉眼所能看见的晶体时，记录烃类结晶出现的温度。从冷却剂中移走双壁玻璃试管，允许试样在室温下继续升温，同时仍以 1～1.5 次/秒的速度进行搅拌，继续观察试样，直到烃类结晶消失，记录烃类晶体完全消失时的温度。

五、计算和报告

所测定的冰点观察值，应按检定温度计的相应校正值来进行修正。如果冰点观察值在两个校正温度之间，使用线性内插法进行校正。报告校正后的结晶消失温度，精确到 0.5℃，作为试样的冰点。

任务评价

序号	考核项目	评分要素	配分	评分标准	扣分	得分	备注
1	冰点测定	量筒取样 25mL±1mL	10	不符合要求,扣 10 分			
2		对含水试样是否进行干燥处理	6	不符合要求,扣 6 分			
3		冷浴温度是否降到试样预期的结晶点之下	6	不符合要求,扣 6 分			
4		盛装试样的双壁试管是否干净	6	不符合要求,扣 6 分			
5		用量筒转移试样时是否外流	6	不符合要求,扣 6 分			
6		软木塞和试管连接是否紧密	6	不符合要求,扣 6 分			
7		温度计的感温泡是否位于试样中心	6	不符合要求,扣 6 分			
8		温度计的感温泡距离玻璃试管底部 10～15mm	6	不符合要求,扣 6 分			
9		试样液面应在冷却剂液面下 15～20mm	6	不符合要求,扣 6 分			
10		搅拌试样时搅拌器的钢圈不要触及试管底部	6	不符合要求,扣 6 分			
11		将开始出现肉眼所看见的晶体温度作为结晶点	6	不符合要求,扣 6 分			
12		将烃类结晶完全消失的最低温度作为冰点	6	不符合要求,扣 6 分			
13		温度读数精确到 0.5℃	6	不符合要求,扣 6 分			
14		重复试验	6	不符合要求,扣 6 分			
15		重复试验结果之差不大于 1.5℃	6	不符合要求,扣 6 分			
16		再现性结果之差不大于 2.5℃	6	不符合要求,扣 6 分			
合计			100				

考评人：　　　　分析人：　　　　时间：

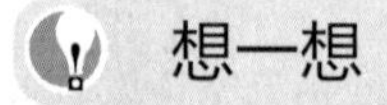

想一想

喷气燃料的运动黏度过大对燃料雾化有什么影响？是否会影响发动机的正常运行？

任务十一　运动黏度分析

任务要求

1. 了解运动黏度测定意义；
2. 掌握运动黏度测定方法。

一、测定意义

运动黏度对喷气式发动机燃料的雾化、供油量和燃料泵润滑等有着重要的影响。由于喷气燃料本身又是燃料泵的润滑剂，若燃料黏度过低，将会增大油泵的磨损；黏度过大则会降低燃料流动性，减少发动机供油量。

二、测定方法

本方法是在某一恒定的温度下，测定一定体积的液体在重力下流过一个标定的玻璃毛细管黏度计的时间。黏度计的毛细管常数与流动时间的乘积，即为该温度下测定液体的运动黏度。

测定标准参考 GB/T 265—88《石油产品运动黏度测定法和动力黏度计算法》，具体操作步骤见项目四柴油分析。

思考与交流

1. 简述测定喷气燃料的黏度的意义。
2. 测定黏度时，为什么要严格规定恒温，温度变化在±0.1℃？
3. 测定黏度时，黏度计为什么要处于垂直状态？
4. 测定黏度时，黏度计为什么不能有气泡存在？

想一想

铜片腐蚀是判定油品腐蚀性大小的质量指标，是对油品精制深度和洁净程度的反映，试分析引起铜片腐蚀的原因有哪些？

任务十二　铜片腐蚀分析

任务要求

1. 了解铜片腐蚀测定意义；
2. 掌握铜片腐蚀测定方法。

一、测定意义

通过铜片腐蚀试验可判断燃料中是否含有能腐蚀金属的活性硫化物。含硫化合物对发动机的工作寿命影大，其中活性硫化物对金属有直接的腐蚀作用。所有的含硫化合物在气缸内燃烧后都生产二氧化硫和三氧化硫，这些氧化硫不仅会严重腐蚀高温区的零部件，而且还会与气缸壁上的润滑油起反应，加速漆膜和积炭的形成。

二、测定方法

将一块已磨光的铜片浸没在一定体积的试样中，根据试样的产品类别加热到规定的温度，并保持一定的时间。加热周期结束时，取出铜片，经洗涤后，将其与铜片腐蚀标准色板进行比较，评价铜片变色情况，确定腐蚀级别。

测定标准参考 GB/T 5096—2017《石油产品铜片腐蚀试验法》，具体操作步骤见项目三汽油分析。

思考与交流

1. 简述铜片腐蚀试验对温度和时间的要求。
2. 简述喷气燃料铜片腐蚀试验的操作步骤。

想一想

喷气燃料为什么测银片腐蚀？是因为飞机里有镀银的设备吗？

任务十三 银片腐蚀分析

任务要求

1. 了解银片腐蚀测定意义；
2. 掌握银片腐蚀测定方法；
3. 熟悉银片腐蚀测定注意事项。

一、测定意义

为提高耐磨性，目前喷气式发动机供油系统中的高压柱塞泵多采用镀银部件，而银对“活性硫”的腐蚀极为敏感。为此增加了银片腐蚀指标。3号喷气燃料要求银片腐蚀（50℃，4h）不大于1级。

二、测定方法

将磨光的银片浸没在250mL、(50±1)℃的试样中4h或产品标准规定的更长时间。试验结束时，从试样中取出银片，洗涤后评定腐蚀程度。

三、注意事项

1. 取样操作

银片腐蚀性试验所用的取样容器应是带有磨口塞的棕色玻璃瓶，取样在阴凉处进行，装满试样后，立即盖好瓶塞，防止气体硫化物逸出和外界空气及其他杂质进入瓶内，污染试样，也避免试样中的含硫化合物被氧化。取样后应迅速进行试验。

2. 试样含水

银片对腐蚀活性物质的敏感程度较铜片灵敏，当与水接触时极易形成渍斑，造成评级困难，因此要求试样不含悬浮水，否则需要用滤纸将其滤去。通常成品喷气燃料不含悬浮水，除非在运输或贮存中发生偶然事故。

3. 试验条件

银片腐蚀为条件性试验，试样受热温度的高低和浸渍试片时间的长短直接影响测定结果，因此必须严格按规定控制试验条件。

思考与交流

1. 银片腐蚀测定时为何要求试样不含水？
2. 简述银片腐蚀测定时对试样取样的要求。

任务实施

操作8 银片腐蚀测定

一、目的要求

1. 掌握喷气燃料银片腐蚀试验法方法和操作技术。
2. 掌握喷气燃料银片腐蚀结果的判定方法。

二、仪器与试剂

1. 仪器

(1) 试管：容量 350mL，由棕色耐热玻璃制成，上接一个 45 号玻璃外磨口。只要能使试样严密遮光，也可使用无水透明的试管。

(2) 直形冷凝器：冷凝器穿过 45 号内磨口塞，并与其相连，有 85mm 长浸在试样中，下端安一个悬放银片用的玻璃钩。如果使用两台或多台仪器，冷凝器间应并联，使每个冷凝器都能控制入口水温为 (20±5)℃。

(3) 玻璃钩：为在试样中安放银片用。支架形状大小如图 5-10 所示，银片悬放后其顶端离冷凝器底部的距离应为 25～30mm。

(4) 水浴：可使试管及试样保持 (50±1)℃，水浴应备有带孔的盖。孔的大小与试管适配。

(5) 试片夹具：用以夹紧银片而又不损坏其边角。

(6) 温度计：0～100℃，分度值为 1℃。

(7) 量筒：250mL。

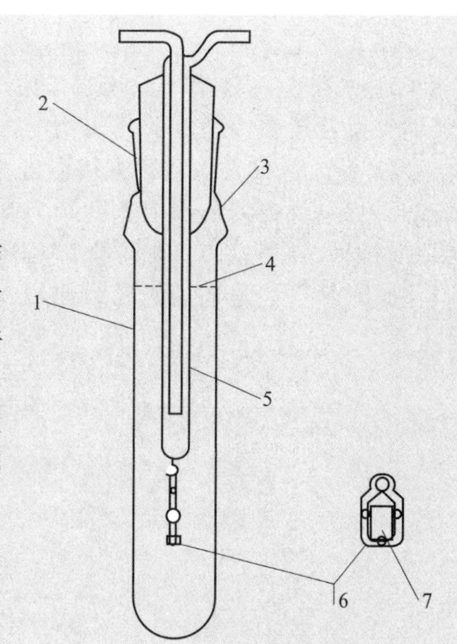

图 5-10 银片腐蚀装置

1—试管；2—磨口 (45 号)；3—试管接口处；4—浸入线；5—冷凝器；6—玻璃钩；7—银片

2. 试剂

异辛烷：分析纯。

三、准备工作

1. 银片的准备

(1) 表面处理　先用细化的碳化硅砂布（纸）把银片六个表面上的划痕和瑕疵磨去。再用 65μm 的碳化硅砂布打磨，以除去此前其他粒度砂布留下的磨痕。然后把试片浸入异辛烷中。

表面处理的手工操作步骤为：将一张砂布放在平整的表面上，用异辛烷润湿砂布，将银片在砂布上旋转式地打磨，同时要用无灰滤纸夹持，以防止银片与手指接触。也可用规定的砂布对银片进行机械磨光处理。

(2) 最后磨光　取一团脱脂棉，用 1 滴异辛烷将其润湿，再从玻璃板上粘取少许 150 目的碳化硅砂粒；把银片从异辛烷中取出，在无灰滤纸夹持保护下，用手指捏紧纸片，在粘有碳化硅细砂粒的棉团上，依次磨光银片的两端和两边。用新的脱脂棉团用力擦拭。随后的操作中，银片只准用不锈钢镊子夹持，而不许与手指接触。把银片夹在试片夹具中，用粘在脱脂棉上的碳化硅细砂粒磨光主表面。沿长轴方向磨片，磨程不小于试片长度。此外，借助试片夹磨光有助于均匀地完整无损地磨光主表面，得到完好的磨光银片。棱角被磨成椭圆形的试片不宜使用。其后，用干净的脱脂棉用力擦拭银片，除去所有金属屑，直至新脱脂棉上不再有金属粉末。将最后磨光的试片在 1min 内，浸入试样。

2. 试样准备

(1) 在取样及随后的处理中，特别要注意尽量避免让样品暴露在空气中，并防止暴露在直射的乃至散射的阳光下。在对燃料腐蚀没有影响的容器中装注至少 250mL 样品。马口铁容器对燃料腐蚀性有明显影响，最好用清洁的棕色玻璃瓶。样品应装满，上部空间不应大于 5%。取样后立即加盖，贮于阴凉处，最好低于 4℃，并应尽快进行测定。

(2) 如发现样品中有悬浮水，则应在避光的情况下通过中速定量滤纸过滤到清洁、干燥的试管中。无论试验前或后，银片接触水会产生渍斑，造成银片评级困难。

四、测定步骤

1. 量取 250mL 试样，注入洁净的试管中。把最后磨光的银片悬放在玻璃支架上。将玻璃支架悬挂在冷凝器的玻璃钩上。然后小心地将试片连同冷凝器缓缓地浸到试样中。

2. 将试管放入水浴，维持温度为 50℃±1℃。试验时间为 4h 或产品标准规定的更长时间。流过冷凝器的水流速度约为 10mL/min，以形成热搅拌。试验完毕，从试管中取出银片，浸入异辛烷中。随后立即从异辛烷中取出银片，用定量滤纸吸干，检查银片的腐蚀痕迹。银片腐蚀痕迹示例见图 5-11。

图 5-11　银片腐蚀痕迹示例

五、计算和报告

1. 判断　比较试验后银片和新磨光银片的外观，按表 5-6 分级判断试样的腐蚀性。

表 5-6　银片分级表

级别	命名	现象描述
0	不变色	除局部可能稍失去光泽外，几乎和新磨光的银片相同
1	轻度变色	淡褐色或银白色褪色
2	中度变色	孔雀屏色，如蓝色或紫红色或中度和深度麦黄色或褐色
3	轻度变黑	表面有黑色或灰色斑点和斑块，或有一层均匀的黑色沉淀物
4	变黑	均匀地深度变黑，有或无剥落现象

2. 报告　报告银片腐蚀试验的级别及试验时间。

任务评价

序号	考核项目	评分要素	配分	评分标准	扣分	得分	备注
1	银片腐蚀测定	冷凝器有 85mm 长浸在试样中	4	不符合要求，扣 4 分			
2		若有多台仪器，冷凝器并联连接	4	不符合要求，扣 4 分			
3		冷凝器入口水温(20±5)℃	4	不符合要求，扣 4 分			
4		银片顶端与冷凝器底部距离保持在 25～30mm	4	不符合要求，扣 4 分			
5		使用试片夹具时破坏其边角	4	若有此类现象，扣 4 分			
6		银片表面划痕和瑕疵必须去除	4	6 个面，少一个面扣 1 分			
7		选用 65μm 碳化硅砂布打磨银片表面	4	不符合要求，扣 4 分			
8		最后磨光时选用 150 目的碳化硅砂	4	不符合要求，扣 4 分			
9		最后磨光时应采用无灰滤纸夹持保护	4	不符合要求，扣 4 分			
10		手指不允许接触银片	4	不符合要求，扣 4 分			
11		打磨银片	4	两端和两边，少一边扣 1 分			

续表

序号	考核项目	评分要素	配分	评分标准	扣分	得分	备注
12	银片腐蚀测定	磨程不小于试片长度	4	不符合要求，扣4分			
13		打磨方向沿长轴方向	4	不符合要求，扣4分			
14		棱角被磨成椭圆形的试片丢弃	4	不符合要求，扣4分			
15		确保除去所有的金属屑	4	不符合要求，扣4分			
16		试片1min内浸入试样	4	不符合要求，扣4分			
17		取样后立即加盖	4	不符合要求，扣4分			
18		容器内试样至少装250mL	4	不符合要求，扣4分			
19		试样低于4℃贮存	4	不符合要求，扣4分			
20		若有悬浮水，应采用中速定量滤纸过滤	4	不符合要求，扣4分			
21		水浴温度控制在(50±1)℃	4	不符合要求，扣4分			
22		试验时间4h	4	不符合要求，扣4分			
23		保持热搅拌	4	不符合要求，扣4分			
24		试验结束应用定量滤纸吸干	4	不符合要求，扣4分			
25		记录齐全、整齐、不涂改、无漏记，有效数字保留位数正确	4	每一处不符合要求，扣1分			
合计			100				

考评人：　　　　　　分析人：　　　　　　时间：

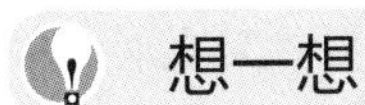

想一想

总硫含量过高对于喷气燃料及发动机有何影响？

任务十四　总硫含量分析

任务要求

1. 了解总硫含量测定意义；
2. 掌握总硫含量测定方法。

一、测定意义

燃料油燃烧后，“非活性硫”也可转化为“活性硫”，因此必须限制硫含量，3号喷气燃料的总硫含量要求不能大于0.2%（质量分数）。相对于其他测定方法，紫外荧光法测定总硫含量更高效、更环保、更优越。

二、测定方法

将烃类试样直接注入裂解管或进样舟中，由进样器将试样送至高温燃烧管，硫在富氧条件中被氧化成二氧化硫；试样燃烧生成的气体在除去水后被紫外光照射，二氧化硫吸收紫外光的能量转变为激发态的二氧化硫，当激发态的二氧化硫返回稳定态的二氧化硫时发射荧光，并由光电倍增管检测，由所得信号值计算出试样的硫含量。

测定标准参考 SH/T 0689—2000《轻质烃及发动机燃料和其他油品的总硫含量测定法（紫外荧光法）》，具体操作步骤见项目三汽油分析。

思考与交流

1. 简述喷气燃料测定总硫含量的意义。
2. 简述直接进样技术和舟进样技术。

想一想

在测定喷气燃料的中含分子量较高的硫醇硫时，为什么选择酸性滴定溶剂，而在测定汽油中含分子量低的硫醇硫时选用碱性滴定溶剂？

任务十五 硫醇硫含量分析

任务要求

1. 了解硫醇硫含量测定意义；
2. 掌握硫醇硫含量测定方法。

一、测定意义

硫醇是喷气燃料中腐蚀性较强的物质之一，它能与其他组分共同氧化降低燃料稳定性，不仅能造成燃料系统的腐蚀，也会引起发动机本身的腐蚀。易挥发的硫醇还具有特殊的刺激气味，在贮存、装油及使用时污染大气。测定硫醇硫含量可指导脱硫工艺。

二、测定方法

将无硫化氢的试样溶解在乙酸钠的异丙醇滴定溶剂中，以玻璃参比电极和银/硫化银指示电极之间的电位作指示，用硝酸银醇标准溶液通过电位计进行滴定。在滴定过程中，硫醇硫沉淀为硫醇银，而滴定终点通过电池电位显示出来。

测定标准参考 GB/T 1792—2015《汽油、煤油、喷气燃料和馏分燃料中硫醇硫的测定—电位滴定法》，具体操作步骤见项目三汽油分析。

思考与交流

1. 简述电位滴定法测定喷气燃料中硫醇性硫含量的原理。
2. 在测定硫醇性硫含量时为何要保证电极的清洁，这对试验测试结果有何影响？

想一想

评价喷气燃料硫含量的指标较多，如总硫含量、硫醇硫含量、博士试验等，当硫醇硫和博士试验冲突时，优先考虑哪个指标？

任务十六 博士试验分析

任务要求

1. 了解博士试验测定意义；
2. 掌握博士试验测定方法。

一、测定意义

喷气燃料中元素硫、硫化氢和硫醇类能直接腐蚀金属，属于活性硫化物，必须将其从油品中除去。硫醚、环硫醚、二硫化物和噻吩等硫化物本身不直接腐蚀金属，属于非活性硫化物，但是一部分非活性硫化物受热后的分解产物有腐蚀性。各种液体燃料中都含有少量的硫化物，它们无论在液体状态或燃烧后的气体状态都能给许多金属带来严重腐蚀。

国产3号、高闪点喷气燃料规格中列有博士试验“通过”指标。

二、测定方法

振荡加有亚铅酸钠溶液的试样，并观察混合溶液，从外观来推断是否存在硫醇、硫化氢、元素硫或氧化物。再通过添加硫黄粉，振荡并观察最终混合溶液外观的变化来进一步确定是否存在硫醇。

测定标准参考NB/SH/T 0174—2015《石油产品和烃类溶剂中硫醇和其他硫化物的检测—博士试验法》，该标准是以一种以硫醇浓度的检测临界值来确定通过或不通过的试验方法，其中检测临界值因不同待测试样而异，通常作为硫醇定量测定法的一种替代方法。具体操作步骤见项目三汽油分析。

思考与交流

1. 简述喷气燃料博士试验测定的意义。
2. 简述试验结果的判定依据，如存在干扰物质，如何处理。

想一想

酸度测定为什么要选择95%乙醇作为抽提液？

任务十七 酸度分析

任务要求

1. 了解酸度测定意义；
2. 掌握酸度测定方法。

一、测定意义

喷气燃料中所含的酸性物质与柴油相同，其含量虽少，但危害性很大，尤其是有水存在时，将产生强烈的电化学腐蚀，生成的盐沉淀物，不仅堵塞燃油系统，影响发动机正常运转，还会加速油品的氧化变质。为此，喷气燃料对酸性物质含量提出了严格限制。

二、测定方法

用乙醇将喷气燃料产品中的酸性物抽提出，在有颜色指示剂条件下，用氢氧化钾乙醇标准滴定溶液滴定，以 mg/100mL 为单位表示酸度。测定标准见 GB/T 258—2016《轻质石油产品酸度测定法》，具体操作步骤见项目四柴油分析。

思考与交流

1. 酸度测定为什么要配制浓度为 0.05mol/L 氢氧化钾乙醇溶液？
2. 酸度测定时为什么规定两次煮沸 5min 的条件？
3. 酸度测定时为什么规定滴定时间不超过 3min？

想一想

总酸值和酸度有什么区别？

任务十八　总酸值分析

任务要求

1. 了解总酸值测定意义；
2. 掌握总酸值测定方法；
3. 熟悉总酸值测定注意事项。

一、测定意义

总酸值可大概地判断喷气燃料对金属的腐蚀性能，有机酸分子越小，腐蚀性越强。喷气燃料的酸值越大，会使发动机积炭增加，造成活塞和喷嘴结焦。国产 3 号喷气燃料要求总酸值不大于 0.015mgKOH/g。

二、测定方法

将试样溶解在含有少量水的甲苯和异丙醇混合物中。向所得的均相溶液中通入氮气将其覆盖，并用氢氧化钾异丙醇标准滴定溶液进行滴定，以对-萘酚苯指示剂的颜色变化（在酸性溶液中呈橙色，在碱性溶液中呈绿色）确定终点。

三、注意事项

① 贮存瓶应耐腐蚀，不要与软木、橡胶或可皂化的活塞用润滑剂接触，并在瓶口处安装一根碱石棉或碱石灰干燥管保护。

② 因有机液体的热膨胀系数相对较大，异丙醇标准滴定溶液应在接近试样滴定时的温度下进行标定。

思考与交流

1. 如何配制氢氧化钾异丙醇标准滴定溶液？
2. 简述利用氢氧化钾异丙醇标准滴定溶液进行滴定的要求。

【课程思政】

中国民航将跨越安全飞行1亿小时大关

2022年1月10日，民航工作会议宣告2021年民航运输航空实现持续安全飞行“120+16”个月、9876万小时，空防安全235个月，责任原因征候万时率同比下降29.6%。通用航空事故万架次率同比下降23.9%。今年，民航将运用系统安全观念，优化完善国家风险防控体系，深入落实新的安全生产法；启动《中国民航航空安全方案》修订，健全安全法规标准体系；研究制定《民航安全文化建设指导意见》，持续推进以“三个敬畏”为内核的安全作风建设；持续开展风险隐患排查整治，巩固提升安全专项整治三年行动，做好问题隐患动态清零和持续监督；以安全工作的常态化，推动我国民航在跨越运输航空安全飞行1亿小时大关的基础上，不断创造安全发展新业绩。

任务实施

操作9　总酸值测定

一、目的要求

1. 掌握喷气燃料总酸值测定法方法和操作技术；
2. 掌握喷气燃料总酸值测定结果的计算方法。

二、测定原理

用于中和1g样式中全部酸性组分所需要的碱（KOH）的毫克数即为总酸值，用mgKOH/g表示。

三、仪器与试剂

1. 仪器

（1）滴定管：10mL，分度值为0.05mL或25mL，分度值为0.1mL。

（2）滴定瓶：烧制或由500mL三角烧瓶改制而成，穿过瓶壁烧接一根旁支管，旁支管在三角烧瓶壁上的开口应该高于滴定瓶中内容物500mL的液面。具体要求见图5-12。

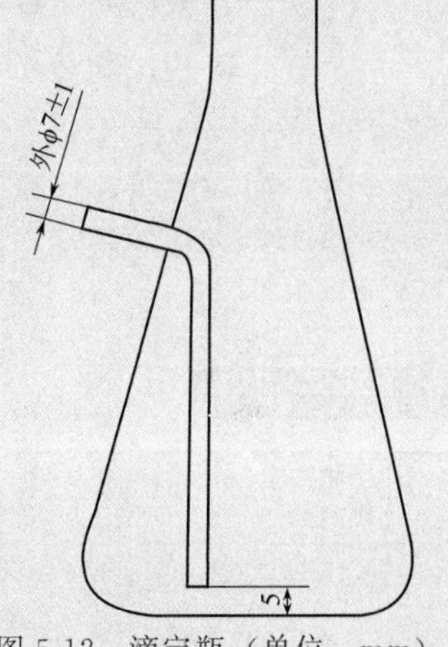

图5-12　滴定瓶（单位：mm）

（3）氮气：瓶装压缩普通氮气。使用时，先经装有无水氯化钙和碱石棉的玻璃干燥塔干燥，并脱除二氧化碳。

（4）微型玻璃气体流量计：供测定600～800mL/min氮气流速用。

2. 试剂

（1）氢氧化钾：分析纯。

（2）异丙醇：分析纯。

（3）甲苯：分析纯。

（4）氢氧化铜：分析纯。

（5）滴定溶剂：将500mL甲苯和5mL水加到495mL异丙醇中，混合均匀。

（6）苯二甲酸氢钾：基准试剂。

（7）对-萘酚苯指示剂溶液：配成每升滴定溶剂中含10g对萘酚苯。

（8）水：符合 GB 6682 三级水规格。

四、准备工作

1. 配制 $c(KOH)=0.01mol/L$ 氢氧化钾异丙醇标准滴定溶液　称取 0.6g（精确至 0.001g）氢氧化钾，加入盛有 1L 异丙醇的 2L 三角烧瓶中。安装好回流冷凝器，加热，不断地摇动烧瓶。缓慢地煮沸 10～15min，待氢氧化钾全部溶解后，冷却片刻。再加入至少 0.02g 氢氧化钡，再缓慢地煮沸 5～10min，冷却到室温。静置，待上层溶液澄清后，小心而迅速地将上层清液倾入瓶中贮存。

2. 标定　以酚酞作指示剂，用苯二甲酸氢钾滴定。滴定的频次要足以检测出 0.0002mol/L 的变化。

五、测定步骤

1. 称取（100±5）g（精确至 0.5g）试样，放入滴定瓶中。加入 100mL 滴定溶剂和 0.1mL 对萘酚苯指示剂溶液。在适当通风的条件下，由旁支管以 600～800mL/min 流速通入氮气。在不断地摇动下对混合液体鼓气泡 3min。

2. 继续通入氮气，在 30℃以下，不断地旋转滴定瓶，用氢氧化钾异丙醇标准滴定溶液进行滴定，直至出现亮绿色，并能保持 15s，即为终点。

3. 用 100mL 滴定溶液和 0.1mL 对萘酚苯指示剂作空白滴定试验。同样通入氮气，并滴定到与上述情况相同的终点。

六、计算和报告

试样的总酸值 X（mgKOH/g）计算

$$X=\frac{(V-V_0)c\times0.0561\times1000}{m} \tag{5-13}$$

式中　V——滴定试样所消耗的氢氧化钾异丙醇标准滴定溶液的体积，mL；

V_0——滴定空白所消耗的氢氧化钾异丙醇标准滴定溶液的体积，mL；

c——氢氧化钾异丙醇标准滴定溶液的实际浓度，mol/L；

0.0561——与 1.00mL 氢氧化钾异丙醇标准滴定溶液［$c(KOH)=1.00mol/L$］相当的酸含量，并以克表示的氢氧化钾质量；

m——试样的质量，g。

任务评价

序号	考核项目	评分要素	配分	评分标准	扣分	得分	备注
1	总酸值测定	氮气使用时先干燥，再脱除二氧化碳	6	不符合要求，扣 6 分			
2		滴定溶液混合均匀	4	不符合要求，扣 4 分			
3		不断摇动烧瓶防止氢氧化钾结块	6	不符合要求，扣 6 分			
4		缓慢煮沸 10～15min	4	不符合要求，扣 4 分			
5		氢氧化钾全部溶解	6	不符合要求，扣 6 分			
6		加入氢氧化钡后缓慢煮沸 5～10min	4	不符合要求，扣 4 分			
7		冷却至室温	4	不符合要求，扣 4 分			
8		需静置至上层溶液澄清	4	不符合要求，扣 4 分			
9		贮存瓶应耐腐蚀	4	不符合要求，扣 4 分			

续表

序号	考核项目	评分要素	配分	评分标准	扣分	得分	备注
10	总酸值测定	贮存瓶应加以保护	4	不符合要求，扣4分			
11		滴定频次要足以检测出0.0002mol/L的变化	6	不符合要求，扣6分			
12		称取(100±5)g试样	4	不符合要求，扣4分			
13		加入100mL滴定溶剂	4	不符合要求，扣4分			
14		加入0.1mL对萘酚指示剂溶剂	4	不符合要求，扣4分			
15		氮气通入流速600～800mL/min	4	不符合要求，扣4分			
16		混合液体鼓泡3min	4	不符合要求，扣4分			
17		30℃以下，不断旋动滴定瓶	4	不符合要求，扣4分			
18		滴定出现亮绿色，保持15s	6	不符合要求，扣6分			
19		做空白滴定试验	6	不符合要求，扣6分			
20		总酸值计算正确	4	不符合要求，扣4分			
21		结果精确至0.001mgKOH/g	4	不符合要求，扣4分			
22		记录齐全、整齐、不涂改、无漏记	4	每一处不符合要求，扣1分			
合计			100				

考评人：　　　　分析人：　　　　时间：

想一想

为满足国防需要，喷气燃料特别是军用喷气燃料要有一定的储备量，因此要求其具有良好的贮存安定性，那么评价喷气燃料安定性的指标有哪些？

任务十九　碘值分析

任务要求

1. 了解碘值测定意义；
2. 掌握碘值测定方法；
3. 熟悉碘值测定注意事项。

一、测定意义

碘值是评价喷气燃料贮存安定性的指标，主要用来测定油品中的不饱和烃含量。碘值越大，表明油品含不饱和烃越多，其贮存安定性越差，贮存时与空气中氧气作用生成深色胶质和沉渣的倾向越大。

二、测定方法

将碘的乙醇溶液与试样作用后，用硫代硫酸钠滴定溶液滴定剩余的碘，100g试样所能吸收的碘的质量（g）即为碘值。由试样的碘值和平均分子量可计算其不饱和烃含量。

三、注意事项

1. 碘挥发损失

碘挥发损失对测定结果影响很大。针对碘易挥发的特点，测定时应使用碘量瓶，其磨口要严密，塞子预先用碘化钾润湿，由于碘能溶解于碘化钾，故可以防止其逸出，待反应完毕再洗入瓶中进行滴定。反应及滴定温度要求在（20±5)℃，其目的也是为了减少碘挥发损失。

2. 碘离子氧化

空气中的氧气能将碘离子氧化为单质碘，将引起测定结果偏高。为减少与空气接触，无论是反应还是滴定，均不能过度摇荡，滴定时间应尽量缩短。

3. 反应时间

反应时间不足和过长均会引起测定误差，故在用硫代硫酸钠溶液滴定时，应严格执行摇动 5min、静置 5min 的规定，使反应完全。

4. 指示剂的加入

测定碘值一定要在接近化学计量点时，再加入淀粉指示剂。否则，过早加入，淀粉会与碘形成稳定的复合体，不利于与硫代硫酸钠反应，使滴定时间延长，测定结果不准确。

5. 稳定剂的影响

为使碘能将硫代硫酸根离子定量氧化为连四硫酸根离子，不允许向硫代硫酸钠溶液中加入碱性稳定剂，这是因为碱性条件下硫代硫酸根离子会被碘氧化成硫酸根离子，使测定结果偏低。

思考与交流

1. 碘值测定时为什么反应及滴定温度要求在（20±5)℃？
2. 为什么测定碘值时要在接近化学计量点时加入指示剂？过早加入会造成什么影响？

任务实施

操作 10 碘值测定

一、目的要求

1. 掌握轻质石油产品碘值和不饱和烃含量测定法（碘-乙醇法）操作技术；
2. 掌握喷气燃料碘值测定结果的计算方法。

二、测定原理

用过量的碘-乙醇溶液与试样中的不饱和烃发生定量反应，生成碘代烃，剩余的碘用硫代硫酸钠溶液返滴定，根据消耗碘-乙醇溶液的体积，即可计算出试样的碘值。

三、仪器与试剂

1. 仪器

（1）滴瓶：带磨口滴管，容积约 20mL；或玻璃安瓿瓶，容积约 0.5～1mL，其末端应拉成毛细管。

（2）碘量瓶：500mL。

（3）量筒：25mL、250mL。

(4) 滴定管：25mL或50mL。

(5) 吸量管：2mL、25mL。

2. 试剂

(1) 95%乙醇或无水乙醇：分析纯。

(2) 碘：分析纯，配成碘乙醇溶液。

(3) 碘化钾：化学纯，配成200g/L水溶液。

(4) 硫代硫化钠：分析纯，配成硫代硫酸钠滴定溶液。

(5) 淀粉：新配成的5g/L指示液。

四、测定步骤

1. 将试样经定性滤纸过滤，称取0.3～0.4g。为取得准确量的喷气燃料，可使用滴瓶。将试样注入滴瓶中称量，从滴瓶中吸取试样约0.5mL，滴入已注有15mL 95%乙醇的碘量瓶中。将滴瓶称量，两次称量都必须称精确至0.0004g，按差数计算所取试样量。

2. 用吸量管把25mL碘乙醇溶液注入碘量瓶中，用预先经碘化钾溶液湿润的塞子紧密塞好瓶口，小心摇动碘量瓶，然后加入150mL蒸馏水。用塞子将瓶口塞紧，再摇动5min，采用旋转式摇动，速度约为120～150r/min。静置5min，摇动和静置时室温应在20℃±5℃。如高于或低于此温度，可加入预先冷却或加热至20℃±5℃的蒸馏水。然后加入25mL200g/L碘化钾溶液，随即用蒸馏水冲洗瓶塞与瓶颈，用硫代硫酸钠标准滴定溶液滴定。当碘量瓶中混合物呈现浅黄色时，加入5g/L淀粉溶液1～2mL，继续用硫代硫酸钠标准滴定溶液滴定，直至混合物的蓝紫色消失为止。

3. 按1和2的步骤进行空白试验。

五、计算和报告

1. 碘值的计算　试样的碘值X_1 (gI/100g) 计算：

$$X_1=\frac{c(V-V_1)\times 0.1269\times 100}{m} \tag{5-14}$$

式中　V——空白试验时滴定所消耗的硫代硫酸钠标准滴定溶液的体积，mL；

V_1——试样试验时滴定所消耗的硫代硫酸钠标准滴定溶液的体积，mL；

c——硫代硫酸钠标准滴定溶液的实际浓度，mol/L；

0.1269——与1.00mL硫代硫酸钠标准滴定溶液[$c(Na_2S_2O_3)=1.000$mol/L]相当的以克表示的碘的质量；

m——试样的质量，g。

2. 不饱和烃含量的计算　试样的不饱和烃含量X_2（质量分数）计算：

$$X_2=\frac{IM}{254} \tag{5-15}$$

式中　I——试样的碘值，gI/100g；

M——试样中不饱和烃的平均分子量；

254——碘的分子量。

任务评价

序号	考核项目	评分要素	配分	评分标准	扣分	得分	备注
1	喷气燃料碘值测定	未按规程要求配制所需的溶液和试剂	4	不符合要求，扣4分			
2		试样量取前未混匀	4	不符合要求，扣4分			
3		量取试样时试样外流	4	不符合要求，扣4分			
4		取样体积约0.5mL	4	不符合要求，扣4分			
5		称量读数精确至0.0004g	4	不符合要求，扣4分			
6		加入水后摇动5min	4	不符合要求，扣4分			
7		摇动后静置5min	4	不符合要求，扣4分			
8		摇动和静置时室温控制在20℃±5℃	4	不符合要求，扣4分			
9		取标准溶液时摇荡混匀，按速度120～150r/min	4	不符合要求，扣4分			
10		未用标准溶液润洗滴定管	4	不符合要求，扣4分			
11		滴定管盛放溶液后，管内有气泡而未排除	4	不符合要求，扣4分			
12		滴定时被测溶液不旋转或呈飞溅状或逆时针摇动三角瓶	4	不符合要求，扣4分			
13		指示剂加入时间不正确	4	不符合要求，扣4分			
14		指示剂加入量不正确	4	不符合要求，扣4分			
15		滴定时滴定液滴在台面上	4	不符合要求，扣4分			
16		滴定终点观察停留一次	4	不符合要求，扣4分			
17		未与空白试验比较终点颜色	4	不符合要求，扣4分			
18		接近滴定终点时看滴定液消耗体积不正确	4	不符合要求，扣4分			
19		滴定前后滴定管尖滴悬液处理不当	4	不符合要求，扣4分			
20		滴定未到终点或超过终点	4	不符合要求，扣4分			
21		滴定停止后未停留30s读数	4	不符合要求，扣4分			
22		读数未读到小数点后两位		不符合要求，扣4分			
23		读数超过实际体积0.02mL	4	不符合要求，扣4分			
24		两次测定的结果不在误差范围之内	4	不符合要求，扣4分			
25		台面不整齐，仪器摆放混乱	4	不符合要求，扣4分			
合计			100				

考评人：　　　　　　　　　　分析人：　　　　　　　　　　时间：

想一想

GB 6537—2018《3号喷气燃料》中规定芳烃含量不大于20.0%，烯烃含量不大于5.0%，喷气燃料烯烃及芳烃含量过高对喷气燃料质量有何影响？

任务二十　烯烃及芳烃含量分析

任务要求

1. 了解烯烃及芳烃含量测定意义；
2. 掌握烯烃及芳烃含量测定方法；
3. 熟悉烯烃及芳烃含量测定注意事项。

一、测定意义

荧光指示剂吸附法测定的烯烃含量包括烯烃、二烯烃和环烯烃；芳烃含量包括单环芳烃、多环芳烃、芳烯烃及某些二烯烃以及含硫、氮、氧的化合物。烯烃含量是评价喷气燃料贮存安定性的又一指标，芳烃含量是评价喷气燃料燃烧性和低温流动性的指标。

喷气燃料规格中，要求芳烃含量不大于20%～25%（体积分数），否则会影响燃料的浊点和结晶点。特别是高芳烃含量的喷气燃料，会使燃烧室的积炭增加，造成燃烧恶化，火焰移位，局部过热，影响燃烧室的寿命。此外，芳烃含量过高，会引起与燃料接触的橡胶件发生溶胀或变质，造成燃料泄漏等。

二、测定方法

取约0.75mL试样注入装有活化过的硅胶的玻璃吸附柱中，在吸附柱的分离段装有一薄层含有荧光染料混合物的硅胶。当试样全部吸附在硅胶上后，加入醇脱附试样，加压使试样顺柱而下。试样中的各种烃类根据其吸附能力强弱分离成芳烃、烯烃和饱和烃。荧光染料也和烃类一起选择性分离，使各种烃类区域界面在紫外灯下清晰可见。根据吸附柱中各烃类色带区域的长度计算出每种烃类的体积分数。

三、注意事项

① 石英柱填充物的规格、柱子的均匀程度、填充手法非常重要。

② 各组分的划分是分析的难点。由于个人存在视觉和理解上的差异，肉眼的识别在这里存在很大误差，为了避免这种误差，可以采取两根柱子、两个操作者、多点划分的方法，避免划分过程中的误差。

③ 样品必须冷冻至4℃以下，测试环境温度不宜过高，尽量保持在25℃以下。

④ 取样量不准确（要求0.75mL±0.03mL），会影响分析总长或分离效果。

⑤ 操作过程中，在醇-芳界面进入到分析段后，不能进行压力调节，空气压力也不能过大或过小，压力过小，分离时间长，使得烯烃结果偏小；压力过大，造成分析时间不足，影响分离效果，影响各烃类在硅胶中的延展，直接影响测定结果。

⑥ 对于分析时间不足1h、总长不够500mm、压力改变的样品应视为作废。

⑦ 荧光指示剂量染色硅胶见光或遇氧气都可能造成失效，与层析硅胶不匹配，或加入量不合适（要求3～5mm）都会造成分离现象不明显，测量结果不准确。

思考与交流

1. 简述烯烃及芳烃含量的大小对喷气燃料性能的影响。
2. 简述在醇-芳界面进入到分析段后，空气压力的大小对测定结果的影响？
3. 荧光剂染色硅胶使用后为何储存在避光的干燥器内？若见光，对测定有何影响？

【课程思政】

缅怀中国始创飞行大家冯如

1912年8月25日，我国第一位飞行家和飞行设计师冯如在广州燕塘作飞行表演时，失事遇难，终年30岁。冯如，字鼎三，生于广东恩平。1907年，在冯如主持下，广东机器制造厂在奥克兰成立，开创了中国人前所未有的事业——研制飞机，经过两年的艰辛努力，终于在1909年9月制成一架可以载人的动力飞机。1910年制造成功第一架中国人设计、制造和驾驶的飞机，当年获国际飞机协会飞行竞赛冠军。他次年在张元济推荐下，带着自制的单翼、双翼飞机各一架回广州。冯如精神是爱国爱乡、航空报国的赤子情怀，是崇尚科学、勇于探索的科学态度，是自强不息、不断开拓的创新精神，是敢为人先、不畏艰险的顽强意志。对当代中国人来说，冯如精神是一种不可忘却，至为珍贵的精神文化财富。

任务实施

操作11　烯烃及芳烃含量测定

一、目的要求

1. 掌握喷气燃料烯烃及芳烃测定方法（荧光指示剂吸附法）和操作技术；

2. 掌握喷气燃料烯烃及芳烃测定结果的计算方法。

二、仪器与试剂

1. 仪器

（1）吸附柱　如图5-13所示由精密内径玻璃管制作的精密内径吸附柱，包括一个加料段和具有短毛细管的分离段及分析段。分析段的内径应该是1.60～1.65mm，而且在分析段的任何部分当100mm汞柱通过时长度变化不应大于0.5mm。吸附柱各部分的彼此连接应该是长锥形连接。

（2）烃类测定仪

紫外光源：波长以365nm为主，垂直安装一根或两根灯管长1220mm的紫外灯管光源，使之与吸附柱平行。调整光源使之发出最佳荧光。

色带区域测量装置：用玻璃铅笔标记各烃类区域，将分析段放在水平位置，然后用米尺测量各区域长度，也可以将米尺固定在吸附柱旁，每个尺子装有四个可移动的指示夹，指示各烃类区域界面并测量每个区域的长度。

电动振动器：用于振动单个柱子或两个柱子。振幅大于1.5mm；频率（100±2）Hz。

注射器：1mL，分度为0.01mL或0.02mL，针头长102mm，12号、9号或7号针头较为合适。

调节器：能调节维持0～103kPa压力输送范围。

注射针针管：外径约1.0mm，长约1650mm，针尖呈45°角，另一端通过外径6mm的铜管连接橡胶管接在水龙头上，用于清洗吸附柱。

2. 试剂

（1）层析硅胶　pH值的测定满足5.5～7.0；使用前应该活化，在175℃下干燥3h，装入密封的容器中，以免受潮。推荐使用美国格瑞斯公司的层析硅胶。

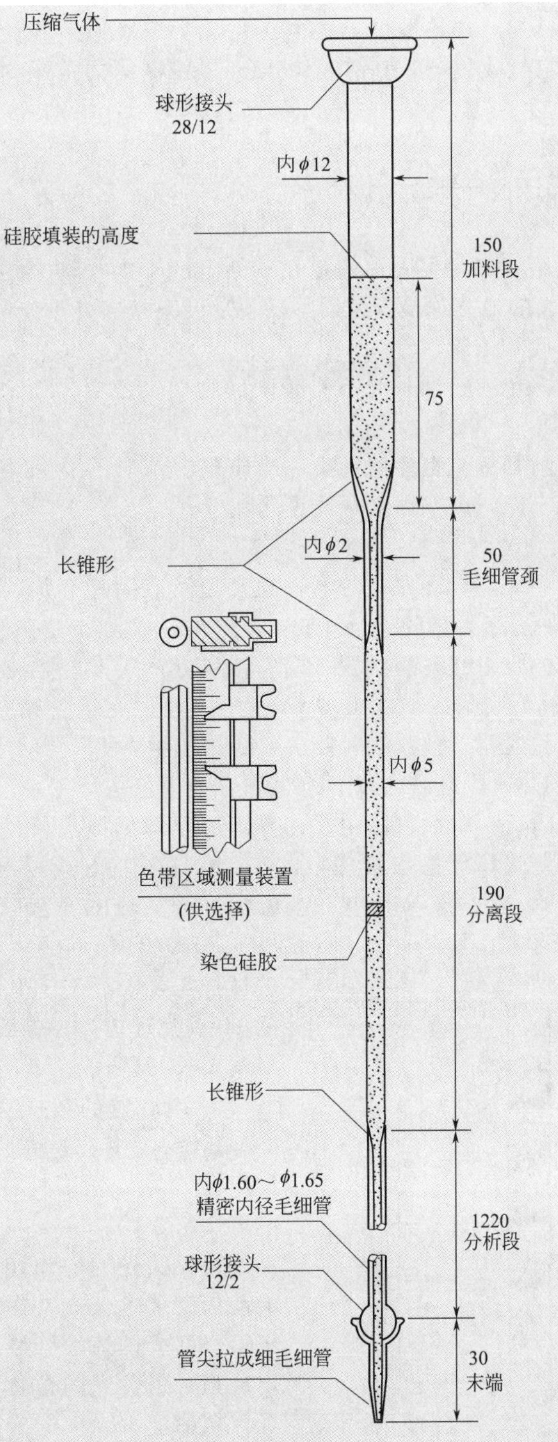

图 5-13　精密内径吸附柱（单位：mm）

（2）荧光指示剂染色硅胶　厂家将层析硅胶经染色剂染色后，储存在避光的玻璃瓶中，要求所用的层析硅胶要与试验的硅胶匹配，并且使用时尽量减少与空气接触的时间，推荐使用美国 UOP 公司的产品，与试验用的层析硅胶匹配良好，使用后储存在避光的干燥器内。

（3）异戊醇　分析纯。

(4) 异丙醇　分析纯，含量不小于99%。

(5) 压缩气体　空气或氮气，在0～103kPa可控制压力范围内经气路系统输送到吸附柱顶部。

(6) 丙酮　分析纯。

(7) 缓冲溶液　pH值分别为4和7。

三、准备工作

1. 将烃类测定仪组装好，牢固地固定在铁架上，不能松动或摇晃，且安装在暗室或者容易观察各烃类界面的地方。检查仪器，使各部件正常，处于完好状态。

2. 样品需经无水硫酸钠脱水。

3. 如果样品含有深色或在紫外光下有荧光的物质，各层界面记数会发生困难，通常用蒸馏法除去干扰物质。

4. 样品和进样注射器（包括注射针头）冷却至2～4℃。

5. 将吸附柱洗涤干净，内壁需抽干或自然晾干。

四、测定步骤

1. 在开始分析样品之前，确保硅胶紧密地装填于吸附柱和加料段中适当高度，在分离段约一半高度处添加适当数量的染色硅胶（3～5mm）。

2. 将装填好硅胶的吸附柱安装到置于暗室或暗处的装配仪器上。当使用永久安装的米尺测量时，用橡皮筋将吸附柱末端捆在固定的尺子上。

3. 将试样和进样注射器（包括注射针头）冷却至4℃以下。用注射器吸取0.75mL±0.03mL试样，注入到加料段硅胶面以下约30mm处。

4. 试样全部被吸附后，向加料段中注入异丙醇至球形接头处，将吸附柱顶端与供气系统相连接，用夹子夹紧球形磨口接头。供气，在14kPa±2kPa压力下保持2.5min±0.5min，使液体沿着吸附柱向下行进。然后加压至34kPa±2kPa，再保持2.5min±0.5min。最后将气压调到适当的压力，使液体向下行进的时间约为1h。通常喷气燃料类的试样需要69～103kPa。一般来讲，分离时间1h较为理想，但分子量较大的试样所需的时间要长一些。

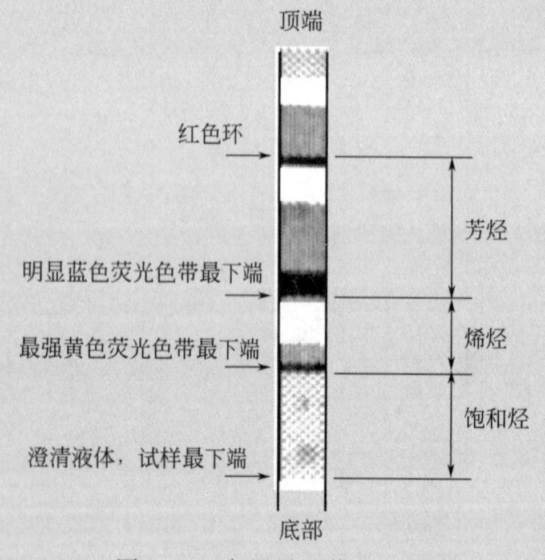

图5-14　色层界面辨识示意图

5. 当红色的醇-芳烃界面进入分析段约350mm后，按以下顺序（从下至上）迅速标记出在紫外灯光下观察到的各烃类的界面，测得一组数据。

对无荧光的饱和烃区域，需标记出试样的前沿和黄色荧光首次达到最强的位置；对于第二部分即烯烃区域的上端，标记出首次出现强蓝色荧光的位置；对于第三部分即芳烃区域的上端，标记出第一个红色或棕色环的上端（见图5-14）。对于无色的馏分，通过一个红色环可以清楚地确定醇-芳烃界面，但裂化燃料中的杂质常会使这个红色环变得模糊，出现长度不定的棕色区域，它仍作为芳烃区域的一部分来计算。只有在吸附柱中不出现蓝色荧光的情况下，此棕色或红色环才被认作是环下面另一个可辨区域的一部分。

6. 为尽可能减小读数期间由于界面行进引起的误差，当试样中的烃类又向下行进至少50mm时，按与步骤5相反的顺序标记各烃类界面位置，进行第二次标记。如果用玻璃铅笔标记，则需要用两种颜色的笔加以区别，然后将分析段水平放置在试验台上，用米尺测量其长度。如果用指示夹标记各烃类区域界面，则直接记录测量结果。

7. 解除气体压力，断开与供气系统的连接。将精密内径吸附柱倒转置于水槽上，从吸附柱的敞口端插入一根另一端接在水龙头上的注射针针管，以快速水流冲洗柱中用过的硅胶，再用丙酮冲洗干净，抽干或自然晾干。

五、计算和报告

1. 计算　每组烃类的体积分数分别按式(5-16)～式(5-18) 计算，精确至0.1%：

$$C_a=(L_a/L)\times100\% \tag{5-16}$$

$$C_o=(L_o/L)\times100\% \tag{5-17}$$

$$C_s=(L_s/L)\times100\% \tag{5-18}$$

式中　C_a——芳烃体积分数,%；

C_o——烯烃体积分数,%；

C_s——饱和烃体积分数,%；

L_a——芳烃区域的长度，mm；

L_o——烯烃区域的长度，mm；

L_s——饱和烃区域的长度，mm；

L——L_a、L_o 和 L_s 的总和，mm。

取每种烃类相应计算值的平均值，如果有必要，修正含量最大组分的测定结果，使各组分体积分数之和为100%。

2. 报告　取每种烃类体积分数（若含有含氧化合物，则按全样品基准修正）的算术平均值作为试样的测定结果，精确至0.1%，并报告样品中含氧化合物的体积分数。

任务评价

序号	考核项目	评分要素	配分	评分标准	扣分	得分	备注
1	烯烃及芳烃含量测定	层析硅胶pH值应控制在5.5～7.0	6	不符合要求,扣6分			
2		层析硅胶使用前应活化	4	不符合要求,扣4分			
3		层析硅胶在175℃下干燥3h,密封保存	4	不符合要求,扣4分			
4		荧光指示剂染色硅胶应置于暗处在常压氮气中保存	4	不符合要求,扣4分			
5		调整紫外光源发出最佳荧光	4	不符合要求,扣4分			
6		样品需经无水硫酸钠脱水	6	不符合要求,扣6分			
7		样品需去除干扰物质	4	不符合要求,扣4分			
8		吸附柱洗涤干净、干燥	4	不符合要求,扣6分			
9		硅胶装填	4	分离段一半高度处添加3～5mm染色硅胶,一处不满足扣2分			
10		试样和进样注射器(包括注射针头)必须冷却至4℃以下	4	不符合要求,扣4分			

续表

序号	考核项目	评分要素	配分	评分标准	扣分	得分	备注
11	烯烃及芳烃含量测定	注射器吸取 0.75mL±0.03mL 试样	4	不符合要求，扣 4 分			
12		试样应注入到加料段硅胶面以下约 30mm 处	4	不符合要求，扣 4 分			
13		异丙醇应注入至球形接头处	4	不符合要求，扣 4 分			
14		三步供气	6	每一步不满足扣 3 分，注意阶段压力点和维持时间			
15		最终供气压力应控制在 69～103kPa	4	不符合要求，扣 4 分			
16		数据记录初始点确定	6	红色的醇-芳烃界面进入分析段约 350mm，不符合要求，扣 6 分			
17		标记顺序从下至上	4	不符合要求，扣 4 分			
18		各烃类色层界面辨识	6	芳烃、烯烃、饱和烃，每一处不符合要求，扣 3 分			
19		正确记录测量结果	6	不符合要求，扣 6 分			
20		第二次标记顺序	4	不符合要求，扣 4 分			
21		硅胶试验后冲洗顺序	4	先水后丙酮，不符合要求，扣 4 分			
22		烃类计算是否正确	4	不符合要求，扣 4 分			
合计			100				

考评人： 分析人： 时间：

想一想

按照 GB/T 8019，喷气燃料是在一定的控制温度和控制空气的条件下蒸发的，那么现场的储存条件对喷气燃料溶剂洗胶质含量有何影响呢？

任务二十一 溶剂洗胶质分析

任务要求

1. 了解溶剂洗胶质测定意义；
2. 掌握溶剂洗胶质测定方法。

一、测定意义

实际胶质是判定油品安定性的项目，从实际胶质大小可判定油品能否使用和继续储存。胶质含量过高会导致进气系统产生沉积物和使进气阀发生黏结，对于喷气燃料来说，胶质含量高说明燃料被高沸点油品或颗粒物质污染，这一情况通常反映出炼厂下游的输配过程处理不当。国产 3 号喷气燃料要求实际胶质含量不大于 7mg/100mL。

二、测定方法

已知量的试样在控制的温度、空气或蒸汽流的条件下蒸发，将所得残渣称量并以“mg/100mL”报告。

仲裁试验必须以 GB/T 8019《燃料胶质含量的测定—喷射蒸发法》测定结果为准，具体操作方法详见项目三汽油分析。

思考与交流

1. 简述喷气燃料测定溶剂洗胶质含量的意义。
2. 简述喷气燃料进行溶剂洗胶质含量试验时的操作条件。

想一想

测定喷气燃料安定性的标准有静态法 SH/T 0241—92《喷气燃料静态安定性测定法》和动态法 GB/T 9169—2010《喷气燃料热氧化安定性的测定—JFTOT 法》，这两种方法的实质区别是什么？

任务二十二　过滤器压力降和预热管壁评级分析

任务要求

1. 了解过滤器压力降和预热管壁评级测定测定意义；
2. 掌握过滤器压力降和预热管壁评级测定测定方法；
3. 熟悉过滤器压力降和预热管壁评级测定测定注意事项。

一、测定意义

过滤器压力降和预热管壁评级是评价喷气燃料热安定性的指标。热安定性差的燃料在较高使用温度下，易生成胶质和沉渣，若黏附在热交换器表面上，会导致冷却效率降低；沉积在燃料导管、过滤器将引起流动压力降增大，输送困难；堵塞在喷嘴上，将使燃料喷射不均，燃烧不完全，甚至中断供油；黏附在燃料系统的金属表面，还会形成漆膜和沉渣。

二、测定方法

利用喷气燃料热氧化试验仪测定喷气燃料的高温氧化安定性，其设定的试验条件可与燃料系统的实际工作条件相关联。测定时燃料试样以固定体积流量，由泵送经加热器，经过一个精密的不锈钢筛网过滤器，以捕集燃料沉积物。

GB 6537—2018《3 号喷气燃料》质量指标中规定，动态热氧化安定性（260℃、2.5h）压力降不大于 3.3kPa，管壁评级小于 3 级且无孔雀蓝色或异常沉淀物。

三、注意事项

1. 取样与预处理

采样容器应为清洁、干燥的玻璃瓶、不锈钢桶或涂有环氧树脂衬里的桶。使用时将试样（600mL）用单层普通滤纸过滤，并用流量为 1.5mL/min 的空气充气 6min，以保证试样无杂质及含有充足的溶解氧。

2. 加热管防护

每次试验都要使用一根新的加热管，安装仪器时不要碰到加热管中间的试验部位，否则会影响沉积物在管壁上形成。如果触及了加热管中间的试验部分，则该加热管作废。

3. 燃料油品流速控制

必须使用恒速电动机驱动，供油流量为 3.0mL/min。

4. 加热温度控制

温度控制器一般在 90s 的时间内，使加热管达到要求的温度。

思考与交流

1. 如何进行燃料试样的预处理？
2. 如何进行预热管壁评级？
3. 简述可自动关机型 JFTOT 与其他类 JFTOT 的关机区别。

【课程思政】

弘扬钱学森精神 建功立业新时代

钱学森是中国航天科技事业的先驱和杰出代表，被誉为“中国航天之父”和“火箭之王”。他于 1956 年受命组建了中国第一个火箭、导弹研究所——国防部第五研究院并担任首任院长。他主持完成了“喷气和火箭技术的建立”规划，参与了近程导弹、中近程导弹和中国第一颗人造地球卫星的研制，直接领导了用中近程导弹运载原子弹“两弹结合”试验。钱学森精神是忠于祖国、奉献人民的爱国精神，是不畏艰险、勇攀高峰的创新精神。我们要学习他为国家富强和民族振兴不懈奋斗的崇高品德，开拓进取，为推进中国特色社会主义伟大事业，实现中华民族伟大复兴而共同奋斗。

任务实施

操作 12　过滤器压力降和预热管壁评级测定

一、目的要求

1. 掌握喷气燃料热氧化安定性的测定（JFTOT 法）的方法和操作技术；
2. 掌握加热器管沉积物评级及测定结果记录。

二、测定原理

测定时实验燃料通过计量泵进入一个不锈钢网制作的多孔精密过滤器，该过滤器能够捕集试验过程中燃料变质而生成的分解产物。变质分解产物的沉积程度，用试验仪器供油系统过滤前后压力降的大小和预热管表面沉积物的颜色级别来表示。

三、仪器与试剂

1. 仪器

（1）喷气燃料热氧化试验仪　表 5-7 中列出了六种可使用的进口仪器的型号。与其等同的国产喷气燃料热氧化试验仪的使用参考表 5-7 中相应的仪器型号。

表 5-7　JFTOT 的型号

JFTOT 型号	用户手册	增压方式	泵类型	压差读数
202	202/203	氮气	齿轮	Hg 压力计，无自动记录
203	202/203	氮气	齿轮	压力计＋图形记录

续表

JFTOT 型号	用户手册	增压方式	泵类型	压差读数
215	215	氮气	齿轮	压力传感器+打印记录
230	230/240	液压	柱塞	压力传感器+打印记录
240	230/240	液压	柱塞	压力传感器+打印记录
230MKⅢ	230MKⅢ	液压	双活塞(HPLC 型)	压力传感器+打印记录

（2）加热器管沉积物评定仪　所有型号 JFTOT 必有的标准加热器部件见图 5-15。

2. 试剂和材料　JFTOT230 型和 240 型的废试样池内要求用蒸馏水（最好）或去离子水。

用甲基戊烷、2,2,4-三甲基戊烷或正庚烷［化学纯，不低于 95%（摩尔分数）］作为一般清洁溶剂。用溶剂有效地将仪器内金属表面在测定前清洗干净，特别是那些与新鲜试样接触的表面（在测定部位以前）。

在充气干燥器内加入无水硫酸钙（97 份）和氯化钴（3 份）颗粒混合物。这些颗粒物会逐渐由蓝变成粉红色，表明吸水。

四、准备工作

1. 燃料数量：试验最少用 450mL，再加上系统中约 50mL。

2. 燃料预处理：用单层普通吸水定性滤纸过滤最多 1000mL 样品，然后通过一个 12mm 的粗孔硼硅玻璃扩散管以 1.5L/min 的空气流速给样品充气 6min。

3. 燃料系统压力：表压 3.45MPa±0.345MPa。

4. 热电偶的位置：位于 39mm 处。

5. 燃料系统预过滤元件：孔径为 0.45μm 的滤纸。

6. 加热器管的温度控制：按所用仪器的说明预先设定。

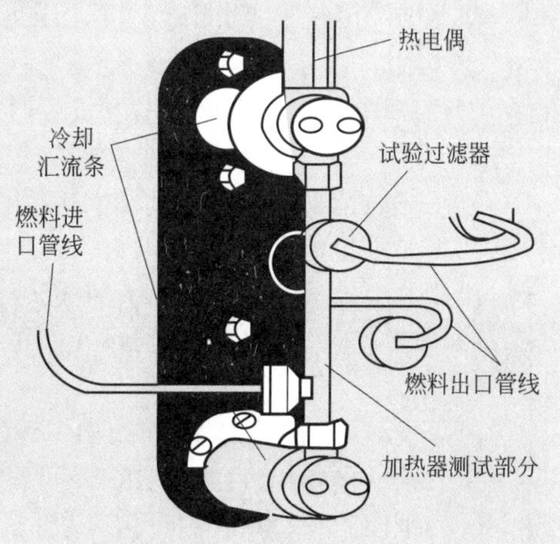

图 5-15　所有型号 JFTOT 必有的标准加热器部件

7. 燃料流速：3.0mL/min±0.3mL/min。

8. 试验期间泵送燃料的最小值：405mL。

9. 测试时间：150min±2min。

10. 冷却液流量：约 39L/h，或位于冷却液表指示的绿色区域中间。

11. 功率设定：非计算机控制型号的仪器设定为 75～100W；用计算机控制型号的仪器内部自定。

五、测定步骤

1. 燃料试样的准备　充气时样品温度保持在 15～32℃之间。如需要，把盛有试样的燃料储罐放入热水或冷水槽中以改变其温度。

试样充气结束到开始加热之间不能超过 1h。

2. 最后安装

（1）安装燃料储罐部分（见用户手册）。

（2）安装燃料储罐并连接与所用 JFTOT 型号相匹配的管线（见用户手册）。

(3) 移去保护盖，并把燃料输送管线与加热器部分快速连接，以减少燃料的损失。

(4) 检查所有管线以确保连接牢固。

(5) 重新核对热电偶位于 39mm 处。

(6) 确认油滴接收器是空的（仅指 230 型和 240 型）。

3. 打开电源和加压

(1) 电源开关置于 ON 位置。

(2) 对有些型号的仪器用手动打开 Δp 报警开关（202 型、203 型和 215 型）。

(3) 按 202 型、203 型和 215 型的用户手册的要求给系统慢慢加压到 3.45MPa。

(4) 对系统进行泄漏检查。若需要紧固任何泄漏部件，应先对系统泄压。

(5) 把控制部分设定为标准操作条件。

(6) 按测试燃料的规格设定加热器管温度，热电偶应用最近校验的校正值。

4. 开始试验

(1) 每种型号的仪器所用试验步骤按相应用户手册所述进行操作。

(2) 一些型号的 JFTOT 可以自动运行下列步骤，但需验证，即：

① 从充气到开始加热的时间不大于 1h；

② 加热器管一达到测试温度，压力计旁通阀就关闭，以使燃料流过试验过滤器；

③ 压力计设定为零。

(3) 在试验前 15min 内用流量计时法或油滴计数法对照标准操作条件检验燃料流速。

5. 试验

(1) 在试验期间，最少每 30min 记录一次过滤器压力降。

(2) 如果过滤器压力降开始快速上升，而试验要求运转满 150min，这时一般所有型号的仪器的旁通阀都可打开以结束试验。

(3) 试验停止前的最后 15min 内再次检测流量。

6. 关机

(1) 仅对 202 型、203 型和 215 型仪器：

① 关闭加热器（HEATER），再把泵（PUMP）置于关（OFF）的位置；

② 关闭氮气压力阀并打开手动旁通阀；

③ 如需要的话，慢慢打开氮气放空阀，让系统压力以约 0.15MPa/s 的速度减小；

④ 关机。

(2) 对可自动关机的 230 型和 240 型：

① 试验完毕，将流量选择阀转向放空，以泄压；

② 活塞推动杆会自动回落；

③ 测量油滴接收器中的排出液，然后倒空。

7. 装卸

(1) 拆卸与加热器相连的燃料输送管线，并立即盖上密封帽，防止燃料从燃料储罐中漏出。

(2) 拆卸加热器部分

① 小心地从加热器部分拆下加热器管，以避免碰到管中间部位。废弃试验后的过滤器。

② 用所推荐的清洗溶剂从上到下冲洗试管。如拿着试管顶部冲洗时，溶剂不要接触手套或裸露的手指。允许在干后将试管放回原容器，标上记号，待评定。

(3) 拆卸燃料储罐

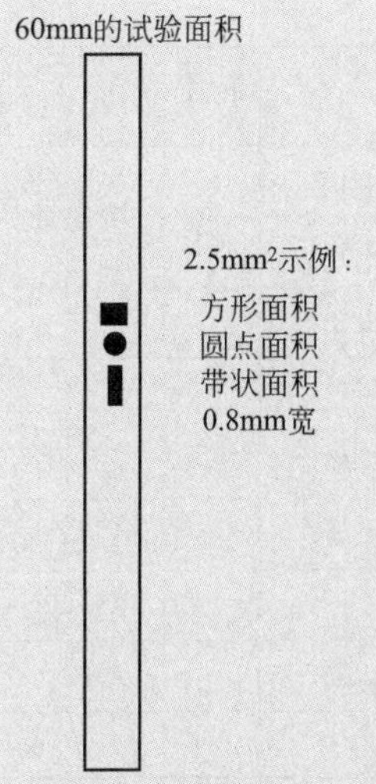

60mm的试验面积

2.5mm²示例：
方形面积
圆点面积
带状面积
0.8mm宽

图 5-16 缺损面积

① 测量试验期间泵送过的废液量，如少于 405mL，此试验作废。

② 将燃料倒入废油容器中。

六、计算和报告

1. 加热器管评级 只对面积大于 2.5mm²，宽度大于 0.8mm 的沉积物带或点进行评定（图 5-16）。

当最黑的沉积物颜色与管沉积物评级颜色标准相一致时，记录此值。

当被评定的最黑的加热器管沉积物颜色在两个相邻颜色标准之间呈明显的过渡状态，按小于较深标准级别记录评定结果。

当加热器管上有不符合正常颜色标准的沉积物时，如果沉积物呈孔雀蓝色，评为 P；如果沉积物含有异常颜色，评为 A。

2. 数据记录

（1）加热器管控制温度，即燃料的试验温度；

（2）加热器管沉积物评级；

（3）试验过程中试验过滤器的最大压差或压差达到 25mmHg（3.3kPa）所需时间，对于 202 型和 203 型 JFTOT，应报告试验过程中发现并记录的最大压差；

（4）如果正常 150min 的试验没有完成，例如，由于压差失常而导致试验停止，则报告与加热器管沉积物评级相对应的试验时间；

（5）一次正常试验结束所用燃料量取决于所用的 JFTOT 仪器的型号，是位于移动活塞顶部的燃料量，或水杯中置换出的总液体量。

任务评价

序号	考核项目	评分要素	配分	评分标准	扣分	得分	备注
1	过滤器压力降和预热管壁评级测定	确定 JFTOT 型号及操作步骤	6	不符合要求，扣 6 分			
2		清洗仪器内金属表面	4	不符合要求，扣 4 分			
3		清洗测定部件内表面	4	不符合要求，扣 4 分			
4		取样容器清洁、干燥	4	不符合要求，扣 4 分			
5		燃料数量最少 450mL	4	不符合要求，扣 4 分			
6		样品以 1.5L/min 充气 6min	4	不符合要求，扣 4 分			
7		燃料系统表压控制在(3.45±0.345)MPa	4	不符合要求，扣 4 分			
8		热电偶位于 39mm 处	4	不符合要求，扣 4 分			
9		确认油滴接收器是空的(仅 230 型和 240 型)	4	不符合要求，扣 4 分			
10		充气时温度保持在 15～32℃	4	不符合要求，扣 4 分			
11		试样充气结束到开始加热之间不能超过 1h	4	不符合要求，扣 4 分			
12		不允许接触加热器管的中间部位，若有，应弃管	4	不符合要求，扣 4 分			
13		燃料速度控制在(3.0±0.3)mL/min	4	不符合要求，扣 4 分			
14		泵送燃料的最小值不能低于 405mL	4	不符合要求，扣 4 分			
15		测试时间控制在(150±2)min	4	不符合要求，扣 4 分			
16		冷却液流量控制在 39L/h 左右	4	不符合要求，扣 4 分			
17		最少每 30min 记录一次过滤器压力降	4	不符合要求，扣 4 分			

续表

序号	考核项目	评分要素	配分	评分标准	扣分	得分	备注
18	过滤器压力降和预热管壁评级测定	试验停止前的最后15min内再次检测流量	4	不符合要求，扣4分			
19		加热器管评级	4	不符合要求，扣4分			
20		仪器的关机顺序	4	不符合要求，扣4分			
21		过滤器试验后废弃处理	4	不符合要求，扣4分			
22		自上而下冲洗试管	4	不符合要求，扣4分			
23		废液若低于405mL，试验作废	4	不符合要求，扣4分			
24		燃料倒入废油容器中	4	不符合要求，扣4分			
25		记录齐全、整齐、不涂改、无漏记	2	不符合要求，扣2分			
合计			100				

考评人：　　　　　　　　分析人：　　　　　　　　时间：

想一想

国产喷气燃料用外观和水反应两项指标来验证喷气燃料的清净度。那么水分在喷气燃料中的存在形式有几种？

任务二十三　清洁性分析

任务要求

1. 了解清洁性测定测定意义；
2. 掌握清洁性测定测定方法；
3. 熟悉清洁性测定测定注意事项。

一、测定意义

喷气燃料要求不含水分，但经过精制后，有时喷气燃料中会含有某些表面活性物质，使其含有的水滴悬浮在油中不易分离，严重时会造成过滤器堵塞事故。为此，需用水反应指标检验燃料中的表面活性物质（水溶性组分）及其对燃料和水界面的影响，用以评定燃料的洁净程度。

二、测定方法

将装在洁净的玻璃量筒内的试样与磷酸盐缓冲溶液在室温下用标准的方法摇匀。检验玻璃量筒的洁净性，将水层体积的变化和界面现象作为试样的水反应试验结果。

三、注意事项

1. 摇动幅度

随着摇动幅度的不同，不合格产品的等级随着摇动幅度的增大而增大，不合格样品的等级随着振幅的增大，其静置至合格的时间就会越长。

2. 摇动速率

摇动速率对实验结果影响很大。随着速率增加，不合格的样品不合格的等级逐步加大，合格样品的合格的静置时间加长。

思考与交流

1. 为什么采取的试样都不应进行预过滤？
2. 如何判断量筒是否清洗干净，若不干净对测定结果会造成什么影响？
3. 简述量筒摇动幅度的大小对测定结果的影响。
4. 简述量筒摇动速率的大小对测定结果的影响。

【课程思政】

发扬“飞豹”精神，研制中国大飞机

1988 年 12 月，“飞豹”一飞冲天、首飞成功。自此，我国有了国产歼击轰炸机，“飞豹”也是完全自主研制、比肩世界先进水平的战机。十年制成，十年试飞，陈一坚院士将自己的人生与“飞豹”融为一体。“飞豹”研制历程用“过五关、斩六将”形容毫不为过——没有国外原准机参照，没有成熟的科研基础，项目多次面临“下马”困境。陈一坚带领团队成员顽强拼搏，艰苦攻关，自主创新造，书写了新中国航空工业史上的奇迹。“献身航空的报国精神、百折不挠的拼搏精神、科学严谨的求实精神、敢为人先的创新精神、激情和谐的团队精神”，“飞豹”精神在赓续传承中熠熠生辉、永放光芒。

任务实施

操作 13　清洁性测定

一、目的要求

1. 掌握航空燃料水反应试验法和操作技术；
2. 掌握燃料的界面情况评级和分离程度评级。

二、仪器与试剂

1. 仪器

玻璃量筒：带玻璃塞，100mL，分度值 1mL；100mL 标记处与量筒的顶部之间的距离应在 50～60mm。

2. 试剂

（1）试剂的纯度：在所有的试验中均应使用分析纯试剂。

（2）水的纯度：蒸馏水或同等纯度的水。

（3）丙酮。

（4）玻璃器皿洗液：饱和浓硫酸与重铬酸钾或重铬酸钠的混合溶液。

（5）工业己烷，符合 GB/T 17602 要求。

（6）正庚烷。

（7）石油醚：60～90℃，符合 GB/T 15894 要求。

（8）磷酸盐缓冲溶液（pH=7）：将 1.15g 无水磷酸氢二钾和 0.47g 无水磷酸二氢钾溶解在 100mL 水中。若要准备更大量的磷酸盐缓冲溶液，需保持水溶液中的两种磷酸盐浓度与上面所述的相同。同样，试验室也可以使用商品缓冲溶液。

三、准备工作

1. 仪器准备

(1) 用热自来水冲洗量筒和塞子，以除去油迹，必要时要刷洗。或者用工业己烷、正庚烷或石油醚除去量筒和塞子上所有的油迹。然后用自来水冲洗，最后再用丙酮冲洗。

(2) 按步骤 (1) 清洁后，将量筒和塞子浸入非离子型清洁剂或试剂 (4) 中规定的玻璃器皿洗液中。每一试验室需要确定非离子表面活性剂的类型，并建立其使用的条件，达到与铬酸洗液相当的清洗效果。使用非离子表面活性剂可避免一些潜在的危害及处理腐蚀性的铬酸洗液的麻烦。后者仍保留在清洗过程中，作为首选的非离子洗涤剂溶液清洗过程的另一种选择。在用非离子洗涤溶液或玻璃清洗液清洗后，分别用自来水和蒸馏水冲洗，最后用磷酸盐缓冲溶液冲洗并干燥。

(3) 若玻璃量筒清洗不够彻底，试验可能会得出燃料被污染的错误结论，因此只能使用完全清洗干净的量筒。倒置清洗过的量筒，将清洗液彻底排除干净（没有液珠挂壁）的量筒才是完全清洁的。另外，分离程度评级（见表 5-8）等于或小于 2 级则表明玻璃量筒完全清洁。

表 5-8 分离程度评级

级别	现象
1	在每一层中或燃料层上,完全不存在乳化物和(或)沉淀物
2	除了在燃料层中有小气泡或小水滴外,其他同 1 级
3	在每一层中或在燃料层上有乳化物和(或)沉淀物,或者在水层中有小液滴,或小液滴黏附于量筒壁上(不包括燃料层上面的壁面)

2. 样品准备　试样至少为 100mL，要求使用清洁的容器。

在任何情况下，采取的试样都不应进行预过滤。过滤介质可能会除去表面活性剂，而表面活性剂的检测是本试验的目的之一。如果试样被颗粒物污染，测试前可进行沉降。

四、测定步骤

1. 在室温下取 20mL 磷酸盐缓冲液倒入量筒中，记录体积，精确到 0.5mL。在室温下加 80mL 试样，塞上玻璃塞。

2. 上下摇动量筒 2min±5s，每秒 2～3 次，摇动幅度为 12～25cm。

3. 立即把量筒放在没有震动的平台上，静置 5min。

4. 不要拿起量筒，在散射光照射下，观察记录如下内容：

(1) 水相体积的变化，精确到 0.5mL。

(2) 按表 5-8 评级。

(3) 按表 5-9 确定两相界面情况。

表 5-9 界面情况

级别	现象
1a	清澈和清洁
1b	小的清澈的气泡遮盖估计不大于 50%的界面,界面处无碎片、带状物或膜
2	界面处有碎片、带状物或膜
3	有松散的带状物和(或)少量浮沫
4	有紧密的带状物和(或)较多浮沫

(4) 对燃料层中出现轻微的混浊可不予考虑，此混浊对着白背景观察不到。

五、计算和报告

此报告应包括如下内容：

1. 水相体积变化，精确到 0.5mL；
2. 界面情况评级；
3. 分离程度评级。

任务评价

序号	考核项目	评分要素	配分	评分标准	扣分	得分	备注
1	清洁性测定	水的纯度：蒸馏水或同等纯度的水	5	不符合要求，扣 5 分			
2		磷酸盐缓冲溶液 pH=7	6	不符合要求，扣 6 分			
3		选择规定玻璃量筒	6	100mL，分度值 1mL，100mL 标记处与量筒的顶部之间的距离应为 50～60mm，不符合要求，扣 6 分			
4		量筒清洗程序	6	三步，若颠倒或少步骤，扣 6 分			
5		彻底清洗量筒	6	量筒呈倒置状，无液珠挂壁，不符合要求，扣 6 分			
6		样品至少量取 100mL	6	不符合要求，扣 6 分			
7		采集的样品不应进行预过滤	6	不符合要求，扣 6 分			
8		若样品被污染，测试前应沉降	6	不符合要求，扣 6 分			
9		试样倒入量筒顺序	6	不符合要求，扣 6 分			
10		量筒摇动时间	6	不符合要求，扣 6 分			
11		量筒摇动频次	6	每秒 2～3 次，摇动幅度 12～25cm，不符合要求，扣 6 分			
12		量筒静置 5min	6	不符合要求，扣 6 分			
13		不允许拿起量筒观察数据	6	若有此行为，扣 6 分			
14		记录水相体积变化，精确到 0.5mL	6	不符合要求，扣 6 分			
15		界面状况评级	6	不符合要求，扣 6 分			
16		两相分离程度定级	6	不符合要求，扣 6 分			
17		记录齐全、整齐、不涂改、无漏记	5	不符合要求，扣 5 分			
合计			100				

考评人：　　　　　　　　分析人：　　　　　　　　时间：

想一想

储存过程中颜色变深可能是喷气燃料质量状况发生变化的外观表现，那么变色组分对其燃烧特性有何影响？

任务二十四　颜色分析

任务要求

1. 了解颜色测定意义；

2. 掌握颜色测定方法；
3. 熟悉颜色测定注意事项。

一、测定意义

喷气燃料的颜色是评价其污染或变质程度的一个重要指标，油品精制不好或贮存安定性较差，都可能使油品含有或生成一定的胶质。根据油品颜色的深浅可以判断其精制程度和贮存安定性好坏。

测定标准参考 GB/T 3555—92《石油产品赛波特颜色测定法（赛波特比色计法）》，色号从+30～−16（+30 颜色最浅，−16 最深）。目前国外航空公司在现场都使用 ASTM 和 IP 的颜色评级方法。

二、测定方法

按照规定方法调整试样的液柱高度，直至试样明显地浅于标准色板的颜色。无论试样颜色较深、可疑或匹配，均报告试样的上一个液柱高度所对应的赛波特颜色号。

三、注意事项

1. 装样管不能有气泡；
2. 报告时应注明"赛波特颜色号 XX"；
3. 如果试样经过滤，需写明"试样过滤"字样；
4. 保持比色片干净；
5. 两管反射光强度要相同。

思考与交流

1. 若试管内的沉积物经擦拭和用溶剂除不掉时，该如何处理？
2. 赛波特颜色测定时对玻璃管的光学性质要求特别高，那么如何判定两根玻璃管颜色是否匹配？

【课程思政】

中国首位"太空使者"杨利伟载人航天精神

2003 年 10 月 16 日，浩瀚太空中迎来了第一位中国的访客杨利伟。他的太空之行是十分艰苦的，在太空飞行的 21 个小时里，需要承受剧烈的温度变化、恶劣的太空环境、超负荷的心理压力，但是他还是凭借自身的、超人的素质和勇气，出色地完成了自己的神圣使命。从神舟五号首飞成功到神舟十一号问鼎苍穹，饱含着航天科技工作者的艰辛奋斗和奉献牺牲。航天员将继续以不怕牺牲的奋斗精神实现中华民族新时代的飞天梦想，向空间站、月球、宇宙更高更深更远的地方不断起航。

任务实施

操作 14 颜色测定

一、目的要求

1. 掌握石油产品赛波特颜色测定法（赛波特比色剂法）（GB/T 3555—92）和操作技术；

2. 掌握喷气燃料赛波特颜色号确定方法。

二、测定原理

采用目视比色法，即将不同液面高度的试样与对应的标准色板相比较，当试样颜色与标准色板相同时，便可查得对应的赛波特颜色号。赛波特色度范围为+30～-16。试样颜色越深，色号数字越大。

三、仪器与试剂

赛波特比色计（图 5-7）由试样管、标准色板玻璃管、光源、标准色板以及光学系统组成。

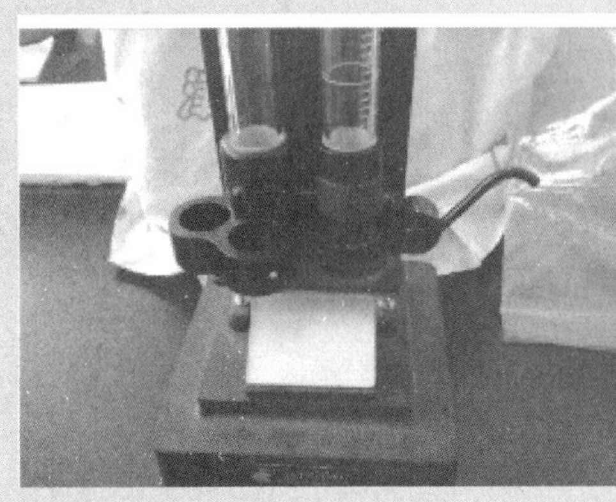

图 5-17　赛波特比色计

四、准备工作

1. 试样制备　当试样浑浊时，可用多层的定性滤纸过滤，直至透明。

2. 仪器校正

（1）从试样管底部取出玻璃圆片。清洗试样管、标准色板玻璃管及玻璃圆片。如沉积物经擦拭和用溶剂除不掉时，可用肥皂和水清洗，再用蒸馏水、丙酮或其他溶剂冲洗并干燥。将干净的试样管、标准色板玻璃管、玻璃圆片组装在仪器上。

（2）卸下标准色板玻璃管底部的内径为 12mm 的光栏，用规定的光源和反射镜照明，观察两根空管光学视场的光强度，调整光源的位置，必须使两个对分视场的光强度相同。

（3）将 12mm 光栏重新安装在标准色板玻璃管底部。往试样管中注满蒸馏水。此时观察到的两个光学对分视场光强度仍需相同，方可认为玻璃管颜色匹配，仪器符合使用要求。

（4）玻璃管的光学性质十分重要，同样材质会因批号不同而不同，必须使用颜色匹配的玻璃管。当一根玻璃管破损时，需更换一对颜色匹配的玻璃管。

五、测定步骤

1. 先用部分试样冲洗试样管，并使管中试样完全流出，不准有油滴残留在管壁上，将试样注满试样管。注入试样时要缓慢，如试样中发现气泡，则要用玻璃棒将其排出。

2. 用一片整厚标准色板与试样比色。如试样颜色浅于标准色板，则调换半厚标准色板代替整厚标准色板进行比色；若试样的液柱高度在刻度 6.25 处的颜色比一片整厚标准色板深，则换成两片整厚标准色板。

3. 选定标准色板后，调整试样的液柱高度，使试样的颜色深于标准色板，按表 5-10 中试样的液柱高度排放试样，排放至表 5-10 中选定的标准色板所对应的最接近的试样的液柱高度。如试样仍然较深，则排放至表 5-10 中规定的试样的下一个液柱高度进行比色，重复这一操作，直至试样的颜色与标准色板最接近或稍有差异。确定这点后再排放试样至表 5-9 中规定的试样的下一个液柱高度，当试样的颜色确认无疑地浅于标准色板时，记录试样的上一个液柱高度所对应的赛波特颜色号。

表 5-10　赛波特颜色号与试样的液柱高度对照表

标准色板	试样的液柱高度		赛波特颜色号	标准色板	试样的液柱高度		赛波特颜色号
	in	mm			in	mm	
半厚板 1 片	20.00	508	+30	半厚板 2 片	6.25	158	+7
	18.00	457	+29		6.00	152	+6
	16.00	406	+28		5.75	146	+5
	14.00	355	+27		5.50	139	+4
	12.00	304	+26		5.25	133	+3
整厚板 1 片	20.00	508	+25		5.00	127	+2
	18.00	457	+24		4.75	120	+1
	16.00	406	+23		4.50	114	0
	14.00	355	+22		4.25	107	−1
	12.00	304	+21		4.00	101	−2
	10.75	273	+20		3.75	95	−3
	9.50	241	+19		3.625	92	−4
	8.25	209	+18		3.50	88	−5
	7.25	184	+17		3.375	85	−6
	6.25	158	+16		3.25	82	−7
整厚板 2 片	10.50	266	+15		3.125	79	−8
	9.75	247	+14		3.00	76	−9
	9.00	228	+13		2.875	73	−10
	8.25	209	+12		2.75	69	−11
	7.75	196	+11		2.625	66	−12
	7.25	184	+10		2.50	63	−13
	6.75	171	+9		2.375	60	−14
	6.50	165	+8		2.25	57	−15

六、计算和报告

1. 报告　报告所记录的颜色号应注明“赛波特颜色号 XX"。如果试样经过滤，需写明“试样过滤”字样。

2. 重复性和再现性

重复性：同一操作者重复测定的两个结果之差，不应大于 1 个赛波特颜色号。

再现性：由不同试验室各自提出的两个结果之差，不应大于 2 个赛波特颜色号。

任务评价

序号	考核项目	评分要素	配分	评分标准	扣分	得分	备注
1	颜色测定	两管反射光强度要相同	10	不符合要求,扣10分			
2		玻璃管颜色需匹配	10	不符合要求,扣10分			
3		试样若混浊需过滤至透明	10	不符合要求,扣10分			
4		冲洗试样管,不准有油滴残留管壁	10	不符合要求,扣10分			
5		试样需装满试样管	10	不符合要求,扣10分			
6		装样管不能有气泡	10	不符合要求,扣10分			
7		保持比色片干净	10	不符合要求,扣10分			
8		报告时应注明“赛波特颜色号XX”	10	不符合要求,扣10分			
9		如果试样经过滤,需写明“试样过滤”字样	10	不符合要求,扣10分			
10		重复测定的两个结果之差,不应大于1个赛波特颜色号	10	不符合要求,扣10分			
合计			100				

考评人： 分析人： 时间：

想一想

喷气燃料中带极性的非烃类化合物，比较容易吸附在金属表面上，形成牢固的油膜，但同时会严重影响燃料的热安定性，那么该如何处理才能同时具有抗磨和防腐作用？

任务二十五 润滑性分析

任务要求

1. 了解润滑性测定意义；
2. 掌握润滑性测定方法；
3. 熟悉润滑性测定注意事项。

一、测定意义

喷气发动机的燃料系统和柴油机相似，是靠燃料自身的润滑性来润滑的，燃料还作为冷却剂带走摩擦产生的热量。但烃类化合物极性极弱，难以保证润滑，常常由于过量摩擦而造成磨损，引起发动机部件的寿命缩短。

二、测定方法

把测试的试样放入试验油池中，保持池内空气相对湿度为10%，一个不能转动的钢球被固定在垂直安装的卡盘中，使之正对一个轴向安装的钢环，并加上负荷。试验柱体部分浸入油池并以固定速度旋转，这样就可以保持柱体处于润湿条件下并连续不断地把试样输送到球-环界面上。在试球上产生的磨痕直径是试样润滑性的量度。

三、注意事项

① 每次试验前目测试球，将显示有凹坑、腐蚀或表面异常的试球剔除。

② 参考液（参考液的配制见操作 15）

a. 使用一个预先用参考液试验标准化好的柱体，对每批新参考液进行三次试验。

b. 磨痕直径差值对于参考液 A 大于 0.04mm 或者对于参考液 B 大于 0.08mm 时，再重做三次试验。

c. 如果重做试验的磨痕直径再次大于 b. 中的数值，应拒用这批参考液。

d. 对于合适的参考液，三次结果均在 b. 的数值内，则可计算平均磨痕直径（WSD）。

e. 把平均结果与下列参考数值进行比较：

参考液 A　WSD 0.56mm

参考液 B　WSD 0.85mm

根据 e. 给出的参考液数值，如果在 d. 中获得的平均结果对参考液 A 相差大于 0.04mm 或对于参考液 B 相差大于 0.08mm，则应拒用这批新参考液。

③ 试环

a. 用参考液 A 测试每一个新试环。

b. 如果磨痕直径是在②e. 中所示的参考液 A WSD 的 ±0.04mm 之内，这个试环是可以接受的。

c. 如果磨痕直径不在②e. 中所示的参考液 A WSD 的 ±0.04mm 之内，则重复试验。

d. 如果在③a. 和③c. 中所获得的两个数值，彼此之间差值大于 0.04mm 或者两个数值与②e. 中所示的参考液 A 的数值相比差值大于 0.04mm，则废弃这个试环。

e. 用参考液 B 测试每个试环。

f. 如果磨痕直径是在②e. 所示参考液 B 数值的 0.08mm 之内，这个试环是可以接受的。

g. 如果磨痕直径不在②e. 所示参考液 B 数值的 0.08mm 之内，则重复试验。

h. 如果在③e. 和③g. 中所获得的两个数值，彼此之间差值大于 0.08mm 或者两个数值与②e. 中所示参考液 B 的数值相比其差值大于 0.08mm，则要废弃这个试环。

思考与交流

1. 如何利用参考液鉴定试环可以使用。
2. 简述试环的清洗要求。
3. 简述试球的清洗要求。

【课程思政】

驾驭高新技术 做新时代专家型工人

被称为“工人专家”的全国劳动模范李斌，生前是上海液压泵厂职工。他凭着自身努力，从一个技校毕业生成长为数控应用专家，工作在数控机床岗位的第一线。他说：“学知识、学技能，仅仅是我的第一步追求，用知识和技能搞创新，为企业和国家创造更大的效益，才是我的最终追求。”他不断学习运用最新数控加工和编程技术，成功开发了 5 种类型、17 种数控机床的加工功能，开发新产品 55 种，为企业创造了高达 2128 万元的经济效益。从操作型工人到知识型工人，再到专家型工人，这就是李斌，这就是新时期中国工人阶级的抱负和理想。

任务实施

操作 15　润滑性测定

一、目的要求

1. 掌握润滑性测定法（球柱润滑性评定仪法）操作技术；

2. 掌握球柱磨痕的测量及磨痕直径的计算。

二、测定原理

在本试验方法中，试样的润滑性是在严格规定和控制的条件下进行测试的，固定球与被试验浸润的转动试环相接触，润滑性以在固定球上产生的磨痕直径（mm）表示。

三、仪器与试剂

1. 仪器

（1）球柱润滑性评定仪（BOCLE）：试验标准操作条件列于表 5-11 中。

表 5-11　标准操作条件

试样体积	50mL±1.0mL
试样温度	25℃±1℃
经调节的空气	相对湿度为 10%±0.2%
试样预处理	一般空气流以 0.5L/min 通入试样中，同时另一股气流以 3.3L/min 流过试样表面 15min
试样试验条件	空气以 3.8L/min 流过试样表面
施加的负荷	100g(其中砝码 500g)
柱体转动速度	240r/min±1r/min
试样时间	30min±0.1min

（2）恒温循环浴：当循环冷却剂通过样品油池的底座时，能够保持试样在 25℃±1℃。

（3）显微镜：能放大 100 倍，刻度为 0.1mm，最小分度值为 0.01mm。

（4）滑动千分尺：带有分度为 0.01mm 的刻度尺。

（5）清洗器：容量为 1.9L，清洗功率为 40W 的无缝不锈钢容器。

（6）干燥器：它装有一种非指示型干燥剂，其容积大小能储放试环、试球和金属零件。

2. 试剂

（1）异辛烷：分析纯，最低纯度为 95%。

（2）异丙醇：分析纯。

（3）丙酮：分析纯。

（4）参考液：

① 参考液 A：参考液 A 是在参考液 B 中加入 30mg/kg 可溶于特定燃料的腐蚀抑制剂与润滑改进剂或性能相当的抗磨防锈添加剂制成的。储放在带有铝箔嵌入盖的硅酸盐玻璃容器中，存放于暗处。

② 参考液 B：是一种窄馏分异构烃溶剂。

四、准备工作

1. 试环的清洗

（1）试环应初步用异辛烷浸泡过的擦布、纸巾或棉花擦掉像蜡状物的保护涂层。

（2）把初步清洗过的试环放在一个干净的500mL烧杯中，加入足够体积的异辛烷和异丙醇（1∶1）的混合物，使试环被清洗溶剂完全覆盖住。

（3）把烧杯放入超声波清洗器中，打开电源清洗15min。

（4）取出试环，用干净的烧杯和新鲜溶剂重复（3）的超声波清洗过程。

（5）用干净的镊子或手套从烧杯中取出所有清洗过的试环，并用异辛烷冲洗、干燥再用丙酮冲洗。

（6）干燥后的试环储存在干燥器中。

2. 试球的清洗

（1）将试球放入300mL烧杯中，加入足够体积的异辛烷和异丙醇（1∶1）混合物到烧杯中，使试球被清洗溶剂完全覆盖住。

（2）把烧杯放在超声波清洗器中，打开电源清洗15min。

（3）用干净的烧杯和清洗溶剂重复（2）的清洗过程。

（4）取出试球并用异辛烷冲洗，干燥，再用丙酮冲洗。

（5）干燥后的试球储存在干燥器中。

3. 油池、油池盖、试球卡盘、试球锁定环和环轴组合件的清洗

（1）用异辛烷冲洗。

（2）在超声波清洗器中用异辛烷和异丙醇的1∶1混合物清洗5min。

（3）取出后用异辛烷清洗，干燥，再用丙酮冲洗。

（4）干燥后储存在干燥器中。

4. 金属构件的清洗

（1）金属构件和用具是指传动轴、扳手和镊子。它们都要与试样接触，应该用异辛烷彻底清洗干净和用擦布擦干。

（2）当不使用时，这些部件应存放在干燥器中。

5. 试验后试件的清洗

（1）取出油池和柱体。

（2）拆开各部件并在超声波清洗器中用体积比为1∶1的异辛烷和异丙醇混合物清洗5min。然后用异辛烷冲洗、干燥，再用丙酮冲洗，重新组装部件。

（3）在清洗过程中确保试样吹气管也要洗净和干燥好，当不使用时，各部件应储存于干燥器中。

五、测定步骤

1. 试验条件见表5-11。

2. 安装清洁的试验柱体。

3. 在数据表（表）上记录环号，如果选定，用滑动千分尺指示试验柱体的位置，试环上的第一道和最后一道磨痕距离两边大约1mm以内。

4. 装入一个洁净的试球，首先将试球放在蓝色卡环中，然后再放入螺帽中，将螺帽拧到位于负荷臂下的螺纹盘上并用手拧紧。

5. 通过插入蓝色销子保证负荷臂在“UP”位置上。

6. 装上干净的油池，通过抬高油池装上蓝色隔离平台，将蓝色隔离平台移入油池下面的位置。把热电偶插入油池后部左边的孔中。

7. 检验负荷臂的水平度，如果必要应进行调节。

8. 将50mL±1mL的试样加入油池中，将干净的油池盖盖上，将6.35mm和3.18mm的空气管线接到油池盖上。

9. 将电源开关置于“ON”位置。

10. 打开压缩空气瓶，调整供气压力至210～350kPa和调节仪表板上压力表的空气压力到大约100kPa。

11. 将臂升开关置于“UP”位置上。

12. 通过拔掉蓝色销钉降下负荷臂，在负荷臂的末端挂上500g砝码再加上负荷臂重，从而给出一个1000g的负荷。

13. 将驱动马达开关置于“ON”，启动柱体转动，调整转速到240r/min±1r/min。

14. 用控制湿和干空气流速的流量计，调整规定的空气流速读数为3.8L/min，保持相对湿度在10.0%±0.2%。

15. 按要求调整油池的温度，温度稳定在25℃±1℃，通过调整恒温循环浴的温度，以获得所要求的温度。

16. 设置燃料吹气计时器为15min和调整试样吹气流量计流量为0.5L/min。

17. 在吹气结束的时候，警笛将发出声响，吹气停止。空气继续以3.8L/min流经油池。先将计时器设定在30min处。然后将臂提升开关置于“DOWN”位置。大约8s后负荷臂会自动降下，使试球轻轻地与试环接触。

18. 核对所有试验条件及仪表示值读数，必要时进行调整。在数据表上记录所有必要的数据。

19. 30min后警笛将发出声响，试验负荷臂将自动弹起。将计时器开关转到“OFF”并将负荷臂升开关置于“UP”位置。

20. 除去试验砝码，升起试验负荷臂并用蓝色销钉固定住。

21. 取掉油池盖，用擦布或棉花擦净转动环，以除去试环上的残余物，将马达驱动和电源开关置于“OFF”。

22. 从锁紧螺母中取出试球，在显微镜检测之前不要从蓝色卡环中取出试球，检测前要用擦布擦净试球。

六、计算和报告

1. 磨痕的测量

(1) 打开显微镜灯光和把试球放在能放大100倍的显微镜下。

(2) 聚焦显微镜和调节镜台，以便使磨痕位于视野内的中心点上。

(3) 把磨痕对准用机械台控制的数值刻度盘上的分割参考点，测量长轴长度准确到0.01mm，典型的磨痕示于图5-18中，在数据表（见表5-12）上记录读数。

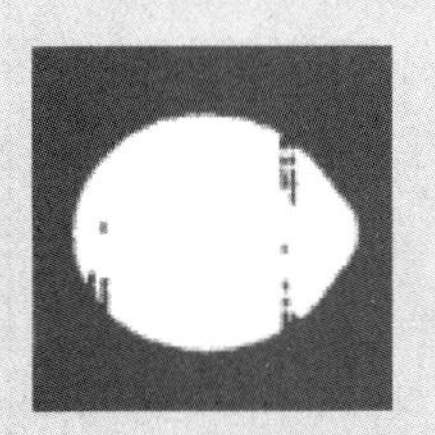  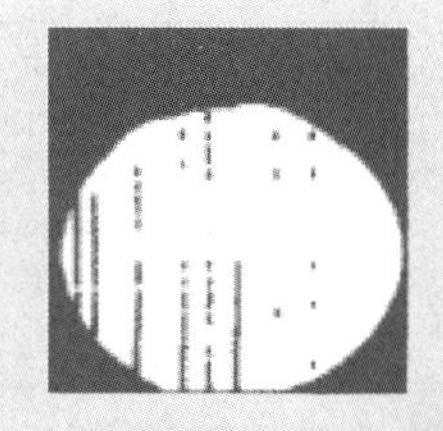

图5-18　典型的磨痕

(4) 把磨痕对准用机械台控制的数值刻度盘上的分割参考点，测量短轴长度准确到0.01mm，在数据表（见表5-12）上记录读数。

(5) 如果与参考标准试样不同，也就是说，残余物的颜色、异常的颗粒物或者磨损形式、可见的擦伤，以及油池中颗粒物的存在等，这些磨损区的情况均需记录。

表 5-12　数据表

球柱润滑性评定仪 样品：　　　　　　日期： 环号：　　　　　　痕迹号：　　　球号：	
环境温度/℃ 开始时的基底温度/℃ 结束时的基底温度/℃ 基底温度控制(是/否) 油池预处理的时间 开始试验时间 试验空气湿度/% 环的转动速度/(r/min) 加的负载/g 使用的试样体积/mL 典型的磨痕 短轴长/mm 长轴长/mm 磨痕直径/mm 观察结果	

2. 计算　试样的磨痕直径 WSD（mm）按式(5-19) 计算：

$$WSD=(M+N)/2 \tag{5-19}$$

式中　M——长轴长度，mm；

N——短轴长度，mm。

3. 报告　取重复测定两个结果的算数平均值，作为试样磨痕直径（mm）的测定结果，报告结果准至 0.01mm。

报告磨痕表面的情况，与偏离标准条件的试验载荷、相对湿度和试样温度等引起的偏差。

任务评价

序号	考核项目	评分要素	配分	评分标准	扣分	得分	备注
1	润滑性测定	试环清洗干净	7	溶剂、时间、干燥三方面，扣分分别为 4 分、4 分、3 分			
2		干燥后的试环储存在干燥器中	4	不符合要求扣 4 分			
3		试球清洗干净	7	溶剂、时间、干燥三方面，扣分分别为 4 分、4 分、3 分			
4		干燥后的试环储存在干燥器中	4	不符合要求扣 4 分			
5		油池、油池盖、试球卡盘、试球锁定环和环轴组合件的清洗	4	不符合要求扣 4 分			
6		金属构件的清洗	4	不符合要求扣 4 分			
7		试验后试件的清洗	4	不符合要求扣 4 分			
8		安装试验柱体需佩戴手套	6	不符合要求扣 6 分			
9		在数据表上记录环号	4	试环上的第一道和最后一道磨痕距离两边大约在 1mm 以内，不符合要求扣 4 分			
10		柱体的新试验位置	4	距环上最后一道磨痕为 0.75mm，不符合要求扣 4 分			

续表

序号	考核项目	评分要素	配分	评分标准	扣分	得分	备注
11	润滑性测定	投入试样 50mL±1mL	4	不符合要求扣 4 分			
12		恒温循环水浴保持在 25℃±1℃	4	不符合要求扣 4 分			
13		调整供气压力控制在 210～350kPa	4	不符合要求扣 4 分			
14		转速控制在 240r/min±1r/min	4	不符合要求扣 4 分			
15		空气流速控制在 3.8L/min	4	不符合要求扣 4 分			
16		相对湿度保持在 10.0%±0.2%	4	不符合要求扣 4 分			
17		燃料吹气 15min	4	不符合要求扣 4 分			
18		试样吹气流量 0.5L/min	4	不符合要求扣 4 分			
19		吹气结束后，空气流量 3.8L/min	4	不符合要求扣 4 分			
20		检测前不允许从蓝色卡环中取出试球	4	不符合要求扣 4 分			
21		长轴、短轴长度精确到 0.01mm	4	不符合要求扣 4 分			
22		试样的磨痕直径计算	4	不符合要求扣 4 分			
23		记录齐全、整齐、不涂改、无漏记，有效数字保留位数正确	4	不符合要求扣 4 分			
合计			100				

考评人：　　　　　　　　分析人：　　　　　　　　时间：

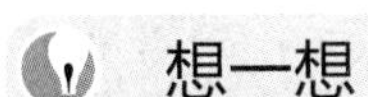

想一想

喷气式发动机的耗油量很大，为节省注油时间，机场常采取高速加油，导致喷气燃料与管道、容器、注油设备发生剧烈的摩擦，产生大量静电荷。为解决这一问题目前往往采取加入抗静电添加剂的方法，那么常用的抗静电添加剂有哪些？

任务二十六　电导率分析

任务要求

1. 了解电导率测定意义；
2. 掌握电导率测定方法；
3. 熟悉电导率测定注意事项。

一、测定意义

喷气式发动机耗油量很大，当采用高速加油时，燃料因与管道、容器、注油设备等发生剧烈摩擦，会产生大量静电荷积聚，易引起火花放电，造成火灾。国产 3 号喷气燃料要求电导率（20℃）为 50～600pS/m，燃料离厂时一般要求大于 150pS/m。

二、测定方法

在浸没于燃料内两个电极之间施加一个直流电压，其间所产生的电流以电导率的数值来表示，为避免由于离子极化所引起的误差，在施加电压后，立即在瞬间测量电流。

三、注意事项

① 盛被测溶液的容器必须清洁，无离子玷污。

② 电极插头座防止受潮，以免造成不必要的测量误差。

③ 为确保测量精度，电极测量前、后应用去离子水（小于 0.5μS/cm）或蒸馏水冲洗，使读数归零。

④ 测量电极是精密部件，不可分解，不可改变电极形状和尺寸，且不可用强酸、碱清洗，以免改变电极常数而影响仪表测量的准确性。

⑤ 测量前，应估计被测溶液的测量数值，尽量避免电导电极的超标使用。

⑥ 仪表应安置于干燥环境，避免因水滴溅射或受潮引起仪表漏电或测量误差。

⑦ 禁止将电极用于搅拌；轻拿轻放，避免过度震荡导致仪器失灵或损坏。

思考与交流

1. 为保证测量的精密度，电极该如何处理？
2. 电导池若遇水，该如何处理？

【课程思政】

中国成功研制出世界最大推力固体火箭发动机

2021 年 10 月 19 日，由我国自主研制的目前世界上推力最大、可工程化应用的整体式固体火箭发动机在航天科技集团四院试车成功。该发动机直径 3.5m，推力达 500t，采用高性能纤维复合材料壳体、高装填整体浇注成型燃烧室、超大尺寸喷管等多项先进技术，发动机综合性能达到世界领先水平。试验的成功，为我国运载火箭发展提供了更多的动力选择，对推动未来大型、重型运载火箭具有重要意义。

任务实施

操作 16　电导率测定

一、目的要求

1. 掌握喷气燃料电导率测定法（GB/T 6539—1997）操作技术；
2. 掌握喷气燃料电导率测定结果记录。

二、仪器与试剂

1. 仪器

电导率测定仪：任何一种能在施加电压之后，瞬间给出电导率，并能满足本方法精密度要求的仪器，如精密宽量程油料（液态烃）电导率测定仪（图 5-19）。

温度计：具有适当测量范围，且能用于现场测量的温度计。

测量容器：能全部浸没电导池的圆筒形容器，其溶剂不小于 1L。

2. 试剂　以下试剂作清洗溶剂用，若怀疑水存在时，可先用异丙醇，随后用甲苯。

异丙醇：分析纯。

甲苯：分析纯。

正庚烷：采用 50%（体积分数）异丙醇与 50%（体积分数）正庚烷相混的溶剂代替甲苯。

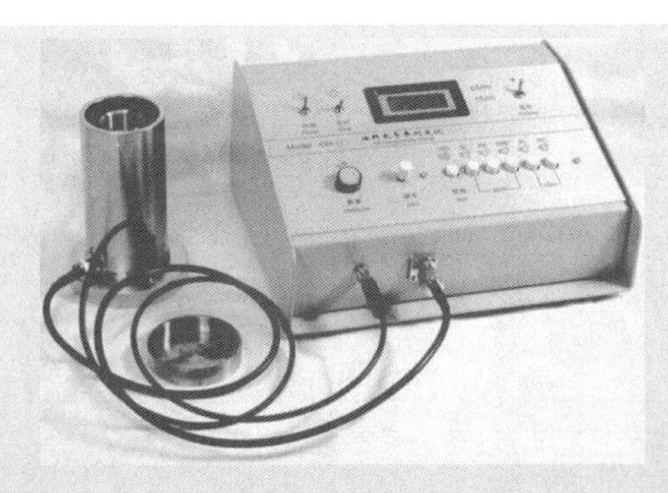

图 5-19　精密宽量程油料（液态烃）电导率测定仪

三、准备工作

样品电导率宜在现场测量，以避免样品运送过程中发生衰减或被污染。如果样品需要留作将来分析，应按 GB/T 4756 进行取样，并遵守下列规定：

1. 若电导池与水接触，当仪器被启动后，立刻会有满刻度读数出现。如果电导池已接触了水，则必须采用清洗溶剂充分冲洗，最好先用异丙醇冲洗，再用空气流干燥。在湿热条件下，电导池会产生凝聚水，这样零点、校准点和样品读数都会出现异常。要避免这种情况，可把电导池放置在比环境温度高 2～5℃的地方，以便获得准确的测量结果。

2. 样品数量应尽可能多，至少不小于 1L。

3. 所有样品容器都应用清洗溶剂充分清洗，并用空气流吹干。取样前，全部容器，包括容器盖子都应用样品至少清洗三次。

4. 为避免样品电导率的衰减变化，取样后应尽快测量，最迟不宜超过 24h。

四、测定步骤

1. 按所用电导率测定仪规定的校准程序，对电导率测定仪进行校准。

2. 现场 MAIHAK 测量可采用 MLA 型电导率测定仪或 EMCEE1152 型电导率测定仪。上述电导率测定仪均配有可伸长的电缆线和可伸入到贮罐中的电导池。测量时应保持电导率测定仪和电导仪均处于稳定状态，否则会降低测量结果的精密度。

（1）将电导率测定仪地线接到贮罐上。将清洁、干燥的电导池浸入到预测的试样中，上下移动电导池，以排出气泡和上次测试时留存的残油。测量时，应保证电导池全部浸入试样中，并要注意防止电导池与水接触。如果试样刚刚泵送至贮罐，应待试样停放一定时间后（容积小于 5000m^3 的贮罐或油舱等为 10min；容积大于 5000m^3 的贮罐或油舱等为 30min），再浸入电导池。

（2）冲洗电导池后，保持电导池稳定。开启电导率测定仪，待初次稳定后，记录最高读数，这应在 3s 内完成。当电导率测定仪有几个量程时，应选择灵敏度最高的量程。测量试样温度。

3. 对试样进行试验室和现场测量

（1）金属容器或玻璃容器的准备：取样前应保证所有容器和测量容器均清洗干净。

（2）测量：用试样彻底冲洗电导池，以除去上次测试时留在电导池上的残油。把试样移至清洁的测量容器中，按所用电导率测定仪规定的校准程序校准电导率测定仪。把电导池完全浸入到试样中，注意电导池不要与测量容器底部接触，以免引起读数误差。按2.(2)规定的程序测量试样电导率和试样温度。

五、计算和报告

1. 报告试样电导率和测量时试样温度　如果电导率测定仪读数为零，可报告测量结果小于1pS/m。

2. 精密性及偏差　重复性：同一操作者，在同一实验室使用同一仪器，按测量方法正确操作，对同一温度的样品进行测量，连续20次测量结果之差，仅允许1次超过表5-13所列数值。

表5-13　精密度要求　　单位：pS/m

电导率	重复性	再现性
1	1	1
15	1	3
20	1	4
30	2	6
50	3	10
70	4	13
100	5	17
200	10	32
300	14	45
500	21	69
700	29	92
1000	39	125
1500	55	177

再现性：不同操作者，在同一实验场所，按测量方法正确操作，对同一温度的样品进行测量，20次测量结果之差，仅允许1次超过表5-12所列数值。

若操作者对装运燃料进行电导率测量时，其重复性数值类似于表5-12所列的数值，而再现性数值都达不到要求，建议操作者到大批燃料贮存基地，按规定的方法对整批燃料或新取燃料进行电导率测量。这样可以确保获得与整批燃料一致的样品，并可应用表5-12中所示的精密度数值。

任务评价

序号	考核项目	评分要素	配分	评分标准	扣分	得分	备注
1	电导率测定	电导池严禁与水接触	10	不符合要求，扣10分			
2		电导池应放置的环境温度	10	比环境温度高2～5℃，不符合要求，扣10分			
3		样品数量高于1L	10	不符合要求，扣10分			
4		所有样品容器都应清洗，至少三次	10	不符合要求，扣10分			
5		所有样品容器采用空气流吹干	10	不符合要求，扣10分			
6		取样至测量时间不超过24h	10	不符合要求，扣10分			
7		电导率测定仪必须进行校准	10	不符合要求，扣10分			
8		电导池完全浸入到试样中，不允许与测量容器底部接触	10	不符合要求，扣10分			

续表

序号	考核项目	评分要素	配分	评分标准	扣分	得分	备注
9	电导率测定	电导率测定时间控制在 3s 内	10	从开启电导率测定仪到待初次稳定后到记录最高读数在 3s 内，不符合要求，扣 10 分			
10		记录齐全、整齐、不涂改、无漏记	10	不符合要求，扣 10 分			
合计			100				

考评人：　　　　分析人：　　　　时间：

项目小结

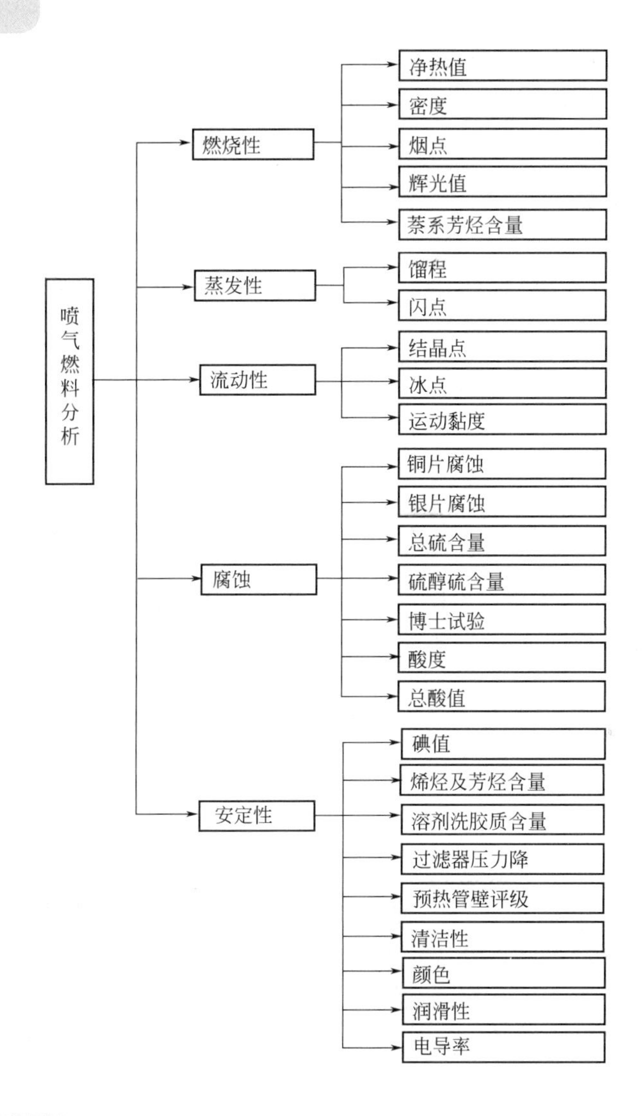

练一练测一测

1. 名词解释

(1) 喷气燃料 (2) 弹热值 (3) 净热值 (4) 总热值 (5) 视密度 (6) 烟点 (7) 辉光值 (8) 结晶点 (9) 冰点 (10) 酸度 (11) 总酸值 (12) 碘值

2. 判断题

（1）在密度测定试验期间，若环境温度变化大于2℃，要使用恒温浴。（　　）

（2）喷气燃料的热值越高，耗油率越低，续航能力越强，喷气燃料规格中规定采用净热值。（　　）

（3）为了保证喷气发动机的大航程和低耗油率，燃料应同时具有高的重量热值和大的密度。（　　）

（4）运动黏度测定结果的数值，要求保留五位有效数字。（　　）

（5）烟点是评定喷气燃料燃烧时生成积炭倾向的指标。（　　）

（6）喷气燃料在发动机内生成积炭倾向与喷气燃料烟点的高低密切相关，烟点越低，生成积炭越少。（　　）

（7）喷气燃料烟点越高，生成积炭的倾向越小。（　　）

（8）喷气燃料水反应指标可检验燃料中的表面活性物质及其对燃料和水界面的影响，用以评定燃料的洁净程度。（　　）

（9）喷气燃料理想的化学成分是含有较多的高度分支侧链的异构烷烃和芳烃。（　　）

（10）喷气燃料同时测定银片腐蚀和铜片腐蚀是因为银片比铜片对硫和硫化氢及硫醇更敏感。（　　）

（11）我国以酸度、总硫、铜片腐蚀和银片腐蚀等指标控制喷气燃料抗腐蚀性的质量。（　　）

（12）喷气燃料铜片腐蚀试验温度为100℃±1℃，时间为120min±5min。（　　）

（13）喷气燃料测定结晶点前，要进行脱水。（　　）

（14）3号喷气燃料指标规定冰点不高于－47℃。（　　）

（15）油品含水可使结晶点、冰点显著减小。（　　）

（16）喷气燃料结晶点测定标准中，规定用新煅烧的粉状硫酸钠或无水氯化钙脱水处理后的试样来测定结晶点。（　　）

（17）喷气燃料颜色的测定按GB/T 3555—92《石油产品赛波特颜色测定法（赛波特比色法）》进行，赛波特色度范围为＋30～－16之间，试样颜色越深，色号数字越大。（　　）

（18）电导率测定中，电导率设备不校准的原因可能是设备电路故障。（　　）

3. 填空题

（1）喷气燃料中含有分子量较高的硫醇时，用（　　　　）则有利于在滴定过程中更快达到平衡。

（2）净热值为总热值减去水的（　　　　）。

（3）测定热值时，用低于（　　）V的电源引火，为避免导火线的发热而带来的多余热量，在燃烧胶片及试样时，其通电时间不应超过（　　）s，为方便观察点火情况，可在电路上串联一盏指示灯。

（4）在测定液体油品密度时，测温度前必须搅拌试样，保证试样混合均匀，记录要准确到（　　）℃。

（5）同类烃类，密度随沸点升高而（　　　），当沸点范围相同时，含芳烃越多，其密度越大；含烷烃越多，其密度越（　　　）。

（6）测定烟点时，量取一定量试样注入贮油器中，点燃灯芯，按规定调节火焰高度至10mm，燃烧（　　）mm，再将灯芯升高到出现有烟火焰，然后平稳地降低火焰高度，在毫米刻度尺上读取烟尾刚好消失时的火焰高度，即为烟点的（　　　　）。

（7）碘值是评价喷气燃料（　　　　）的指标，主要用来测定油品中的不饱和烃含量，碘值越大，表明油品含不饱和烃越多，其贮存安定性越（　　），贮存时与空气中氧气作用生成深色胶质和沉渣的倾向越（　　）。

（8）测颜色时，将样品倒入试样容器至（　　）mm 以上的深度，观察颜色。

（9）目视比色时，如果试样颜色落在两个标准颜色之间，则报告两个颜色中（　　）的一个。

（10）喷气燃料的密度大小与（　　）能力有关。

4. 选择题

（1）下列产品哪一种属于一级易燃液体?（　　）

A. 柴油　B. 3 号喷气燃料　C. 汽油　D. 重油

（2）属于喷气燃料质量指标要求的是（　　）。

A. 挥发性　B. 流动性　C. 燃烧性　D. 洁净性

（3）喷气燃料的低温性能可以用（　　）来衡量。

A. 凝固点　B. 倾点　C. 冰点　D. 黏温性

（4）测定净热值时，空白试验应至少进行（　　）次。

A. 1　B. 2　C. 3　D. 4

（5）3 号喷气燃料的馏程指标中终馏点要求不高于（　　）℃。

A. 240　B. 260　C. 280　D. 300

（6）下列哪一项不是评定喷气燃料流动性的指标（　　）。

A. 结晶点　B. 冰点　C. 运动黏度　D. 凝点

（7）喷气燃料的（　　）馏出温度直接影响起动性，要加以控制。

A. 初馏点　B. 10%　C. 30%　D. 50%

（8）测定运动黏度时，吸入样品的量应（　　）。

A. 稍高于标线 b　B. 稍低于标线 b　C. 稍低于标线 a　D. 稍高于标线 a

（9）测定恩氏黏度时，温度计达到规定温度后，要再保持（　　）min，才迅速提起木塞，同时开动秒表。

A. 3　B. 4　C. 5　D. 6

（10）密度计法测定透明低黏度试样时，两次结果之差不应超过（　　）g/cm^3。

A. 0.0002　B. 0.0005　C. 0.0001　D. 0.0006

（11）用 SY-10 型石油密度计测得某透明油品的密度为 0.7865，则正确的记录是（　　）。

A. 0.7860　B. 0.7865　C. 0.7870　D. 先做弯月面修正后再记录

（12）铜片腐蚀试验对温度和时间的要求是（　　）。

A. 一定温度、不一定时间　B. 不一定温度、一定时间

C. 一定温度、一定时间　D. 时间温度均不固定

（13）测定喷气燃料时的铜片腐蚀，水浴温度要求控制在（　　）。

A. 40　B. 50　C. 100　D. 120

（14）喷气燃料银片腐蚀试验规定，银片浸入 50℃±1℃的水浴试验时间为（　　）h。

A. 2　B. 3　C. 4　D. 5

（15）国产 3 号喷气燃料是采用（　　）作为关键质量标准。

A. 馏程　B. 密度　C. 冰点　D. 结晶点

（16）测定烟点时，灯芯不能弯曲，灯芯头必须剪平，并使其突出灯芯管（　　）mm。

A. 3　B. 5　C. 10　D. 8

（17）测定辉光值时，要求灯芯不弯曲，灯芯头剪平，并使其高出灯芯管（　　）mm

A. 3　　B. 6.4　　C. 5　　D. 8

（18）为了减缓对喷气发动机燃料系统的塑性材料（橡胶件等）和金属的侵蚀，应控制喷气燃料中的（　　）含量。

A. 实际胶质　　B. 冰点　　C. 芳烃　　D. 硫醇硫及总硫

（19）喷气燃料进行精制，主要是为了除去硫、硫化物等物质，尤其是要除去（　　）。

A. 硫化氢　　B. 不饱和烃　　C. 有机酸　　D. 硫醇

（20）GB 6537—2006 对 3 号喷气燃料电导率（20℃）指标规定，如果要求燃料加抗静电剂，其离厂时一般要求电导率（20℃）（　　）pS/m。

A. 大于 50　　B. 大于 450　　C. 大于 150　　D. 小于 150

5. 简答题

（1）简述喷气燃料的理想组成。

（2）简述测定热值时，如何控制试验室温度。

（3）喷气燃料为什么增加了银片腐蚀试验？其技术要求是什么？

（4）简述试样含水对喷气燃料银片腐蚀试验有什么影响，如何除去。

（5）简述测定碘值的原理。

（6）简述测定碘值时，为防止碘挥发损失采取了哪些措施。

（7）简述过滤器压力降和预热管壁评级的测定意义。

（8）简述在测定液体油品密度时，如何调试密度计。

（9）简述喷气燃料的燃烧性能指标。

（10）喷气燃料中为什么要限制芳烃的含量？

练一练测一测答案

项目一

1. 单选题

（1）B（2）D（3）C（4）D（5）C（6）C

2. 多选题

（1）ABCE（2）ABE（3）ABCDE（4）ABD（5）ABCDE（6）ABC

3. 判断题

（1）√（2）√（3）√（4）√（5）×（6）×（7）√（8）√（9）×（10）√（11）×（12）√

项目二

1. 名词解释

（1）点样是指从油罐内规定位置或在泵送操作期间按规定时间从管线中采取的试样。

（2）上部样是指在油品顶液面下深度1/6处采取的试样。

（3）底部样是指从油罐或容器底表面（底板）上，或者从管线最低点处油品中采取的试样。

（4）例行样是指将取样器从油品顶部降落到底部，然后再以相同速度提升到油品的顶部，提出液面时取样器应充满约3/4时的试样。

（5）组合样是指按规定比例合并若干个点样，用以代表整个油品性质的试样。

（6）全层样是指取样器在一个方向上通过整体液面，使其充满约3/4（最大85%）液体时所取得的试样。

2. 判断题

（1）×（2）×（3）√（4）√（5）×（6）√（7）√（8）×（9）×（10）√（11）√（12）×

3. 填空题

（1）GB/T 4756—2015

（2）点样、规定比例

（3）玻璃瓶、油听

（4）10%

（5）软木塞

（6）1∶1∶1

（7）用加权平均值的方法

（8）2～3

（9）液相

（10）1、4

4. 选择题

（1）A（2）D（3）A（4）D（5）A（6）D（7）B（8）E（9）A（10）C

项目三

1. 填空题

（1）车用汽油、车用乙醇汽油、航空活塞式发动机燃料

（2）90 号、93 号、95 号

（3）10%蒸发温度、50%蒸发温度、90%蒸发温度、终馏点、90%蒸发温度、终馏点

（4）中央、最低、最高

（5）(37.8±1)℃

（6）(3.8～4.2)∶1

（7）轻组分、汽化、低温、高、低

（8）铬酸洗液

（9）空气、160～165℃、600mL/s±90mL/s、蒸汽、232～246℃、1000mL/s±150mL/s

（10）100℃、min

（11）15～25℃、690～705kPa、98～102℃

（12）实测诱导期、实测诱导期

（13）98～102℃

（14）刚玉、纱布、刚玉、纱布

（15）45°、1b、1、2

（16）硫醇、质量分数、通过、不通过

（17）硫化氢、元素硫

（18）甲基橙、酚酞、酸度计

（19）d_4^{20}

（20）增大

（21）碳氢化合物、烷烃、芳烃

（22）大、差

（23）容量滴定法、电位滴定法、电量滴定法

（24）原子吸收光谱、2.5～25mg/L、不大于 0.005g/L

（25）100μL 移液器或移液管

（26）甲基异丁基甲酮（MIBK）、碘、氯化甲基三辛基铵

（27）0.26mg/L、0.53mg/L、1.32mg/L、2.64mg/L

（28）1.3mg/L、2.6mg/L

（29）40～10000mg/kg

（30）0.3～100mg/kg

（31）样品挥发

（32）0.5%、2%

（33）汽油、0.25～30mg/L

（34）磺酸锰、氯化锰

（35）1.32mg/L、2.64mg/L、3.96mg/L

（36）溴-四氯化碳、碘-甲苯、甲基异丁基酮（MIBK）、氯化甲基三辛基铵-MIBK

（37）分光光度计

（38）络合、黄色络合物

(39) 汽油、2.0～25.0mg/L

(40) 甲基叔丁基醚(MTBE)、甲基叔戊基醚(TAME)

(41) 碘-甲苯、氯化甲基三辛基铵-MIBK

(42) 背景校正、铁空心阴极灯

(43) 丁酮、串联双柱

(44) 乙醇、甲醇

(45) 辛烷值、一氧化碳、碳氢化合物

(46) 0.20%～20.0%

(47) 0.20%～12.0%

(48) 60、250、250

(49) 205℃,

(50) C_{10} 和 C_{10} 以上的非芳烃

(51) 汽化室、载气、色谱柱、氢火焰检测器、积分仪、校正归一法

(52) 40～120

(53) 1h、甲苯标定燃料

(54) 机械杂质测定仪

2. 选择题

(1) C (2) C (3) B (4) D (5) A (6) B (7) C (8) D (9) C (10) B (11) B (12) C (13) C (14) A (15) C (16) D (17) A (18) A (19) D (20) C (21) A (22) B (23) C (24) B (25) B (26) C (27) C (28) A

3. 判断题

(1) × (2) √ (3) √ (4) × (5) √ (6) × (7) √ (8) √ (9) √ (10) √ (11) √ (12) √ (13) √ (14) × (15) √ (16) × (17) √ (18) × (19) × (20) × (21) √ (22) × (23) √ (24) √ (25) √ (26) √ (27) √ (28) √ (29) √ (30) √ (31) √ (32) × (33) √ (34) × (35) √ (36) √ (37) × (38) √ (39) × (40) √

4. 简答题

(1) 已知量的试样在控制的温度、空气或蒸汽流的条件下蒸发。若试样为航空燃料,则将所得残渣称量,并以“mg/100mL”报告,若为车用汽油,则将正庚烷抽提前和抽提后的残渣分别称量,所得结果以“mg/100mL”报告。

(2) 胶质杯先用清洗液清洗,然后依次用自来水、蒸馏水进行清洗,并放在150℃的烘箱中至少干燥1h。将烧杯放在干燥其中至少冷却2h后,进行称量。

(3) 车用汽油的未洗胶质含量不小于0.5mg/100mL时,向盛有残渣的烧杯中分加入25mL正庚烷并轻轻地旋转30s,使混合物静置10min,用同样的方法处理配衡烧杯。再有第二份25mL正庚烷按上述方法进行重新抽提,如果抽提液带色,应进行第三次抽提。不能进行三次以上抽提。

(4) ①开机预热,达到设定条件;②使氧弹和汽油样品的温度达到15～25℃;③取(50±1)mL试样加入玻璃样品中,盖上样品瓶,关紧氧弹;④缓慢通入氧气至690～705kPa,并用氧气清洗多次,释放时间不少于2min;⑤试漏,如果在以后的10min内压力降不超过7kPa,就假定无泄漏;⑥把装有试样的氧弹放入剧烈沸腾的水浴或带有机械搅拌的其他液体浴中,应小心避免摇动,并记录进入液体浴的时间作为实验的开始时间;⑦连续记录氧弹内的压力,每隔15min或更短时间记录一次压力读数,直至到达转折点,记录从

氧弹放入液体浴中直至到达转折点的分钟数，将其作为试验温度下的实测诱导期。

（5）当油品不饱和烃含量高时，这些组分易被氧气氧化，所以诱导期短，当油品中其他含N、S化合物含量高时，这些组分易被氧气氧化，也造成诱导期短，要使油品诱导期长就必须除去不饱和烃类和含N、S的化合物。

（6）用分液漏斗重新取20mL试样，加入1mL氯化镉溶液，剧烈震荡15s，待分层稳定后，慢慢倒出非水层置于混合量筒中，将第一次洗涤后的试样加入亚铅酸钠溶液，重复硫化氢的定性检测，如果还有黑色沉淀生成，则取出分液漏斗中的水层，再加入0.5mL氯化镉溶液进行重复洗涤和试验，直至不会生成黑色沉淀，但要保证试样最终体积大于10mL，然后继续操作试验。

（7）反应气经膜式干燥器脱水后进入荧光室，在荧光室中，部分二氧化硫受紫外光照射后转化为激发态的二氧化硫，当二氧化硫跃迁到基态时发射出光子，光信号由光电倍增管接收放大，将光信号转化成电信号，再经放大器放大，计算机数据处理后，即可以转化为与光强度成正比的电信号。

（8）在盛有30mL MIBK的50mL容量瓶中，用移液管加入5.0mL汽油试样，并摇匀；用0.5mL移液管加入0.1mL碘-甲苯溶液，摇匀，反应约1min；再加入5.0mL氯化甲基三辛基铵-MIBK溶液，用MIBK稀释到刻度并摇匀。

（9）苯含量的测定范围为0.1%～5%，甲苯含量为2%～20%。

（10）甲基叔丁基醚（MTBE）、乙基叔戊基醚（ETBE）、甲基叔戊基醚（TAME）、二己丙基醚（DIPE）、甲醇、乙醇、异丙醇、正丙醇、叔丁醇、仲丁醇、正丁醇及叔戊醇。

（11）①检查气瓶压力，不足及时更换；②更换气体时必须关闭色谱仪，关闭后不要立即切断电源，待30min后再关载气；③检查空气泵及氢气发生器内硅胶是否干燥，若变粉红色应及时更换并烘干；④检查氢气发生器内电解水是否低于下限，若低于应添加蒸馏至不高于上限；⑤多次进样后，要更换进样垫。

（12）用软木塞或硅酮橡胶塞，将温度计紧密装在蒸馏烧瓶的颈部，水银球位于蒸馏烧瓶颈部中央，毛细管低端与蒸馏烧瓶支管内壁底部最高点齐平。

（13）用缠在拉线上的一块无绒软布擦洗冷凝管内的残存液。

（14）① 做正标，调节燃料液面高度，调节气缸高度使爆震表读数在刻度中间；

② 分析样品，重复调节正标准燃料的步骤，调至最大爆震，使爆震表读数刻度与正标准燃料相同，读取并记录数字计数器读数；

③ 查表将数字计数器读数转化为辛烷值；

④ 重复以上步骤，取测定平均值为样品辛烷值。

（15）机械杂质，是指存在于油品中不溶于规定溶剂（汽油、苯等）的杂质。这些杂质一般指的是砂子、尘土、铁屑和矿物盐（如氧化铁）以及不溶于溶剂的有机成分，如沥青质和碳化物等。

5. 名词解释

（1）压力-时间曲线上的一点，在这点之前的15min压力降不小于14kPa，这点就是转折点。

（2）从氧弹中放入100℃浴中至转折点之间所经历的时间，以min表示。

（3）液体石油产品中总烃最初是指在原油中发现的含有碳氢化合物的混合物。

（4）油品在规定条件下蒸馏，从初馏点到终馏点这一温度范围称为馏程。

（5）蒸馏时，冷凝管较低的一端滴下第一滴冷凝液时的温度计读数，称为初馏点。

(6) 蒸馏过程中，温度计最高读数，称为终馏点（简称终点）。

(7) 硫含量是检测油品中硫及其衍生物含量（“活性硫”与“非活性硫”之和）的试验，以质量分数表示。

(8) 油品中的水溶性酸、碱主要是油品在加工、贮存、运输过程从外界进入的可溶于水的无机酸或碱。包括无机酸（硫酸及其衍生物，如磺酸和酸性硫酸脂）和低分子有机酸、氢氧化钠和碳酸钠。

6. 计算题

解：① $C=0.0009\times(101.3-p_k)(273+t)$

$=0.0009\times(101.3-98.6)(273+180.5)=1.1$（℃）

$t_c=t+C=180.5℃+1.1℃=181.6℃$

由于采用的手动蒸馏，所以85%回收温度修约为181.5℃。

② 同理得 $C=0.0009\times(101.3-p_k)(273+t)$

$=0.0009\times(101.3-98.6)(273+200.4)=1.2$（℃）

$t_c=t+C=200.4℃+1.2℃=201.6℃$

由于采用的手动蒸馏，所以90%回收温度修约为201.5℃。

③ $\varphi_{损失,c}=(\varphi_{损失}-0.5\%)/[1+(101.3-p_k/8.0)]$

$=(4.7\%-0.5\%)/[1+(101.3-98.6/8.0)]=3.1\%$

即修正后的损失量为3.1%。

④ $\varphi_{最大回收,c}=\varphi_{最大回收}+(\varphi_{损失}-\varphi_{损失,c})$

$=94.2\%+(4.7\%-3.1\%)$

$=95.8\%$

即修正后的损失量为95.8%。

⑤ $\varphi_{回收,0}=\varphi_{蒸发}-\varphi_{损失}$

$=90\%-4.7\%=85.3\%$

$t=t_L+(t_H-t_L)(\varphi_{回收,0}-\varphi_{回收,L})/(\varphi_{回收,H}-\varphi_{回收,L})$

$=181.5℃+(201.5℃-181.5℃)(85.3\%-85\%)/(90\%-85\%)$

$=182.7℃$

即修正后的10%蒸发温度为182.7℃。

项目四

1. 填空题

(1) 压燃式发动机（简称柴油机）、普通柴油、车用柴油

(2) 国家标准号、产品牌号、产品名称、GB 252　0号轻柴油

(3) 7、6

(4) 0～10、无水硫酸钠、50、不高于、13℃～室温、0～60、13℃～室温、5～15、5

(5) 车用汽油、溶剂油

(6) 避风、较暗

(7) 0.5s、1s、蓝色火焰

(8) 50mmHg、<5mmHg、0.5mmHg

(9) 正庚烷、丙酮

（10）总不溶物、10%蒸余物残炭

（11）10%蒸余物残炭

（12）0.10%～30.0%、0.10%

（13）三合剂

（14）2mL、0.02

（15）20、20℃±3℃

（16）线状、停留

（17）无水溶剂油、金属丝带有橡胶、塑料头

（18）肥皂水清洗，再用蒸馏水

（19）匹配、换一对颜色匹配

（20）定性滤纸

（21）玻璃棒

（22）常量分析法、微量分析法

（23）0.1～0.5m

（24）水平

（25）甲苯、丙酮

（26）25

（27）正构烷烃、芳香烃

（28）50mL、90mL

（29）10min、30min

2. 选择题

（1）A（2）A（3）A（4）B（5）D（6）C（7）B（8）A（9）D（10）B（11）A（12）D（13）A（14）B（15）B（16）A（17）C（18）B（19）D（20）B（21）A（22）B（23）C（24）D（25）B

3. 判断题

（1）×（2）√（3）×（4）√（5）√（6）×（7）×（8）√（9）√（10）√（11）√（12）√（13）√（14）√（15）√（16）√（17）√（18）√（19）√（20）√（21）×（22）√（23）√（24）×（25）×（26）√（27）×

4. 简答题

（1）液体的沸点是指它的蒸气压等于外界压力时的温度，因此液体的沸点是随外界压力的变化而变化的，如果借助于真空泵降低系统内压力，就可以降低液体的沸点，这便是减压蒸馏操作的理论依据。减压蒸馏是分离可提纯有机化合物的常用方法之一。

（2）真空泵的抽气效力始终不变，它能以一定的速率抽去一定容积的气体而使装置达到一定程度的残压。但在进行减压蒸馏时，往往只选择所需的残压，而不需要达到真空泵所能达到的最小残压，所以要安装放空阀。

（3）柴油中含有少量的石蜡，当油品冷却到某一临界温度时，石蜡开始形成小结晶体，再进一步冷却时，小结晶体数目逐渐增多直至不能通过过滤器，此时的温度即是柴油的冷凝点，蜡含量越高，冷凝点越高。

（4）总不溶物是评价车用柴油固有安定性的指标。所谓固有安定性是指在没有水、活性金属表面及污物存在的情况下，试样暴露于大气中的抗氧化能力。

（5）影响柴油安定性的主要因素是其化学组成，如不饱和烃（如烯烃、二烯烃）以及含

硫、含氮化合物等。特别是二烯烃，极易氧化生成胶质，长期贮存，颜色会变深，易在油罐或油箱底部、油库管线内生成胶质和沉渣；使用残渣大的燃料，发动机燃油系统和燃料供给系统会产生胶状沉淀，影响发动机正常工作。

（6）各种石油产品的残炭值是用来估计该产品在相似的降解条件下，形成炭质型沉积物的大致趋势，以提供石油产品相对生焦倾向的指标。

（7）变质后生成可溶性胶质和不溶性沉渣，且颜色变深，酸度增高，不溶性沉渣对柴油的使用性能危害最大，在柴油机中可能造成滤清器堵塞、喷嘴黏结、活塞磨损。

（8）按照规定的方法调整试样的液柱高度，直至试样明显地浅于标准色板的颜色。无论试样的颜色较深、可疑或匹配，均报告试样的上一个液柱高度所对应的赛波特颜色号。

（9）采用人造日光为光源，使反射光射入管子，散射光应无眩光或阴影，其他所有外来光的干扰应排除。

（10）重复性：同一操作者重复测定的两个结果之差，不应大于1个赛波特颜色号。

再现性：由不同实验室各自提出的两个结果之差，不应大于2个赛波特颜色号。

（11）①破坏油品的低温流动性能。②降低油品的抗氧化性能。③溶剂油中若含水，会降低油的溶解能力和使用效率。④降低润滑性能。⑤降低油品的介电性能。

（12）①用温热自来水溶解水溶性洗涤剂进行清洗；②用温热自来水进行充分清洗；③用蒸馏水进行充分清洗，在此步以及后面的清洗操作中，需用清洁的试验专用夹或者手套拿取容器盖的外部；④用异丙醇进行充分清洗；⑤用正庚烷进行充分清洗；⑥用预先用正庚烷冲洗干净并晾干的表面皿或铝箔覆盖样品容器的顶部及连接有过滤装置的漏斗的开口部分。

（13）重复性要求不超过63μm，再现性要求不超过102μm。

（14）用干净的镊子，把一些试验片（光面朝上）和试验球放入干净的玻璃广口瓶中，用甲苯浸没，至少浸泡12h，然后把广口瓶放到超声波清洗槽内，清洗10min。把试验球和试验片转移到一个盛有新鲜甲苯的广口瓶里待用。

（15）十六烷值是表示柴油在发动机中着火性能的一个约定量值，它用在规定条件下测得与其着火性相同（滞燃期相同）的标准燃料中的正十六烷的体积分数表示。

（16）①避免试油燃烧时蒸汽带走含有矿物质的小微粒；②滤纸浸透试油，在燃烧时起灯芯的作用。

5. 名词解释

（1）试样在规定条件下冷却，当试样不能流过过滤器或20mL试样流过过滤器的时间大于60s或试样不能完全流回试杯时的最高温度，以“℃”（按1℃的整数）表示。

（2）柴油是复杂的有机混合物，其中也有以聚集状态存在的胶体化合物，特别是经过贮存后的柴油，其胶状物质会有所增加。在大量溶剂的稀释下，柴油中的胶体稳定性被破坏，使胶体凝集而沉降下来，此即为总不溶物。

（3）油品的残炭值，是指油品在特定的高温条件下，经过蒸发及热裂解过程后，所形成的炭质残余物占油品的质量分数。

（4）氧化安定性是指柴油在储存和运输过程中，在空气和少量水存在的情况下，生成沉淀物和胶质的趋势。

（5）轻柴油的水分含量的痕迹量。

（6）总污染物用来反映柴油中总污染物含量的多少，过量的污染物会导致过滤器阻塞以及硬件故障，使燃烧性能恶化，所以无法满足使用要求。

（7）校正磨斑直径就是以水蒸气压1.4kPa为基准，经过校正后的磨斑直径计算值。

（8）闪点是石油产品在规定条件下，加热到其蒸气与空气形成的混合气接触火焰能发生瞬间闪火的最低温度，以℃表示。

（9）运动黏度则是液体在重力作用下流动时内摩擦力的量度。其数值为相同温度下液体的动力黏度与其密度之比。

（10）油品的凝点（凝固点）是指油品在规定的条件下，冷却至液面不移动时的最高温度，以℃表示。

6. 计算题

（1）解：$t_0=t+0.25\times(101.3-p)=50+0.25(101.3-98.0)=50.8$（℃）

（2）解：流动时间的算术平均值为：

$$\tau_{50}=\frac{319.0+321.6+321.4+321.2}{4}=320.8(\mathrm{s})$$

由表4-9查得，允许相对测定误差为0.5%，即单次测定流动时间与平均流动时间的允许差值为：320.8×0.5%=1.6s

由于只有319.0s与平均流动时间之差已超过1.6s，因此将该值弃去。平均流动时间为

$$\tau_{50}=\frac{321.6+321.4+321.2}{3}=321.4(\mathrm{s})$$

则应报告试样运动黏度的测定结果为

$$\gamma_{50}=C\tau_{50}=0.4660\mathrm{mm}^2/\mathrm{s}^2\times321.4\mathrm{s}=149.8\mathrm{mm}^2/\mathrm{s}$$

（3）解：$CN=100\phi_1+15\phi_2=100\times36\%+15\times64\%=45.60$

（4）解：$CI=431.29-1586.88\times0.8360+730.97\times0.8360^2+12.392\times0.8360^3+0.0515\times0.8360^4-0.554\times258+97.803\times(\lg258)^2$

$$CI=48.7$$

修约后的十六烷指数为49。

项目五

1. 名词解释

（1）喷气燃料：是馏程范围在130～280℃之间的石油馏分，主要用于喷气式发动机，如军用飞机、民航飞机等。

（2）弹热值：利用弹式量热装置测量热量时的实测热量值叫弹热值，它是测定总热值和净热值的基础，以kJ/kg表示。

（3）净热值：一种物质完全燃烧后冷却到初始状态时（环境温度273.15K，101.325kPa）所释放出来的热量，其中燃烧产物中的水蒸气仍以气态存在，以kJ/kg表示。

（4）总热值：一种物质完全燃烧后冷却到初始状态时（环境温度273.15K，101.325kPa）所释放出来的热量，其中燃烧产物中的水蒸气凝结成水，以kJ/kg表示。

（5）视密度：质量与物质的表观体积之比，就是表观密度，包括绝对真实体积和闭口孔的体积，即$\rho=m/(V+V_{闭})$，以$\mathrm{kg/m^3}$表示。

（6）烟点：在规定的条件下，试样在标准灯具中燃烧时，不冒黑烟火焰的最大高度，称为烟点，又称为无烟火焰高度，单位为mm。

（7）辉光值：在可见光谱的黄绿带内于固定火焰辐射强度下，火焰温度升高的相对值，是表示喷气燃料燃烧时火焰辐射强度的指标，用以评定燃料生产积炭的倾向。

（8）结晶点：试样在规定的条件下冷却，出现肉眼可见结晶时的最高温度，称为结晶

点，以℃表示。

（9）冰点：试样在规定的条件下，冷却到出现结晶后，再升温至结晶消失时的最低温度，以℃表示。

（10）酸度：中和 1g 化学物质所需的氢氧化钾（KOH）的毫克数，以 mgKOH/g 表示。

（11）总酸值：总酸值包括强酸值和弱酸值，一般说的酸值是指总酸值。用于中和 1g 试样中全部酸性组分所需要的碱（KOH）的毫克数，用 mgKOH/g 表示。

（12）碘值：100g 物质中所能吸收（加成）碘的质量，以 g 表示。

2. 判断题

（1）√（2）√（3）√（4）×（5）√（6）×（7）√（8）√（9）×（10）√（11）√（12）√（13）√（14）√（15）×（16）√（17）√（18）√

3. 填空题

（1）酸性滴定溶剂（2）汽化热（3）12、1（4）0.1（5）增大、小

（6）10、实测值（7）贮存安定性、差、大（8）50（9）较高（10）续航

4. 选择题

（1）C（2）C（3）C（4）B（5）D（6）D（7）B（8）C（9）C（10）B（11）B（12）C（13）D（14）C（15）C（16）A（17）B（18）D（19）D（20）A

5. 简答题

（1）从燃烧稳定性的角度看，正构烷烃与环烷烃的燃烧极限比芳香烃宽，在低温下更加明显，因而正构烷烃与环烷烃是较理想的组分。

从燃烧完全度的角度看，各种烃类的燃烧完全度的顺序如下：正构烷烃＞异构烷烃＞单环环烷烃＞双环环烷烃＞单环芳烃＞双环芳烃。

从生成积炭的倾向的角度看，芳烃尤其是双环芳烃最容易生成积炭，而烷烃生成的积炭最少。

从燃料的热值角度看，质量热值越大，发动机的推力越大，耗油率越低；体积热值越大，飞机航程越远，因而要求喷气燃料具有较高的质量热值与体积热值。质量热值的大小顺序为：烷烃＞环烷烃＞芳烃，体积热值要数芳烃最大，而烷烃最小。兼顾质量热值与体积热值，芳烃不是其理想组分。

综上所述，环烷烃为喷气燃料的理想组成。

（2）测定热值时，要求试验室温度波动不超过±5℃，为此测定应在一个单独的房间内进行，房间要背阳，并具有双层严密的门窗，严禁通风。

（3）为提高耐磨性，目前喷气式发动机供油系统中的高压柱塞多采用镀银部件，而银对“活性硫”的腐蚀极为敏感，为此增加了银片腐蚀指标。3 号喷气燃料要求银片腐蚀（50℃，4h）不大于 1 级。

（4）银片对腐蚀活性物质的敏感程度较铜片灵敏，当与水接触时极易形成渍斑，造成评级困难，因此要求试样不含悬浮水，否则需要用滤纸将其滤去。

（5）用过量的碘-乙醇溶液与试样中的不饱和烃发生定量反应，生成碘化烃，剩余的碘用硫代硫酸钠溶液返滴定，根据消耗碘-乙醇溶液的体积，即可计算出试样的碘值。

（6）碘挥发损失对测定结果影响很大，针对碘易挥发的特点，测定时应使用碘量瓶，其磨口要严密，塞子预先用碘化钾润湿，由于碘能溶解于碘化钾，故可以防止其逸出，待反应完毕再洗入瓶中进行滴定。反应及滴定温度要求在 20℃±5℃，其目的也是为了减少碘挥发

损失。

（7）过滤器压力降和预热管壁评级是评价喷气燃料热安定性的指标。热安定性差的燃料在较高使用温度下，易生成胶质和沉渣，若黏附在热交换器表面上，会导致冷却效率降低；沉积在燃料导管、过滤器将引起流动压力降增大，输送困难；堵塞在喷嘴上，将使燃料喷射不均，燃烧不完全，甚至中断供油；黏附在燃料系统金属表面，还会形成漆膜和沉渣。

（8）选择合适的密度计慢慢地放入试样中，达到平衡时，轻轻转动一下，放开，使其离开量筒壁，自由漂浮至静止状态，注意不要弄湿密度计干管。把密度计按到平衡点以下 1～2mm，放开，待其回到平衡位置，观察弯月面形状。如果弯月面形状改变，应清洗密度计干管。重复此项操作，直至弯月面形状保持不变。

（9）有热值、密度、烟点、辉光值、萘系烃含量。

（10）芳香烃燃烧极限较窄，容易熄火，使燃烧不稳定；芳香烃产生积炭的倾向较大；芳香烃含量高燃料容易产生沉淀，影响热安定性；芳香烃的结晶点较高，且对水的溶解度较大，会影响燃料的低温性能，因此喷气燃料中要严格限制芳烃含量。

参 考 文 献

［1］ 赵惠菊．油品分析技术基础．北京：中国石化出版社，2010．
［2］ 王宝仁．油品分析．北京：高等教育出版社，2007．
［3］ 中国石油化工集团公司人事部，中国石油天然气集团公司人事服务中心．油品分析工．北京：中国石化出版社，2009．